国家林业和草原局职业教育"十四五"规划教材

园林建筑材料与构造

(第 2 版)

薛 菊 沈 萍 冯光渖 主编

中国林业出版社
China Forestry Publishing House

内 容 简 介

《园林建筑材料与构造》(第2版)定位于培养高素质技术技能型人才,着重突出职业教育的特点。教材共4个单元,包括3个单元理论知识和1个单元实训内容,分别为园林建筑材料、园林建筑基本构造组成、典型园林建筑与小品构造、实践教学。其中园林建筑材料部分介绍了园林建筑材料基础知识,竹木材料,石材,金属材料,胶凝材料,砂浆,混凝土,砖、砌块与板材,陶瓷与玻璃,塑料与涂料,建筑防水材料等常用材料;园林建筑基本构造组成部分介绍了园林建筑构造基本知识,地基与基础,墙体,楼板层与地面,楼梯、梯道、台阶与坡道,门窗,屋顶,饰面装修以及变形缝等构造知识;典型园林建筑与小品构造部分对亭、廊、花架、榭与舫、景墙、公园大门、园桥、栈道与汀步、园桌、园椅与园凳、园路与铺地、石景与水景等进行了介绍。此外,本教材还配套课件、习题等数字资源。

本教材既可作为高等职业院校园林技术、园林工程技术、风景园林设计、环境艺术设计专业及其他相关专业的教材,也可用于在职培训或供相关工程技术人员参考。

图书在版编目(CIP)数据

园林建筑材料与构造/薛菊,沈萍,冯光澍主编.—2版.—北京:中国林业出版社,2022.8
(2023.11重印)
ISBN 978-7-5219-1769-7

Ⅰ.①园… Ⅱ.①薛… ②沈… ③冯… Ⅲ.①园林建筑-建筑材料②园林建筑-建筑构造 Ⅳ.①TU986.4

中国版本图书馆 CIP 数据核字(2022)第 124219 号

中国林业出版社·教育分社

策划编辑:田 苗 责任编辑:田 苗 赵骑旎
电 话:(010)83143557 传 真:(010)83143516

出版发行	中国林业出版社(100009 北京市西城区刘海胡同7号)
	E-mail:jiaocaipublic@163.com
	http://www.forestry.gov.cn/lycb.html
印 刷	北京中科印刷有限公司
版 次	2019年8月第1版(共印1次)
	2022年8月第2版
印 次	2023年11月第2次印刷
开 本	787mm×1092mm 1/16
印 张	20
字 数	430千字
定 价	58.00元

数字资源

未经许可,不得以任何方式复制或抄袭本书之部分或全部内容。

版权所有 侵权必究

《园林建筑材料与构造》(第2版)编写人员

主　　编　薛　菊　沈　萍　冯光澍

副 主 编　刘　仙

编写人员（按姓氏拼音排序）

冯光澍（广西生态工程职业技术学院）

刘　仙（湖北生态工程职业技术学院）

邱　雯（福建林业职业技术学院）

沈　萍（苏州农业职业技术学院）

王　可（安徽林业职业技术学院）

吴茜华（广州城建开发南沙房地产有限公司）

薛　菊（广东生态工程职业学院）

张爱娣（广东生态工程职业学院）

《园林建筑材料与构造》(第1版)
编写人员

主　　编　薛　菊　沈　萍　李三华

副 主 编　冯光澍

编写人员（按姓氏拼音排序）

冯光澍（广西生态工程职业技术学院）
李三华（湖南环境生物职业技术学院）
刘子浪（富力地产集团中南区域公司）
邱　雯（福建林业职业技术学院）
沈　萍（苏州农业职业技术学院）
汤泽华（江西环境工程职业学院）
王　可（安徽林业职业技术学院）
薛　菊（广东生态工程职业学院）
张爱娣（广东生态工程职业学院）

第2版前言

教育部于2022年4月颁布了《中华人民共和国职业教育法》(以下简称新《职教法》)。新《职教法》是为了实施科教兴国战略，发展职业教育，提高劳动者素质，促进社会主义现代化建设，根据教育法和劳动法制定的法规。该法规定："职业教育是与普通教育具有同等重要地位的教育类型，是国民教育体系和人力资源开发的重要组成部分，是培养多样化人才、传承技术技能、促进就业创业的重要途径"。这一规定将职业教育确定为与普通教育具有同等重要地位的教育类型，大大提升了职业教育的地位。

为了培养高素质的技术技能人才，新《职教法》强调职业学校培养、考核等多个方面都要以市场为导向，服务社会经济发展，为产业提供人才支撑，以行业发展企业需求为出发点，在实施职业学校教育和职业培训时，做到产教融合、校企合作。

为了贯彻落实新《职教法》《国家职业教育改革实施方案》《关于推动现代职业教育高质量发展的意见》，积极推进"三教"改革，依据园林类专业教学标准，结合实际案例编者在第1版的基础上组织修订工作，力求做到图文并茂、深入浅出，将科学性与实用性相结合。

本教材由薛菊、沈萍、冯光澍主编。具体编写分工如下：薛菊修订3.6、3.8、3.9及实训4-1、4-2、4-5、4-6；沈萍修订2.1-2.7、2.9及实训4-3；冯光澍修订3.1-3.5；刘仙修订1.1-1.4、1.6-1.8；王可修订1.10、1.11、3.10；张爱娣修订2.8、3.7及实训4-4；邱雯修订1.5、1.9；吴茜华修订2.7部分内容。全书由薛菊统稿。

本书在编写过程中参考借鉴了部分国内外学者编写的著作与教材，得到了江苏农牧科技职业学院沈昀以及其他院校老师的大力支持与帮助，在此表示衷心的感谢！

由于编者水平有限，书中难免有不足之处，欢迎读者批评指正。

编　者
2022年6月

第1版前言

近年来,随着职业教育的飞跃发展,教育改革取得了突破性成果。教育部指出要产教融合、协同育人,实现多种形式的人才培养模式,加强实践教学和就业能力的培养,根据产业转型升级对职业标准提出的新要求,将职业标准融入到课程标准、课程内容的设计和实施中。

为了积极推进课程改革和教材建设,满足职业教育改革和发展的需求,依据教育部颁布的《全国高等职业学校园林绿化专业教学标准》,结合编者多年的实践、教学及科研经验,按照项目教学的要求分解出各单元,密切结合新材料、新技术、新标准,组织编写了本教材。

本教材定位于培养高素质技术技能型人才,重点突出高等职业技术教育的特点,通过学习本教材,让学生能够了解园林建筑材料的使用范围和质量等级,掌握园林建筑的作用、构造及尺寸,为今后从事园林工作打下坚实的基础。

本教材在内容安排上力求体现园林类专业的特点,精简设计内容,突出材料在园林建筑上的运用,强化园林建筑构造,遵循学生的认知规律,以通俗易懂的语言介绍了园林建筑材料、园林建筑基本构造组成、典型园林建筑与小品的构造,内容简洁,语言精练,紧贴实际应用,具有较强的实用性。

本教材主编为广东生态工程职业学院薛菊、苏州农业职业技术学院沈萍、湖南环境生物职业技术学院李三华。教材编写具体分工:薛菊编写前言、2.7、3.6、3.8、3.9及实训5、6,以及3.3、3.4部分内容;沈萍编写2.1~2.6、2.9及实训3;李三华编写1.1、1.3、1.4、1.8部分内容,实训1、实训2;冯光澍编写3.1、3.2、3.5以及3.3、3.4部分内容;张爱娣编写2.8、3.7及实训4;王可编写1.10、1.11、3.10;邱雯编写1.5、1.9;汤泽华编写1.2、1.6、1.7、1.8部分内容;刘子浪编写3.3、3.4部分内容;全书由薛菊统稿。

本书在编写过程中参考借鉴了一些国内外学者编写的著作与教材;得到了江苏农校科技职业学院沈昀以及其他相关院校老师的大力支持与帮助,在此一并表示深深的谢意!

由于编者水平有限、时间仓促,书中难免有不足之处,欢迎读者提出宝贵的意见和建议,以便进一步修订完善。

编 者

2019年7月

目录

第 2 版前言
第 1 版前言

单元 1　园林建筑材料 ·· 1

1.1　园林建筑材料基础知识 ·· 1
　　1.1.1　材料的分类 ·· 1
　　1.1.2　材料的技术标准 ·· 2
　　1.1.3　材料的基本性质 ·· 3

1.2　竹木材料 ··· 14
　　1.2.1　木材 ·· 14
　　1.2.2　竹材 ·· 21
　　1.2.3　木材应用案例 ·· 25

1.3　石材 ··· 30
　　1.3.1　天然石材 ··· 31
　　1.3.2　人造石材 ··· 45

1.4　金属材料 ·· 47
　　1.4.1　铸铁 ·· 48
　　1.4.2　建筑钢材 ··· 48
　　1.4.3　铝及铝合金 ··· 56
　　1.4.4　铜及铜合金 ··· 56
　　1.4.5　金属紧固件和连接件 ·· 57

1.5　胶凝材料 ·· 59
　　1.5.1　石灰 ·· 60
　　1.5.2　石膏 ·· 62
　　1.5.3　水玻璃 ··· 63
　　1.5.4　水泥 ·· 64
　　1.5.5　沥青 ·· 66

1.6　砂浆 ··· 67
　　1.6.1　建筑砂浆 ··· 67
　　1.6.2　其他砂浆 ··· 70

1.7　混凝土 ··· 73
　　1.7.1　普通混凝土 ··· 74

1.7.2　装饰混凝土 …………………………………………………… 77
　　1.7.3　沥青混凝土 …………………………………………………… 80
　　1.7.4　防水混凝土 …………………………………………………… 82
1.8　**砖、砌块与板材** ……………………………………………………… 83
　　1.8.1　砖和砌块 ……………………………………………………… 84
　　1.8.2　板材 …………………………………………………………… 89
1.9　**陶瓷与玻璃** …………………………………………………………… 94
　　1.9.1　陶瓷 …………………………………………………………… 95
　　1.9.2　玻璃 …………………………………………………………… 96
1.10　**塑料与涂料** ………………………………………………………… 99
　　1.10.1　建筑塑料 …………………………………………………… 99
　　1.10.2　建筑涂料 …………………………………………………… 101
1.11　**建筑防水材料** ……………………………………………………… 102
　　1.11.1　坡屋面刚性防水材料 ……………………………………… 103
　　1.11.2　防水卷材 …………………………………………………… 103
　　1.11.3　防水涂料 …………………………………………………… 104
　　1.11.4　建筑密封材料 ……………………………………………… 105

单元2　园林建筑基本构造组成 ……………………………………… 106

2.1　**园林建筑构造基本知识** …………………………………………… 106
　　2.1.1　园林建筑构造内容、特点和研究方法 …………………… 106
　　2.1.2　园林建筑组成 ………………………………………………… 107
　　2.1.3　园林建筑结构分类 …………………………………………… 108
　　2.1.4　影响园林建筑构造的因素 …………………………………… 111
2.2　**地基与基础** …………………………………………………………… 111
　　2.2.1　概述 …………………………………………………………… 111
　　2.2.2　园林建筑地基 ………………………………………………… 112
　　2.2.3　园林建筑基础 ………………………………………………… 114
2.3　**墙体** …………………………………………………………………… 118
　　2.3.1　墙体概述 ……………………………………………………… 118
　　2.3.2　砖墙 …………………………………………………………… 120
　　2.3.3　砌块墙 ………………………………………………………… 121
　　2.3.4　墙体的细部构造 ……………………………………………… 123
　　2.3.5　隔墙与隔断 …………………………………………………… 129
2.4　**楼板层与地面** ……………………………………………………… 131
　　2.4.1　楼板层的组成与分类 ………………………………………… 132
　　2.4.2　钢筋混凝土楼板 ……………………………………………… 133

2.4.3　楼地层防潮、防水及隔声构造 ·················· 137
　2.5　楼梯、梯道、台阶与坡道 ···························· 142
　　　2.5.1　楼梯 ··· 142
　　　2.5.2　梯道 ··· 155
　　　2.5.3　台阶与坡道 ·· 157
　2.6　门窗 ··· 163
　　　2.6.1　木窗的构造 ·· 163
　　　2.6.2　木门的构造 ·· 167
　2.7　屋顶 ··· 169
　　　2.7.1　概述 ··· 170
　　　2.7.2　屋顶排水 ·· 171
　　　2.7.3　平屋顶构造 ·· 174
　　　2.7.4　坡屋顶构造 ·· 179
　2.8　饰面装修 ·· 185
　　　2.8.1　饰面装修基本知识 ······························ 186
　　　2.8.2　墙面装修 ·· 186
　　　2.8.3　顶棚装修 ·· 203
　2.9　变形缝 ·· 207
　　　2.9.1　伸缩缝 ·· 207
　　　2.9.2　沉降缝 ·· 212
　　　2.9.3　防震缝 ·· 214

单元3　典型园林建筑与小品构造 ························ 216

　3.1　亭 ··· 216
　　　3.1.1　亭的类型 ·· 216
　　　3.1.2　传统亭构造与实例 ······························ 217
　　　3.1.3　现代亭构造与实例 ······························ 221
　3.2　廊 ··· 224
　　　3.2.1　廊的分类 ·· 225
　　　3.2.2　廊的构造 ·· 226
　　　3.2.3　廊的构造实例 ····································· 227
　3.3　花架 ··· 228
　　　3.3.1　花架类型 ·· 228
　　　3.3.2　花架构造 ·· 232
　　　3.3.3　花架的构造实例 ·································· 232
　3.4　榭与舫 ·· 234
　　　3.4.1　榭 ··· 234

　　　　3.4.2　舫 ·· 238
　3.5　景墙 ··· 240
　　　　3.5.1　景墙的作用 ·· 241
　　　　3.5.2　景墙分类 ·· 241
　　　　3.5.3　景墙构造 ·· 242
　3.6　公园大门 ··· 250
　　　　3.6.1　公园大门的功能和组成 ·· 251
　　　　3.6.2　牌坊和牌楼 ·· 256
　3.7　园桥、栈道与汀步 ··· 263
　　　　3.7.1　园桥 ·· 263
　　　　3.7.2　栈道 ·· 269
　　　　3.7.3　汀步 ·· 273
　3.8　园桌、园椅与园凳 ··· 275
　　　　3.8.1　作用和特点 ·· 275
　　　　3.8.2　类型 ·· 276
　　　　3.8.3　位置选择及布置方式 ·· 279
　　　　3.8.4　构造 ·· 279
　3.9　园路与铺地 ··· 280
　　　　3.9.1　分类与作用 ·· 280
　　　　3.9.2　园路尺寸与常用材料 ·· 282
　　　　3.9.3　构造组成 ·· 285
　　　　3.9.4　构造实例 ·· 289
　3.10　石景与水景 ··· 290
　　　　3.10.1　园林石景 ·· 290
　　　　3.10.2　园林水景 ·· 292

单元4　实践教学 ··· 295

实训4-1　园林建筑材料识别 ·· 295

实训4-2　园林建筑材料应用 ·· 296

实训4-3　楼梯构造设计 ·· 297

实训4-4　传统亭抄绘 ·· 298

实训4-5　园林建筑小品测绘——园桌、园椅和园凳 ···································· 303

实训4-6　园厕测绘 ·· 304

参考文献 ··· 306

单元 1　园林建筑材料

园林建筑材料是园林建设的物质基础，也是表达园林设计理念的客观载体。

竹木材料是人类最早使用的建筑材料之一，至今在园林中仍然占有极其重要的地位。"秦砖汉瓦"彰显了中国建筑装饰的辉煌，不断涌现的陶瓷和玻璃制品增添了景观的特色。金属材料除作为结构材料被广泛运用外，加工制成的园林小品，在园林环境中别具韵味。园林中石材的应用继承和保留了掇山、置石等功能，人造石材以其优良的特性成为现代建筑理想的装饰材料。随着钢筋混凝土等现代工程材料的出现，作为结构工程材料应用的石材已经逐渐减少。除作为结构材料使用的普通混凝土外，装饰混凝土、沥青混凝土、防水混凝土等大放异彩。建筑塑料、建筑防水材料等运用在园林建设中的类型和品种不断推陈出新。

在园林建设中，对材料的选择与运用，既要因地选材，也要与时俱进，实现人与自然的和谐发展。

1.1　园林建筑材料基础知识

【知识目标】
(1) 掌握园林建筑材料的分类，熟悉其技术标准。
(2) 理解园林建筑材料基本性质的概念、表示方法及影响因素，掌握其与水有关的性质及影响因素。

【技能目标】
能对园林建筑材料进行分类。

【素质目标】
通过学习园林建筑材料基础知识，要求学生熟悉掌握常见园林建筑材料的种类；培养学生的责任心与环境保护意识，发扬工匠精神，勇于创新、敢于突破，为建设美丽中国贡献力量。

园林建筑材料是指构成园林建筑的所有材料，如石材、混凝土、水泥、石灰、钢筋、黏土砖、玻璃等各种原材料、半成品和成品。

1.1.1　材料的分类

园林建筑材料大部分为建筑材料，少部分为装饰材料。建筑材料按化学成分分类，可分为无机材料、有机材料和复合材料，见表 1-1-1 所列。

表 1-1-1 建筑材料按化学成分分类

无机材料	金属材料	黑色金属：钢、铁	
		有色金属：铝及铝合金、铜及铜合金等	
	非金属材料	天然石材：花岗岩、大理石、石灰岩、砂岩、板岩等	
		烧结与熔融制品：烧结砖、陶瓷、玻璃、岩棉等	
		胶凝材料	水硬性胶凝材料：水泥
			气硬性胶凝材料：石灰、石膏、水玻璃等
有机材料	植物材料：木材、竹材、藤及其制品		
	合成高分子材料：塑料、涂料、胶黏剂、密封材料		
	沥青材料：石油沥青、煤沥青及其制品		
复合材料	无机材料基复合材料	传统无机材料：混凝土、砂浆、钢筋混凝土、硅酸盐制品等	
		新型无机材料：聚苯乙烯泡沫混凝土等	
	有机材料基复合材料	沥青混凝土、树脂混凝土、玻璃纤维增强塑料(玻璃钢)	

1.1.2 材料的技术标准

（1）技术标准内容

技术标准的内容包括：产品规格、分类、技术要求、检验方法、验收规则、标志、运输和贮存注意事项等。

（2）技术标准分类

目前我国技术标准分 4 级：国家标准、行业标准、地方标准和企业标准。

①国家标准　国家标准有国家强制标准，代号 GB；国家推荐标准，代号 GB/T。

②行业标准　行业标准有建筑材料标准，代号 JC；建筑工业标准，代号 JG；交通标准，代号 JT。

③地方标准　代号 DB。

④企业标准　代号 QB，仅适用于本企业。

对于国家标准，任何技术或产品不得低于其规定的要求；对于国家推荐标准，也可以执行其他标准；地方标准或企业标准所规定的技术要求应高于国家标准。

（3）技术标准表示方法

技术标准表示方法为：标准名称+标准代号+发布顺序号+批准年份。

例如：《混凝土路面砖》(GB 28635—2012)，《天然花岗石建筑板材》(GB/T 18601—2009)，《石材马赛克》(JC/T 2121—2012)。

随着我国对外开放和参与国际园林建设项目增多，还涉及国际或国外标准，主要有：国际标准，代号 ISO；德国工业标准，代号 DIN；美国材料与试验协会标准，代号 ASTM 等。

（4）园林建筑材料检验

对所用材料进行合格检验是确保园林建设质量的重要环节。在加强园林工程质量管理规定中明确指出，对于无出厂合格证明和没有按规定检验的原材料一律不准使用。施工现场配制的材料均应由实验室确定配合比，制定出操作方法和检验标准后方能使用，各项材料的检验结果是施工及验收必备的技术依据。

园林建筑材料的检验对象主要是购进的原材料或制品和现场加工、配制的材料。对于购进的原材料或制品，如水泥、砖材及防水卷材等必须进行检验验收；对于现场加工、配制的材料，如冷拉钢筋、混凝土和砂浆等属于加工品或产品的材料，尤其要进行质量控制和检验。

园林建筑材料的检验内容通常包括检验出厂合格证明、核对及检查规格型号、外观指标检测和实验室试验3个方面内容。在进行各项检验时，应严格按规定抽取试样，保证检验结果具有代表性。

园林建筑材料的检验应依据材料有关技术标准、规程、规范和技术规定执行。经国家批准颁发的技术条令是材料检验必须遵守的法规。现场配制的材料，其原材料应符合相应的建材标准。制成品的检验，往往包含于施工验收规范和规程之中，一种材料的检验经常要涉及多个标准、规程或规定。

1.1.3 材料的基本性质

在建筑物或构筑物中由于材料所处环境及部位不同，要求材料具备不同的技术性质。例如，建筑物的梁、板、柱及承重墙体等结构材料应具有一定的力学性质；屋面材料应具有一定的防水、保温、隔热等性质；地面材料应具有较高的强度、耐磨、防滑等性质；基础除承受荷载外，还要能够承受冰冻及地下水的侵蚀，因此，基础材料应具有较高强度、防水、抗冻等性质。为了在设计和施工中保证建筑物或构筑物的耐久性，熟练掌握材料的基本性质是前提条件，也是正确选择与合理使用材料的基础。

园林建筑材料在正常使用状态下，必须具备抵御一定外力和自重力的能力，抵御周围各种介质(如水、蒸汽、腐蚀性气体和液体等)影响的能力以及抵御各种物理作用(如温度差、湿度差、摩擦等)的能力，还要求具有一定的防水性、吸声性、隔声性、装饰性等。

1.1.3.1 材料的基本物理性质

（1）材料的密度、表观密度和堆积密度

①密度　是指材料在绝对密实状态下单位体积的质量。计算公式如下：

$$\rho = \frac{m}{V} \tag{1-1}$$

式中　ρ——材料的密度，g/cm^3；

　　　m——材料在干燥状态下的质量，g；

　　　V——材料在绝对密实状态下的体积，cm^3。

材料在绝对密实状态下的体积是指不包括材料内部孔隙在内的实体积。除金属、玻璃等少数材料接近于密实材料外，绝大多数材料都含有一定的孔隙。在测定含有孔隙材料的密度时,应先将材料磨成细粉,干燥至恒定质量以排除内部孔隙后,用李氏瓶测定其体积,该体积可视为材料密实状态下的体积。材料磨得越细,测定的密度越精确。

②表观密度(又称体积密度) 是指材料在自然状态下单位体积的质量。计算公式如下:

$$\rho_0 = \frac{m}{V_0} \tag{1-2}$$

式中 ρ_0——材料的表观密度,kg/m³;
　　　m——材料在干燥状态下的质量,kg;
　　　V_0——材料在自然状态下的体积,m³。

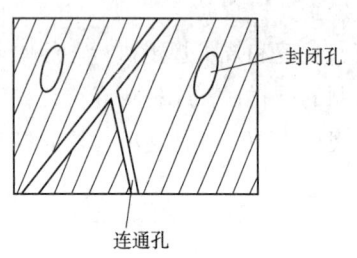

图 1-1-1　材料的孔隙特征

材料在自然状态下的体积是指材料的实体积与材料所含全部孔隙的(封闭孔、连通孔)体积之和,如木材、砖和陶瓷等,材料的孔隙特征如图 1-1-1 所示。外形规则的材料,直接测其体积;不规则材料,常用排水法测得其体积,材料表面应先涂上蜡,防止水分渗入材料内部影响测定值。测定材料表观密度时,应注明材料的含水情况。材料在气干状态下的表观密度称为气干表观密度。材料在烘干状态下的表观密度称为干表观密度。材料在绝干状态下的表观密度称为绝干表观密度。

材料的表观密度除了与材料的密度有关外,还与材料内部孔隙的体积以及材料的含水率有很大的关系。材料的孔隙率越大,含水率越小,则材料的表观密度越小。

③堆积密度　是指散粒材料或粉状材料在自然堆积状态下单位体积的质量。计算公式如下:

$$\rho_0' = \frac{m}{V_0'} \tag{1-3}$$

式中 ρ_0'——材料的堆积密度,kg/m³;
　　　m——材料在干燥状态下的质量,kg;
　　　V_0'——材料的堆积体积,m³。

在自然堆积状态下的体积包含颗粒内部的孔隙体积和颗粒之间的空隙体积,颗粒材料如砂、石子。材料的质量是指在一定容积容器内的材料质量;材料的堆积体积是将颗粒材料装满容器,测得该容器的容积,材料的堆积状态如图 1-1-2 所示。颗粒材料的表观密度、堆积的密实程度和材料的含水状态都影响材料的堆积密度。

在园林建筑工程中,计算材料的用量、构件自重、配料,确定堆放空间以及运输量时,经常要用到材料的密度、表观密度和堆积密度等数据。常用建材的密度、表观密度和堆积密度见表 1-1-2 所列。

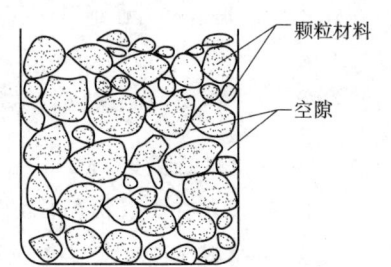

图 1-1-2　材料的堆积状态

表 1-1-2　常用建材的密度、表观密度和堆积密度

材　料	密度(g/cm^3)	表观密度(kg/m^3)	堆积密度(kg/m^3)
钢材	7.85	7850	—
水泥	3.2	—	1200~1300
花岗岩	2.6~2.9	2500~2850	—
石灰岩	2.4~2.6	2000~2600	—
普通玻璃	2.5~2.6	2500~2600	—
烧结普通砖	2.5~2.7	1500~1800	—
建筑陶瓷	2.5~2.7	1800~2500	—
普通混凝土	2.6~2.8	2300~2500	—
普通砂	2.6~2.8	—	1450~1700
碎石或卵石	2.6~2.9	—	1400~1700
木材	1.55	400~800	—
泡沫塑料	1.0~2.6	20~50	—

（2）材料的密实度与孔隙率

①密实度　指材料的固体物质部分体积占总体积的比例，也指材料体积内被固体物质充实的程度，用 D 表示。计算公式如下：

$$D=\frac{V}{V_0}\times 100\%=\frac{\rho_0}{\rho}\times 100\% \tag{1-4}$$

②孔隙率　是指材料内部所有孔隙的体积占材料在自然状态下总体积的比例，用 P 表示。计算公式如下：

$$P=\frac{V_0-V}{V_0}\times 100\%=\left(1-\frac{\rho_0}{\rho}\right)\times 100\% \tag{1-5}$$

密实度与孔隙率的关系为：

$$D+P=1 \tag{1-6}$$

按材料的孔隙特征将孔隙分为开口孔隙和闭口孔隙两种，二者孔隙率之和等于材料的总孔隙率。材料孔隙率或密实度直接反映材料的密实程度，孔隙率小且贯通孔隙少的材料，密实程度高，吸水率小，强度高、抗冻性和抗渗性较好。工程中要求高强度、不透水的建筑物或部位，所用的材料孔隙率应很小。

（3）材料的填充率与空隙率

①填充率　是指粉状或散粒材料在某堆积体积内被颗粒实体体积填充的程度，用 D' 表示。计算公式如下：

$$D'=\frac{V}{V_0'}\times 100\%=\frac{\rho_0'}{\rho_0}\times 100\% \tag{1-7}$$

②空隙率　指粉状或散粒材料在某堆积体积内，颗粒之间的空隙体积占总体积的比例，用 P' 表示。计算公式如下：

$$P'=\frac{V_0'-V_0}{V_0'}\times 100\%=\left(1-\frac{\rho_0'}{\rho_0}\right)\times 100\% \tag{1-8}$$

对同一材料，填充率与空隙率的关系为：

$$D'+P'=1 \tag{1-9}$$

空隙率反映了粉状或散粒材料相互填充的致密程度。空隙率可作为控制混凝土骨料级配与计算含砂率的依据。

1.1.3.2 材料与水有关的性质

（1）亲水性与憎水性

材料与水接触时能被水润湿的性质称为亲水性，材料与水接触时不能被水润湿的性质称为憎水性。润湿是指水被材料表面吸附的过程。材料的亲水性与憎水性可用润湿角 θ 表示，材料的润湿如图 1-1-3 所示。θ 小，表明材料易被水润湿。当 $\theta \leq 90°$ 时，该材料称为亲水性材料，如石料、砖、混凝土、木材等；当 $\theta > 90°$ 时，该材料称为憎水性材料，如沥青、石蜡、塑料等。憎水性材料可用作防水材料，也可用于亲水性材料的表面处理，以降低其吸水性。

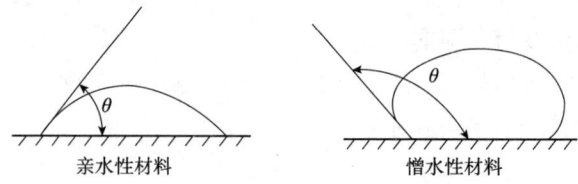

图 1-1-3　材料的润湿示意图

（2）吸水性

材料能在水中吸收水分的性质称为材料的吸水性。吸水性的大小用吸水率（W_m 或 W_V）来表示。吸水率有质量吸水率和体积吸水率两种表示方法。

质量吸水率（W_m）是指材料在吸水饱和状态时，材料所含水分的质量占材料在干燥状态下质量的百分率。计算公式如下：

$$W_m = \frac{m_1 - m}{m} \times 100\% \tag{1-10}$$

式中　W_m——材料的质量吸水率，%；

m_1——材料吸水饱和后的质量，g；

m——材料烘干至恒重的质量，g。

体积吸水率（W_V）是指材料在吸水饱和时，材料所吸水的体积占干燥材料自然体积的百分率。轻质多孔材料或轻质疏松的纤维材料因其质量吸水率往往超过 100%，常用体积吸水率表示其吸水性。体积吸水率在数值上等于开口孔隙率。

$$W_V = \frac{V_W}{V_0} \times 100\% = \frac{m_1 - m}{m} \cdot \frac{1}{\rho_w} \times 100\% \tag{1-11}$$

式中　W_V——材料的体积吸水率，%；

V_W——材料吸水饱和时水的体积，cm³；

V_0——干燥材料在自然状态下的体积，cm³；

ρ_w——水的密度，g/cm³。

质量吸水率与体积吸水率两者关系如下：

$$W_V = W_m \rho_0 \cdot \frac{1}{\rho_w} \times 100\% \tag{1-12}$$

材料的吸水性取决于材料的亲水性和憎水性，也与其孔隙率的大小及孔隙特征有关。密实和具有封闭气孔的材料一般是不吸水的，如玻璃、金属；具有粗大贯通孔的材料吸水率常小于孔隙率，如煤渣砖；孔隙数量多且具有细小贯通孔的亲水性材料一般吸水能力强，如轻质砖。

（3）吸湿性

材料在潮湿空气中吸收空气中水分的性质称为吸湿性。材料的吸湿性用含水率（$W_含$）表示。含水率是指材料内部所含水的质量占干燥材料质量的百分率，计算公式如下：

$$W_含 = \frac{m_含 - m}{m} \times 100\% \tag{1-13}$$

式中　$W_含$——材料的含水率，%；

　　　$m_含$——材料的含水质量，g；

　　　m——材料烘干至恒重的质量，g。

材料的吸湿性主要取决于材料的组成和构造。总表面积较大的粉状材料（如水泥、石灰、石膏）或颗粒材料（如砂）及开口贯通孔隙率较大（如轻质砖）的亲水性材料吸湿性较强，应注意包装。材料含水后可使材料的质量增加、强度降低、绝热性能下降、抗冻性能变差，有时会发生明显的体积膨胀。含水率随环境温度和空气湿度的变化而改变。材料与空气湿度达到平衡时的含水率称为平衡含水率，建筑材料在正常状态下，均处于平衡含水率状态。

材料的亲水性越好，连通微细孔越多，则吸水率、含水率越高。

（4）耐水性

材料长期在饱和水作用下不被破坏，而且强度也不显著降低的性质称为耐水性。衡量材料耐水性的指标是材料的软化系数，用 $K_软$ 表示。计算公式如下：

$$K_软 = \frac{f_饱}{f_干} \tag{1-14}$$

式中　$K_软$——材料的软化系数；

　　　$f_饱$——材料在吸水饱和状态下的抗压强度，MPa；

　　　$f_干$——材料在干燥状态下的抗压强度，MPa。

软化系数的范围为0~1，软化系数越大，表示材料的耐水性越好。软化系数是材料吸水后性质变化的重要特征之一。长期处于水中或潮湿环境中的重要建筑物或构筑物，必须选用软化系数大于0.85的材料；用于受潮湿较轻或次要结构的材料，则软化系数不宜小于0.70。工程中，通常将 $K_软>0.85$ 的材料称为耐水性材料。

（5）抗渗性

材料抵抗压力水渗透的性质称为抗渗性（或不透水性），用渗透系数 K 表示。计算公式如下：

$$K=\frac{Qd}{AtH} \tag{1-15}$$

式中 K——渗透系数，cm/h；

Q——渗水量，cm³；

d——试件厚度，cm；

A——透水面积，cm²；

t——渗水时间，h；

H——静水压力水头，cm。

渗透系数 K 反映水在材料中流动的速度，渗透系数 K 越小，说明水在材料中流动的速度越慢，表示材料的抗渗性越好。

对于混凝土和砂浆材料，其抗渗性常用抗渗等级表示。抗渗等级是以规定的试件，在标准试验方法下所能承受的最大静水压力来确定，用代号 Pn 表示，其中 n 为该材料能承受的最大水压力的 10 倍数，如 $P4$、$P6$、$P10$ 等，分别表示材料承受 0.4MPa、0.6MPa、1MPa 的静水压力而不渗水。材料的抗渗性不仅与材料本身的亲水性和憎水性有关，还与材料的孔隙率和孔隙特征有关。绝对密实的材料和具有闭口孔隙的材料，或具有极细孔隙的材料，可以认为其不透水，具有较高的抗渗性；开口大孔材料抗渗性最差。地下建筑、水工构筑物和防水工程均要求材料具有较高的抗渗性，如高性能混凝土。

（6）抗冻性

材料在吸水饱和状态下，能经受多次冻融循环作用而不被破坏，强度不显著降低，且其质量也不显著减少的性质称为材料的抗冻性。材料的抗冻性用抗冻等级 Fn 或抗冻标号 Dn 表示，其中 n 为最大冻融循环次数。抗冻等级 Fn 是在规定试验条件下，测得其强度降低不超过 25%，且质量损失不超过 5% 时所能承受的最多的循环次数（快冻法），如 $F50$、$F100$、$F150$、$F400$ 等；抗冻标号 Dn 是材料在吸水饱和状态下，经冻融循环作用，强度损失和质量损失不超过规定值时所能抵抗的最多冻融循环次数（慢冻法），如 $D50$、$D100$、$D150$、$D200$ 等。

材料的孔隙率低、孔径小、开口孔隙少，则抗冻性好。另外，抗冻性还与材料吸水饱和的程度、材料本身的强度、耐水性以及冻结条件等有关。北方的建筑物应选用抗冻性能较好的材料，如加气混凝土。抗冻性常作为评价材料耐久性的一个指标。

1.1.3.3 材料的力学性质

（1）材料的强度

①材料的强度及其分类　材料在经受外力作用下抵抗破坏的能力称为材料的强度。根据外力作用形式的不同，材料的强度可分为抗压强度、抗拉强度、抗弯强度及抗剪强度等，如图 1-1-4 所示，均以材料受外力破坏时单位面积上所承受力的大小来表示。

材料的抗压、抗拉和抗剪强度，可用下式计算：

$$f=\frac{P}{A} \tag{1-16}$$

式中 f——抗压、抗拉、抗剪强度，MPa；

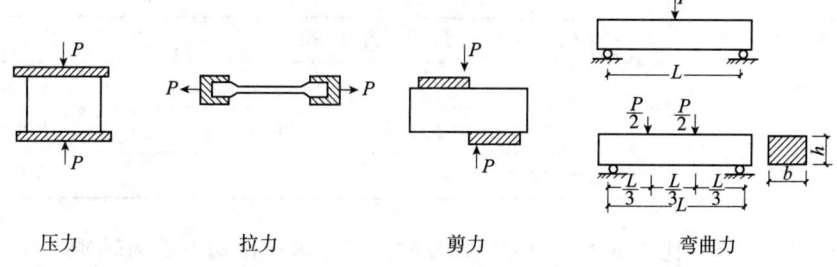

图 1-1-4　材料的强度种类

P——破坏荷载，N；

A——受荷面积，mm^2。

材料的抗弯(折)强度，可用下式计算：

$$f_{tm}=\frac{3PL}{2bh^2}$$

（1-17）

式中　f_{tm}——抗弯或抗折强度，MPa；

　　　P——破坏荷载，N；

　　　L——跨度，mm；

　　　b、h——断面宽度、高度，mm。

材料的这些强度是通过静力试验来测定的，称为静力强度。材料的静力强度是通过标准试件的破坏试验而测得，必须严格按照国家规定的试验方法进行。材料的强度是大多数材料划分等级的依据。

材料的强度除了与材料内部因素(组成、结构)有关外，还与外部因素(材料的测试条件)有关；材料的内部缺陷(裂纹、孔隙等)越少，则材料的强度越高。

②材料的强度等级　在工程应用中大部分建材可根据其强度值的不同划分为若干个强度级别，称为强度等级。如硅酸盐水泥按抗压和抗拉强度分为 6 个等级：42.5、42.5R、52.5、52.5R、62.5、62.5R；碳素结构钢按其抗拉强度分为 4 个等级：Q195、Q215、Q235、Q275。常用建材的强度见表 1-1-3。

③材料的比强度　指按单位体积的质量计算的材料强度，其值等于材料强度与其表观密度之比。比强度是评价材料质量和强度的一项重要指标。主要材料的比强度见表 1-1-4。

表 1-1-3　常用建材的强度　　　　　　　　　　　　　MPa

材　料	抗压强度	抗拉强度	抗弯强度
花岗岩	100~250	5~8	10~14
烧结普通砖	7.5~30	—	1.8~4.0
普通混凝土	7.5~60	1~4	—
松木(顺纹)	30~50	80~120	60~100
建筑钢材	235~1600	235~1600	

表 1-1-4 钢材、木材、混凝土的强度比较

材料	表观密度 ρ_0(kg/m³)	抗压强度 f_c(MPa)	比强度 f_c/ρ_0
低碳钢	7860	415	0.053
松木(顺纹)	500	34.3	0.069
普通混凝土	2400	29.4	0.012

由表 1-1-4 可知,比强度大,说明材料轻质高强,木材比钢材更为轻质高强,而混凝土为质量大、强度较低的材料。

(2)材料的变形性质

①材料的弹性与塑性

材料的弹性:材料在外力作用下产生变形,当外力取消后,材料变形即可消失并能完全恢复原来形状的性质称为弹性。材料的这种当外力取消后瞬间即可完全消失的变形称为弹性变形。弹性变形属于可逆变形,其数值大小与外力成正比,其比例系数 E 称为材料的弹性模量。材料在弹性变形范围内,弹性模量 E 为常数,其值等于应力 σ 与应变 ε 的比值,计算公式如下:

$$E = \frac{\sigma}{\varepsilon} \tag{1-18}$$

式中 σ——材料的应力,MPa;

ε——材料的应变;

E——材料的弹性模量,MPa。

材料的弹性模量是衡量材料抵抗变形能力的指标。E 值越大,材料越不易变形,即刚度好。弹性模量是结构设计时的重要参数。常用建材的弹性模量值见表 1-1-5。

表 1-1-5 常用建材的弹性模量值

材料	碳钢	铸钢	普通混凝土	烧结普通砖
弹性模量(×10⁴MPa)	19.6~20.6	17.2~20.2	1.45~360	0.6~1.2
材料	花岗石	石灰石	玄武石	木材
弹性模量(×10⁴MPa)	200~600	600~1000	100~800	0.6~1.2

材料的塑性:材料在外力作用下产生变形,当外力取消后,材料仍保持变形后的形状和尺寸,且不产生裂缝的性质称为塑性。这种不能恢复的变形称为塑性变形(或永久变形)。

材料的变形性质取决于材料的成分、结构和构造。同一种材料在不同的受力阶段,多表现为兼有弹性变形和塑性变形。如低碳钢,外力小于弹性极限时,仅产生弹性变形,当外力大于弹性极限后又会产生塑性变形,而混凝土受力后则弹性变形和塑性变形同时产生。

②材料的脆性与韧性

材料的脆性:材料在外力作用下,当外力达到一定程度时,材料突然发生破坏,并无明显塑性变形的性质称为脆性,具有这种性质的材料称为脆性材料。大部分无机非金属材

料均属于脆性材料，如天然石材、烧结砖、陶瓷、玻璃、普通混凝土等。材料受外力作用而引起破坏的原因是由于拉力造成质点间结合键断裂，或由于剪力或切应力而造成破坏。脆性材料的特点是塑性变形很小，抵抗冲击或振动荷载的能力差，抗压强度高而抗折强度低，且抗压强度与抗拉强度的比值大(5~50倍)。在工程中仅用于承受静压力作用的结构或构件，如柱子等。

材料的韧性：材料在冲击或振动荷载作用下，能吸收较大能量，同时能产生一定塑性变形而不破坏的性质，称为材料的冲击韧性(简称韧性)，具有这种性质的材料称为韧性材料(如低碳钢、低合金钢、木材、钢筋混凝土、橡胶、玻璃钢等)。韧性材料的特点是塑性变形大，抗拉、抗压强度较高。在建筑工程中，韧性材料一般用于承受冲击或振动荷载作用的结构(如桥梁、路面)及有抗震要求的结构。材料的韧性用冲击试验来检验。

（3）材料的硬度和耐磨性

①材料的硬度　指材料表面的坚硬程度，能抵抗其他硬物体刻划、压入其表面的能力。材料的硬度通常用刻划法、回弹法和压入法来测定。木材、金属等韧性材料的硬度，往往采用压入法来测定，压入法测定硬度的指标有布氏硬度和洛氏硬度，它等于压入荷载值除以压痕的面积或密度。而陶瓷、玻璃等脆性材料的硬度往往采用刻划法来测定，其指标为莫氏硬度，根据刻划矿物(滑石、石膏、方解石、萤石、磷灰石、长石、石英、黄玉、刚玉、金刚石等)硬度的不同分为10个硬度等级。一般材料的硬度越大，则其耐磨性越好，加工越困难。

②材料的耐磨性　指材料表面抵抗磨损的能力，用磨损率表示。磨损率等于试件在标准试验条件下磨损前后的质量差与试件受磨表面积之比。磨损率越大，材料的耐磨性越差。

材料的硬度越大，则耐磨性越高。在建筑工程中，地面、路面、楼梯踏步等磨损较大的部位，需选用较高硬度和耐磨性高的材料。一般来说，强度较高且密实的材料，其硬度较大，耐磨性较好。

1.1.3.4　材料的热工性质

（1）导热性

当材料两侧存在温度差时，热量从材料的一侧通过材料传导至另一侧的性质称为导热性。导热性的好坏用导热系数 λ 表示。计算公式如下：

$$\lambda = \frac{Qd}{At(T_1-T_2)} \tag{1-19}$$

式中　λ——导热系数，W/(m·K)；

Q——传导的热量，J；

d——材料的厚度，m；

A——传热面积，m²；

T_1-T_2——材料两侧的温度差，K；

t——热传导时间，s。

导热系数是评定建筑材料保温隔热性能的重要指标,导热系数越小,材料的保温隔热性能越好。材料的导热系数主要取决于材料的组成与结构,通常把 $\lambda<0.23W/(m\cdot K)$ 的材料称为绝热材料。一般来说,金属材料导热系数最大,无机非金属材料次之,有机材料最小。材料的导热系数是指干燥状态下的导热系数,材料含水,导热系数会明显增大;高温下比常温下大;顺纤维方向导热系数也会大些。

(2)热容量

材料在受热时吸收热量,冷却时放出热量的性质,称为材料的热容量。单位质量材料温度升高或降低1K所吸收或放出的热量称为热容量系数(也称比热)。计算公式如下:

$$Q = Cm(T_2 - T_1) \tag{1-20}$$

$$Cm = \frac{Q}{T_2 - T_1} \tag{1-21}$$

式中 Q——材料吸收(或放出)的热量,kJ;

C——材料的比热,kJ/(kg·K);

m——材料的质量,kg;

$T_2 - T_1$——材料受热(或冷却)前后的温度差,K。

比热是反映材料的吸热或放热能力大小的物理量。不同材料的比热不同,即使是同一种材料,由于所处物态不同,比热也不同。

材料的热容量对保持建筑物内部温度稳定有重要意义。比热大的材料,能在热流变动或采暖设备供暖不均匀时,缓和室内温度的波动。常用建筑材料的热性质见表1-1-6。

表1-1-6 常用建筑材料的热性质

材料名称	钢材	混凝土	松木	烧结普通砖	花岗石	密闭空气	水
比热 $C[J/(g\cdot K)]$	0.48	0.84	2.72	0.88	0.92	1.00	4.18
导热系数 $\lambda[W/(m\cdot K)]$	58	1.51	1.17~0.35	0.80	3.49	0.023	0.58

材料对火焰和高温的抵抗能力称为材料的耐燃性,是影响建筑物防火、建筑结构耐火等级的因素。根据《建筑材料及制品燃烧性能》(GB 8624—2012)分为4个等级:

①不燃材料(A级) 在空气中受到火烧或高温高热作用不起火、不燃烧、不碳化的材料,如钢铁、砖、石等。用不燃材料制作的构件称为非燃烧体。钢铁、铝、玻璃等材料受到火烧或高温作用会发生变形、熔融,所以虽然是不燃材料,但不是耐火材料。

②难燃材料(B_1级) 在空气中受到火烧或高温高热作用难起火、难燃、难碳化,当火源移走后,已燃烧或微燃即停止燃烧的材料,如装饰防火板和阻燃刨花板等。

③可燃材料(B_2级) 在空气中受到火烧或高温高热作用容易点燃或微燃,且火源移走后仍继续燃烧的材料,如胶合板、木工板、墙布等。用这种材料制作的构件称为燃烧体,使用时应做阻燃处理。

④易燃材料(B_3级) 着火点低,在空气中受到火烧或高温高热作用立即起火,燃烧后能迅速蔓延且火势凶猛的材料,如油漆、酒精、木材等。

1.1.3.5 材料的装饰性

园林建筑物或构筑物饰面的主要作用是美化和保护建（构）筑基体并与外部环境协调一致，集材料、工艺、造型设计、美学于一身，是园林工程的重要物质基础。其装饰是通过装饰建材的色彩、形式和质感来实现的。

（1）色彩

色彩是通过材料表面不同的颜色给人以不同的心理感受，如红色给人温暖、热烈的感觉，绿色、蓝色给人宁静、清凉、寂静的感觉。材料的色彩可来源于自身的本色，也可以经过加工方式获得或改变，还可以利用不同的光源条件来改变。

（2）形式

形式是通过材料本身的形状尺寸、花纹图案，利用美学规律和手法进行排列组合而形成的图形效果。例如，将材料本身的纹理或材料的表面制作、拼镶成各种花纹图案，如山水风景画、人物画、动植物图案、木纹、石纹、陶瓷壁画和拼镶陶瓷锦砖等。

（3）质感

质感是指材料的表面组织结构、花纹图案、颜色、光泽、透明性等给人的一种综合感受，如金属、陶瓷、木材、玻璃等材料给人以软硬、轻重、粗细、冷暖等不同感受。一般装饰资材要经过适当的选择和加工才能满足人们的视觉美感要求。例如，花岗石经过加工处理，可呈现出不同的质感，如光洁细腻（磨光板材）、粗犷坚硬（剁斧板材）等。相同的表面处理形式往往具有相同或类似的质感，但有时并不完全相同，如人造花岗石和仿木纹制品，一般不及天然的花岗石和木材自然、真实，略显单调、呆板。

材料还具有其他特性如耐沾污性、易洁性和耐擦性等。良好的耐沾污性和易洁性是园林建筑材料历久常新、长期保持其装饰效果的重要保证。用于地面、台面、外墙及卫生间等的材料要求具有较好的耐沾污性和易洁性，而内墙涂料要求具有较高的耐擦性，地面材料要求有较好的耐磨性，耐擦性和耐磨性越高，则材料的使用寿命越长。

1.1.3.6 材料的耐久性

材料在使用中能抵抗周围各种内外因素或腐蚀介质的作用而不被破坏，保持其原有性能的性质称为耐久性。材料的耐久性是一项综合性能，包括抗渗性、抗冻性、耐化学腐蚀性、耐磨性、抗老化性等。内部因素是造成材料耐久性下降的根本原因，包括材料的组成、结构与性质等；外部因素是影响耐久性的主要因素。

建筑物或构筑物在长期使用过程中经常会受到日晒、雨淋、风吹、冰冻等影响，也经常会受到腐蚀性气体和微生物的侵蚀，使其出现风化、裂缝，甚至脱落等现象，影响其耐久性。在实际工程中，金属材料常因化学或电化学作用引起腐蚀和破坏，一般刷油漆予以保护；无机非金属材料常因化学作用、溶解、冻融、风蚀、温差、湿差、摩擦等因素被破坏；有机材料常因生物作用、溶解、化学腐蚀、光、热、电等因素被破坏。

一般使用条件下，普通混凝土使用寿命为50年以上，花岗岩为150~500年，大理石为50~200年，外墙涂料为5~10年。

选用适当的园林建筑材料对建筑物或构筑物表面进行建筑装饰，不仅能对其起到良好的装饰作用，而且能有效延长其使用寿命，降低维修费用。

1.2 竹木材料

> 【知识目标】
> (1) 熟悉竹木材料的分类、技术性质和应用范围。
> (2) 了解竹木材料的防腐处理方法。
> (3) 掌握常用竹木材料的名称、产地、纹理结构和性质。
> 【技能目标】
> 能在园林建设工程中合理选用竹木材料品种，列出材料清单并购买。
> 【素质目标】
> 通过学习竹木材料知识，要求学生熟悉掌握竹木材料种类、施工工艺、生产流程及行业规范；培养学生弘扬中国传统文化，坚定文化自信。

竹木材料泛指用于工民建筑的竹木制材料。竹木材料在建筑工程中的使用可以追溯到7000年以前，是人类最早使用的建筑材料之一。

1.2.1 木材

木材作为人类最早使用的建筑工程主要材料之一，因其具有许多优良的性能，在古建筑中广泛应用于寺庙、宫殿、寺塔以及民房中。中国现存的木制古建筑中，著名的有山西五台山佛光寺东大殿，建于公元857年；山西应县木塔，建于公元1056年，高达67.31m。现如今木材广泛应用于亭、廊架、花架、花棚、栅栏、平台、楼阁、木桥、模板、电杆、枕木、户外家具及室内家具、门窗与地板、建筑装修等工程项目中。

1.2.1.1 木材构造

从外观看，树木主要分为三部分：树干、树冠和树根。树干是由树皮、形成层、木质部和髓心4个部分组成。木质部是树干最主要的部分，也是加工木材主要使用的部分。髓心是位于树干中心的柔软薄壁组织，其特征为松软、强度低、易干裂和腐朽。

（1）心材和边材

木质部靠近髓心颜色较深的部位，称为心材；靠近外围颜色较浅的部位，称为边材。边材含水率高于心材，容易翘曲，如图1-2-1所示。

（2）年轮、春材和夏材

从横切面上看到的深浅相同的同心圆，称为年轮。年轮内侧颜色较浅部分是春天生长的木质，组织疏松，材质较软，称为春材(早材)。年轮外侧颜色较深部分是夏、秋两季生长的木质，组织致密，材质较硬，称为夏材(晚材)。树木的年轮越均匀、密实，材质越好。夏材所占比例越高，木质强度越高。

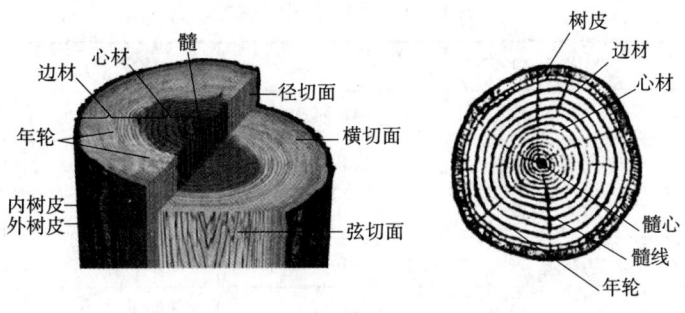

图 1-2-1 木材的构造

1.2.1.2 木材性质

木材的优点在于：质量轻而强度高，具有较高的弹性和韧度，导热性差；具有良好的装饰性，易加工；能长期置于干燥的空气中或水中，具有很高的耐久性等。缺点在于：构造不均匀；具各向异性；容易吸收或散失水分，导致尺寸、形状及强度发生变化，甚至引起裂缝和翘曲；保护不善，易遭腐蚀和虫蛀；天生缺陷较多，影响材质；耐火性差，易燃等。

尽管当今世界已生产了多种新型建筑结构材料和装饰材料，但由于木材具有其独特的优良特性（如绿色环保，可再生，可降解；施工简易、工期短；冬暖夏凉；抗震性能优良），木质饰面给人一种特殊的优美观感，这是其他装饰材料无法与之相比的。所以，木材在建筑工程尤其是装饰领域中，始终保持着重要的地位。但是，林木生长缓慢，我国又是森林资源贫乏的国家之一，这与我国高速发展的经济建设需求形成日益突出的矛盾。我国人均木材的占有量偏少，而我国作为发展中国家木材的吞吐量巨大，因此每年不得不大量依赖进口，据统计，我国的木材吞吐量居世界之首。

（1）物理性质

①实际密度和表现密度　木材的实际密度一般为 $1.48~1.56\text{g/cm}^3$，表观密度一般为 $0.4~0.6\text{g/cm}^3$，也有表观密度大于 1g/cm^3 的木材，例如，乌木的表观密度为 1.14g/cm^3，密度大于水，可沉于水。

②含水率　木材细胞壁内充满吸附水，达到饱和状态，而细胞腔和细胞间隙中没有自由水时的含水量，称为纤维饱和点，一般在 25%~35%。它是木材物理力学性质变化的转折点。

③吸湿性　木材具有较强的吸湿性，木材在使用时其含水率应接近或稍低于平衡含水率，即木材所含水分与周围空气的湿度达到平衡时的含水率。长江流域一般为 15%。

④胀缩性　木材吸收水分后体积膨胀，丧失水分则体积收缩。木材自纤维饱和点到炉干的干缩率，顺纹方向约为 0.1%，径向为 3%~6%，弦向为 6%~12%。径向和弦向干缩率的不同是木材产生裂缝和翘曲的主要原因。

（2）力学性质

木材有很好的力学性质，但木材是有机各向异性材料，顺纹方向与横纹方向的力学性质有很大差别。木材的顺纹抗拉和抗压强度均较高，但横纹抗拉和抗压强度较低。常见木材的强度见表 1-2-1 所列。

表1-2-1 常见木材的强度　　　　　　　　　　　　　　　　MPa

材料	抗压强度	抗拉强度	抗弯强度	抗剪强度
马尾松（顺纹）	29.1~44.0	80~120	88.1~118.0	6.6~9.5
湿地松（顺纹）	29.1~44.0	80~120	54.1~88.0	≤6.5
红松（顺纹）	29.1~44.0	80~120	54.1~88.0	6.6~9.5
广东松（顺纹）	29.1~44.0	80~120	88.1~118.0	6.6~9.5
樟子松（顺纹）	44.1~59.0	90~160	≤54.0	6.6~9.5
香樟（顺纹）	29.1~44.0	80~120	54.1~88.0	6.6~9.5
杉木（顺纹）	29.1~44.0	80~120	54.1~88.0	6.6~9.5
枫香（顺纹）	44.1~59.0	90~160	88.1~118.0	6.6~9.5
桦树（顺纹）	44.1~59.0	90~160	118.1~142.0	6.6~9.5
伯利印茄（顺纹）	44.1~59.0	90~160	88.1~118.0	12.1~15.0
印度紫檀（顺纹）	44.1~59.0	90~160	88.1~118.0	9.6~12.0
乌木（顺纹）	>73.0	100~180	118.1~142.0	≥15.1
黑核桃木（顺纹）	44.1~59.0	90~160	88.1~118.0	12.1~15.0
北美鹅掌楸（顺纹）	29.1~44.0	80~120	54.1~88.0	6.6~9.5

木材强度还因树种而异，并受木材缺陷、荷载作用时间、含水率及温度等因素的影响，其中以木材缺陷及荷载作用时间两者的影响最大。因木节尺寸和位置不同、受力性质（拉或压）不同，有节木材的强度比无节木材要低30%~60%。在荷载长期作用下木材的长期强度几乎只有瞬时强度的一半。

1.2.1.3 木材分类

（1）按树种分类

木材按照树种进行划分时，一般分为针叶树材和阔叶树材。

①针叶树材　常用的有杉木及各种松木、云杉和冷杉等。

②阔叶树材　常用的有柞木、水曲柳、香樟、檫木及各种桦木、楠木和杨木等。

（2）按加工程度分类

按加工程度的不同将木材分为原条、原木、锯材3类（图1-2-2）。

①原条　森工及建材专业术语。伐倒杉木经过打枝、剥皮后，未经加工造材的杉木树干称为杉原条，也称原条，现今也泛指除去皮、根、树梢、树丫等部分，但尚未加工成材的木料。

②原木　是原条长向按尺寸、形状、质量的标准规定或特殊规定截成一定长度的木段。也泛指已加工成规定直径和长度的圆木段，有带皮的也有剥皮的。按原木材质和使用价值分为经济用材和薪炭材两大类。经济用材根据其使用情况又分为直接使用原木和加工用原木。直接使用原木又分为采掘坑木、房建檩条等。原木按截取部位不同可分为根段原

原条　　　　　　　　　　　原木　　　　　　　　　　　锯材

图 1-2-2　按加工程度分类

木、梢段原木、中段原木。

③锯材　指伐倒木经打枝和剥皮后的原木或原条，按一定的规格要求加工后的成材。包括整边锯材、毛边锯材、板材、枋材等。整边锯材，宽材面相互平行，相邻材面互为垂直；毛边锯材，宽材面相互平行，窄材面未着锯；板材，宽度尺寸为厚度尺寸 2 倍以上；枋材，宽度尺寸为厚度尺寸 2 倍以内。

1.2.1.4　防腐木

防腐木制品在现代园林景观工程中，如公园、城市绿地等场所常见，它们点缀着城市园林，让人们实现回归自然的梦想。随着人们环保意识的提高和对回归与重塑自然的不断追求，越来越多的防腐木制品被应用到园林绿化中来，防腐木已经在园林中广泛使用。防腐木建筑轻巧简洁，又能与自然环境相融合，在满足功能条件的同时又起到了画龙点睛的作用。防腐木有天然防腐木与人工防腐木两种。常见的天然防腐木有菠萝格、巴劳木、红雪松；人工防腐木主要有防腐剂防腐木材和碳化木材两种，常见的防腐木有芬兰木、樟子松、美国南方松等。

（1）天然防腐木

①菠萝格（图 1-2-3、图 1-2-4）　是生长在天堂雨林中的珍贵热带硬木。菠萝格根据不同的产地分为印尼菠萝格、非洲菠萝格、马来西亚菠萝格。因产地不同，质量和价格悬殊很大。印尼菠萝格在菠萝格木质中，质量最好，价格最贵。主要分布于东南亚及太平洋群岛，属于上等防腐木材。因其材质硬，经常用于室外木作，如室外木桥、木栏杆等。市场上常说的印尼菠萝格专业名称叫"印茄木"；而非洲菠萝格的专业名称则叫非洲格木等。因颜色有差异，常分为红菠萝格和黄菠萝格两种。大径材树根部颜色偏红、偏深，品质较好；小径材树梢部颜色偏黄、偏浅，色泽较好。

②巴劳木（图 1-2-5）　是分布于印度尼西亚和马来西亚的一种木材，耐久等级 1～2 级。属阔叶林材，开裂少，抗劈裂。原木无需化学处理即可长期在户外使用，颜色浅至中褐

  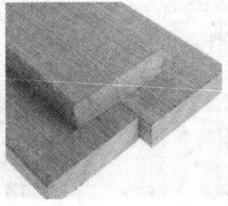 

图 1-2-3　菠萝格

图 1-2-4 菠萝格的应用

图 1-2-5 巴劳木

色,部分微黄,时间久可渐变为银灰和古铜色。木材耐磨性好,密度高,没有节疤,握钉力强,切面光滑,开裂少,使用周期长,常用于户外家具、园林建筑及小品等。

其他特点有:属纯天然环保材,无需经过任何化学处理即可长期用在户外;密度较高,平均密度接近于水的密度,水较难将木材完全渗透;不用上油漆,原木颜色更显高贵且不影响木材的功能和寿命;使用寿命比普通防腐木长 1~2 倍;高耐磨度的特点更适用于人流量较大的公共场所。

③红雪松(图 1-2-6) 是北美等级最高的天然耐腐木材。其卓越的防腐能力来源于自然生长的一种醇类防腐物质;红雪松中可被萃取的某种酸性物质确保了木材不被昆虫侵蚀,无须再做人工防腐和压力处理。红雪松密度低,收缩小,稳定性极佳,是常见软木的两倍,使用寿命长,不易变形,木材平整、竖立笔直、纹理均匀、无孔,与扣件紧固良好,非常适用于需要耐久性和稳定性强的部位。另外,也适用于高湿度的环境,如桑拿房、浴室和厨房,用于制作橱柜、衣柜等可防蟑螂、蛀虫。红雪松密度低(表观密度 380kg/m³),重量轻,收缩

图 1-2-6 红雪松

小，隔热保温性出色，是不可多得的景观材料。

（2）人工防腐木

人工防腐木是将普通木材经过人工添加化学防腐剂，使其具有防腐蚀、防潮、防真菌、防虫蚁、防霉变以及防水等特性的木类材料。国内常见的添加防腐剂的人工防腐木主要有两种：芬兰木（北欧赤松）和俄罗斯樟子松。它能够直接接触土壤及潮湿环境，经常在户外使用，是户外地板、园林建筑及小品等的理想材料，深受园林设计师的青睐。

①芬兰木（图 1-2-7、图 1-2-8） 主要原料是北欧赤松，主要生长在芬兰。芬兰的气候非常适宜高品质用材树种的生长，异常寒冷及漫长的冬天使一年中只有大约 100 天的时间适合树木生长，缓慢匀称的生长造就高质量的木材。其木质坚硬，纹理匀称笔直，树结小而少。低树脂，具有自然纹理的北欧木材是几个世纪以来许多行业的首选，被喻为"北欧的绿色之钻"。芬兰是北欧森林覆盖率最高的国家，全球森林覆盖率位居第二，也是最早将防腐处理后的北欧赤松输入中国的国家，因此人们习惯称北欧赤松防腐木为芬兰木。

芬兰木是经真空脱脂后，在密闭的高压仓中灌注水溶性防腐剂 ACQ，使药汁浸入木材的深层细胞从而使其具有抗真菌、防腐烂、防白蚁和其他寄生虫的功能，且密度高，强度高，握钉力好，纹理清晰，极具装饰效果。

图 1-2-7 芬兰木

图 1-2-8 芬兰木的应用

②樟子松（图 1-2-9、图 1-2-10） 树质细、纹理直，经防腐处理后，能有效地防止霉菌、白蚁、微生物的侵蚀，有效抑制处理木材含水率的变化，减少木材的开裂程度，延长木材寿命。樟子松主要分布于夏凉冬冷且有适当降水气候条件的地区，我国黑龙江大兴安岭、内蒙古呼伦贝尔以西的部分山区和小兴安岭北部有分布。

樟子松物美价廉（2500~3000 元/m³），是国内园林工程中销量最大、使用最多、最普遍的防腐木；樟子松木理纹路粗深，清晰美观，具有特别的木质风采；在户外使用时需要刷清漆养护，一般隔 1~2 年刷一次油漆。

图 1-2-9　樟子松

图 1-2-10　樟子松的应用

1.2.1.5　人造板材

（1）人造板

人造板，顾名思义，就是利用木材在加工过程中产生的边角废料，添加化工胶黏剂制作的板材。人造板种类很多，常见的人造板有中密度板、胶合板、细木工板、刨花板（图 1-2-11）、中纤板以及防火板等装饰型人造板等，因其具有各自不同的特点，而应用于不同的家具制造领域。胶合板（夹板）常用于制作需要弯曲变形的家具；细木工板性能有时会受板芯材质影响；刨花板又叫微粒板、蔗渣板、实木颗粒板，优质刨花板广泛用于家具生产制造及室内阳台地板；中纤板质地细腻，可塑性较强，可用于雕刻。

图 1-2-11　刨花板

（2）木塑（图 1-2-12 至图 1-2-14）

木塑，即木塑复合材料，是国内外近年来蓬勃兴起的一类新型复合材料，指利用聚乙烯、聚丙烯和聚氯乙烯等，代替通常的树脂胶黏剂，与超过 35%～70% 的木粉、稻壳、秸秆等废植物纤维混合成新的木质材料，再经挤压、模压、注塑成型等塑料加工工艺，生产出的板材或型材。主要用于建材、家具、物流包装、园林等行业。将塑料和木质粉料按一

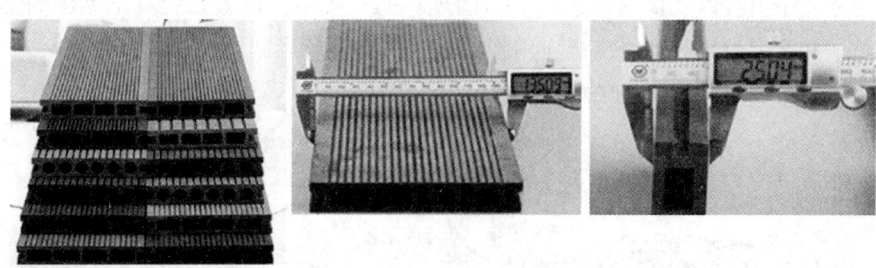

图 1-2-12 木塑

定比例混合后经热挤压成型的板材,称为挤压木塑复合板材。

木塑复合材料内含塑料,因而具有较好的弹性模量。此外,由于内含纤维并与塑料充分混合,因而具有与硬木相当的抗压、抗弯等物理机械性能,并且其耐用性明显优于普通木质材料。表面硬度高,一般是木材的 2~5 倍。

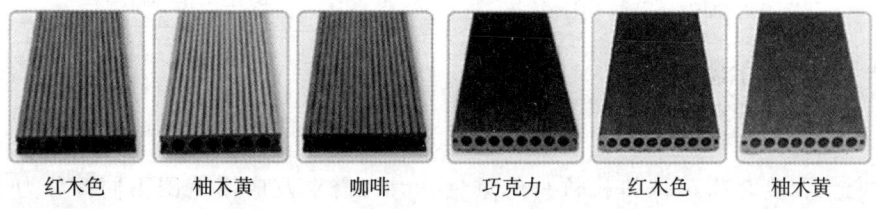

图 1-2-13 木塑的常见颜色

图 1-2-14 木塑的应用

木塑可以广泛应用于木材加工领域,是取代木材的良好环保材料;木塑产品对降低能耗起了重要作用,是一种可循环利用产物,在园林工程中的应用也较为广泛。现有木塑室内门、踢脚线、整体橱柜、衣柜、外墙挂板、天花吊顶、装饰墙板、户外地板、护栏立柱、塑钢凉亭、园林护栏、阳台护栏、围圃栅栏、休闲长椅、树池、花架、花箱空调架、空调护罩、百叶窗、路面标示牌、运输托盘等产品。

1.2.2 竹材

竹属于禾本科竹亚科植物。竹材指竹类木质化茎秆部分,有时泛指竹的茎、枝和地下茎的木质化部分。竹材作为人类较早使用的主要材料之一,因其具有许多优良的性能,在古代广泛应用于竹楼以及民房建筑中。中国现存的竹楼中,最著名的有土家族的吊脚楼、傣族的竹楼和客家竹楼。如今广泛应用在竹桥、竹亭、竹廊架、竹花架、竹栅栏、建筑脚手架、竹屋、竹制坐凳等项目中(图1-2-15、图1-2-16)。

图1-2-15 竹亭　　　　　　　　　　图1-2-16 竹栅栏

1.2.2.1 竹材的物理性质

(1)竹材的密度

竹材的密度是指单位体积竹材的重量。因为需求及应用范围不同,分为两种密度:一种是气干密度,另一种是基本密度。由于竹材的竹节位置、胸径、竹子的竹龄、竹子的种类、竹子的生存和立地条件不同,竹材的基本密度是相对变化的,但是其基本密度在$0.4 \sim 0.8 kg/m^3$。竹材的基本密度不同会影响其他方面的性质或含量:基本密度小,则竹材的湿胀率和力学强度都会减小;基本密度大,则竹材的机械性能和纤维含量增加。

(2)竹材的吸水性

竹材的吸水与水分蒸发是两个相反的过程。竹材的体积和各个方向的尺寸在吸收水分后都会有所增加,但是其强度也会相应有所降低。其中干燥的竹材的吸水进程主要是通过其横切面进行的,但是与材料的横截面大小关系不大,而与材料的长度有紧密关系,一般是竹材越长,吸水速度就越慢,但是总体而言,其吸水能力还是很强的。

(3)竹材的干缩性

竹材具有干缩性,在各种外部条件作用下,竹材内部的水分会不断地蒸发,从而导致竹材的体积减小。木材的干缩率大于竹材。在竹材的不同部位,弦向干缩率最大,径向干缩率次之,纵向干缩率最小。竹材干燥时失水速度很快,但是很不均匀,这样容易造成径向裂纹,这是因为竹材的干缩率主要是竹材维管束中的导管失水后产生干缩所致,而竹材中维管束的分布疏密不一。

1.2.2.2 竹材的力学性质

竹材的力学强度随含水率的增高而降低,但是当竹材处于绝干状态时,因质地变脆，反而强度下降。上部竹材比下部竹材力学强度大；竹青比竹黄的力学强度大；竹材外侧抗拉强度要比内侧大；竹材节部抗拉强度要比节间低，主要原因是节部维管束分布弯曲不齐，受力时容易被破坏。新生的幼竹，抗压、抗拉强度低，随着竹龄的增加，组织充实，抗拉和抗压强度不断提高，竹龄继续增加后，组织老化变脆，抗压和抗拉强度又有所下降。所以，竹龄与竹材的抗压和抗拉强度呈二次抛物线状，并且等截面的空心圆竿要比实心圆竿的抗弯强度大，空心圆竿的内外径之比越大，其抗弯强度也越大，当外径与内径之比为 0.7 时，空心的抗弯强度是实心的 2 倍。竹材在径向施压和弦向施压下具有相同的力学行为，其整个大变形过程可以分为 3 个阶段：线弹性阶段、屈服后弱线弹性阶段、强化阶段。竹材组织是传递荷载的优良机体，竹材在径向压缩和弦向压缩的情况下有相同的宏观力学性能，可视为两向纤维复合材料。在承受轴向压缩大变形下，竹材承载的主体是竹纤维，轴向屈服极限是横向屈服极限的 3 倍。竹材的力学性能十分优越，抗拉强度可达 530MPa，但是竹材的密度会很低，单位质量的强度非常大，有利于结构受力。

1.2.2.3 竹材的优势和特性

（1）原料获取便捷

竹材具有一次造林成功，地下茎即可年年行鞭出笋、成竹，年年择伐，永续利用而不破坏生态环境的特点，是大自然赋予人类的一份特殊礼物，是中国森林资源的重要组成部分，素有中国第二森林资源之美称。全国竹林面积达 520 万 hm^2。世界上竹子工业化利用价值最高、性能最优良，集中成片分布的毛竹约 90%分布在中国，为中国竹材工业化利用提供了得天独厚的优势。竹类生长快、成熟早，一般 5 年即可砍伐利用，中国每年砍伐的竹材相当于逾 1500 万 m^3 的木材量，为缓解我国木材的供需矛盾发挥了重要的作用，中国的竹资源，无论是竹林面积、蓄积量、材产量还是竹制品加工量和加工水平，均为世界之最。

（2）生态环保、原料充足

一方面，我国是世界上竹材资源最丰富的国家；另一方面，竹子的生长周期很短，条件要求不是很高，这就为其以后的大规模应用提供了客观条件。竹子能有效地改善空气质量。并且，竹结构的构件都是预制，通过螺栓或铆钉连接在一起，因此，在房屋拆除后，完全能被回收并再次利用，可以说竹材是十分生态环保的。

（3）竹结构比较经济

一方面，竹材原材料相对于其他建筑材料比较便宜；另一方面，从经济学角度来说，竹结构的残值率比较高，并且建造的过程就是装配的过程，构件都是预制好的，只需要用连接装置把预制好的构件连接即可，相对而言，需要的劳动力比较少。因此，综合而言，竹结构比较经济。

（4）保温、隔音性能好

竹材的导热系数相对钢筋混凝土和砌块而言，导热系数很小，因此，竹结构的能耗较低，并且保温隔热的性能要远远优于混凝土结构或砌体结构。

1.2.2.4 竹材分类

（1）原竹建筑材

原竹指未经加工竹子的躯干部分，即竹子被砍伐后去掉枝叶的竹秆。原竹不仅可作建筑构件，如梁、柱、橡、瓦、墙壁、地板等，还可用来建造全竹建筑（图 1-2-17）。中国西南地区的竹亭，傣族、景颇族人的竹楼，四川都江堰的竹索桥都是驰名中外的全竹建筑。利用竹子建造的工棚、货亭和各种活动房，具备搬运方便，造价低廉的特点，很受欢迎。原竹建材必须进行防霉、防蛀和防裂处理，才能经久耐用。

（2）复合竹材

复合竹材可按加工方式分为竹重组材（图 1-2-18）和竹集成材（图 1-2-19），分别标记为 CZ 和 JC。

竹重组材是一种将竹材重新组织并加以强化成型的一种竹质新材料，也就是将竹材加工成长条状竹篾、竹丝或碾碎成竹丝束，经干燥处理后浸胶，再干燥到要求含水率，然后铺放在模具中，经高温高压热固化而成的型材。目前，重组竹材的生产工艺技术主要分为两大类：一是冷成型、热固化工艺，简称冷压工艺；二是借鉴人造板传统热压工艺，形成的重组竹热压工艺。

图 1-2-17　原竹　　　　图 1-2-18　竹重组材　　　　图 1-2-19　竹集成材

竹集成材是将竹材加工成一定规格的矩形竹片，再经防腐、防霉和防蛀处理、干燥、涂胶后组坯胶合而成的新型家具基材。依旧保持竹材优秀的物理力学性能，并且具有吸水膨胀系数小、不干裂和不变形的优点。

复合竹材的标记应由产品代号（FHZC），加工方式，产品用途，产品规格和标准号组成。

□—□—□—□—JG/T 537—2018
　　　　　　　　→ 产品规格，长度×宽度×厚度
　　　　　　→ 产品用途：Ⅰ；Ⅱ（室外用复合竹材和室内用复合竹材，分别标记为Ⅰ和Ⅱ）
　　　　→ 加工方式分类：CZ；JC
　　→ 产品代号，FHZC

示例：长度为 1860mm，宽度为 140mm，厚度为 20mm 的室外用重组竹材标记为：
FHZC-CZ-Ⅰ-1860×140×20-JG/T 537—2018

1.2.3 木材应用案例

（1）木栈道做法（构造）

①某木栈道施工详图（图 1-2-20 至图 1-2-25）。

②木栈道现场施工过程（图 1-2-26 至图 1-2-28）。

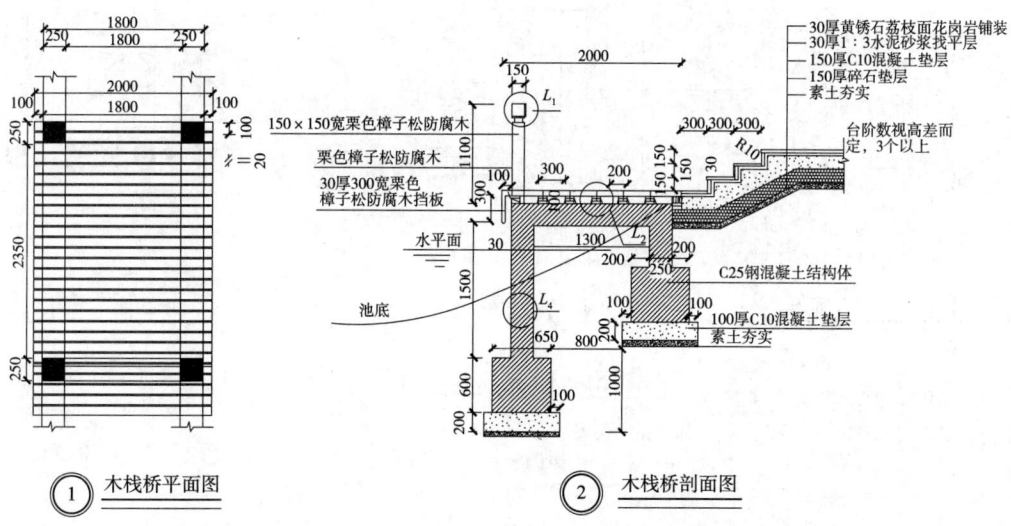

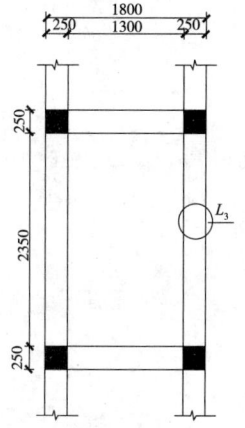

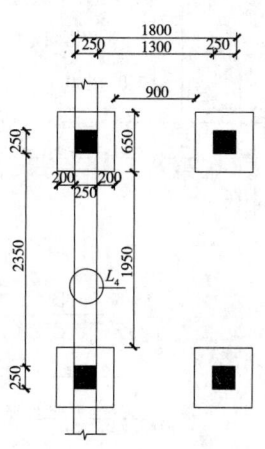

说明：
1. 防腐木地板铺设是间隔 15~20mm。
2. 所有木平台上的材料都要做防腐处理（混凝土除外）。

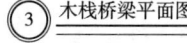

图 1-2-20　木栈道施工图（1）

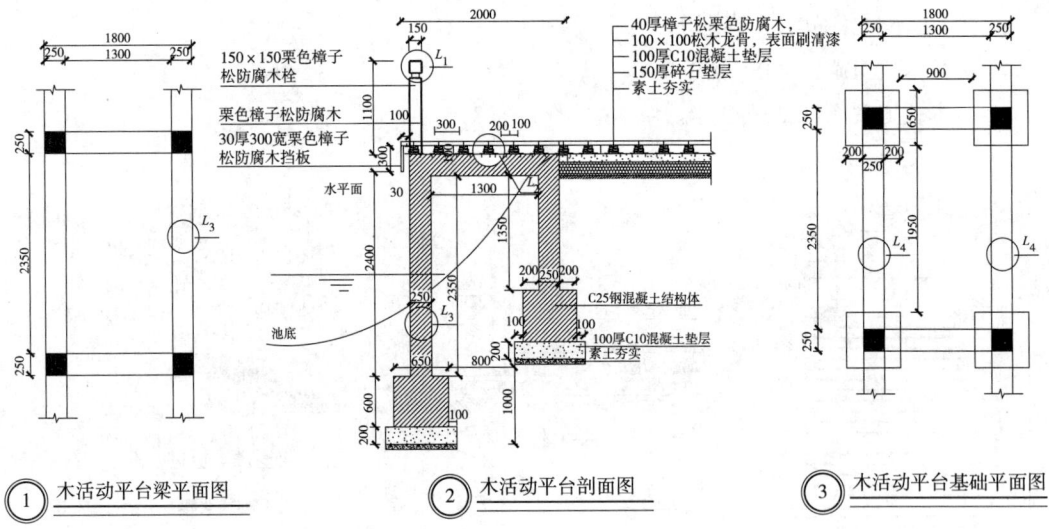

图 1-2-21 木栈道施工图(2)

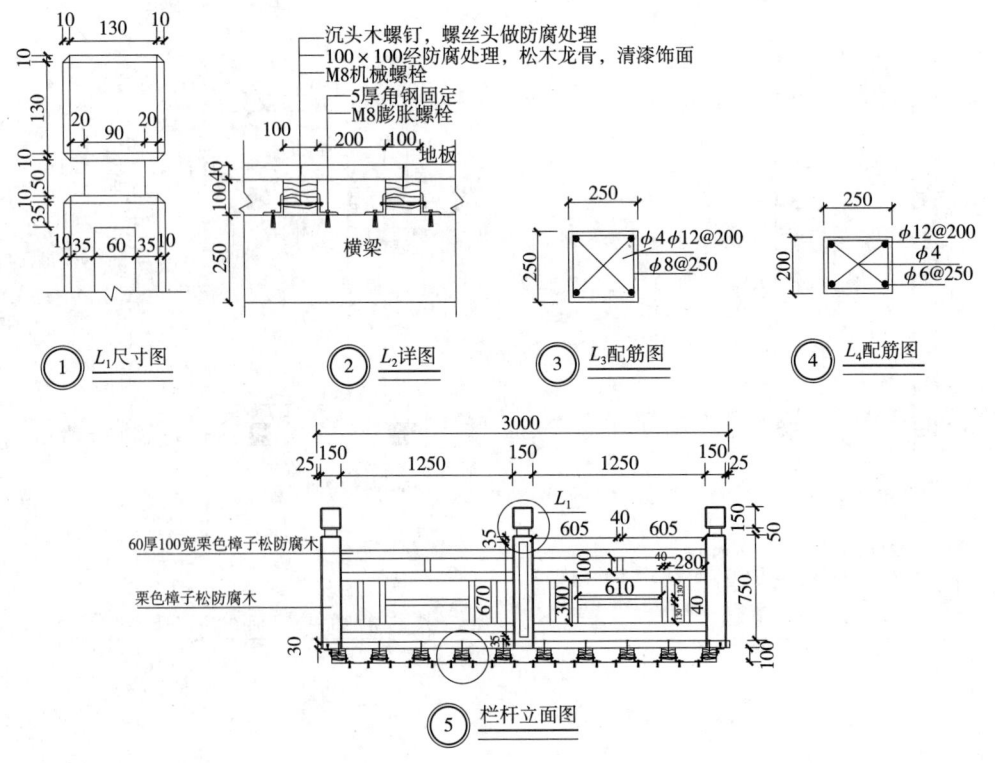

图 1-2-22 木栈道施工图(3)

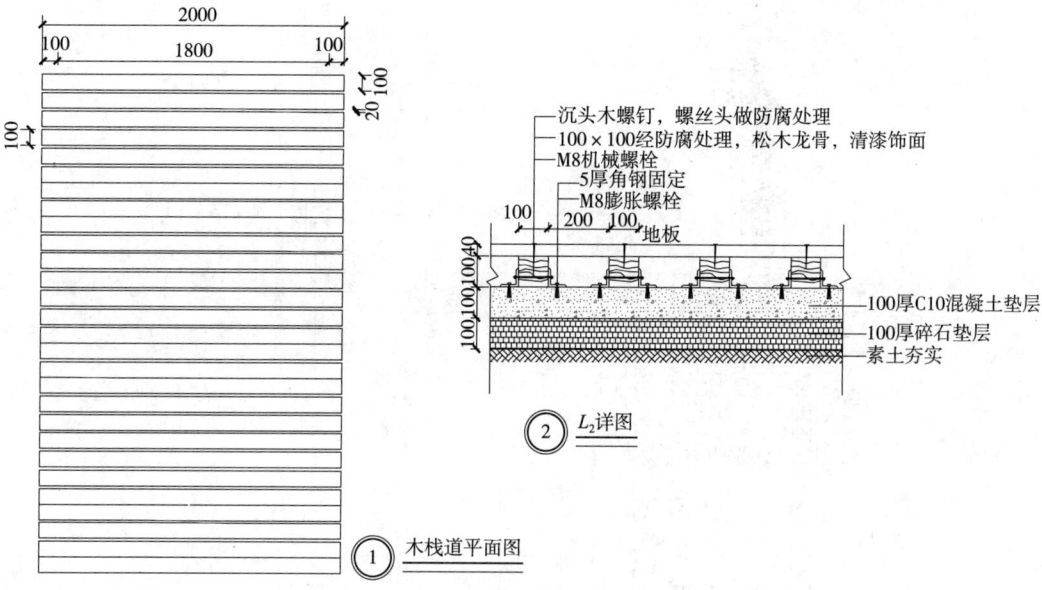

图 1-2-23 木栈道施工图(4)

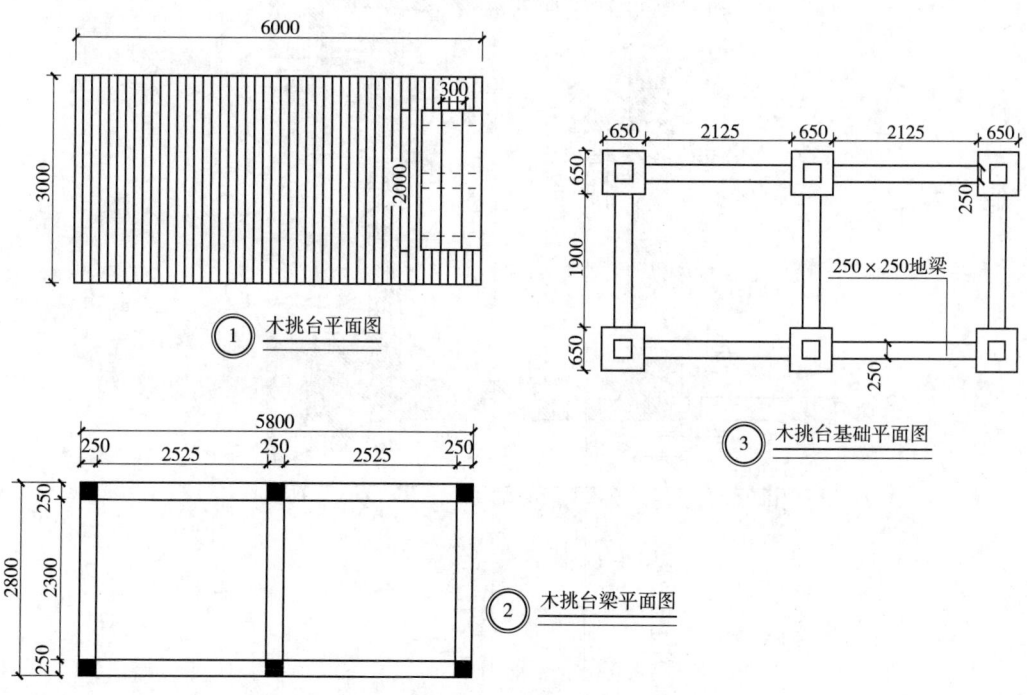

图 1-2-24 木栈道施工图(5)

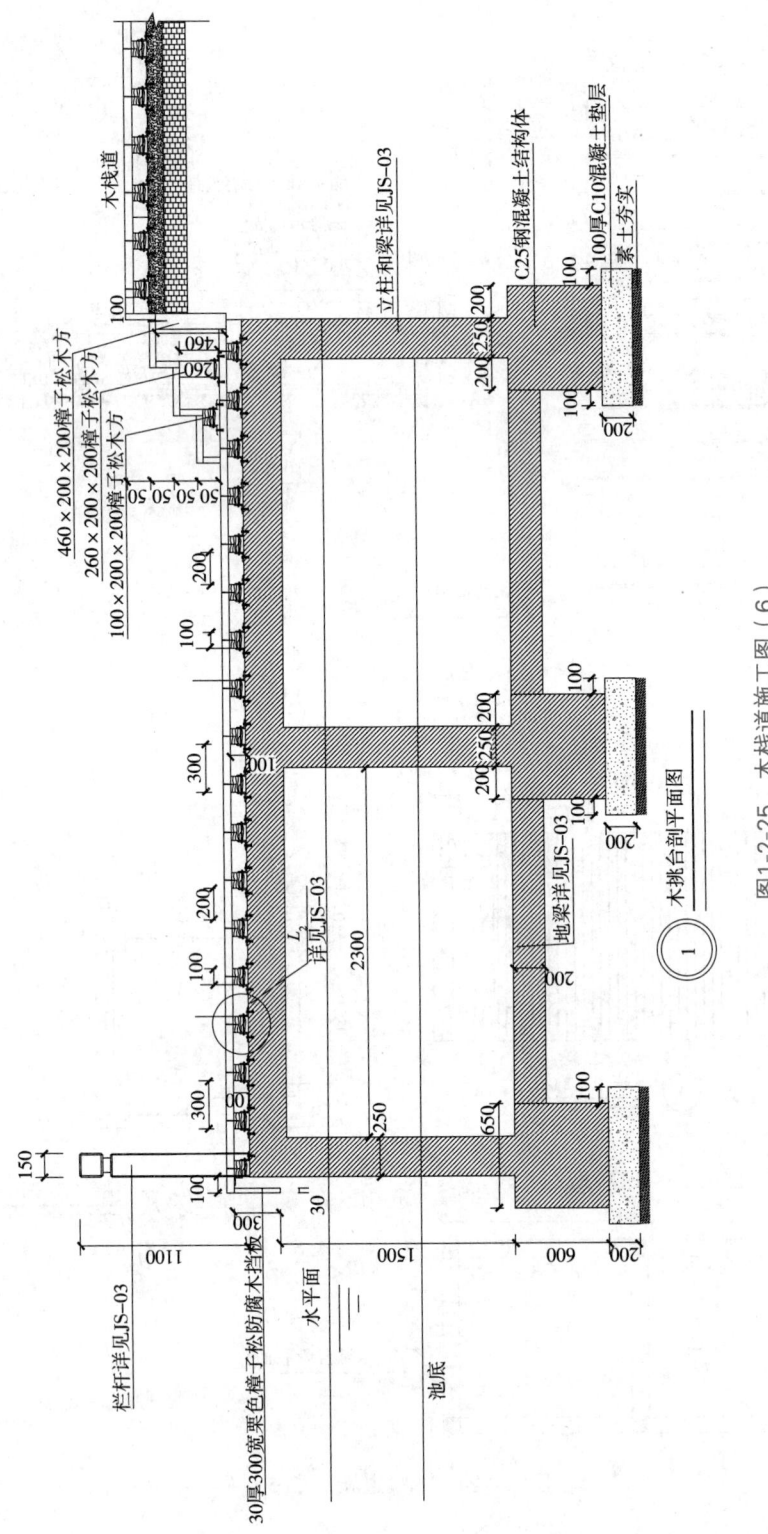

图1-2-25 木栈道施工图（6）

（2）小木屋施工实例（图 1-2-29 至图 1-2-33）

图 1-2-26　木栈道台阶基础施工

图 1-2-27　园路及木平台基础施工

图 1-2-28　木栈道施工

图 1-2-29　小木屋放线、开挖

图 1-2-30　小木屋基础垫层、预埋管线、砖基础、圈梁基础施工

图 1-2-31　小木屋室外给排水施工

图 1-2-32　小木屋主体施工、木结构面层施工

图 1-2-33　小木屋面层打磨、刷漆施工与最终效果

1.3　石材

【知识目标】
(1) 熟悉常用天然石材的品种，掌握其技术性质及应用。
(2) 掌握常用人造石材的分类及应用。
【技能目标】
(1) 能在设计及施工过程中选择合适的石材。
(2) 能列出园林建筑所用石材清单并进行采购。
【素质目标】
通过学习石材知识，要求学生熟悉掌握石材种类、施工工艺、生产流程及行业规范；培养学生良好的职业道德和安全意识。

石材可分为天然石材和人造石材两类。

天然岩石经过机械加工或不经过加工而制得的石材统称为天然石材。天然石材资源丰富，在建筑中使用历史悠久，是古老的建筑材料之一。国内外许多著名古建筑如意大利的比萨斜塔、埃及的金字塔、我国的赵州桥等都是由天然石材建造而成的。目前，石材作为结构材料已在很大程度上被钢筋混凝土、钢材所取代。但由于天然石材具有很高的抗压强度，良好的耐久性和耐磨性，经加工后表面花纹美观、色泽艳丽、富有装饰性等优点，在现代建筑中的使用还是十分普遍。天然石材主要用作装饰饰面材料、观赏石、基础和墙身等砌筑材料以及混凝土骨料。

随着合成高分子材料的技术不断提高，人造石材的质量越来越好、性能越来越可靠，人造石材可以人为控制其性能、形状、花色图案等，作为装饰材料得到了极大的发展和广泛的应用。

1.3.1 天然石材

天然石材是从天然岩石中开采出来的。岩石是各种不同地质作用所形成的天然固态矿物的集合体，组成岩石的矿物称为造岩矿物。自然界中的矿物种类很多，但造岩矿物种类较少，主要造岩矿物有石英、长石、云母、角闪石、辉石、橄榄石、方解石、白云石、黄铁矿。少数岩石由一种矿物构成，如石灰岩是由方解石矿物组成；大多数岩石由两种或两种以上的造岩矿物组成，如花岗岩由长石、石英、云母等矿物组成。造岩矿物决定岩石的结构、性质、颜色和用途等。

1.3.1.1 技术性质

天然石材的技术性质可分为物理性质、力学性质和工艺性质。

（1）物理性质

天然石材的物理性质包括石材的密度、吸水性、耐水性、抗冻性、抗风化性、耐火性和导热性等。为确保石材的强度、耐久性等性能，一般要求所用石材表观密度较大、吸水率小、耐水性好、抗冻性好以及耐火性好等。

①表观密度　大多数岩石的表观密度均较大，这主要由岩石的矿物组成、结构的致密程度所决定。按照表观密度的大小，石材可分为轻质石材和重质石材两类。表观密度小于1800kg/m³的为轻质石材，主要用于采暖房屋外墙；表现密度大于或等于1800kg/m³的为重质石材，主要用于基础、桥涵、挡土墙，不用于采暖房屋外墙及道路工程等。同种石材，表观密度越大，则孔隙率越低，吸水率越小，强度、耐久性、导热性等越高。

②吸水性　天然石材的吸水率一般较小，但由于形成条件、密度程度等情况的不同，石材的吸水率波动也较大。岩石的表观密度越大，其内部孔隙数量越少，水进入岩石内部的可能性减小，岩石的吸水率随之减小；反之，岩石的吸水率随之增大。如花岗岩吸水率通常小于0.5%，而多孔的贝类石灰岩吸水率可达15%。岩石的吸水性直接影响了材料的强度、抗冻性、抗风化性、耐久性等指标。岩石吸水后强度会降低，抗冻性、耐久性也会下降。

③耐水性　大多数石材的耐水性较高，当岩石中含有较多的黏土或易溶于水的物质时，其耐水性较差，如黏土质砂岩等。石材的耐水性以软化系数表示，软化系数大于或等于0.9的为高耐水性石材，软化系数为0.7~0.9的属中耐水性石材，软化系数为0.6~0.7的为低耐水性石材。一般软化系数小于0.85的石材不允许用于重要建筑。

④抗冻性　抗冻性是石材抵抗反复冻融破坏的能力，是石材耐久性的主要指标之一。石材的抗冻性用石材在水饱和状态下所能经受的冻融循环次数来表示。在规定的冻融循环次数内，无贯穿裂纹，重量损失不超过5%，强度降低不大于25%，则为抗冻性合格。一般室外工程饰面石材的抗冻性次数应大于25次。

⑤抗风化性　由水、冰、化学等因素造成岩石开裂或剥离的过程称为风化。孔隙率的大小对风化有很大的影响，岩石的孔隙率较小，其抗冻性和抗风化能力较强。当岩石内含有较多的黄铁矿、云母时，其风化速度较快。此外由方解石、白云石组成的岩石在含有酸性气体的环境中也易风化。

防风化的措施主要有磨光石材的表面，防止表面积水；采用有机硅喷涂表面，对碳酸盐类石材可采用氟硅酸镁溶液处理石材的表面。

（2）力学性质

①抗压强度　石材的强度主要取决于其矿物组成、结构及孔隙构造。

砌筑用石材的强度等级是采用边长为70mm立方体试件，用标准方法测试其抗压强度来进行划分。根据《砌体结构设计规范》（GB 50003—2011）的规定，砌筑用天然石材强度等级划分为 MU100、MU80、MU60、MU50、MU40、MU30、MU20 7个等级。

②冲击韧性　石材的冲击韧性取决于矿物成分与构造。

③硬度　造岩矿物的强度高，构造紧密，则岩石硬度高。它取决于岩石矿物组成的硬度与构造，由致密坚硬矿物组成的石材，硬度便高。岩石硬度用莫氏硬度（相对硬度）或肖氏硬度（绝对硬度）表示。

④耐磨性　组成矿物越坚硬，构造越致密以及抗压强度和冲击韧性越强，石材耐磨性越好。

园林中用于基础、桥梁、隧道等处的石材，常对抗压强度、抗冻性与耐水性3项指标有很高要求。

（3）工艺性质

石材的工艺性质是指石材便于开采和加工（包括加工性、磨光性和可钻性）及施工安装的性质。石材加工性是指对岩石进行开采、锯解、切割、凿琢、磨光和抛光等加工的难易程度。凡强度高、硬度大、韧性好的石材，不易加工；而质脆且粗糙，有颗粒交错结构，含有层状或片状构造，以及已风化的岩石，都难以满足加工要求。石材的磨光性是指石材能否磨成平整光滑表面的性质。致密、均匀、细粒的岩石，一般都有良好的磨光性，可以磨成光滑亮洁的表面；疏松多孔、有鳞片状构造的岩石，磨光性差。石材的可钻性是指石材钻孔的难易程度。影响抗钻性的因素很复杂，一般石材强度越高、硬度越大，越不易钻孔。

1.3.1.2　加工类型

石材按自然形成或加工后的外形分为块状石材、板状石材、散粒石材和景观石制品4种类型。

（1）块状石材

块状石材多为砌筑石材，分为毛石和料石两类。

①毛石　岩石经爆破或者人工开凿后所得形状不规则的石块。形状不规则的称为乱毛石，有两个大致平行面的称为平毛石。

乱毛石：形状不规则，一般要求石块中部厚度不小于1500mm，长度为300~400mm，质量约为20~30kg，其强度不宜小于10MPa，软化系数不应小于0.8。

平毛石：平毛石由乱毛石略经加工而成，形状较乱毛石整齐，其形状基本上有六个面，但表面粗糙，中部厚度不小于200mm。

②料石　是经人工制造或机械开采出的较规则的六面体石块，略加凿制而成，至少应有一个面的边角整齐，以便互相合缝。其质量等级有一等品（B）、合格品（C）。根据表面加工程度的不同，可分为以下4种：

细料石：表面凹凸深度≤2mm，厚、宽≥200mm，长≤厚度的3倍。

半料石：规格尺寸同细料石，表面凹凸深度≤10mm。

粗料石：规格尺寸同细料石，表面凹凸深度≤20mm。

毛料石：厚度≥200mm，长度为厚度的1.5~3倍。

将块状石材加工成不同形状，应用于园林建筑中，主要有以下几种类型：

路沿石（路侧石、路缘石）：分规则形和异形两种，规则形有长方体如1000mm×300mm×150mm，用于道路两边、铺装场地四周等；异形（俗称弯道石）制作成V形、L形或圆弧形，用于道路、花坛拐角等。

树孔石：切割组成围绕植物的方形、长方形、圆形的石材。

骰子石：机器切割、人工制成，呈方形，尺寸如100mm×100mm×100mm、80mm×80mm×80mm，用于林荫道、小型广场等地，石与石之间有空隙，可长出草或者栽种草，与周围景观融为一体。

飞石：表面不光滑，周边不方不圆，做成不规则样式。一般直径300mm、厚度20~30mm。零星随意，抛掷于花园、公园、草坪等地，当踏脚石用。

块状石材及其应用如图1-3-1所示。

料石还有如压顶石、烟囱石、台阶石、护坡石、桥梁礅石、桥栏、雕刻人物、动物、华表柱等应用。料石主要用于砌筑基础、墙身、踏步、地坪、桥拱和纪念碑；形状复杂的料石用于柱头、柱脚、楼梯、窗台板、栏杆等处。

图1-3-1 块状石材及其应用

（2）板状石材

板状石材是用致密岩石经凿平、锯断、磨光等各种加工方法制作而成的厚度一般为10~50mm的板材，如花岗石板材、大理石板材、石灰石板材等。其质量等级有优等品

(A)、一等品(B)、合格品(C)。板状石材的技术要求应符合国家标准。天然花岗石板材根据用途和加工方法可分为粗面板、细面板和镜面板，按形状分为毛光板、普型板、圆弧板和异型板；天然大理石、石灰石板材根据形状分为普型板、圆弧板；天然砂岩板材根据形状分为毛板、普型板、圆弧板和异型板；天然板石按用途分为饰面板和瓦板，按形状分为普型板、异型板。

①粗面板

剁斧板：分为机器剁斧板、人工剁斧板。经剁斧加工，表面粗糙，具有规则的条纹状斧纹，起防滑作用，与划沟板、机刨板同类。用于地面、广场等，用途广泛。

波浪纹面：在石材表面做机器或人工多道程序的特殊处理，利用錾子錾出不规则深坑或者用钻头钻出深浅不一的坑凹，再经火烧处理而成。用于外墙干挂。

机切面：切割成型，表面较粗糙，带有明显的机切纹路。一般用于地面、台阶、基座、踏步等处。

粗磨面：机切纹磨平，表面简单磨光，把毛板切割过程中形成的机切纹磨没即可，比亚光面要粗糙一些的加工。常用于墙面、柱面、台阶、基座、纪念碑、铭牌等处。

火烧面：用火焰枪烧灼板材表面，耐腐蚀、抗风化，具防滑作用。一般是花岗岩。用于外墙、广场、码头、庭院地面等处，用途广泛。

荔枝面：分机器荔枝面、人工荔枝面，表面加工成密花点、粗花点、稀花点等，也叫麻点板。用于广场、码头、外墙等处，具有防滑作用。

菠萝面：表面比荔枝面加工更加凹凸不平，就像菠萝的表皮一般。

龙眼面：用斧剁敲石材表面，形成密集的条状纹理，具有龙眼表皮的效果。

自然面：表面粗糙，不像火烧面那样粗糙。石材中天然形成的面，如板岩的板理，花岗岩的节理等。

拉沟面：在石材表面上开具有一定的深度和宽度的沟槽。

盲道石：将石材表面划出规则的沟槽或凸点，深度一般为3~5mm，有横划槽、十子槽等。专用作盲人道路建设，也用于卫生间、公用厕所，起防滑作用。

蘑菇面：人工劈凿的如起伏山形的板材，一般底部厚度最少为30mm，凸起部分可根据实际要求不低于20mm，正面呈中间突起四周凹陷的高原状。用于单位门口、围墙、楼外墙体等处，属文化石。

②细面板

刷洗面：表面古旧。火烧后再用钢刷刷洗石材表面，模仿石头自然的磨损效果。

酸洗面：用强酸腐蚀石材表面，使其有小的腐蚀痕迹，外观比磨光面更为质朴。大部分的石材可酸洗，最常见的是大理石和石灰石，可软化花岗岩光泽。

仿古面：模仿石材使用后的古旧效果，用仿古研磨刷或是仿古水来处理。仿古研磨刷的效果和性价比高些，也更环保。

水冲面：用高压水直接冲击石材表面，形成独特的毛面装饰效果。

喷砂面：用普通河砂或是金刚砂冲刷石材的表面，具有平整的磨砂效果。

水算子、树算子：板材开规则的透槽、孔洞。用于道路两边下水道或树旁边的盖板。

石材马赛克：将石材做成马赛克形状，用于墙面或游泳池装饰。

③镜面板

又名抛光板。经研磨和抛光加工后表面平整而具镜面光泽的花岗石板材，可用于建筑物的内外装饰。

板状石材表面加工形式如图1-3-2所示。

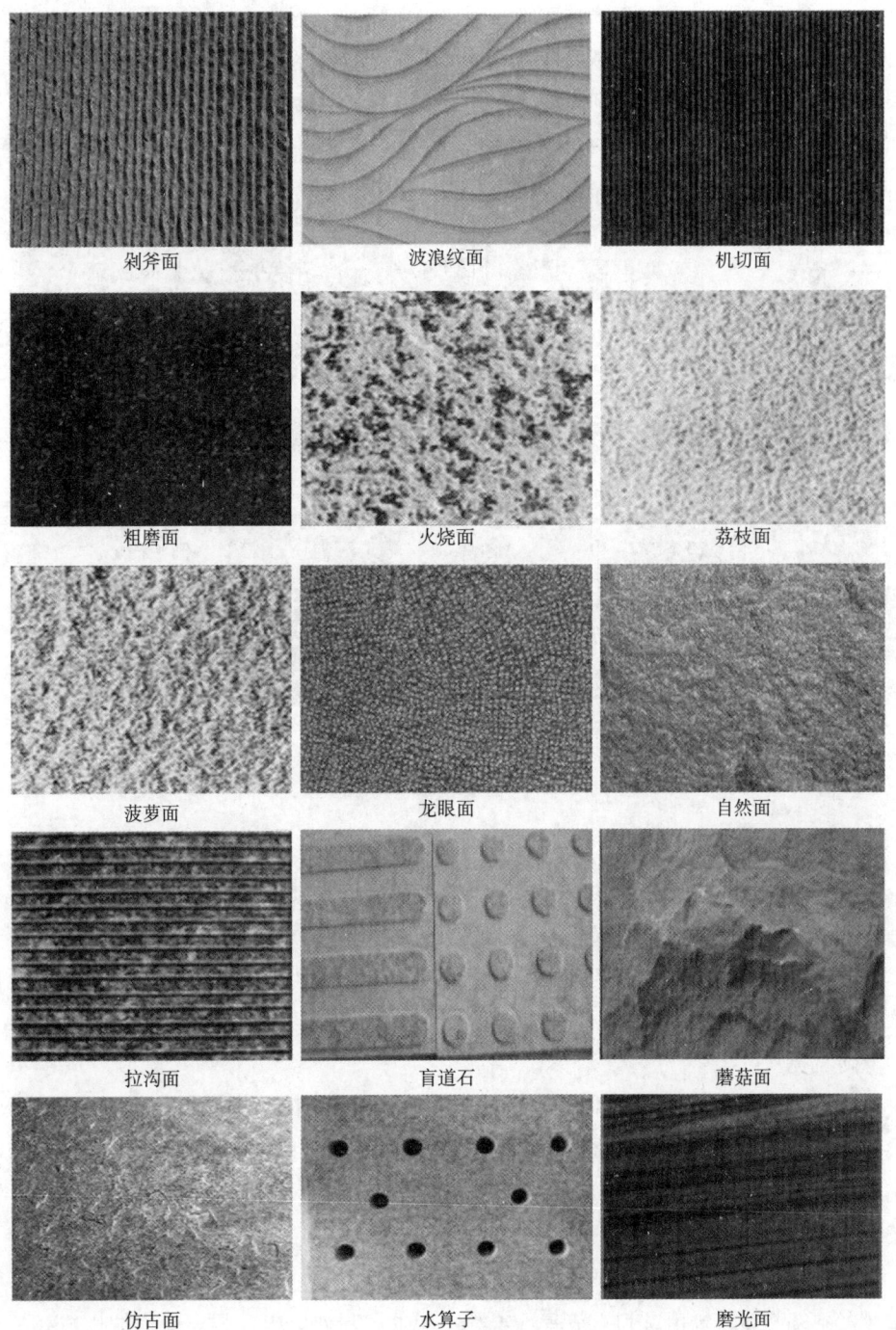

图1-3-2　板状石材表面加工形式

(3) 散粒石材

建筑工程中的散粒石料主要指碎石、卵石和色石渣三种。

①碎石　经人工或机械破碎而成的粒径大于 5mm 岩石。用于配制混凝土，作道路基础等垫层，也可造景使用。

②卵石　自然形成的无棱角岩石颗粒，分为河卵石、海卵石和山卵石等。卵石的形状多为圆形，表面光滑。可用于园林建筑、园路、溪流水池等处。

③色石渣　用天然大理石或花岗岩等碎料加工而成。有各种色彩，可作人造大理石、水磨石、水刷石及其它饰面粉刷骨料之用。

散粒石材及其应用如图 1-3-3 所示。

图 1-3-3　散粒石材及其应用

(4) 景观石制品

景观石制品包括碑、牌坊、雕塑制品、园林景石、天然假山石材等，应用在园林景观中具有观赏价值和历史纪念意义。

景观石制品分硬石、软石两种。前者质地坚硬，不易吸水，难长青苔；后者质地比较松软，容易吸水，常长青苔。

①硬石类

太湖石：主要成分是碳酸钙，属石灰岩，湖石。太湖石因产地不同，其颜色形状各异，如江苏太湖石多为青灰、青黑色，天然精雕细琢，曲折圆润；安徽太湖石多为灰色、浅灰色等；房山石（又称北太湖石）、西同龙太湖石，其体态嶙峋透露，质地坚硬，浑厚雄壮。

灵璧石：主要成分是碳酸钙，属石灰岩，湖石。其纹理颜色丰富，以墨纹为主。宜置于园林、庭院，立石为山，独自成景；装饰于厅堂或陈列馆中；装点池塘坡岸或衬托花木草坪；也可放于居室内或盆盎中。

英石(英德石)：主要成分是碳酸钙，源于石灰岩，湖石。按表面形态分为直纹石、斜纹石、叠石等。可作园林假山构造材料，或单块竖立或平卧成景；小块而峭峻者用以组合制作山水盆景。

黄蜡石(黄龙玉)：主要成分是石英，属细砂岩或石英岩，质地细腻，油润感强，有黄蜡、白蜡、红蜡、绿蜡、黑蜡、彩蜡等品种。宜作园林置石和其他观赏石。

宣石(宣城石)：主要成分是石英，属石英岩，湖石。颜色有白、黄、灰、黑等，以色白如玉为主。适宜做表现雪景的假山，也可作盆景的配石。

龟纹石：主要成分是碳酸钙，属石灰岩，颜色有灰白、深灰或褐黄，石面纹理饱满，龟裂清晰，十分坚硬，主要用于景观石欣赏。

硅化木(木化石、树化石)：主要成分是石英。用作园林置石、假山置石、摆件、小品木化石、盆景。

千层石(积层岩)：主要成分是碳酸钙和石英相叠，呈灰黑、灰白、灰棕相间。用于点缀园林、庭院，或作为厅堂供石，也可制作盆景。

斧劈石：主要成分是碳酸钙，属页岩。以深灰、黑色为主，属硬石材。适用于大型庭院布置。

石笋石(虎皮石、鱼鳞石、松皮石、白果石)：主要成分是碳酸钙，属硬石类，大多呈条柱状，形如竹笋，做置石以及盆景中山峰和丛山；龙骨石笋用作假山，小的经精细制作成盆景、鱼缸石；龙骨石笋石是水族馆理想的鱼缸景石。

钟乳石(石灰华)：主要成分是碳酸钙，属石灰岩，可作为镇园、镇店之用。

泰山石：多为不规则卵形，通过适当的视觉距离更显现出中国画大写意的神韵。多用作写字石、园林置石。

水冲石：多以黑、黄、青灰色为主，园林中多作孤石置放，适合刻字，更是游园、景区、别墅区人工河、泉滴潭池等水石景观的首选景观石材。

黄石：一种带橙黄颜色的细砂岩，产地很多，以常熟虞山的自然景观最为著名。

②软石类　软石质地疏松，多孔隙，易雕凿，能吸水，可生长苔藓，有利草木扎根生长。养护多年生的软石盆景，春夏间一片葱绿，生趣盎然，民间称为"活石"，但较易风化剥蚀。

昆石(昆山石)：主要成分是碳酸钙和碳酸镁，属白云岩。小巧玲珑，洁白晶莹，是室内装饰和造园的好材料。

芦管石：主要成分是碳酸钙，在盆景中适用于奇峰异洞的景观组合。大型芦管石还多用于庭园水池及驳岸造型。

海母石(海浮石、珊瑚石)：主要成分是碳酸钙，属石灰岩，只宜用于制作中、小型山水盆景。

浮石：主要成分是石英、石灰石，颜色有黑色、暗绿色、红棕色、黑色等，可广泛用于建筑、园林、盆景等。

砂积石(上水石、石灰华)：主要成分是碳酸钙，属砂岩。在园林、盆景造型中适合表现川派盆景高、悬、陡、深的特点。

常见景观石制品及其应用如图 1-3-4 所示。

图 1-3-4 常见景观石制品及其应用

1.3.1.3 常用天然石材

天然石材按商业用途分为花岗石、大理石、石灰石、砂岩、板石和其他石材六大类。

（1）花岗石

花岗石属于火成岩，是火成岩中分布最广的岩石，属酸性岩石，其主要矿物组成为长石、石英和少量云母等。大致包括花岗岩、闪长岩、辉绿岩、玄武岩等。

①花岗石的特点

矿物组成：主要矿物组成为长石、石英和少量云母及暗色矿物如橄榄石、辉石、角闪石等，还有少部分黄铁矿等杂质。

化学成分：主要是 SiO_2（含量 67%～73%）和 Al_2O_3，属酸性。

外观：呈整体均粒状结构，具有色泽深浅不同的斑点状花纹，分布着繁星般的云母亮点与闪闪发光的石英结晶。其颜色常为白色、灰色、红色、棕色、绿色、黑色等。

特性：结构致密（表观密度 2700～2800kg/m³），质地坚硬，抗压强度大（120～250MPa），吸水率小（≤0.3%），孔隙率小，耐酸碱和抗风化能力强，耐磨性好，抗冻性强，耐用期可达 200～500 年。但自重大、硬度大、质脆、耐火性差。有些含有微量放射性元素，对这类花岗石应避免用于室内。

花岗石是一种分布非常广的岩石，世界上有许多国家都出产花岗石。中国 9% 的土地（逾 80 万 km²）都是花岗石岩体。目前我国花岗石主要产品产地有：蒙古黑（内蒙古）、济南青（山东济南）、樱花红（山东）、枫叶红（广西岑溪）、桃花红（江苏）、中国红（四川）、雪花青（山东）、承德绿（河北）、芝麻灰（福建）、黄锈石（湖北）、山东白麻（山东）、大白花（广东）等。

国外花岗石产品产地有：南非红（南非）、印度红（印度）、英国棕（英国）、金彩麻（巴西）、黑金砂（印度）、翡翠绿（缅甸）、蓝宝（泰国）、蓝珍珠（挪威）等。

天然花岗石常见品种如图 1-3-5 所示。

②花岗石的应用 花岗石常用于重要的大型建筑物的基础、勒脚、柱子、栏杆、踏步、地面、外墙饰面、雕塑等部位以及桥梁、堤坝等工程，是建造永久性工程、纪念性建筑的良好材料；经磨切等加工成的各类花岗岩建筑板材，质感丰富，华丽庄重，是室内外高级装饰装修板材，如门厅、大堂的墙面、地面、墙裙、勒脚及柱面等饰面。

天然花岗石镜面板材具有花纹美丽、表面光泽度高、坚硬、耐污、耐久等优点，主要用于园林景观中室内外地面、墙面、柱面、台面、台阶等，特别适宜作大型公共建筑大厅的地面。

（2）大理石

大理石是指具有装饰功能并必须能被磨光、抛光的变质岩中的夕卡岩、大理岩和沉积岩中的方解石、白云岩等。大理石具有极佳的装饰效果，纯净的大理石为白色，俗称汉白玉。

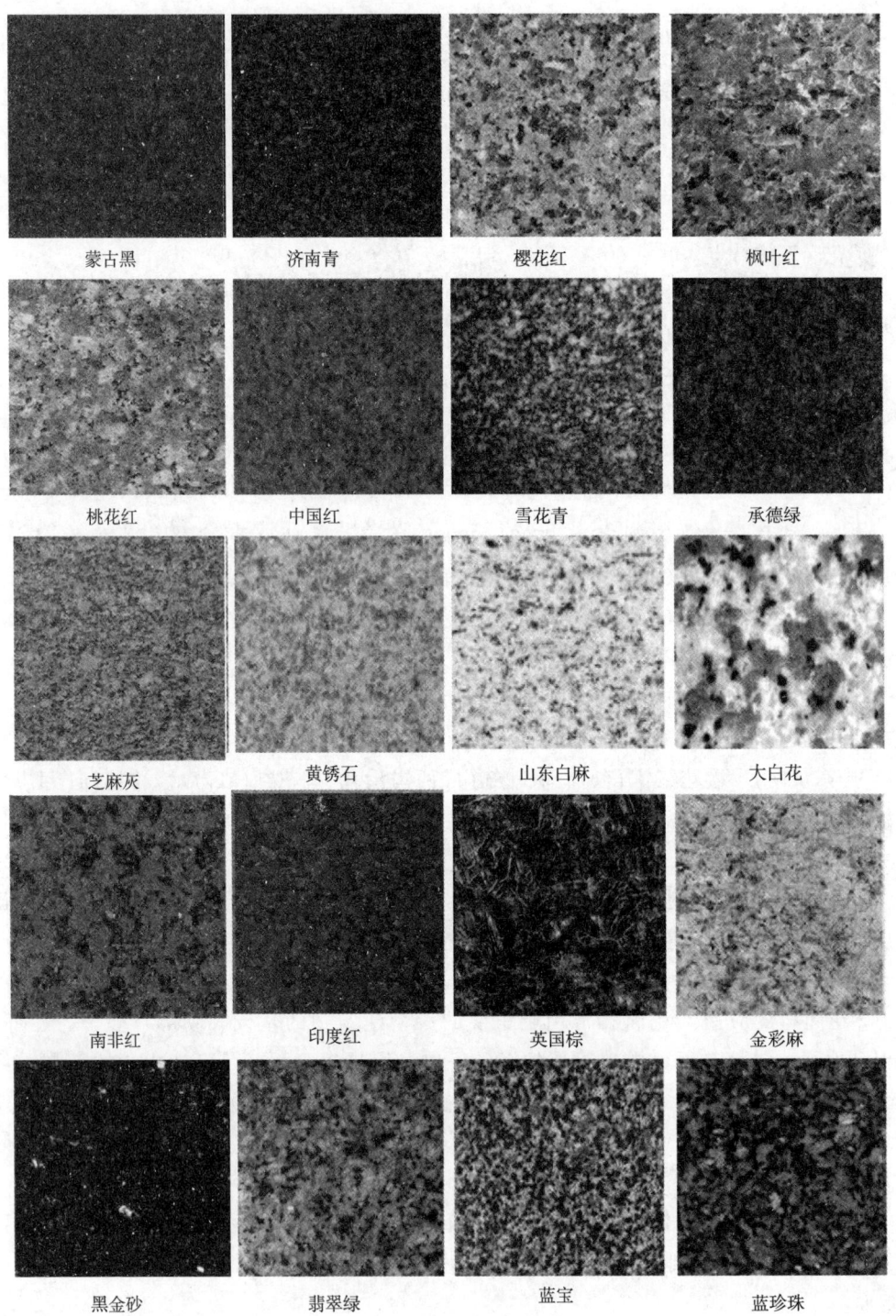

图1-3-5 天然花岗石常见品种

①大理石的特点

矿物组成：主要由方解石、石灰石、蛇纹石和白云石组成，常含有氧化铁、二氧化硅、云母、石墨等杂质。

化学成分：主要化学成分为 $CaCO_3$、$MgCO_3$。

外观：具有致密的隐晶结构，呈现白、红、黄、灰、棕、绿、黑等不同颜色，呈明显的斑纹、枝条纹、山脉纹或圆圈形结晶纹理。

特性：具有花纹，颜色品种多，色泽鲜艳，质地细密（表观密度 $2600\sim2700kg/m^3$），抗压性强高（抗压强度 $100\sim150MPa$），吸水率低（<0.75%），不变形，抗冻性好，硬度中等，易加工，耐磨性一般，耐久性一般，一般使用年限 $40\sim150$ 年。耐碱不耐酸，化学稳定性较差，大理石磨光后光洁细腻，纹理自然，美丽典雅，除汉白玉、艾叶青外一般不宜用于建筑物外墙面和其他露天部位装饰。

我国大理石矿产资源极其丰富，储量大、品种多，总储量居世界前列。据不完全统计，国产大理石有 400 余个品种，其中花色品种比较名贵的如下：

a. 纯白色系：汉白玉（北京房山）、白大理石（安徽怀宁和贵池、河北曲阳和涞源、江苏赣榆、云南大理苍山）、蜀白玉（四川宝兴）、雪花白（山东平度和掖县）等；

b. 纯黑色系：桂林黑（广西桂林）、黑大理石（湖南邵阳）、墨玉（山东苍山）、金星王（山东苍山）、墨豫黑（河南安阳）等；

c. 红色系：紫罗红（云南）、南江红（四川南江）、涞水红（河北涞水）和阜平红（阜平）、东北红（辽宁铁岭）等；

d. 灰色系：杭灰（浙江杭州）、云灰（云南大理）等；

e. 黄色系：松香黄、松香玉和米黄（河南），黄线玉（四川宝兴）等；

f. 绿色系：丹东绿（辽宁丹东）、大花绿（中国台湾）、海浪玉（山东栖霞）、碧波（安徽怀宁）等；

g. 彩色系：春花、秋花、水墨花（云南），雪夜梅花（浙江衢州）等；

h. 青色系：艾叶青（河北）、青花玉（四川宝兴）；

i. 黑白系：黑白根（湖北通山）。

国外大理石产品产地有：大花白（意大利）、金线米黄（埃及）、深啡网（土耳其）。

天然大理石常用品种如图 1-3-6 所示。

②大理石的用途　大理石常加工成大理石板材，主要用作宾馆、展厅、博物馆、办公楼、会议大厦等高级建筑物的墙面、地面、柱面、栏杆及服务台面、窗台、踢脚线、楼梯、踏步等处的饰面材料，也可加工成工艺品和壁画。极少数（如汉白玉、艾叶青）用于室外柱面装饰，因天然大理石易被酸性氧化物侵蚀失去光泽，变得粗糙多孔，故一般不宜用作室外装修和人员活动较多的地面装修。

（3）石灰石

石灰石是主要由碳酸钙（方解石矿物）或碳酸镁（白云石矿物），或是两种矿物的混合物组成的一种沉积岩。

①石灰石的特点

矿物组成：主要由方解石组成，常含有白云石、菱镁矿、黏土、碎屑等。

化学成分：主要化学成分为 $CaCO_3$ 及少量 $MgCO_3$，遇稀盐酸发生化学反应产生气泡。

外观：呈致密状，具有结晶粒状、生物碎屑等结构，常见的颜色有白、灰、浅黄、浅红、褐、青等。

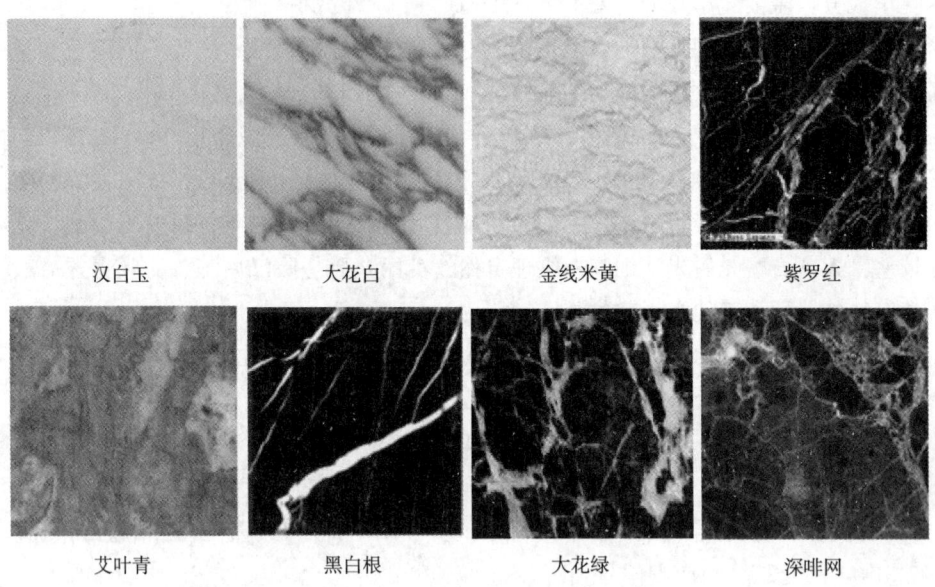

图 1-3-6　天然大理石常见品种

特性：按性能分类有：高密度石灰岩，密度 2.56g/cm³ 以上，抗压性强(抗压强度 150MPa 以上)，硬度大，质地较脆，耐磨，耐久性好；中密度石灰岩，密度 2.16~2.56g/cm³，抗压性较强(抗压强度 100~150MPa)，硬度中等，易加工，耐久性一般；低密度石灰岩，密度 1.76~2.16g/cm³，呈松散或多孔状。

②石灰石的应用　高密度石灰岩，常用于砌筑工程的基础、桥墩、台阶等，或作为骨料大量用于混凝土中。高、中密度石灰岩加工而成的板材用作墙面、地面装饰，具有独特的风格。低密度石灰岩形态结构多种多样，天然造型各异，纹理、花纹图案美观，宜用于园林做假山、景石、置石等。石灰石也是生产石灰、水泥、玻璃的主要原料。

（4）砂岩

砂岩属于沉积岩，其主要造岩矿物有石英及少量的长石、方解石和白云石等，呈层状结构。

①砂岩的分类　按矿物类型分为正石英砂岩、石英岩、砾石；按胶结物质分为硅质砂岩、钙质砂岩、铁质砂岩、黏土质砂岩等；按颜色分为蓝灰砂岩、褪色砂岩、粉砂岩等。

②砂岩的特点

砂岩：二氧化硅(SiO_2)含量 60%~90%，呈层状结构或块状结构；常见的颜色有深棕色、棕色、黄色、红色、红褐色、灰色和白色等；建筑用砂岩吸水率在 8% 左右，抗压强度 10~300MPa，耐磨性、耐久性、耐酸性较高；具有无污染、无辐射、无反光、不风化、不水解、不变色、隔音、吸潮、吸热、保温、防滑等特点。

正石英、石英岩：主要矿物为石英，含有少量云母类矿物及铁矿等。正石英 SiO_2 含量 90%~95%，石英岩 SiO_2 含量 95% 以上。一般为块状构造，粒状变质结构，呈晶质集合体；

常见颜色有绿色、灰色、黄色、褐色、橙红色、白色、蓝色、紫色、红色等。莫氏硬度 7，密度 2.64~2.71g/cm³，吸水率小于 1%，颗粒细腻，结构紧密，晶莹剔透，可染色，耐高温性好。

③砂岩的应用　砂岩是一种天然建筑装饰材料，能营造一种暖色调的风格，显得素雅、时尚、自然、温馨而又华贵大气。广泛应用于建筑和园林景观的各种装饰、浮雕、踏步、地面、护坡及耐酸工程。产品有砂岩雕塑、壁画浮雕、花板雕刻、石艺盆栽、喷泉雕刻、砂岩壁炉、罗马柱、门窗套、线板、镜框、灯饰、拼花、梁托、饰品、名人雕塑等。

（5）板石

板石俗称瓦板岩、石板、青石板。在岩石学上，它是由黏土岩、沉积页岩(有时为石英石)、粉砂岩或中酸性凝灰岩经区域变质作用所形成的微晶变质岩。

①板石的特点　板石主要由石英、云母、绿泥石族等矿物组成，具有板状结构，因含云母矿物有近似平行的走向，可沿层理面劈开，表面较平整，形成薄而坚硬的石板。板石的颜色多样，含铁的为红色或黄色，含碳的为黑色或灰色，含钙的遇盐酸会起泡，一般以其颜色命名分类，如绿板石、黑板石、锈板石等。

②板石的应用

屋面瓦材：将板石剥成薄片，切割成规则形状，用于屋面。

地板和外墙：主要用于室外地板、户外走廊、室内地板和外墙。

园林景观工程：铺设园路、水池池壁及景墙装饰。

常见天然板石的应用如图 1-3-7 所示。

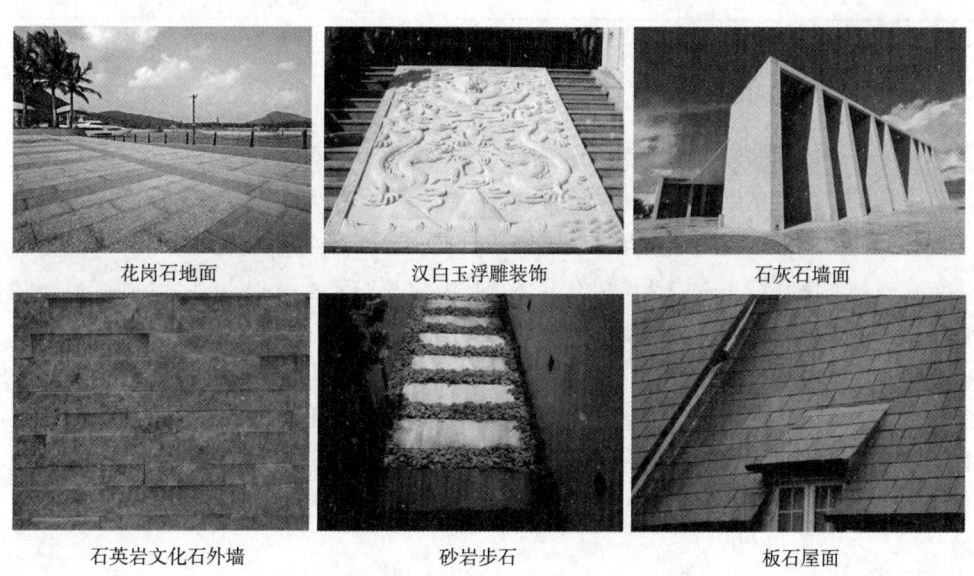

| 花岗石地面 | 汉白玉浮雕装饰 | 石灰石墙面 |
| 石英岩文化石外墙 | 砂岩步石 | 板石屋面 |

图 1-3-7　常见天然板石的应用

1.3.1.4　天然石材技术要求

天然石材的选用应符合技术要求，其技术标准见表 1-3-1 所列。

表 1-3-1 天然石材的技术要求

石材名称		吸水率（%）	体积密度（g/cm³）	压缩强度（MPa）	弯曲强度（四点弯曲）（MPa）	断裂模数（三点弯曲）（MPa）	耐磨度（cm³）	耐酸性（mm）
花岗石 ASTM C615		0.40	2.56	131	8.27	1.34	25	—
石灰石 ASTM C568	低密度石灰岩	12	1.760	12	—	2.9	10	—
	中密度石灰岩	7.5	2.160	28	—	3.4	10	—
	高密度石灰岩	3	2.560	55	—	6.9	10	—
大理石 ASTM C503	方解石	0.20	2.595	52	7	7	10	—
	白云石	0.20	2.800	52	7	7	10	—
	蛇纹石	0.20	2.690	52	7	7	10	—
	凝灰石	0.20	2.305	52	7	7	10	—
砂岩 ASTM C503	砂岩	8	2.003	12.6	—	2.4	2	—
	正石英	3	2.400	68.9	—	6.9	8	—
	石英岩	1	2.560	137.9	—	13.9	8	—
板石 ASTM C629	室内板石	0.25	—	—	垂直：62.1		8	0.38
	室外板石	0.45	—	—	平行：49.6		8	0.64

1.3.1.5 天然石材选用原则

建筑工程中应根据建筑物类型、环境条件慎重选用天然石材，使其符合工程使用条件且经济合理。一般应从以下几方面考虑：

①装饰性 用于建筑物饰面及景观装饰的石材，选用时必须考虑其色彩、天然纹理及质感与建筑物周围环境是否协调，应充分体现环境景观的艺术美。同时，还须严格控制石材尺寸公差、表面平整度、光泽度和外观缺陷等。

②适用性 根据其在环境景观中的用途和部位，选择其主要技术性质能满足要求的石材。如承重用石材，应考虑强度、耐水性、抗冻性等；用于室外的石材，应选择耐风雨侵蚀能力强、经久耐用的石材；用作地面、台阶等处的石材应坚韧耐磨；用在高温、高湿、严寒等特殊环境中的石材，应考虑其耐久性、耐水性、抗冻性及耐化学侵蚀性等。

③经济性 应尽量就地取材，以缩短石材运距，减轻劳动强度，降低成本。

④环保性 室内装饰用材，应选放射性指标合格的石材。

⑤耐久性 根据建筑物的重要性和使用环境，选择耐久性良好的石材。

⑥力学指标 根据石材在建筑物中具体的使用部位，选择能满足强度、硬度等力学性能要求的石材。如承重用的石材(基础、墙体等)，强度是选择石材的主要依据之一；对于

地面用石材则应该考虑其是否具有较高的硬度与耐磨性。

1.3.2 人造石材

人造石材是指人们采用一定的材料、工艺技术，仿照天然石材的花纹和纹理，用人工方法加工制造的合成石。主要有人造花岗石、大理石和水磨石等。人造石材具有质轻、强度高、耐污染、耐腐蚀、施工方便等优点，是现代建筑理想的装饰材料。

人造石材是以水泥或不饱和聚酯树脂为黏结剂，配以天然大理石或方解石、白云石、硅砂、玻璃粉等无机物粉粒，以及添加适量的阻燃剂、稳定剂、颜色等，经配料混合、浇筑、振动、压缩、挤压等方法成型固化制成的一种人造石材，其颜色、花纹光泽等可仿制天然大理石、花岗石、玛瑙等材料的装饰效果，故称为人造大理石、人造花岗石、人造玛瑙等。

随着科学技术的发展，人造石材将向着高性能、多功能、美观的方向发展。

1.3.2.1 人造石材的类型

根据使用胶结材料的不同，人造石材可分为以下4种：

（1）水泥型人造石材

水泥型人造石材是以各种水泥或石灰为黏结剂，以砂、碎大理石、碎花岗岩、工业废渣等为粗骨料、石粉及颜料，经配料、搅拌、成型、加压蒸养、磨光、抛光等工序制成。如各种水磨石制品、干黏石等。

（2）树脂型人造石材

树脂型人造石材是以不饱和聚酯树脂为黏结剂，与石英砂、大理石、方解石等碎石、石粉及颜料经配料、搅拌混合、浇铸成型，在固化剂作用下固化，再经脱模、烘干、抛光等工序而制成。如人造花岗石板材、人造大理石板材等，多用于室内装饰；还有压膜地坪、彩胶石等用于室外装饰。

（3）复合型人造石材

复合型人造石材是用无机材料将填料黏接成型后，再将坯体浸渍于有机单体中，使其在一定条件下聚合。对板材而言，底层用低廉而性能稳定的无机材料，面层用聚酯和大理石粉制作。如植草砖、道路砖等。

（4）烧结型人造石材

烧结型人造石材的制作工艺与陶瓷相似。即：坯料制备→半干压法成型→在窑炉中用1000℃左右的高温焙烧。如仿花岗岩瓷砖、仿大理石陶瓷艺术板等。一般用作餐桌、茶几等的台面。

1.3.2.2 人造石材的性质

人造石材具有很多的优点。例如高强度、高硬度等。此外，人造石材还具有良好的耐磨性、重量较轻、厚度较薄，这使得它便于加工，用途十分的广泛。

①水泥型人造石材生产取材方便，价格低廉。如水磨石通常用于建筑地面，花色品种丰富可调，强度高，还可具有防静电功能和不起火花功能。相关标准见《建筑水磨石制品》

JC/T 507—1993。

②树脂型人造石材产品光泽好、颜色鲜艳丰富、可加工性强、装饰效果好。室内装饰工程中采用的人造石材主要是树脂型的。如人造大理石常用产品为人造大理石装饰板,类似天然大理石形貌,具有模仿性强、重量轻、耐腐蚀等特点,用于建筑领域的装饰工程。

③复合型人造石材制品的造价较低,但它受温差影响后聚脂面易产生剥落或开裂。

④烧结型人造石材的装饰性好,性能稳定,但需经高温焙烧,因而能耗大,造价高。

1.3.2.3 常用人造石材

(1) 彩胶石与抿洗石

选用各种颜色的天然石材经破碎水磨制成,又经多重机械及人工筛选,得到色泽天然、圆滑光亮的机制散粒石材称为广泰石。广泰石与树脂搅拌、压制成型的石材称为彩胶石,适宜铺贴园林地面。其透气性、渗水性高于大理石、水泥地,使用寿命可达50年。广泰石与水泥树脂混合物按一定的比例调配、混合制成的石材称为抿洗石,施工简便,美观大方。

(2) 压膜地坪

压膜地坪是由胶黏材料、天然骨料、无机颜料和添加剂组成,经搅拌、加压成型的高强度耐磨地坪材料。其优点是易施工、一次成型、施工快捷、修复方便、不易褪色、使用周期长和艺术效果好等,弥补了普通道路砖整体性差、高低不平、易松动、使用周期短等问题。

(3) 水磨石

水磨石是以水泥为胶结剂,混入不同粒径的石屑,经搅拌、成型、养护、研磨、抛光等主要工序制成一定形状的人造石材,属水泥型人造石材,分现浇水磨石和预制水磨石。彩色水磨石可通过掺入彩色颜料或彩色石屑的方法制得。

(4) 人造文化石

人造文化石又称人造艺术石,是仿天然石,其外观与天然石相似,采用硅钙、石膏作材料,所采用的无机颜料以手工作业着色精制而成,色彩丰富,能有千种以上不同变化,且其特性与天然石一样不可燃,无须保养,施工方式与贴瓷砖相同。

(5) 仿汉白玉大理石栏杆

仿汉白玉大理石栏杆采用高分子复合材料经模具灌注而成。产品雕刻精美,表面洁白光滑,耐酸碱腐蚀,抗风化,强度高,坚硬如石。广泛应用于物业小区、旅游景点和公园等处。

常用人造石及其应用如图1-3-8所示。

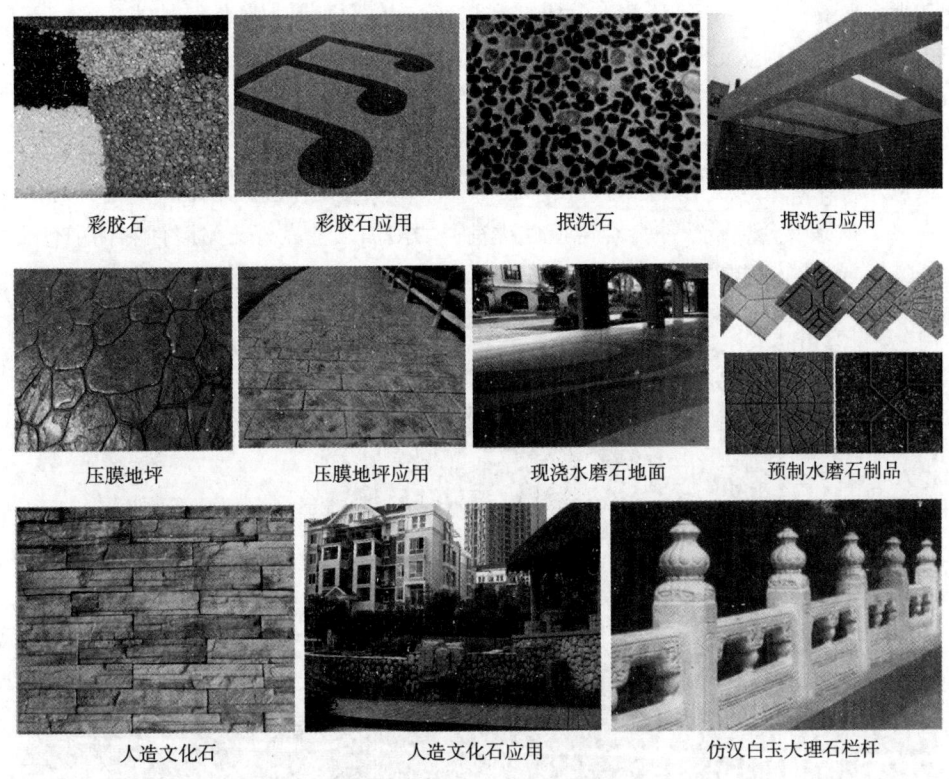

图 1-3-8 常用人造石及其应用

1.4 金属材料

【知识目标】
(1) 掌握钢结构用钢和混凝土结构用钢的技术性质，熟悉铸铁、钢材在园林中的应用。
(2) 了解铜材、铝材的一般特性及其在园林中的应用。
【技能目标】
能在园林建设中合理使用金属材料。
【素质目标】
通过学习金属材料知识，要求学生熟悉掌握金属材料种类、施工工艺、生产流程及行业规范；培养学生敬业爱岗、团结协作，崇尚大国工匠精神，做事精益求精。

金属材料是指由一种或一种以上的金属元素或以金属元素为主构成的具有金属特性的材料或合金的总称。金属材料机械性能好、易成型、耐磨、防火、质感优异，广泛应用于建筑及装饰中。

金属材料通常分为黑色金属、有色金属和特种金属材料。黑色金属主要指以铁元素为主要成分的金属及其合金，包括钢、铁、铬和锰及其合金制品；有色金属是指黑色金属以外的金属，如铜、铝、锌、镍等金属及其合金；特种金属材料包括不同用途的结构金属材料和功能金属材料,其中有非晶态金属材料以及准晶、微晶、纳米金属材料等,还有隐身、抗氢、超导、形状记忆、耐磨、减振阻尼等特殊功能合金以及金属基复合材料等。

1.4.1 铸铁

铸铁是将铁合金、废钢、回炉铁在铸造生铁(局部炼钢生铁)炉中重新熔化,是含碳大于2.06%的铁碳合金。铸铁件具有铸造性优良,切削加工性良好,耐磨性和消震性良好,价格低等特点。铸铁能加工成雨水算子、铁艺、下水道盖板、灯具、雕塑小品、压力管道和阀等,广泛应用于园林景观,如图1-4-1所示。

图 1-4-1　铸铁及其应用

1.4.2 建筑钢材

由生铁冶炼而成,含碳量2.06%以下,有害杂质较少的铁碳合金称为钢。

建筑钢材是指用于钢结构中的各种型钢(如圆钢、角钢、工字钢等)、钢板和用于钢筋混凝土结构中的各种钢筋和钢丝等。

1.4.2.1 钢材的分类

钢材按化学成分分为很多种,园林建筑中常用的钢材是碳素结构钢和低合金高强度结构钢。

(1)碳素结构钢

《碳素结构钢》(GB/T 700—2006)规定,碳素结构钢中碳的质量分数一般小于0.70%,采用氧气转炉或电炉冶炼成用于焊接、铆接、栓接工程结构用的热轧钢板、钢带、型钢和钢棒、钢锭、连铸坯、钢坯及其制品,且一般以热轧、控轧或正火状态交货。

碳素结构钢牌号表示包括4个部分,按顺序组成为:代表屈服强度的字母Q、屈服强度数值(分195、215、235、275MPa 4级)、质量等级符号(有A、B、C、D 4级,逐级提高)和脱氧方法符号(F 为沸腾钢，b 为半镇静钢，Z 为镇静钢，TZ 为特殊镇静钢；用牌号表示时 Z、TZ 可省略)。例如，Q235AF 表示屈服强度为 235MPa 的 A 级沸腾钢；Q235Bb 表示屈服强度为 235MPa 的 B 级半镇静钢；Q235B 表示屈服强度为 235MPa 的 B 级镇静钢。

沸腾钢脱氧不完全，结构不致密，质量较差，但成本低、产量高，广泛用于一般建筑工程；镇静钢组织致密，成分均匀，机械性较好，性能稳定，质量好，适用于预应力混凝土等重要的结构工程；特殊镇静钢是质量最好的碳素结构钢，适用于特别重要的结构工程；半镇静钢介于沸腾钢和镇静钢之间，为质量较好的钢。碳素结构钢随牌号的增大，含碳量增高，屈服强度、抗拉强度提高，但塑性与韧性降低，冷弯性能变差，同时可焊性也降低。Q195、Q215 牌号钢强度较低，塑性、韧性较好，易冷加工，主要用于制作铆钉、钢筋等；Q235 牌号钢有较高的强度，良好的塑性、韧性及可焊性和可加工性能，冶炼方便，成本低，主要用于制作一般钢结构，轧制各种型钢、钢板、钢带与钢筋，C、D 级可用于重要焊接结构；Q275 牌号钢强度高，塑性、韧性及可焊性差，主要用于制作钢筋混凝土配筋、钢结构中的构件及螺栓等。受动荷载作用结构、焊接结构及低温下工作的结构，不能选用 A、B 质量等级钢及沸腾钢。

(2)低合金高强度结构钢(普通低合金结构钢)

《低合金高强度结构钢》(GB/T 1591—2018)规定，低合金高强度结构钢是在普通碳素钢基础上，添加约 5% 的一种或几种合金元素，如硅、锰、矾、钛、镍等。适用于一般结构和工程的低合金高强度结构钢钢板、钢带、型钢和钢棒等。

低合金高强度结构钢牌号表示包括 4 个部分，按顺序组成为：代表屈服强度的字母 Q、规定的最小上屈服强度数值(分 355、390、420、460、500、550、620、690MPa 8 级)、交货状态代号(热轧 AR 或 WAR 可省略，正火或正火轧制 N，热机械轧制 TMCP)、质量等级符号(按硫、磷含量分为 B、C、D、E、F 5 级，逐级提高)。例如，Q355ND 表示屈服强度为 355MPa，交货状态为正火轧制，质量等级为 D 的低合金高强度结构钢。

低合金高强度结构钢与碳素结构钢相比具有轻质高强、耐腐蚀性好、耐低温性好、抗冲击性强、时效敏感性较差、使用寿命长、可焊性及冷加工性良好、易于加工与施工等优点。特别适合用作高层建筑、重型结构、大跨度建筑(如大跨度桥梁、大型厅馆、电视塔等)及大柱网结构等主体结构的材料。

1.4.2.2 钢材的性质

建筑工程中，钢结构和钢筋混凝土结构钢材的技术性质包括机械性质和工艺性质。

(1)机械性质

机械性质包括屈服强度、抗拉强度、伸长率、冲击韧性和疲劳强度。

①屈服强度 钢材单向拉伸应力—应变曲线中屈服平台对应的强度称为屈服强度，也称屈服点，是建筑钢材的一个重要力学特征。屈服点是弹性变形的终点，而且在较大变形范围内应力不会增加，形成理想的弹塑性模型。低碳钢和低合金钢都具有明显的屈服平台，而热处理钢材和高碳钢则没有。

②抗拉强度　钢材单向拉伸应力—应变曲线中最高点所对应的强度称为抗拉强度，它是钢材所能承受的最大应力值。由于钢材屈服后具有较大的残余变形，已超出结构正常使用范畴，因此抗拉强度只能作为结构的安全储备。

③伸长率　伸长率是试件断裂时的永久变形后的长度与原标定长度的百分比。伸长率代表钢材断裂前具有的塑性变形能力，这种能力使其在结构制造时，即使经受剪切、冲压、弯曲及捶击作用产生局部屈服也无明显破坏。伸长率越大，钢材的塑性和延性越好。

屈服强度、抗拉强度、伸长率是钢材的3个重要力学性能指标。钢结构中所有钢材都应满足规范标准对这3个指标的规定。

④冲击韧性　冲击韧性是钢材抵抗冲击荷载的能力，用钢材断裂时所吸收的总能量来衡量。单向拉伸试验所表现的钢材性能都是静力性能，韧性则是动力性能。韧性是钢材强度、塑性的综合指标，韧性越低则发生脆性破坏的可能性越大。韧性受温度影响很大，当温度低于某一值时将急剧下降，因此应根据相应温度提出要求。

⑤疲劳强度　一般试验时规定，钢在经受7~10次交变载荷作用时不产生断裂时的最大应力称为疲劳强度。疲劳强度随钢材的屈服强度、表面状态、尺寸效应、冶金缺陷、腐蚀介质和温度等因素的变化而变化。材料的屈服强度越高，疲劳强度也越高；表面粗糙度越小，应力集中越小，疲劳强度也越高；在低于室温的条件下，钢的疲劳极限有所增加。根据疲劳破坏的分析，裂纹源通常是在有应力集中的部位产生，而且构件持久极限的降低，很大程度是由于各种影响因素带来的应力集中影响，因此设法避免或减弱应力集中，可以有效提高构件的疲劳强度。

（2）工艺性质

工艺性质包括冷弯性能和焊接性。

①冷弯性能　指钢材在常温下承受弯曲变形的能力，以试验时的弯曲角度 a 和弯心直径 d 为衡量指标。钢材的冷弯试验是通过直径（或厚度）为 a 的试件，采用标准规定的弯心直径 $d(d=na)$，弯曲到规定的角度（180°或90°）时，检查弯曲处有无裂纹、断裂及起层等现象。若无此类现象则认为冷弯性能合格。钢材冷弯时的弯曲角度越大，弯心直径越小，则表示其冷弯性能越好。

冷弯性能是一项综合指标，冷弯合格一方面表示钢材的塑性变形能力符合要求，另一方面也表示钢材的冶金质量（颗粒结晶及非金属夹杂等）符合要求。重要结构中需要钢材有良好的冷、热加工工艺性能时，应有冷弯试验合格保证。在工程实践中，冷弯试验还用作检验钢材焊接质量的一种手段，能揭示焊件在受弯表面存在的未熔合、微裂纹和夹杂物问题。

②焊接性　焊接是采用加热或加热同时加压的方法使两个分离的金属件联结在一起。焊接后焊缝部位的性能变化程度称为焊接性。在建筑工程中，各种钢结构、钢筋及预埋件等，均需焊接加工。因此要求钢材具有良好的可焊性。在焊接中，高温作用和焊接后的急剧冷却作用，会使焊缝及附近的过热区发生晶体组织及结构变化，产生局部变形及内应力，使焊缝周围的钢材产生硬脆倾向，降低焊接质量。如果采用较为简单的工艺就能获得良好的焊接效果，并对母体钢材的性质不产生劣化作用，则可判定此种钢材的可焊性是

好的。

低碳钢的可焊性很好。随着钢中碳含量和合金含量的增加，钢材的可焊性减弱。钢材含碳量大于0.3%后，可焊性变差；杂质及其他元素增加，也使得钢材的可焊性降低。特别是钢中含硫会使钢材在焊接时产生热脆性。采用焊前预热和焊后热处理的方法，可使可焊性差的钢材焊接质量提高。

钢材材质均匀，性能可靠，强度高，塑性和韧性好，能承受冲击和振动荷载，加工性良好，可以锻造、焊接、铆接和装配，但耐火性差。

1.4.2.3 钢材的加工处理

为了提高钢材的强度和节约钢材，通常对钢材进行冷加工和热处理；为了保证钢材的使用性能，延长钢材的使用寿命，通常对钢材进行锈蚀防护处理。

（1）钢材的冷加工

钢材的冷加工是指在常温下对钢材进行冷拉、冷拔或冷轧等，使钢材产生塑性变形，从而提高其屈服强度，这个过程称为钢材冷加工强化处理。但钢材塑性和韧性会相应降低。

将经过冷拉的钢筋于常温下存放15~20d，或加热到100~200℃并保持一段时间，其强度和硬度进一步提高，塑性和韧性进一步降低，这个过程称为时效处理。前者称为自然时效，后者称为人工时效。

工地或预制厂钢筋混凝土施工中常将钢筋或低碳钢盘条进行冷拉或冷拔加工和时效处理，以分别提高屈服强度20%~25%、40%~90%，节约钢材用量。一般强度较低的钢材采用自然时效，而强度较高的钢材则采用人工时效。

因时效而导致钢材性能改变的程度称为时效敏感性。时效敏感性大的钢材，经时效处理后，其塑性和韧性改变较大。因此，对重要结构应选择时效敏感性小的钢材。

（2）钢材的热处理

钢材的热处理是将固态钢用适当的方式进行加热、保温和冷却，改变其显微组织或清除内应力，以获得所需组织结构与性能的一种工艺。热处理的方法有退火、正火、淬火和回火。钢材热处理的主要作用是钢材经淬火后，强度和硬度提高，脆性增大，塑性和韧性明显降低；回火可消除钢材淬火时产生的内应力，降低硬度，使钢材的强度、塑性、韧性等均得以改善；退火能消除钢材中的内应力，细化晶粒，均匀组织，使钢材硬度降低，塑性和韧性提高；钢材正火后强度和硬度提高，塑性较退火小。在土木工程建筑中所用钢材一般只在生产厂家进行热处理，并以热处理状态供应。在施工现场，有时需对焊接钢材进行热处理。

（3）钢材锈蚀的防护

钢材表面与其周围介质发生化学反应而遭到的破坏，称为钢材的锈蚀。根据其与环境介质的不同作用可分为化学锈蚀和电化学锈蚀两类。化学锈蚀是指钢材直接与周围介质发生化学反应而产生的锈蚀。这种锈蚀多数是氧化作用，使钢材表面形成疏松的氧化物。在常温下，钢材表面形成一层氧化保护膜 FeO，可以起一定的防止钢材锈蚀的作用，故在干燥环境中，钢材锈蚀进展缓慢。但在干湿交替或温度和湿度较高的环境条件中，化学锈蚀进展加快。电化学锈蚀是指钢材的表面锈蚀主要因电化学作用引起,潮湿环境中钢材表面会被一层电解质水膜所覆盖,而钢材本身含有铁、碳和其他杂质等多种成分,由于这些成分的电极电位不同,形成许多微电池。在阳极区,铁被氧化成为 Fe^{2+} 离子进入水膜;在阴极区,溶于水膜中的氧被还原为 OH^- 离子。随后两者结合生成不溶于水的 $Fe(OH)_2$,并进一步被氧化成为疏松易剥落的红棕色铁锈 $Fe(OH)_3$,使钢材遭到锈蚀。锈蚀的结果是在钢材表面形成疏松的氧化物,使钢结构断面减小,降低钢材的性能,因而承载力降低。

钢材锈蚀有材质的原因,也有使用环境和接触介质等原因,因此防锈蚀处理方法也有所侧重。目前所采用的锈蚀防护处理方法有如下几种:①制成合金钢。在碳素钢中加入能提高抗腐蚀能力的合金元素,如铬、镍、锡、钛、铜等,制成不同的合金钢,能有效地提高钢材的抗锈蚀能力。②电化学保护法。在钢铁结构上接一块锌、镍、镁等更为活泼的金属作阳极来保护钢结构,也可以用耐锈蚀性能好的金属,以电镀或喷镀的方法覆盖在钢材的表面,提高钢材的耐锈蚀能力,如镀锌、镀铬、镀铜和镀镍等。③保护层法。在钢材表面使用保护膜使钢材与环境介质隔离,避免或减缓钢材锈蚀。例如,在其表面刷防锈漆或喷涂涂料、搪瓷和塑料涂层等。薄壁钢材可采用热浸镀锌或镀锌后加涂塑料涂层等措施防止锈蚀。在化工、医药石油等高温设备中的钢结构,可采用硅氧化合物结构的耐高温防腐涂料。防止钢结构腐蚀用得最多的方法是表面油漆,如铁红环氧底漆加酚醛磁漆等。一般混凝土配筋的防锈措施是保证混凝土的密实度,保证钢筋保护层的厚度和限制氯盐外加剂的掺量或使用防锈剂等。预应力混凝土用钢筋由于易被锈蚀,故应禁止使用氯盐类外加剂。

1.4.2.4 常用建筑钢材及其应用

园林建筑中常用的建筑钢材有型钢、钢板、钢管、钢筋和钢丝等。

(1) 型钢、钢板、钢管

碳素结构钢和低合金高强度结构钢都可以加工成各种型钢、钢板、钢管等构件直接供给工程选用,构件之间可采用铆接、螺栓连接、焊接等方式连接。

①型钢 型钢有热轧、冷轧两种,热轧型钢主要有角钢、工字钢、槽钢、T型钢、Z型钢、H型钢等。以碳素结构钢为原料热轧加工的型钢,可用于大跨度、承受动荷载的钢结构。冷轧型钢主要有角钢、槽钢、方钢、矩型钢等空心薄壁型钢,用于轻型钢结构。

②钢板 钢板有热轧板和冷轧板两种。热轧钢板有厚板(厚度大于4mm)、薄板(厚度小于4mm)两种;冷轧钢板只有薄板(厚度为0.2~4mm)一种。一般厚板用于焊接结构;薄板用作屋面及墙体围护结构等,也可以加工成各种具有特殊用途的钢板使用。

③钢管 钢管分无缝钢管和焊接钢管两类。无缝钢管用于压力管道;焊接钢管根据其焊接方法和焊缝形状不同,用途也不同。例如,电焊钢管用于石油钻采和机械制造业等;炉焊钢管可用作水煤气管等;大口径直缝焊管用于高压油气输送等;螺旋焊管用于油气输送、管桩、桥墩等。

型钢、钢板、钢管及其应用如图1-4-2所示。

图 1-4-2　型钢、钢板、钢管及其应用

（2）钢筋

①热轧钢筋　钢筋混凝土用钢分为热轧光圆钢筋和热轧带肋钢筋。《钢筋混凝土用钢　第1部分：热轧光圆钢筋》（GB/T 1499.1—2017）规定：热轧光圆钢筋由碳素结构钢轧

制而成，表面光圆，钢筋的公称直径为6~22mm，推荐的钢筋公称直径为6mm、8mm、12mm、16mm、20mm。其屈服强度特征值为300级，牌号为HPB300，可按直条或盘卷交货。

《钢筋混凝土用钢 第2部分：热轧带肋钢筋》（GB/T 1499.2—2018）规定，热轧带肋钢筋由低合金钢轧制而成，表面带肋，钢筋的公称直径为6~50mm。按屈服强度特征值分400级、500级、600级，有普通热轧钢筋和细晶粒热轧钢筋两种。普通热轧钢筋是按热轧状态交货的钢筋，细晶粒热轧钢筋是在热轧过程中通过控轧和控冷工艺形成的细晶粒钢筋，晶粒度为9级或更细。普通热轧带肋钢筋有HRB400、HRB500、HRB600、HRB400E、HRB500E 5个牌号，"E"代表抗震；细晶粒热轧钢筋有HRBF400、HRBF500、HRBF400E、HRBF500E 4个牌号，"F"代表细晶粒。热轧钢筋几何图形如图1-4-3所示。

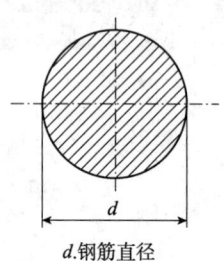

d.钢筋直径

热轧光圆钢筋表面及截面形状

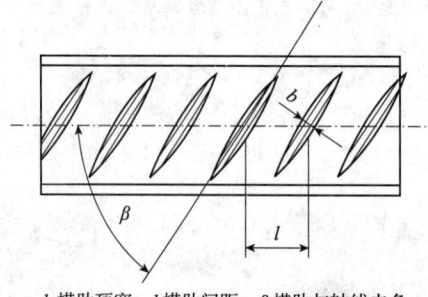

b.横肋顶宽；l.横肋间距；β.横肋与轴线夹角

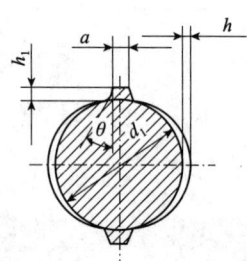

d_1.钢筋内径；h.横肋高度；h_1.纵肋高度；θ.纵肋斜角；a.纵肋顶宽

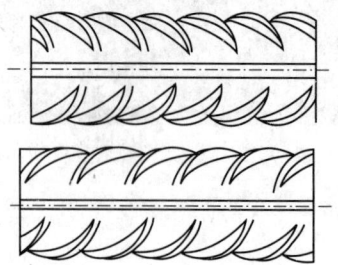

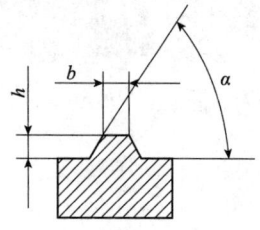

a.横肋斜角；h.横肋高度；b.横肋顶宽

热轧月牙肋钢筋(带纵肋)表面及截面形状

图1-4-3 钢筋混凝土用钢筋表面及截面形状

光圆钢筋的强度较低,但塑性及焊接性好,便于冷加工,广泛用于普通钢筋混凝土;带肋钢筋的强度较高,塑性及焊接性也较好,广泛用于大、中型钢筋混凝土结构的受力钢筋。

混凝土结构的钢筋应按下列规定选用:纵向受力普通钢筋宜采用 HRB400、HRB500、HRBF400、HRBF500 钢筋,也可用 HPB300、HRB335、HRBF335 钢筋;梁、柱纵向受力普通钢筋应采用 HRB400、HRB500、HRBF400、HRBF500 钢筋;箍筋宜采用 HPB300、HRB400、HRBF400、HRB500、HRBF500 钢筋,也可以采用 HRB335、HRBF335 钢筋;预应力筋宜采用预应力钢丝、钢绞线和预应力螺纹钢筋。

②钢筋混凝土用余热处理钢筋 是热轧后利用热处理原理进行表面控制冷却,并利用芯部余热自身完成回火处理所得的成品钢筋,其基圆上形成环状的淬火自回火组织。根据《钢筋混凝土用余热处理钢筋》(GB 13014—2013)规定,余热处理钢筋通常带有纵肋,也可不带纵肋。按屈服强度特征值分为 400 级、500 级,按用途分为可焊和非可焊。其牌号由 RRB、钢筋的屈服强度特征值和可焊与否构成,如 RRB400、RRB400W(其中 W 代表可焊)、RRB500。

③低碳钢热轧圆盘条 是由屈服强度较低的碳素结构钢抛制成的盘条,又称线材,用于拉丝等深加工及其他一般用途,是目前用量最大、使用最广的线材。盘条公称直径为 5.5~14mm。

④冷轧带肋钢筋 根据《冷轧带肋钢筋》(GB 13788—2017)规定,冷轧带肋钢筋是热轧圆盘条经冷轧后,在其表面冷轧成二面、三面或四面横肋的钢筋,横肋呈月牙形。冷轧带肋钢筋的牌号由 CRB 和钢筋的抗拉强度最小值构成,分为 CRB550、CRB650、CRB800、CRB600H、CRB680H、CRB800H 6 个牌号。

冷轧带肋钢筋强度高,塑性较好,钢筋握裹力高,综合性能良好,可节约钢材。CRB550、CRB600H、CRB680H 为普通钢筋混凝土用钢筋,用于普通钢筋混凝土结构构件;CRB650、CRB800、CRB680H、CRB800H 为预应力混凝土用钢筋,用于中、小型预应力混凝土结构构件和焊接钢筋网。

⑤冷轧扭钢筋 根据《冷轧扭钢筋》(JG 190—2006)、《冷轧扭钢筋混凝土构件技术规程》(JG J115—2006)规定,冷轧扭钢筋是低碳钢热轧圆盘条经专用钢筋冷轧扭机调直、冷轧并冷扭(或冷滚)一次成型,具有规定截面形式和相应节距的连续螺旋状钢筋(代号 CTB)。冷轧扭钢筋截面位置沿钢筋轴线旋转变化:Ⅰ型为二分之一周期(180°),截面近似矩形;Ⅱ型为四分之一周期(90°),截面近似正方形;Ⅲ型为三分之一周期(120°),截面近似圆形。冷轧扭钢筋按其强度级别不同分为 550 级、650 级。

冷轧扭钢筋的标记由产品名称代号、强度级别代号、标志代号、主参数代号以及类型代号组成,如冷轧扭钢筋 550 级Ⅱ型,标志直径 10mm,标记为:CTB550ϕ^T10-Ⅱ。

冷轧扭钢筋适用于钢筋混凝土结构和先张法预应力冷轧扭钢筋混凝土中、小型结构构件。

(3) 钢丝

钢丝是将热轧圆盘条减径模拉拔,或在驱动辊之间施加压力,然后将拉拔后的钢丝再卷成盘。其横截面通常是圆形,也有方形、六角形、八角形、半圆形、梯形、鼓形或其他形状。主要用于制钉、焊接网、小五金、预应力混凝土结构等。

（4）钢丝绳（钢绞线）

由一定数量，一层或多层钢丝股捻成螺旋状而形成的产品。用于吊架、悬挂、架空电力线等。

1.4.3 铝及铝合金

铝合金按用途分为3类：

一类结构：以强度为主要因素的受力构件，如屋架、铝合金龙骨等。

二类结构：承力不大或不承力构件，如建筑工程的门、窗、卫生设备、通风管、管系、挡风板、支架、流线型罩壳、扶手等。

三类结构：各种装饰制品和绝热材料，如铝合金门窗、铝合金装饰板、波纹板、压型板、冲孔板、铝塑复合板等。

（1）性能

铝合金由于延展性好、硬度低、易加工，其产品设计人性化，具有美观、时尚、环保、节能、防腐、耐候、抗老化、不变形、不变色、不脱皮、永不生锈等性能和优点，目前较广泛地用于各类房屋建筑和园林景观中。

（2）在景观中的应用

铝合金型材自由组合可任意生产不同规格、款式的阳台护栏、飘窗护栏、楼梯扶手、栏杆、空调护栏百叶、楼房立面装饰栏杆、围墙护栏、花坛护栏、草坪护栏、道路隔离警示护栏、变电站电容器设备护栏、河道栏、湖滨栏、跑马场护栏、艺术花架长廊、铝质茅草屋顶等，如图1-4-4所示。

图1-4-4 铝合金的应用

1.4.4 铜及铜合金

铜为紫红色金属（又称紫铜），密度为8.72g/cm³，具有良好的延展性，但强度较低，易生铜绿。纯铜在建筑上应用较少。铜按合金的成分不同分为青铜和黄铜，景观中主要使

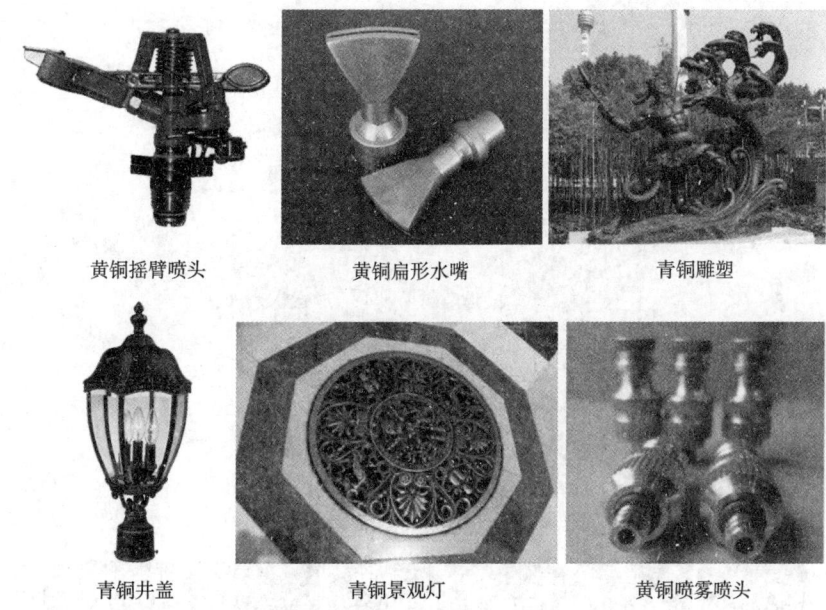

图 1-4-5 铜制品及其应用

用青铜和黄铜。铜制品及其应用如图 1-4-5 所示。

（1）青铜

青铜是一种合金，由锡、铝、硅、锰与铜构成青铜合金。青铜为青灰色或灰黄色，硬度大，强度较高，耐磨性及抗蚀性好。承受室外环境压力的能力在各种金属中比较优异，青铜的氧化结果——铜绿，也是各种金属氧化效果中最受欢迎的。可用于树箅子、水槽、排水渠盖、井盖、矮柱、灯柱和其他固定装置。

（2）黄铜

黄铜有普通黄铜和特殊黄铜之分。铜与锌的合金为普通黄铜，呈金黄色或黄色，用 H 和数字表示，易于加工成各种五金配件、装饰件、水暖器材等。铜与锌再加锡、铅、镍等元素的合金为特殊黄铜，制成弹簧、首饰、装饰件等。用黄铜生产的铜粉又称金粉，用作涂料，起到装饰和防腐作用。

1.4.5 金属紧固件和连接件

金属紧固件是将两个或两个以上构件（或零件）紧固连接成为一个整体时所采用的一类金属零件的总称，属于标准件。金属紧固件主要有螺栓、螺柱、螺钉、螺母、垫圈、销和各种钉等，材质有碳钢、不锈钢、铜 3 种。

金属连接件是用于钢构件、木构件及钢、木两种构件之间连接的金属件。连接件有定位功能、加强功能，可以用于各种不同材料。金属连接件主要有铆钉、螺栓、高强度螺栓、焊条、枢（销）及各种钉，材质有铜、铁、钢、铝及合金等。

金属连接件主要有木结构金属连接件、干挂幕墙金属连接件等。

（1）木结构金属连接件

木结构金属连接件有平板连接件、桁架齿板、紧固件、L 形连接件、托梁连接件、柱

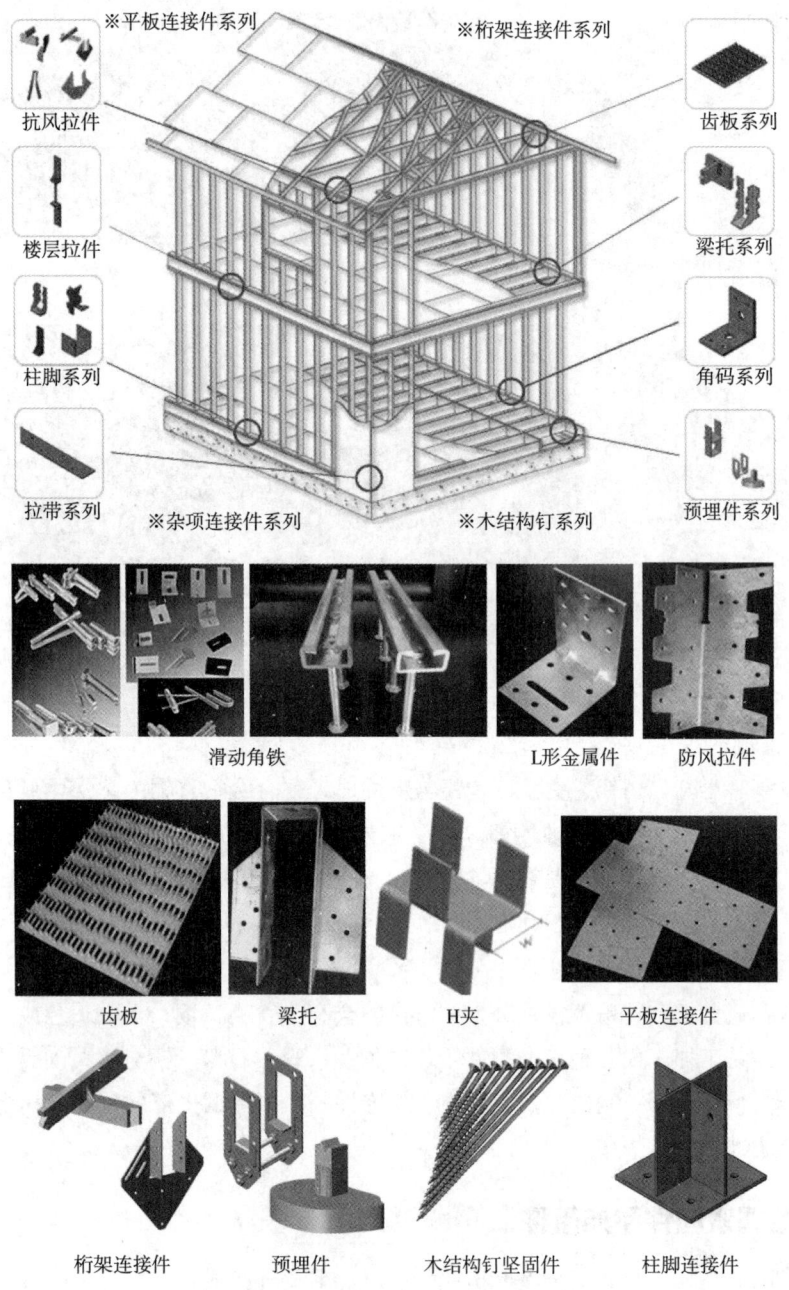

图 1-4-6 木结构金属连接件

脚连接件、横梁连接件、旋转连接件、屋面卡子等。木结构金属连接件如图1-4-6所示。

（2）干挂幕墙金属连接件

干挂是目前墙面装饰中一种新型的施工工艺。该方法用金属连接件将饰面材料直接吊挂于墙面或空挂于钢架之上，无须再灌浆粘贴。其原理是在主体结构上设置受力点，通过金属连接件将石材固定在建筑物上，形成装饰幕墙。干挂幕墙金属连接件主要有横龙骨、竖龙骨、膨胀螺栓、挂件、角码、预埋件等。常用干挂石材金属连接件如图1-4-7所示。

横龙骨：镀锌角钢
规格：5号L50mm×50mm

竖龙骨：镀锌槽钢
规格：6.3号40mm×60mm×4.8mm

勾挂板材：不锈钢挂件
规格：T形70mm×50mm×4mm

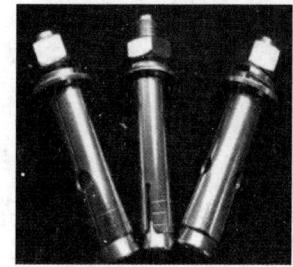
连接龙骨：不锈钢膨胀螺栓
规格：M12mm×85mm

预埋板

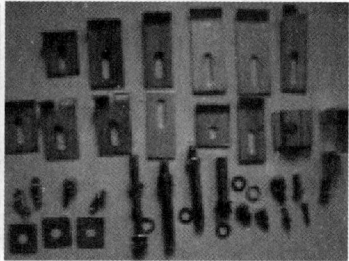
角码、锚固螺栓、垫片

图 1-4-7　常用干挂石材金属连接件

1.5　胶凝材料

【知识目标】
(1) 熟悉胶凝材料种类。
(2) 掌握各种胶凝材料的特性和应用范围。
【技能目标】
能够在设计及施工过程中合理选择胶凝材料。
【素质目标】
通过学习胶凝材料的种类和特性，要求学生掌握不同胶凝材料的使用规范和流程，培养学生良好的职业道德和严谨务实的职业精神。

胶凝材料是指能够通过自身的物理化学作用，从浆体变成坚硬的固体，并能把散粒材料(如砂、石)或块状材料(如砖、石块)胶结成一个整体的材料。

根据胶凝材料的化学组成不同，可以分为有机胶凝材料和无机胶凝材料两大类(图 1-5-1)。常见的石灰、石膏、水泥等俗称为"灰"的胶凝材料属于无机胶凝材料，其按

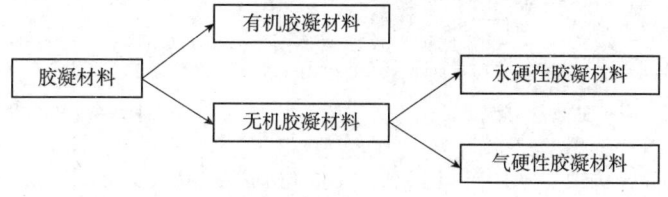

图 1-5-1　胶凝材料的分类

硬化条件可分为气硬性胶凝材料和水硬性胶凝材料。气硬性胶凝材料只能在空气中硬化、保持或继续发展强度，如石灰、石膏、菱苦土和水玻璃等，只适用于地上或干燥环境；水硬性胶凝材料不仅能在空气中，而且能更好地在水中硬化、保持或继续发展强度，如各类水泥，既适用于地上，也适用于地下潮湿环境或水中。沥青、树脂、橡胶等是以天然或人工合成的高分子化合物为基本组成的胶凝材料，属于有机胶凝材料。

1.5.1 石灰

石灰是一种以氧化钙为主要成分的气硬性无机胶凝材料，是人类最早使用的胶凝材料，被广泛应用到各类工程中。

1.5.1.1 石灰的生产

在自然界中，凡是以碳酸钙为主要成分的天然岩石，如石灰岩，都可以用来生产石灰，将这些天然材料经过900~1100℃的煅烧即可形成石灰。由于在实际生产过程当中会遇到温度分布不均的情况，便会产生碳酸钙还未完全分解的欠火石灰，以及表面包覆了一层熔融物的过火石灰(图1-5-2)。

由于欠火石灰中的碳酸钙还未完全分解，所以在使用过程中石灰缺乏黏结力，影响施工效果。而过火石灰由于表面包覆熔融物所以熟化速度变慢。

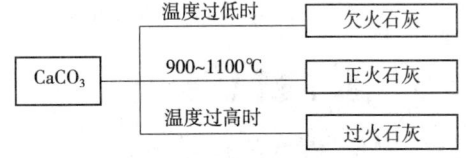

图1-5-2 石灰的生产

日常生活中，生石灰常常呈白色或灰色块状(图1-5-3)，而块状石灰需要加工成生石灰粉、消石灰粉或者石灰膏。

① 生石灰粉 由块状生石灰磨细而得到的细粉，主要成分为氧化钙(图1-5-4)。

② 消石灰粉 将块状生石灰用适量水熟化而得到的粉末，又称熟石灰，其主要成分是氢氧化钙。化学反应式为：

$$CaO + H_2O = Ca(OH)_2$$

图1-5-3 生石灰块

图1-5-4 生石灰粉

③ 石灰膏 将块状生石灰用过量的水熟化而得到的膏状物，也称石灰浆。其主要成分也是氢氧化钙(图1-5-5)。

1.5.1.2 石灰的熟化与硬化

（1）石灰的熟化

石灰熟化是指生石灰（氧化钙）与水发生水化反应生成熟石灰（氢氧化钙）的过程。

①加适量的水熟化为石灰粉　将生石灰块淋水，使石灰充分熟化，又不会过湿成团，此时得到的产品就是熟石灰粉。

图 1-5-5　石灰膏

②加过量的水熟化为石灰膏　块状生石灰用过量的水熟化而得到的膏状物。生石灰熟化为石灰浆时，会形成颗粒极细的呈胶体分散状态的氢氧化钙，表面吸附一层厚水膜。因此用石灰调成的石灰砂浆突出的优点是具有良好的可塑性。

化学反应式为：

$$CaO + H_2O \longrightarrow Ca(OH)_2 + 64.8kJ$$

仔细观察上述反应，当生石灰与水反应时，体积增大 1~2.5 倍，并且放出大量的热，这就是石灰熟化的过程。

需要注意的是，石灰放置太久，会吸收空气中水分而自动熟化成消石灰粉，再与空气中二氧化碳作用而还原为碳酸钙，这样就会失去胶结能力。且生石灰具有很强的吸湿性，受潮会自动熟化成消石灰粉而失去胶凝能力，所以储存和运输生石灰时，要注意防水防潮。最好运到后立即熟化成石灰浆，将贮存期变为陈伏期。另外，生石灰受潮熟化时会放出大量的热，而且体积膨胀，因此储存和运输生石灰时要注意安全，将生石灰与易燃物分开保管，以免引起火灾。

（2）石灰的硬化

石灰浆体在空气中逐渐硬化，是由以下两个反应同时进行来完成的：

①结晶作用　也叫干燥硬化。该反应中游离水分蒸发或被砌体吸收，在浆体内的孔隙网中，产生毛细管压力，使石灰颗粒更加紧密而获得强度。同时，由于干燥失水，引起浆体中氢氧化钙溶液过饱和，结晶出氢氧化钙晶体，浆体逐渐失去塑性。

石灰的硬化只能在空气中进行，硬化后的强度也不高。受潮后石灰溶解，强度更低，在水中还会溃散。

②碳化作用　也叫碳化硬化。氢氧化钙与空气中的二氧化碳反应生成碳酸钙晶体，形成紧密交织的结晶网，使硬化石灰浆体的强度进一步提高。但是，由于空气中的二氧化碳含量很低，表面形成的碳酸钙层结构较致密，会阻碍二氧化碳的进一步渗入，因此碳化过程是十分缓慢的。

石灰在硬化过程中，要蒸发掉大量的水分，引起体积显著收缩，易出现干缩裂缝。所以，使用石灰时一般要掺入砂、纸筋等材料，增加抗拉强度。

1.5.1.3　石灰的应用

石灰具有很强的保水性和可塑性，常常被用于改善砂浆的保水性，但石灰凝结硬化慢,强度低,不耐水湿等缺陷,使其使用功能也较为简单。

①涂料 制成石灰乳用于室内粉刷。

②砂浆 制成石灰砂浆用于抹灰。

③拌制三合土或灰土。

④制作硅酸盐制品 硅酸盐混凝土、粉煤灰砖等。

1.5.2 石膏

1.5.2.1 石膏的基本分类

石膏是一种以硫酸钙($CaSO_4$)为主要成分的气硬性无机胶凝材料。

天然石膏是自然界中蕴藏的石膏石(图1-5-6),主要为硬石膏和二水石膏两类。

硬石膏是指以无水硫酸钙为主要成分的天然矿石,也称无水石膏,是生产硬石膏水泥的重要辅助原料。二水石膏也称生石膏,是生产建筑石膏的主要原料。

图1-5-6 天然石膏

1.5.2.2 建筑石膏

根据石膏内部结构不同可分为α型半水石膏和β型半水石膏。生产石膏制品时,α型半水石膏比β型需水量少,制成品有较高的密实度和强度。通常用蒸压釜在饱和蒸汽介质中蒸炼而成的是α型半水石膏,也称高强石膏;用炒锅或回转窑敞开装置煅炼而成的是β型半水石膏,也称建筑石膏,建筑石膏也称熟石膏或半水石膏($CaSO_4 \cdot 1/2H_2O$)。

建筑石膏与适量水拌合后先溶解于水,生成二水石膏析出,表面吸附着很多的水分,形成可塑性良好的浆体,随着石膏与水的反应和水分的蒸发,浆体逐渐失去可塑性而发生凝结,此后进一步产生水化,胶体转变为晶体,晶体颗粒不断增大,从而产生强度,即产生硬化。由此可看出,石膏浆体的凝结和硬化是交叉进行的。

①建筑石膏的凝结 随水化反应进行,浆体中的自由水分因水化和蒸发而不断减少,二水石膏胶体微粒数量不断增加,浆体的稠度逐渐增大,可塑性逐渐减小,表现为石膏的"凝结"。

使用建筑石膏时,为获得良好的流动性,加入的拌合水要比水化的理论需水量多。因此,石膏在硬化过程中由于多余水分的蒸发,原来的水空间形成孔隙,造成硬化后的石膏内部形成大量微孔,重量较轻,抗压强度也因此下降。也正因为大量孔隙的产生,其传热性下降,多数石膏制品具有较好的保温隔热能力,同时还有较好的吸声、吸湿的能力。

②建筑石膏的硬化 石膏最终凝结后,其晶体颗粒仍在不断长大和连生,形成相互交错且孔隙率逐渐减小的结构,其强度也不断增大,直至水分完全蒸发,形成硬化石膏结构,这一过程称为石膏的硬化。

需要注意的是，建筑石膏浆体凝结硬化速度很快，一般初凝时间仅为 10min 左右，终凝时间不超过 30min。需要操作时间较长时，可加入适量的缓凝剂。

石膏浆体凝结硬化时不像石灰、水泥那样出现收缩，反而略有膨胀，使石膏硬化体表面光滑饱满，可制作出纹理细致的浮雕花饰，具有良好的装饰性，是现代常用的景观装饰材料（图 1-5-7）。微孔结构使其硬度较低，所以硬化石膏具有良好的可加工性。同时，由于硬化后的石膏主要成分是二水石膏，受到高温作用时或遇火后会脱出 21% 左右的结晶水，并能在表面蒸发形成水蒸气幕，可有效阻止火势的蔓延，因而具有良好的防火效果，是常见的防火材料。

图 1-5-7　各类石膏制品

在石膏制品的使用中，由于硬化石膏的强度来自晶体粒子间的黏结力，遇水后粒子间连接点的黏结力可能被削弱，部分二水石膏将溶解，发生局部溃散，故建筑石膏硬化时的耐水性较差，一般不宜在潮湿和温度过高的环境中使用。现在市面上也可见一些具有一定耐水性的石膏产品，这是因为这些产品中掺入了一定量的水泥或其他含活性 SiO_2、Al_2O_3、CaO 的材料，如粉煤灰、石灰等，改善了其耐水性，或掺入有机防水剂改善石膏制品的孔隙状态或使孔壁具有憎水性。

1.5.3　水玻璃

水玻璃其实就是硅酸钠（Na_2SiO_3），日常生活中也叫作泡花碱，是一种无色、青绿色或棕色的固体或黏稠液体（图 1-5-8）。我国常见的水玻璃的生产方法主要有干法生产和湿法生产两种。

（1）基本特性

①黏结力好　水玻璃硬化后的主要成分为硅凝胶和固体，具有较高的黏结力。所以水玻璃是装修时使用的填缝剂的主要成分之一，它可以保证填入的填缝剂不易散开，效果非常好。

图 1-5-8　水玻璃

②耐酸性好　水玻璃可以抵抗大多数常见的有机或无机酸（氢氟酸、高级脂肪酸、热磷酸除外）。

③耐热性好　水玻璃硬化后形成的化学结构在高温下可以保持较好的强度，所以掺加

在混凝土中可以有效保证混凝土的耐热水平。

④耐碱性及耐水性差。

（2）用途

水玻璃的用途非常广泛。在化工系统中被用来制造各种硅酸盐类产品，是硅化合物的基本原料。

①涂刷表面，提高抗风化能力　水玻璃溶液能有效渗透入材料孔隙中，固化后的硅凝胶可以堵塞孔隙，提高材料的密度，增加强度，从而提高抗风化能力（注意：水玻璃不可用于石膏制品）。

②土壤加固　将水玻璃与氯化钙溶液交替注入土壤中，两种溶液迅速反应生成硅胶和硅酸钙凝胶，起到胶结和填充孔隙的作用，使土壤的强度和承载能力提高。常用于粉土、砂土和填土的地基加固，称为双液注浆。

③配制防水剂　水玻璃可与多种矾配制成速凝防水剂，用于堵漏、填缝等局部抢修。这种多矾防水剂的凝结速度很快。

④配制耐酸凝胶　耐酸凝胶是用水玻璃和耐酸粉料（常用石英粉）配制而成。与耐酸砂浆和混凝土一样，主要用于有耐酸要求的工程。

⑤配制耐热砂浆　水玻璃耐热砂浆主要用于高炉基础和其他有耐热要求的结构部位。

1.5.4 水泥

水泥是当代最重要的建筑材料之一，粉末状，加水搅拌后成塑性浆体。水泥能在空气中硬化且在水中能更好地硬化，并能把砂、石等材料牢固地胶结在一起的水硬性胶凝材料。

水泥品种很多，按主要的水硬性矿物可分为硅酸盐水泥、铝酸盐水泥、硫酸盐水泥、铁铝酸盐水泥、氟铝酸盐水泥等。其中应用最为广泛的为硅酸盐水泥。以硅酸钙为主要成分的水泥熟料，掺入0~5%的石灰石或粒化高炉矿渣，适量石膏磨细制成的水硬性胶凝材料，统称为硅酸盐水泥（图1-5-9），国际上称为波特兰水泥。硅酸盐水泥分两种类型，不掺入混合材料的称为Ⅰ型硅酸盐水泥，代号P·Ⅰ；掺入不超过水泥质量5%的石灰石或粒化高炉矿渣混合材料的称为Ⅱ型硅酸盐水泥，代号P·Ⅱ。

图1-5-9　硅酸盐水泥

（1）硅酸盐水泥的水化与凝结硬化

水泥加水拌合后成为既有可塑性又有流动性的水泥浆，同时产生水化，随着水化反应的进行，逐渐失去流动能力到达初凝。待完全失去可塑性，开始产生结构强度时，即为终凝。随着水化凝结的继续，浆体逐渐转变为具有一定强度的坚硬固体水泥石，即为硬化。

（2）硅酸盐水泥的技术性质

①细度　水泥颗粒的粗细程度。

②凝结时间　水泥的凝结时间分为初凝时间和终凝时间。自加水至水泥浆开始失去塑

性，流动性减小所需要的时间，称为初凝时间。自加水时起至水泥浆完全失去塑性，开始有一定结构强度所需的时间，称为终凝时间。国家标准规定硅酸盐水泥的初凝时间不得早于 45min，终凝时间不得迟于 190min。

③标准稠度用水量　标准稠度是指水泥净浆达到规定稠度时所需的拌合水量。以占水泥质量的百分率表示。

④体积安定性　指在凝结硬化过程中体积变化是否均匀的性质。若体积安定性不良，将会对建筑质量造成严重的影响。

⑤强度等级　硅酸盐水泥的强度等级分为 42.5、42.5R、52.5、52.5R、62.5、62.5R 6 个等级，代号 R 表示早强型水泥。

（3）硅酸盐水泥的特性及应用

硅酸盐水泥硬化快，且具有较高强度，尤其早期强度高，对于有早强要求的冬季施工的混凝土工程能够保持良好性能，抗冻性好。由于硅酸盐水泥强度高，所以耐磨性能好。但是抗腐蚀性能差，耐热性差，并且水化热大，对大体积混凝土工程不利。

（4）掺入混合材料的硅酸盐水泥（表 1-5-1）

表 1-5-1　6 种不同水泥的应用范围

水泥类型	硅酸盐水泥	普通硅酸盐水泥	矿渣硅酸盐水泥	火山灰质硅酸盐水泥	粉煤灰硅酸盐水泥	复合硅酸盐水泥
适用范围	混凝土、钢筋混凝土和预应力混凝土的地上、地下和水中结构	与硅酸盐水泥基本相同	大体积工程，有高温或耐火需求的混凝土结构，地上、地下和水中的结构以及抗硫酸盐侵蚀的结构	地下或水中大体积混凝土结构，一定抗渗要求的结构，抗硫酸盐侵蚀的结构	混凝土和钢筋混凝土的地上、地下和水中的结构，抗硫酸盐侵蚀的结构，大体积水工混凝土	普通气候环境、高温高湿环境中或长期处在水中的混凝土；厚大体积的混凝土
不适用范围	受侵蚀水（海水、矿物水、工业废水等）及压力水作用的结构	与硅酸盐水泥基本相同	需早期发挥强度的结构	干燥环境中的混凝土结构，有耐磨性要求的工程，早期强度要求高的混凝土工程	需早期发挥强度的结构，有抗冻要求的混凝土工程	严寒地区处于水位升降范围内的混凝土；要求快硬的混凝土

①普通硅酸盐水泥　由硅酸盐水泥熟料、大于 5% 且不大于 20% 混合材料、适量石膏磨细制成的水硬性胶凝材料，称为普通硅酸盐水泥（简称普通水泥），代号 P·O。分为 42.5、42.5R、52.5、52.5R 4 个强度等级。其基本性质与硅酸盐水泥相近。

②矿渣硅酸盐水泥　由硅酸盐水泥熟料、大于 20% 且不大于 70% 粒化高炉矿渣和适量石膏磨细制成的水硬性胶凝材料，称为矿渣硅酸盐水泥，代号 P·S，且分为 A 型和 B 型。A 型矿渣掺量大于 20% 且不大于 50%，代号 P·S·A；B 型矿渣掺量大于 50% 且不大于 70%，代号 P·S·B。早期强度低，后期强度增长快，有较好的耐热性，且对硫酸盐有一定的抗侵蚀能力。

③火山灰质硅酸盐水泥　由硅酸盐水泥熟料、大于 20% 且不大于 50% 火山灰质混合材料和适量石膏磨细制成的水硬性胶凝材料，称为火山灰质硅酸盐水泥，代号 P·P。需水量

大、泌水性小、有较高的抗渗性。

④粉煤灰硅酸盐水泥　由硅酸盐水泥熟料、大于20%且不大于40%粉煤灰和适量石膏磨细制成的水硬性胶凝材料，称为粉煤灰硅酸盐水泥，代号P·F。吸水率小、需水量少、干缩性较小、抗裂性能较好。

⑤复合硅酸盐水泥　由硅酸盐水泥熟料、大于20%且不大于50%的两种或两种以上规定的混合材料、适量石膏磨细制成的水硬性胶凝材料，称为复合硅酸盐水泥（简称复合水泥），代号P·C。其使用范围广，价格便宜。

矿渣硅酸盐水泥、火山灰质硅酸盐水泥、粉煤灰硅酸盐水泥和复合硅酸盐水泥有32.5、32.5R、42.5、42.5R、52.5、52.5R 6个强度等级。

1.5.5　沥青

沥青是一种防水防潮和防腐的有机胶凝材料，是广泛应用于各类工程中的防水防腐材料，同时它还是道路工程中使用最为广泛的路面结构材料之一。

（1）沥青的分类

沥青主要可以分为煤焦沥青、石油沥青和天然沥青3种。

①煤焦沥青　煤焦沥青是炼焦的副产品。其中主要含有具有毒性的难挥发的蒽、菲、芘等。煤焦沥青容易受到温度的影响，冬季容易脆裂，夏季容易软化。

②石油沥青　石油沥青是原油蒸馏后的残渣，符合道路沥青规格时就可以生产出沥青产品，所得沥青称为直馏沥青，是生产道路沥青的主要方法。

③天然沥青　天然沥青是石油在自然界长期受地壳挤压并与空气、水接触逐渐变化而形成的，石油原油渗透到地面，其中轻质组分被蒸发，进而在日光照射下被空气中的氧气氧化，再经聚合成为沥青矿物。主要由沥青质、树脂等胶质，以及少量的金属和非金属等其他矿物杂质组成。这种沥青大多经过天然蒸发、氧化，一般已不含有任何毒素。

（2）沥青的路用性能

①黏滞性　通常用黏度表示，它是沥青标号划分的主要依据。它随沥青的组分和温度而异，沥青质含量高黏滞性大，随温度升高黏滞性降低。

②低温性能　我国现行规范中对沥青的低温性能主要通过延度和脆点来表示。

延度是沥青受到外力拉伸时，所能承受的塑性变形的总能力。一般通过延度仪测定。

脆点指沥青材料在低温下开裂时的温度，在一定程度上反应了沥青的低温脆性。现在可通过沥青脆点仪进行测定。

③感温性　沥青黏度随温度变化的感应性称为感温性。

④黏附性　是指沥青与石料之间相互作用所产生的物理吸附和化学吸附的能力。黏结力是指沥青本身内部的黏结能力。黏结性好的沥青一般其黏附能力也强。沥青对石料黏附性的优劣，对沥青路面的强度、水稳性以及耐久性都有很大影响，是沥青的重要性质之一。

⑤耐久性　影响沥青耐久性的因素包括氧化作用，光和水对沥青的作用，沥青自身的硬化过程等。

1.6 砂浆

> 【知识目标】
> (1)熟悉常见的砂浆材料。
> (2)掌握常见砂浆施工的工艺做法。
> 【技能目标】
> 能够在设计及施工过程中选择正确的砂浆种类。
> 【素质目标】
> 通过学习砂浆知识,要求学生熟悉掌握砂浆种类、施工工艺、生产流程及行业规范;培养学生良好的职业道德和敬业精神,培养学生具有良好的自学能力及团队合作精神。

砂浆是由胶凝材料、细骨料、掺合料和水以及根据性能确定的各种组分按适当比例配合、拌制并经硬化而成的工程材料,又称为细骨料混凝土。主要起黏结、衬垫、传递应力的作用,用于砌筑、抹面、修补和装饰等工程,能把砖、石块、砌块胶结成一个整体。

1.6.1 建筑砂浆

1.6.1.1 分类

(1) 按所用材料不同分类

分为石灰砂浆、水泥砂浆、石膏砂浆和水泥石灰混合砂浆等。合理使用砂浆对节约胶凝材料、方便施工、提高工程质量有着重要的作用(图1-6-1)。

①石灰砂浆 由石灰膏、砂和水按一定配比制成,一般用于强度要求不高、不受潮的砌体和抹灰层。

②水泥砂浆 由水泥、砂和水按一定配比制成,一般用于潮湿环境或水中的砌体、墙面或地面等。

③石膏砂浆 以半水石膏为基材,高分子聚合物为胶凝材料,与无机填料经干混而成。是一种内墙粉刷材料,改变了以水泥基为胶凝材料的传统习惯,与各种基底墙都有极佳的相容性和黏附力。

石灰砂浆

水泥砂浆

石膏砂浆

混合砂浆

图1-6-1 建筑砂浆的分类

④混合砂浆　在水泥或石灰砂浆中掺加适当掺合料(如粉煤灰、硅藻土等)制成,以节约水泥或石灰用量,并改善砂浆的和易性。常用的混合砂浆有水泥石灰砂浆、水泥黏土砂浆和石灰黏土砂浆等。

(2)按用途不同分类

分为砌筑砂浆、抹面砂浆、黏结砂浆等。

①砌筑砂浆　分为现场配制砂浆、预拌砂浆(湿拌砂浆或干混砂浆)。

②抹面砂浆　凡涂抹在建筑物或建筑构件表面的砂浆,统称为抹面砂浆。包括装饰砂浆、防水砂浆。

用以砖墙的抹面底层砂浆的作用是使砂浆与基层能牢固地黏结,应有良好的保水性;中层砂浆主要是为了找平,有时可省去不做;面层砂浆主要为了获得平整、光洁的表面效果。

③黏结砂浆　采用优质改性特制水泥及多种高分子材料、填料经独特工艺复合而成,保水性好,粘贴强度高,施工中不滑坠。具有优良的耐候、抗冲击和防裂性能。主要用于外墙苯板保温体系中聚苯板、挤塑板等的黏结。

1.6.1.2　特性

(1)和易性

砂浆的和易性是指砂浆是否容易在砖石等表面铺成均匀、连续的薄层,且与基层紧密黏结的性质。新拌普通砂浆应具有良好的和易性,硬化后的砂浆则应有所需的强度和黏结力。砂浆的和易性与其流动性和保水性有关。

(2)流动性

影响砂浆流动性的因素,主要有胶凝材料的种类和用量,用水量以及细骨料的种类、颗粒形状、粗细程度与级配,除此之外,也与掺入的混合材料及外加剂的品种、用量有关。通常情况下,基底为多孔吸水性材料,或在干热条件下施工时,应选择流动性大的砂浆。相反,基底吸水少,或在湿冷条件下施工时,应选流动性小的砂浆。

(3)保水性

保水性是指砂浆保持水分的能力。保水性不良的砂浆,使用过程中会出现泌水、流浆的现象,使砂浆与基底黏结不牢,且由于失水影响砂浆正常的黏结硬化,使砂浆的强度降低。影响砂浆保水性的主要因素是胶凝材料种类和用量、砂的品种、细度和用水量。在砂浆中掺入石灰膏、粉煤灰等粉状混合材料,可提高砂浆的保水性。

1.6.1.3　硬化砂浆的强度

影响砂浆强度的因素有:当原材料的质量一定时,砂浆的强度主要取决于水泥标号和水泥用量。此外,砂浆强度还受砂、外加剂、掺入的混合材料以及砌筑和养护条件有关。砂中泥及其他杂质含量多时,砂浆强度也受影响。

一般根据施工经验掌握或通过试验确定水泥砂浆的特性及强度。建筑砂浆和混凝土的区别在于建筑砂浆不含粗骨料,它是由胶凝材料、细骨料和水按一定的比例配制而成。其中砌筑砂浆的强度等级分为M5、M7.5、M10、M15、M20、M25、M30 7个等级。水泥混合砂浆的强度等级分为 M5、M7.5、M10、M15 4 个等级，部分配合比见表 1-6-1。砂浆的黏结力随其标号的提高而增强，也与砌体等的表面状态、清洁与否、潮湿程度以及施工养护条件有关。因此，砌砖之前一般要先将砖浇湿，以增强砖与砂浆之间的黏结力，确保砌筑质量。

表 1-6-1 砂浆标号配比

水泥砂浆配合比 NO：1					水泥砂浆配合比 NO：2				
技术要求	强度等级：M2.5	稠度(mm)：70~90			技术要求	强度等级：M5	稠度(mm)：70~90		
原材料	水泥：32.5 级	河砂：中砂			原材料	水泥：32.5 级	河砂：中砂		
配合比	材料用量(kg/m²)	水泥	河砂	水	配合比	材料用量(kg/m²)	水泥	河砂	水
		200	1450	310~330			210	1450	310~330
	配合比例	1	7.25	参考用水量		配合比例	1	6.9	参考用水量

水泥砂浆配合比 NO：3					水泥砂浆配合比 NO：4				
技术要求	强度等级：M7.5	稠度(mm)：70~90			技术要求	强度等级：M10	稠度(mm)：70~90		
原材料	水泥：32.5 级	河砂：中砂			原材料	水泥：32.5 级	河砂：中砂		
配合比	材料用量(kg/m²)	水泥	河砂	水	配合比	材料用量(kg/m²)	水泥	河砂	水
		230	1450	310~330			275	1450	310~330
	配合比例	1	6.3	参考用水量		配合比例	1	5.27	参考用水量

水泥砂浆配合比 NO：5					水泥砂浆配合比 NO：6				
技术要求	强度等级：M15	稠度(mm)：70~90			技术要求	强度等级：M20	稠度(mm)：70~90		
原材料	水泥：32.5 级	河砂：中砂			原材料	水泥：32.5 级	河砂：中砂		
配合比	材料用量(kg/m²)	水泥	河砂	水	配合比	材料用量(kg/m²)	水泥	河砂	水
		320	1450	310~330			360	1450	310~330
	配合比例	1	5.27	参考用水量		配合比例	1	4.03	参考用水量

水泥砂浆配合比 NO：7					水泥砂浆配合比 NO：8				
技术要求	强度等级：M2.5	稠度(mm)：60~80			技术要求	强度等级：M5	稠度(mm)：60~80		
原材料	水泥：32.5 级	河砂：中砂			原材料	水泥：32.5 级	河砂：中砂		
配合比	材料用量(kg/m²)	水泥	河砂	水	配合比	材料用量(kg/m²)	水泥	河砂	水
		200	1450	300~320			200	1450	310~330
	配合比例	1	7.25	参考用水量		配合比例	1	7.25	参考用水量

水泥砂浆配合比			NO：9		
技术要求	强度等级：M7.5		稠度(mm)：60~80		
原材料	水泥：32.5级		河砂：中砂		
配合比	材料用量(kg/m³)	水泥	河砂	水	
		230	1450	300~320	
	配合比例	1	6.3	参考用水量	

水泥砂浆配合比			NO：10		
技术要求	强度等级：M10		稠度(mm)：60~80		
原材料	水泥：32.5级		河砂：中砂		
配合比	材料用量(kg/m³)	水泥	河砂	水	
		275	1450	300~320	
	配合比例	1	5.27	参考用水量	

水泥砂浆配合比			NO：11		
技术要求	强度等级：M15		稠度(mm)：60~80		
原材料	水泥：32.5级		河砂：中砂		
配合比	材料用量(kg/m³)	水泥	河砂	水	
		320	1450	300~320	
	配合比例	1	4.53	参考用水量	

水泥砂浆配合比			NO：12		
技术要求	强度等级：M20		稠度(mm)：60~80		
原材料	水泥：32.5级		河砂：中砂		
配合比	材料用量(kg/m³)	水泥	河砂	水	
		360	1450	300~320	
	配合比例	1	4.53	参考用水量	

水泥砂浆配合比			NO：13		
技术要求	强度等级：M2.5		稠度(mm)：50~70		
原材料	水泥：32.5级		河砂：中砂		
配合比	材料用量(kg/m³)	水泥	河砂	水	
		200	1450	300~320	
	配合比例	1	7.25	参考用水量	

水泥砂浆配合比			NO：14		
技术要求	强度等级：M5		稠度(mm)：50~70		
原材料	水泥：32.5级		河砂：中砂		
配合比	材料用量(kg/m³)	水泥	河砂	水	
		300	1450	260~280	
	配合比例	1	7.25	参考用水量	

水泥砂浆配合比			NO：15		
技术要求	强度等级：M7.5		稠度(mm)：50~70		
原材料	水泥：32.5级		河砂：中砂		
配合比	材料用量(kg/m³)	水泥	河砂	水	
		230	1450	260~280	
	配合比例	1	6.3	参考用水量	

水泥砂浆配合比			NO：16		
技术要求	强度等级：M10		稠度(mm)：50~70		
原材料	水泥：32.5级		河砂：中砂		
配合比	材料用量(kg/m³)	水泥	河砂	水	
		270	1450	260~280	
	配合比例	1	6.3	参考用水量	

1.6.2 其他砂浆

1.6.2.1 防水砂浆

制作砂浆防水层（又称刚性防水）所采用的砂浆称作防水砂浆（图1-6-2）。防水砂浆又叫阳离子氯丁胶乳防水防腐材料。阳离子氯丁胶乳是一种高聚物分子改性防水防腐系统；是一种由引入进口环氧树脂改性胶乳加入国内氯丁橡胶乳液及聚丙烯酸酯、合成橡胶、各种乳化剂、改性胶乳等所组成的高聚物胶乳；是一种加入基料和适量化学助剂和填充料，

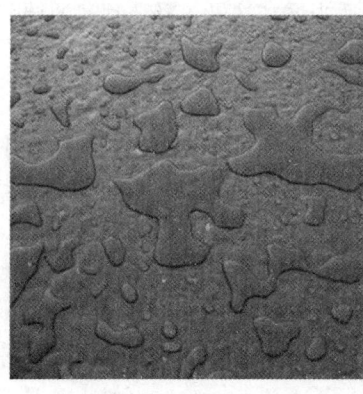
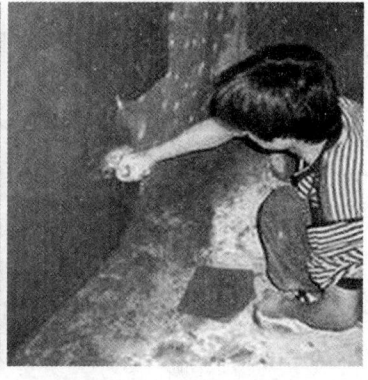

图 1-6-2 防水砂浆

经塑炼、混炼、压延等工序加工而成的高分子防水防腐材料；是选用进口材料和国内优质辅料，按照国家行业标准最高等级批示生产的优质产品；是国家小康住宅建设推荐产品。寿命长，施工方便，长期浸泡在水里寿命在 50 年以上。

（1）分类

防水砂浆是一种刚性防水材料，通过提高砂浆的密实性及改进抗裂性以达到防水抗渗的目的。主要用于不会因结构沉降、温度、湿度变化以及受震动等产生有害裂缝的防水工程。用作防水工程的防水层的防水砂浆有以下 3 种：

①刚性多层抹面的水泥砂浆　将水泥加水配制的水泥素浆和由水泥、砂、水配制的水泥砂浆分层交替抹压密实，以使每层毛细孔通道大部分被切断，残留的少量毛细孔也无法形成贯通的渗水孔网。这样硬化后的防水层具有较高的防水和抗渗性能。

②掺防水剂的防水砂浆　在水泥砂浆中掺入各类防水剂以提高砂浆的防水性能，常用的掺防水剂的防水砂浆有氯化物金属类防水砂浆、氯化铁防水砂浆、金属皂类防水砂浆和超早强剂防水砂浆等。

氯化物金属类：由氯化钙、氯化铝等金属盐和水按一定比例混合配制的一种淡黄色液体。加入水泥砂浆中与水泥和水起作用，在砂浆凝结硬化过程中生成含水氯硅酸钙、氯铝酸钙等化合物，填塞在砂浆的空隙中以提高砂浆的致密性和防水性。

氯化铁类：用氧化铁皮、盐酸、硫酸铝为主要原料制成的氯化铁防水剂，呈深棕色溶液，主要成分为氯化铁、氯化亚铁及硫酸铝。该防水剂先用水稀释后再加入水泥、砂中搅拌，形成一种防水性能良好的防水砂浆。砂浆中氯化铁与水泥水化时析出的氢氧化钙作用生成氯化钙及氢氧化铁胶体，氯化钙能激发水泥的活性，提高砂浆的强度，而氢氧化铁胶体能降低砂浆的析水性，提高密实性。

金属皂类：用碳酸钠或氢氧化钾等碱金属化合物、氨水、硬脂酸和水按一定比例混合加热皂化成乳白色浆液，加入水泥砂浆中而配制成的防水砂浆。具有塑化效应，可降低水灰比，并使水泥质点和浆料间形成憎水化吸附层，生成不溶性物质，以堵塞硬化砂浆的毛细孔，切断和减少渗水孔道，增加砂浆密实性，使砂浆具有防水特性。

超早强剂类：在硅酸盐水泥（或普通水泥）中掺入一定量的低钙铝酸盐型的超早强外加

剂配制而成的砂浆,使用时可根据工程缓急,适当增减掺量,凝结时间的调节幅度可为1~45min。超早强剂防水砂浆的早期强度高,后期强度稳定,且具有微膨胀性,可提高砂浆的抗开裂性及抗渗性。

③聚合物水泥防水砂浆　用水泥、聚合物分散体作为胶凝材料与砂配制而成的砂浆。聚合物水泥砂浆硬化后,砂浆中的聚合物可有效地封闭连通的孔隙,增加砂浆的密实性及抗裂性,从而可以改善砂浆的抗渗性及抗冲击性。聚合物分散体是在水中掺入一定量的聚合物胶乳(如合成橡胶、合成树脂、天然橡胶等)及辅助外加剂(如乳化剂、稳定剂、消泡剂、固化剂等),经搅拌而使聚合物微粒均匀分散在水中的液态材料。常用的聚合物品种有有机硅、阳离子氯丁胶乳、乙烯-聚醋酸乙烯共聚乳液、丁苯橡胶胶乳、氯乙烯-偏氯化烯共聚乳液等。

(2)结构

防水砂浆结构一般由结构基层、防水砂浆垫层、防水砂浆面层组成,具体结构视施工工艺而定(图1-6-3)。

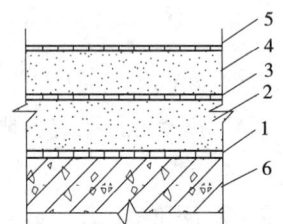

1、3.素灰层2 mm；2、4.砂浆层45 mm；
5.水泥浆1 mm；6.结构基层浆面层

多层刚性防水层

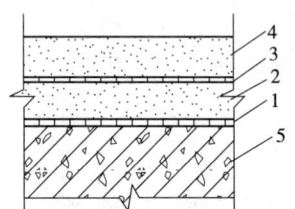

1、3.水泥浆一道 2.外加剂防水砂浆垫层；
4.防水砂浆面层；5.结构基层

刚性外加剂防水层

图1-6-3　防水砂浆结构

(3)用途

主要用于地下室防渗及渗漏处理,建筑物屋面及内外墙面渗漏的修复,各类水池和游泳池的防水防渗,人防工程,隧道,粮仓,厨房,卫生间,厂房,封闭阳台的防水防渗。

1.6.2.2　装饰砂浆

装饰砂浆是指用作建筑物饰面的砂浆。它是在抹面的同时,经各种加工处理而获得特殊的饰面形式,以满足审美需要的一种表面装饰。装饰砂浆所用胶凝材料与普通抹面砂浆基本相同,只是灰浆类饰面更多地采用白水泥和添加各种颜料(图1-6-4)。

(1)分类

装饰砂浆饰面可分为两类,即灰浆类饰面和石碴类饰面。

①灰浆类饰面　是通过水泥砂浆的着色或水泥砂浆表面形态的艺术加工,获得一定色彩、线条、纹理质感的表面装饰。

②石碴类饰面　是在水泥砂浆中掺入各种彩色石碴作骨料,配制成水泥石碴浆抹于墙体基层表面,然后用水洗、斧剁、水磨等手段除去表面水泥浆皮,呈现出石碴颜色及其质

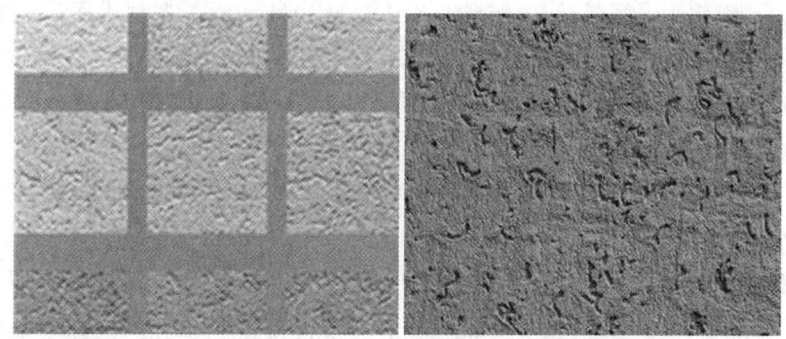

图 1-6-4　装饰砂浆效果图

感的饰面。

（2）作用

装饰砂浆产品和技术来源于欧洲，在德国、西班牙、法国、意大利等国家有着广泛的应用。其装饰特点为颜色淡雅，表面凹凸均匀，具有立体质感，给人以自然清新、质朴大方的感觉和装饰效果。装饰砂浆一直受欢迎的原因是它的涂层相对较厚，且表面可加工成各种风格的纹理，这使建筑设计师有很大的选择余地。当阳光和影像映照在有纹理的涂层表面时，还会产生一种平面涂层无法比拟的、悦目的效果。同时，使用水泥作为主要黏结剂，使装饰砂浆的价格在大宗用途的材料中极具竞争力。装饰砂浆作为建筑物的外表不仅要赋予建筑物丰富的外观特征，还要形成一道屏障，保护建筑物免受环境侵害。这两方面的诉求，要求装饰砂浆不仅需要具备改善外观的功能，而且必须具备一些物理功能，如防止涂层吸潮或吸水等。

1.7　混凝土

【知识目标】
(1)熟悉常见的混凝土材料。
(2)掌握园林中常用普通混凝土配合比。
【技能目标】
能在设计及施工过程中选择正确的混凝土种类。
【素质目标】
通过学习混凝土知识，要求学生熟悉掌握混凝土材料种类、施工工艺、生产流程及行业规范；培养学生良好的职业道德和安全意识。

混凝土，简称砼，指由胶凝材料将骨料胶结成整体的工程复合材料的统称。

混凝土有多种分类方法，最常见的有以下几种：

（1）按胶凝材料分类

①无机胶凝材料混凝土　包括石灰硅质胶凝材料混凝土(如硅酸盐混凝土)、硅酸盐水泥系混凝土(如硅酸盐水泥、普通水泥、矿渣水泥、粉煤灰水泥、火山灰质水泥、早强水

泥混凝土等)、钙铝水泥系混凝土(如高铝水泥、纯铝酸盐水泥、喷射水泥、超速硬水泥混凝土等)、石膏混凝土、镁质水泥混凝土、硫黄混凝土、水玻璃氟硅酸钠混凝土等。

②有机胶凝材料混凝土 主要有沥青混凝土、聚合物水泥混凝土、树脂混凝土、聚合物浸渍混凝土等。

此外，无机与有机复合的胶体材料混凝土，还可以分为聚合物水泥混凝土和聚合物辑靛混凝土。

(2) 按表观密度分类

可分为重混凝土(表观密度>2800kg/m³)、普通混凝土(表观密度1950~2800kg/m³)，轻质混凝土(表观密度<1950kg/m³)。

轻质混凝土可分为3类：

①轻骨料混凝土 其表观密度在800~1950kg/m³。轻集料包括浮石、火山渣、陶粒、膨胀珍珠岩、膨胀矿渣、矿渣等。

②多孔混凝土 包括泡沫混凝土、加气混凝土。其表观密度在300~1000kg/m³。泡沫混凝土是由水泥浆或水泥砂浆与稳定的泡沫混合制成的。加气混凝土是由水泥、水与发气剂制成的。

③大孔混凝土 包括普通大孔混凝土、轻骨料大孔混凝土，其组成中无细集料。普通大孔混凝土的表观密度为1500~1900kg/m³，是用碎石、软石、重矿渣作集料配制而成的。轻骨料大孔混凝土的表观密度为500~1500kg/m³，是用陶粒、浮石、碎砖、矿渣等作为集料配制的。

(3) 按使用功能分类

可分为结构混凝土、保温混凝土、装饰混凝土、防水混凝土、耐火混凝土、水工混凝土、海工混凝土、道路混凝土、防辐射混凝土等。

(4) 按施工工艺分类

可分为离心混凝土、真空混凝土、灌浆混凝土、喷射混凝土、碾压混凝土、挤压混凝土、泵送混凝土等。

(5) 按配筋方式分类

可分为素(即无筋)混凝土、钢筋混凝土、钢丝混凝土、纤维混凝土、预应力混凝土等。

园林建筑中的常用混凝土有普通混凝土、沥青混凝土、装饰混凝土和防水混凝土等。

1.7.1 普通混凝土

普通混凝土俗称混凝土，是指用水泥作胶凝材料，砂、石作骨料，有时加入外加剂和掺合料，与水按一定比例配合，经搅拌而得的水泥混凝土，广泛应用于水土工程。

1.7.1.1 组成材料

(1) 水泥

水泥在混凝土中起胶结作用，正确、合理选择水泥的品种和强度等级是影响混凝土强度、耐久性及经济性的重要因素。

①水泥品种的选择　应符合现行国家标准的有关规定，根据工程特点和所处的环境条件选用水泥品种。

②水泥强度等级（标号）的选择　水泥强度等级应与混凝土的配制强度等级相适应。对于强度等级不大于 C30 的混凝土，一般水泥强度等级是混凝土强度等级的 1.5~2.0 倍；强度等级大于 C30 的混凝土可选择强度等级为 0.9~1.5 倍的水泥；强度等级为 C50~C80 的混凝土，应选择强度等级不小于 42.5 级的硅酸盐水泥或普通硅酸盐水泥。

（2）骨料

粗、细骨料都应符合有关标准的要求。正确选择集料能确保混凝土的和易性、强度、耐久性和经济性。

①细骨料　砂子的颗粒级配合理、含泥量低有利于强度和工作性的提高。人工砂和风化山砂的需水量大，颗粒形状和级配不合理会使拌合物流动性下降。河砂是理想的细集料，使用时应正确选择细度模数。配制高强混凝土时应采用粗砂，普通流态混凝土用中砂。砂子的细度模数影响混凝土的砂率和用水量。砂率高用水量大，坍落度损失快；砂率偏低容易产生泌水和离析。

②粗骨料　石子的最大粒径和级配影响混凝土的用水量、砂率和工作性。配制高强混凝土和高性能混凝土时应采用高强度的碎石，其最大粒径应为 19mm 或 25mm，因为高强混凝土的强度几近石子强度的 1/2。普通流态混凝土采用最大粒径 25mm 或 31.5mm 的碎石，采用泵送工艺时石子最大粒径应小于泵出口管径的 1/3，否则会产生堵泵现象。市场连续级配的碎石较少，多数为单一粒级，这时应采用二级配石子。若采用单一粒级的石子应提高砂率。

混凝土的砂率与石子的最大粒径有关，大石子砂率小，小石子砂率大。其中就有合理配合的问题。在配制流态混凝土时，若采用较大粒径（如 31.5mm）碎石与中细砂（$MX = 2.50$）配合可以降低砂率和用水量，从而降低混凝土的成本。

（3）水

一般说来，饮用水都可满足混凝土拌和用水的要求。水中过量的酸、碱、盐和有机物都会对混凝土产生有害的影响。

（4）外加剂与掺合料

为改善混凝土的某些性质，可加入外加剂。由于掺用外加剂有明显的技术经济效果，日益成为混凝土不可缺少的组分。为改善混凝土拌合物的和易性和硬化后混凝土的性能，节约水泥，在混凝土搅拌时也可掺入磨细的矿物材料——掺合料。掺合料主要有粉煤灰、粒化高炉矿渣粉、硅灰、沸石粉、钢渣粉、磷渣粉等。

1.7.1.2　制备

配合比。制备混凝土时，首先应根据工程对和易性、强度、耐久性等的要求，合理地选择原材料并确定其配合比例，以达到经济适用的目的。混凝土配合比的设计通常按水灰比法则的要求进行。材料用量主要用假定容重法或绝对体积法来计算。

1.7.1.3 特性

(1) 和易性

和易性是拌合物最重要的性能,主要包括流动性、黏聚性和保水性3个方面。它综合表示拌合物的稠度、流动性、可塑性、抗分层离析泌水的性能及易抹面性等。测定和表示拌合物和易性的方法和指标很多,我国主要采用截锥坍落筒测定的坍落度(单位为毫米)及用维勃仪测定的维勃时间(单位为秒),作为稠度的主要指标。

(2) 强度

强度是混凝土硬化后的最重要的力学性能,是指混凝土抵抗压、拉、弯、剪等应力的能力。水灰比、水泥品种和用量、集料的品种和用量以及搅拌、成型、养护,都直接影响混凝土的强度。混凝土按标准抗压强度(以边长为150mm的立方体为标准试件,在标准养护条件下养护28天,按照标准试验方法测得的具有95%保证率的立方体抗压强度)划分的强度等级,称为标号,按照《混凝土质量控制标准》(GB 50164—2011)规定,普通混凝土划分为19个等级,即:C10,C15,C20,C25,C30,C35,C40,C45,C50,C55,C60,C65,C70,C75,C80,C85,C90,C95,C100。混凝土的抗拉强度仅为其抗压强度的1/20~1/10。提高混凝土抗拉、抗压强度的比值是混凝土改性的重要方面。

(3) 变形

混凝土在荷载或温湿度作用下会产生变形,主要包括弹性变形、塑性变形、收缩和温度变形等。混凝土在短期荷载作用下的弹性变形主要用弹性模量表示。在长期荷载作用下,应力不变,应变持续增加的现象为徐变;应变不变,应力持续减少的现象为松弛;由于水泥水化、水泥石的碳化和失水等原因产生的体积变形,称为收缩。

硬化混凝土的变形来自两方面因素:环境因素(温湿度变化)和外加荷载因素。因此有荷载作用下的变形,包括弹性变形、非弹性变形;非荷载作用下的变形,包括收缩变形(干缩、自收缩)、膨胀变形(湿胀);复合作用下的变形,如徐变。

(4) 耐久性

耐久性指混凝土在使用过程中抵抗各种破坏因素作用的能力。它是混凝土的一个重要性能,因此长期以来受到人们的高度重视。混凝土的耐久性,决定混凝土工程的寿命。提高混凝土的耐久性,对于延长结构寿命,减少修复工作,提高经济效益具有重要的意义。

在一般情况下,混凝土除了具有一定的强度外,还需要具有良好的耐久性。但在寒冷地区,特别是在水位变化的工程部位以及在饱水状态下受到频繁的冻融交替作用时,混凝土易损坏,为此对混凝土要有一定的抗冻性要求。用于不透水的工程时,要求混凝土具有良好的抗渗性。在用于各种侵蚀性液体和气体中时,要求混凝土具有良好抵抗侵蚀的能力,即抗侵蚀性。对薄壁钢筋混凝土结构,或 CO_2 浓度高的环境中的钢筋混凝土结构,须专门考虑混凝土的抗碳化性;而对于绿化混凝土则要求混凝土碳化后有利于植物生长。

1.7.1.4 养护

混凝土浇筑后应及时进行保湿养护,保湿养护可采用洒水、覆盖、喷涂养护剂等方式。养护方式应根据现场条件、环境温湿度、构件特点、技术要求、施工操作等因素确定。采用硅酸盐水泥、普通硅酸盐水泥或矿渣硅酸盐水泥配制的混凝土,养护时间不应少于7d;采用其他品种水泥时,养护时间应根据水泥性能确定。

洒水养护应符合下列规定:

①洒水养护宜在混凝土裸露表面覆盖麻袋或草帘后进行,也可采用直接洒水、蓄水等养护方式;洒水养护应保证混凝土表面处于湿润状态。

②当日最低温度低于5℃时,不应采用洒水养护。

覆盖养护应符合下列规定:

①覆盖养护宜在混凝土裸露表面覆盖塑料薄膜、塑料薄膜加麻袋、塑料薄膜加草帘进行。

②塑料薄膜应紧贴混凝土裸露表面,塑料薄膜内应保持有凝结水。

③覆盖物应严密,覆盖物的层数应按施工方案确定。

喷涂养护剂养护应符合下列规定:

①应在混凝土裸露表面喷涂覆盖致密的养护剂进行养护。

②养护剂应均匀喷涂在结构构件表面,不得漏喷;养护剂应具有可靠的保湿效果,保湿效果可通过试验检验。

③养护剂使用方法应符合产品说明书的有关要求。

1.7.2　装饰混凝土

装饰混凝土(混凝土压花)是一种绿色环保地面材料(图1-7-1)。它能在原本普通的新旧混凝土表层,通过色彩、色调、质感、款式、纹理、机理和不规则线条的创意设计,图案与颜色的有机组合,创造出各种天然大理石、花岗岩、砖、瓦、木地板等天然石材铺设效果,具有图形美观自然、色彩真实持久、质地坚固耐用等特点。

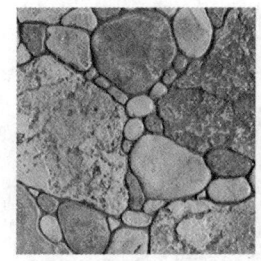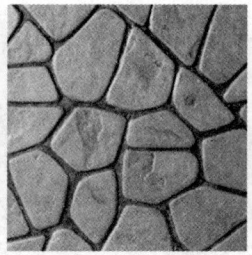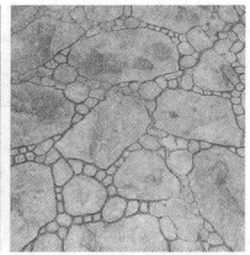

图1-7-1　装饰混凝土

(1) 定义

装饰混凝土采用的是表面处理技术,它在混凝土基层面上进行表面着色强化处理,以达到装饰混凝土的效果。同时,对着色强化处理过的地面进行渗透保护处理,以达到洁净地面与保养地面的要求。因此,装饰混凝土的构造包括基层(混凝土)、彩色面层(强化料和脱模料)、保护层(保护剂)3个基本层面,这样的构造是良好性能与经济要求平衡的结果。

装饰混凝土是集装饰与功能于一体的材料,结构施工与装饰同时进行,充分利用混凝土的可塑性和材料的构成特点,在墙体、构件成型时采取适当措施,使其表面具有装饰性的线条、图案、纹理、质感及色彩,以满足建筑在装饰方面的要求(图1-7-2)。因此,装饰混凝土又被称为"建筑艺术混凝土""视觉混凝土"。

装饰混凝土主要指的是白色混凝土和彩色混凝土。白色混凝土和彩色混凝土所用原材料基本相同，不同之处是彩色混凝土除用白色水泥、白色骨料制作之外，还要使用彩色骨料及彩色颜料。所用颜料多为红、黄、褐、蓝、绿等色。

（2）装饰特点

使普通混凝土获得装饰效果的手段很多，主要有线条与质感、色彩、造型与图案3个方面。

①线条与质感　混凝土是一种塑性成型材料，利用模板几乎可以加工成任意形状和尺寸。在墙体、构件成型时，利用设计的适当模具（图1-7-3），采用一定的工艺方法，使混凝土表面形成一定的线条或纹理质感，这是普通混凝土进行装饰的主要手段，称为清水装饰混凝土。例如，采用钢模板成型，可以使混凝土表面形成大的分格缝；纹理质感则可通过模板、模衬、表面加工，或露出的粗、细骨料形成；在墙体表面形成线条、质感时，要有一定的凸凹程度，使一部分混凝土成为纯装饰性的混凝土（图1-7-4）。

图1-7-2　装饰混凝土效果　　　　　图1-7-3　装饰混凝土模具

图1-7-4　装饰混凝土效果

②颜色与色彩　选用白色水泥、彩色水泥或彩色骨料等配制露骨料装饰混凝土可获得较好的色彩，且骨料色泽稳定、耐污染，具有很好的耐久性。

改变清水装饰混凝土颜色的主要措施是在混凝土制品表面掺加颜料做一层彩色装饰层，或者在混凝土表面喷涂一层色调适宜、经久耐用的涂料。改变露骨料装饰混凝上色彩的有效措施是采用色泽明亮的水泥或骨料,这种方法不仅可获得较好的色彩,而且骨料色泽稳定、耐污染,具有很好的耐久性。在建筑装饰工程中最常采用白色水泥、彩色水泥或彩色骨料等(图1-7-5)。

③造型与图案　利用混凝土优良的可塑成型的特点,使混凝土制品按设计的艺术造型进行制作,或使混凝土表面带有几何图案及立体浮雕花饰(图1-7-6),是近几年发展起来的混凝土装饰手段。在满足设计功能的前提下,将普通混凝土制品设计成一定的造型,既美观耐久,又经济实用。

图1-7-5　彩色装饰混凝土路面

图1-7-6　装饰混凝土图案

图1-7-7　装饰混凝土地面

工程实践证明,在混凝土的模板内,按设计布置一定花纹和图案的衬板,待混凝土硬化拆除模板后,便可使混凝土表面形成立体装饰图案(图1-7-7),这是一种施工比较简便、装饰效果良好的装饰手段。

(3) 对原材料的要求

装饰混凝土的原材料,与普通混凝土基本相同,只不过在原材料的颜色等方面要求更加严格。

①水泥　装饰混凝土的主要原材料。如果采用混凝土本色,一个工程应选用一个工厂同一批号的产品,并一次备齐。除性能应符合国家标准外,颜色必须一致。如在混凝土表面喷刷涂料,可适当放宽对颜色的要求。

②粗、细骨料　应采用同一产源的材料，要求洁净、坚硬、不含有毒杂质。制作露骨料混凝土时，骨料的颜色应一致，且其吸水率不宜超过11%。

③水　配制装饰混凝土的用水要求与普通混凝土相同。

④颜料　颜料应选用不溶于水，与水泥不发生化学反应，耐碱、耐光的矿物颜料。其掺量不应降低混凝土的强度，一般不超过水泥质量的6%。有时也采用具有一定色彩的集料代替颜料。

（4）彩色混凝土的着色方法

彩色混凝土色彩效果的好与差，着色是关键，这与颜料性质、掺量和掺合方法有关。掺加到混凝土中的颜料，要有良好的分散性，暴露在空气中耐久不褪色。彩色混凝土的着色方法有添加无机氧化物颜料、添加化学着色剂及添加干撒着色硬化剂等。

①无机氧化物颜料　直接在混凝土中加入无机氧化物颜料，将砂、颜料、粗骨料、水泥充分干拌均匀，然后加水搅拌。

②化学着色剂　是一种水溶性金属盐类。将它掺入混凝土中并与之发生反应，使其在混凝土孔隙中生成难溶且抗磨性好的颜色沉淀物。

③干撒着色硬化剂　由细颜料、表面调节剂、分散剂等拌制而成，将其均匀干撒在新浇筑的混凝土表面即可着色。

（5）主要应用

装饰混凝土可广泛应用于住宅、社区、商业、市政及文娱康乐等各种场合的人行道、公园、广场、游乐场、居住区、停车场、庭院、地铁站台、游泳池等处的景观营造，具有极高的安全性和耐用性。

同时，它施工方便，无须压实机械，色彩也较为鲜艳，可形成各种图案。更重要的是，它不受地形限制，可任意制作。装饰性、灵活性和表现力强，正是装饰混凝土独特性的体现。

（6）作用

装饰混凝土可以通过红、绿、黄等不同的色彩与特定的图案相结合，以起到以下作用：

①警戒与引导交通的作用　如在交叉口、公共汽车停车站、上下坡危险地段、人行道及需要引导车辆分道行驶地段。

②表明路面功能的变化　如停车场、自行车道、公共汽车专用道等。

③改善照明效果　采用浅色可以改善照明效果，如隧道、高架桥等对于行驶安全有更高要求的地段。

④美化环境　合理的色彩运用，有助于周围景观的协调和美观，如人行道、广场、公园、娱乐场所等。

1.7.3　沥青混凝土

沥青混凝土，俗称沥青砼，是人工选配具有一定级配组成的矿料（碎石或轧碎砾石、石屑或砂、矿粉等）与一定比例的路用沥青材料，在严格控制条件下拌制而成的混合料。

沥青混凝土的分类很多，从广义来说可包括沥青玛琋脂(MA)、热压式沥青混凝土(HRA)、传统的密级配沥青混凝土(HMA)、多空隙沥青混凝土(PA)、沥青玛琋脂碎石(SMA)以及其他新型沥青混凝土(彩色沥青混凝土、透水性沥青混凝土等)。

沥青混凝土路面具有下列良好性能：①足够的力学强度，能承受车辆荷载施加到路面上的各种作用力；②一定的弹性和塑性变形能力，能承受应变而不被破坏；③对汽车轮胎的附着力较好，可保证行车安全；④有高度的减震性，可使汽车快速行驶、平稳、低噪声；⑤不扬尘，且容易清扫和冲洗；⑥维修工作比较简单，且沥青路面可再生利用。

我国沥青路面的设计，应满足《公路沥青路面设计规范》(JTG D50—2017)要求，沥青混合料施工过程中，应符合《公路沥青路面施工技术规范》(JTG F40—2004)要求。

1.7.3.1　热拌沥青混合料

热拌沥青混合料是经人工组配的矿质混合料与黏稠沥青在专门设备中加热拌合而成，用保温运输工具运至施工现场，在热态下进行摊铺和压实的混合料，通称热拌热铺沥青混合料，是目前应用最广泛的普通沥青混凝土材料之一。

热拌沥青混合料具有施工和易性、高温稳定性、低温抗裂性、抗滑性、耐久性的特点。

热拌沥青混合料主要有普通沥青混合料、改性沥青混合料、沥青玛琋脂碎石混合料、改性(沥青)沥青玛琋脂碎石混合料等多种。

热拌沥青混合料主要类型

普通沥青混合料　即AC型沥青混合料，适用于城镇次干道、辅路或人行道等场所。

改性沥青混合料　是指掺加橡胶、树脂、高分子聚合物、磨细的橡胶粉或其他填料等外加剂(改性剂)，使沥青或沥青混合料的性能得以改善制成的沥青混合料。改性沥青混合料与AC型沥青混合料相比具有较高的高温抗车辙能力，良好的低温抗开裂能力，较高的耐磨耗能力和较长的使用寿命。改性沥青混合料面层适用城镇快速路、主干路。

沥青玛蹄脂碎石混合料(简称SMA)是一种间断级配的沥青混合料，5mm以上的粗骨料比例高达70%~80%，矿粉用量达7%~13%("粉胶比"超出通常值1.2的限制)；沥青用量较多，高达6.5%~7%。SMA是当前国内外使用较多的一种抗变形能力强，耐久性较好的沥青面层混合料，适用于城镇快速路、主干路。

改性沥青玛蹄脂碎石混合料使用改性沥青，材料配比采用SMA结构形式。其稳定度更优于普通沥青混合料。适用于交通流量和行使频度急剧增长，客运车的轴重不断增加，严格实行分车道单向行使的城镇快速路、主干路。

1.7.3.2　彩色沥青混凝土

彩色沥青混凝土是指脱色沥青与各种颜色的石料、色料和添加剂等材料在特定的温度下拌合配制成各种色彩的沥青混合料(图1-7-8、图1-7-9)。

彩色沥青混凝土主要特点：①具有良好的路用性能，在不同的温度和外部环境作用下，其高温稳定性、抗水损坏性及耐久性均非常好，且不出现变形、沥青膜剥落等现象，与基层黏结性良好；②色泽鲜艳持久、不褪色，能耐77℃的高温和-23℃的低温，维护方便；③具有较强的吸音功能，汽车轮胎在马路上高速滚动时，不会因空气压缩产生巨大的噪声，同时还能吸收来自外界的其他噪音；④具有良好的弹性和柔性，防滑效果好。

图 1-7-8 沥青混凝土

图 1-7-9 彩色沥青混凝土

1.7.3.3 透水性沥青混凝土

透水性沥青混凝土是用60%矿物混合料与黏稠沥青在专门设备中热拌而成的具有10%~20%空隙率的沥青混凝土。

透水性沥青路面具有以下优点：①增强道路的抗滑能力；②减少行车引起的水雾及避免水漂；③降低噪声；④改善雨天及夜晚的可见度，提高行车安全性；⑤减少夜晚车灯的眩目感。

1.7.4 防水混凝土

防水混凝土是通过调整配合比、掺外加剂或掺合料或使用新品种水泥等措施来提高自身的密实性、憎水性和抗渗性，其抗渗等级不得小于P6，并应根据地下工程所处的环境和工作条件，满足抗压、抗冻和抗侵蚀性等耐久性要求的不透水性混凝土。《地下工程防水技术规范》（GB 50108—2008）中规定的防水混凝土设计抗渗等级见表1-7-1所列。

表 1-7-1 防水混凝土设计抗渗等级

工程埋置深度 $H(m)$	$H<10$	$10 \leqslant H<20$	$20 \leqslant H<30$	$H \geqslant 350$
设计抗渗等级	P6	P8	P10	P12

防水混凝土按防渗措施分为普通防水混凝土、外加剂防水混凝土、膨胀混凝土。

1.7.4.1 普通防水混凝土

以调整配合比的方法提高混凝土自身的密实度和抗渗性的一种混凝土称为普通防水混凝土，也称富水泥浆混凝土。

普通防水混凝土的抗渗等级可达 P6~P12，施工简便，性能稳定，但施工质量要求比普通混凝土严格。主要用于地上、地下要求防水抗渗的工程。

1.7.4.2 外加剂防水混凝土

在混凝土中掺入外加剂,隔断或堵塞混凝土中的孔隙、裂缝和渗水通道,从而达到改善抗渗性能的一种混凝土称为外加剂防水混凝土。

外加剂的种类有引气剂、减水剂、三乙醇胺和氯化铁防水剂。

1.7.4.3 膨胀混凝土

用混凝土膨胀剂或膨胀水泥配制的水泥混凝土称为膨胀混凝土。根据《混凝土膨胀剂》(GB/T 23439—2017)规定,膨胀剂可分为3类,即硫铝酸钙类混凝土膨胀剂(代号 A)、氧化钙类混凝土膨胀剂(代号 C)、硫铝酸钙-氧化钙类混凝土膨胀剂(代号 AC)。我国生产的膨胀水泥主要有低热微膨胀水泥、明矾石膨胀水泥。

膨胀混凝土分为补偿收缩混凝土和自应力混凝土两类。在有约束的条件下,由于膨胀水泥或膨胀剂的作用,补偿收缩混凝土能产生0.2~0.7MPa自应力,自应力混凝土能产生2.0~8.0MPa自应力。

膨胀混凝土除具有补偿收缩和产生自应力功能外,还具有抗渗性强、早期快硬、后期强度高(或超过100MPa)、耐硫酸盐等特点。

膨胀混凝土主要用于加固结构、补强、接缝和防渗堵工程,自应力膨胀混凝土还可代替预应力混凝土使用。

1.8 砖、砌块与板材

【知识目标】
(1)掌握常用砖、砌块和板材的种类及技术性质。
(2)熟悉常见砖、砌块和板材的应用。
【技能目标】
能熟练应用砖、砌块和板材。
【素质目标】
通过学习砖、砌块与板材知识,要求学生熟悉掌握砖、砌块与板材材料种类、施工工艺、生产流程及行业规范;培养学生热爱自然、保护环境的意识,增强学生社会责任感。

随着社会科技的发展,国家实行墙体、地面和屋面材料改革政策,以实现保护土地、节约能源的目的。近几年出现的新型墙体、地面和屋面材料种类越来越多,主要分为砖、砌块和板材3类材料。根据《墙体材料术语》(GB/T 18968—2003)规定,砖是砌筑用的人造小型块材,外形多为直角六面体,也有异形砖。其长不超过290mm,宽不超过240mm,高不超过115mm,但古建筑用砖长可达480mm。砌块是砌筑用的新型人造块材,外形多为直角六面体,也有异型体砌块。其长、宽、高中有一项或一项以上超过365mm、240mm或115mm,但高一般不超过长或宽的6倍,长不超过高的3倍,按尺寸和质量的大小不同分为小型砌块、中型砌块和大型砌块。板材一般指厚度在2mm以上的软质平面材料(如塑料板)和厚度在0.5mm以上的硬质平面材料(如涂层钢板)。

1.8.1 砖和砌块

砖是建筑用的人造小型块材,按生产工艺不同分为烧结砖和免烧砖、烧结砌块和免烧砌块。经焙烧制成的砖或砌块为烧结砖或烧结砌块;经碳化或蒸汽(压)养护硬化而成的砖或砌块为免烧砖或免烧砌块。中国在春秋战国时期陆续创制了方形砖和长形砖,秦汉时期制砖的技术、生产规模、质量和花式品种都有显著发展,世人称"秦砖汉瓦"。

1.8.1.1 烧结砖和烧结砌块

烧结砖和烧结砌块是以黏土、页岩、煤矸石、粉煤灰、建筑渣土、淤泥(江河湖淤泥)、污泥和其他固体废弃物等为主要原料,经焙烧制成的砖或砌块。按有无孔洞分为烧结普通砖、烧结多孔砖和多孔砌块、烧结空心砖和空心砌块。

(1)烧结普通砖

根据《烧结普通砖》(GB/T 5101—2017)标准规定,砖的外形为直角六面体实心砖,也有异形砖,经制坯焙烧而成,其吸水率小于23%,按主要原料分为黏土砖(N)、页岩砖(Y)、煤矸石砖(M)、粉煤灰砖(F)、建筑渣土砖(Z)、淤泥砖(U)、污泥砖(W)、固体废弃物砖(G)。砖的强度等级分为MU30、MU25、MU20、MU15、MU10共5级;产品质量以合格品与不合格品判定,合格品中不准有欠火砖、酥砖、螺旋纹砖和严重泛霜现象,15次冻融试验后,不准出现分层、掉皮、缺棱、掉角等冻坏现象。砖的产品标记按产品名称的英文缩写、类别、强度等级和标准编号顺序编写。例如,烧结普通砖,强度等级MU15的煤矸石砖,其标记为:烧结普通砖(Fired common bricks)FCB M MU15 GB/T 5101。

烧结普通砖,在原材料里添加一些化学物质(如铁粉等),并在焙烧时改变窑内气氛和冷却方式可使烧出的砖呈红色、黄色、灰色、青色等。砖的公称尺寸一般为240mm×115 mm×53mm,配砖尺寸为175mm×115mm×53mm,主要用于砌墙,也用于地面铺设。青砖比红砖美观、古朴、结实、耐久,价格比红砖高4~8倍。

古建砖以青砖为主,古建瓦以琉璃瓦和青瓦为主,广泛用于园林、寺庙、古塔名胜的修建。中国古建青砖雕刻艺术工艺品由东周瓦当、汉代画像砖等发展而来,即在青砖上雕出动物、山水、花卉、人物等图案,是古建筑中很重要的一种装饰艺术形式,主要用来装饰寺、庙、观、庵及民居的构件、墙面和地面。

古建筑中所用砖的种类较多,建筑等级、建筑形式不同,所选用的砖也不同。园林仿古建筑砖因各个窑厂的生产工艺和要求不同,出现了不同类型和质量的砖料,大致分为城砖、停泥砖、砂滚砖、开条砖、方砖、杂砖6类,这种砖分类一直沿用到现在,体现了中华各民族文化习俗。

①城砖 仿古建筑中规格最大的一种砖,多用于城墙、台基和墙脚等体积较大的部位。城砖有大小城砖,大的为大城样砖,规格为480mm×240mm×128mm;小的为二城样砖,规格为440mm×220mm×110mm。另外有临清城砖,是特指山东临清所生产的砖,因其

质地细腻、品质优良而出名；还有澄浆城砖，是指将泥料制成泥浆，经沉淀后取上面细泥制成的优质砖。

②停泥砖（条砖） 以优质细泥（通称停泥）制作，经窑烧而成，常用于墙身、地面、砖檐等部位。停泥砖有大小停泥砖，大停泥砖规格为410mm×210mm×80mm，小停泥砖规格为280mm×140mm×70mm。

③砂滚砖 用砂性土壤制成的砖，质地较粗，品质较次，一般用作背里砖和糙墙砖。

④开条砖 简称条砖，多用于开条、补缺、檐口等。在制作中，常在砖面中部划一道细线，以便施工切砍，砖比较窄小，其宽度小于半长度，厚度小于半宽度。

⑤方砖 大面尺寸成方形的砖，多用于博风、墁地等。按制砖尺寸分为尺二方砖、尺四方砖、尺七方砖、二尺方砖、二尺二方砖、二尺四方砖等。

⑥杂砖 指不能列入上述类别的其他砖，包括"四丁砖"，又称蓝手工砖，民间小土窑烧制的普通手工砖，用于要求不太高的砌体和普通民房，其规格与现代普通砖相近，为240mm×115mm×53mm；"金砖"，指一种两尺见方的大砖，敲之声音清脆，古时专供宫殿等重要建筑使用的一种高质量铺地方砖；"斧刃砖"，又称斧刃陡板砖，砖较薄，多用于侧立贴砌，一般规格为240mm×120mm×40mm；"地趴砖"，专供铺砌地面的砖。

砖雕一般作为建筑构件或大门、照壁、墙面的装饰。砖雕一般以龙凤呈祥、松柏、兰花、竹、菊花、荷花、鲤鱼等寓意吉祥和人们喜闻乐见的内容为主。

烧结普通砖及应用如图1-8-1所示。

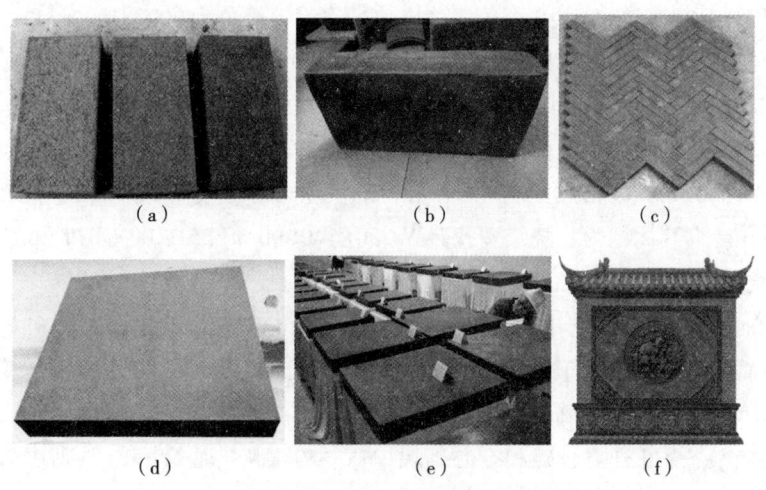

图1-8-1 烧结普通砖及应用
(a)烧结页岩砖 (b)城砖 (c)停泥砖(条砖) (d)方砖 (e)金砖 (f)砖雕

仿古青瓦主要构件及配件：勾头、滴水、筒瓦、板瓦、正脊、当勾、正吻、三连砖、升斗、二龙戏珠、宝顶、平口条、跑兽、剑把等（图1-8-2）。

烧结黏土砖指红砖，主要以毁田取土烧制，且具有能耗大、块体小、自重大、施工效率低及抗震性能差等缺点，已不能适应建筑发展的需要，国家已明令禁止使用。因此，利用工业废料生产的粉煤灰砖、煤矸石砖、页岩砖、建筑渣土砖等以及各种砌块、板材已取

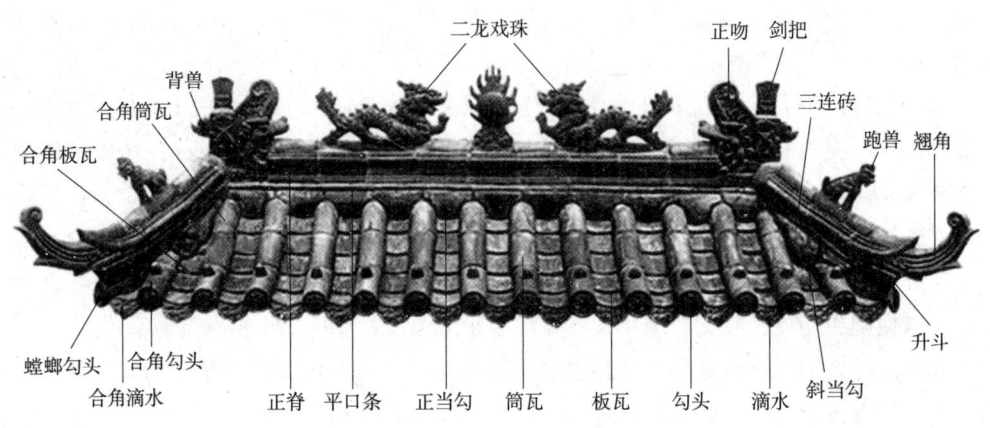

图 1-8-2 青瓦主要构件及配件

代普通烧结黏土砖正蓬勃发展。

（2）烧结多孔砖和多孔砌块

根据《烧结多孔砖和多孔砌块》（GB/T 13544—2011）规定，烧结多孔砖和多孔砌块的外形一般为直角六面体，常见的有 M 型、P 型，也有多面体的，经制坯、焙烧而成，孔洞率大于或等于33%，孔的尺寸小而数量多，其沸煮吸水率小于25%，主要用于承重部位。按主要原料分为黏土砖和黏土砌块（N）、页岩砖和页岩砌块（Y）、煤矸石砖和煤矸石砌块（M）、粉煤灰砖和粉煤灰砌块（F）、淤泥砖和淤泥砌块（U）、固体废弃物砖和固体废弃物砌块（G）。其强度等级分为 MU30、MU25、MU20、MU15、MU10 共 5 级；砖的密度等级分为 1000、1100、1200、1300 共 4 个等级，砌块的密度等级分为 900、1000、1100、1200 共 4 个等级；砖规格尺寸（mm）：290、240、190、180、140、115、90，砌块规格尺寸（mm）：490、440、390、340、290、240、190、180、140、115、90，其他规格由供需双方协商确定。多孔砖和多孔砌块的产品标记按产品名称、品种、规格、强度等级、密度等级和标准编号顺序编写，例如，规格尺寸 290mm×140mm×90mm、强度等级 MU25、密度 1100 级的页岩烧结多孔砖，其标记为：烧结多孔砖 Y 290×140×90 MU25 1100 GB/T 13544—2011。

（3）烧结空心砖和空心砌块

根据《烧结空心砖和空心砌块》（GB/T 13545—2014）规定，烧结空心砖和空心砌块是经制坯、焙烧而成，孔洞率大于等于40%，孔的尺寸大而数量少，其沸煮吸水率小于25%，主要用于非承重部位或填充墙。按主要原料分为黏土空心砖和空心砌块（N）、页岩空心砖和空心砌块（Y）、煤矸石空心砖和空心砌块（M）、粉煤灰空心砖和空心砌块（F）、淤泥空心砖和空心砌块（U）、固体废弃物空心砖和空心砌块（G），按抗压强度分为 MU10.0、MU7.5、MU5.0、MU3.5 共 4 个等级；按体积密度分为 800、900、1000、1100 级。砖和砌块的外型为直角六面体，用于混水墙，应在大面和条面上设有均匀分布的粉刷槽或类似结构，深度不小于 2mm；砖和砌块规格尺寸（mm）：长 390、290、240、190、180（175）、140，宽 190、180（175）、140、115，高 180（175）、140、115、90，其他规格由供需双方协商确定。空心砖和空心砌块的产品标记按产品名称、类别、规格（长度×宽度×高度）、密度等级、强度等级和标准编号顺序编写，例如，规格尺寸 290mm×190mm×90mm、密度 800 级、强度等级 MU7.5 的页岩烧结空心砖，其标记为：烧结空心砖 Y（290×190×90）800 MU7.5 GB/T

烧结多孔砖和多孔砌块(M型)　　烧结多孔砖和多孔砌块(P型)　　烧结空心砖　　烧结空心砌块

图 1-8-3　烧结多孔砖和多孔砌块、烧结空心砖和空心砌块

13545—2014。

烧结多孔砖和多孔砌块、烧结空心砖和空心砌块如图 1-8-3 所示。

1.8.1.2　免烧砖和砌块

免烧砖和砌块不仅常用于建筑墙体，更多用于城市建设，如市政道路、公园道路等。免烧砖具有良好的透气、透水性，保证了城市的雨水经路面渗入地表，削减了路面径流的影响；也可以通过蒸发使地下水分散发到空气中，从而改良环境温度。免烧砖多种多样，不同的免烧砖具有不同的特性，适用于不同的环境，具体有水磨石砖、混凝土路面砖、透水混凝土路面砖和透水混凝土路面板、蒸压(养)砖、普通混凝土小型砌块、再生砖和砌块等。

（1）水磨石砖

水磨石砖是以水泥或树脂作胶结剂，混入砂和不同粒径的石碴、玻璃渣等，经搅拌、注入模具加压成型、脱模等工序制成一定形状的人造石材。分彩色水磨石砖和普通水磨石砖两种，主要用于园林广场和道路，也可以用于柱面、墙面等。

（2）混凝土路面砖

根据《混凝土路面砖》(GB 28635—2012)规定，混凝土路面砖是以矿渣硅酸盐水泥、集料和水为主要原料，经搅拌、成型、养护等工艺在工厂生产的未配置钢筋并用于路面和地面铺装的混凝土砖，如车行道砖、人行道砖、广场砖、路侧石砖、平石砖等。按形状分为普型混凝土路面砖(N)和异型混凝土路面砖(I)；砖的厚度规格尺寸(mm)：60、70、80、90、100、120、150，常见砖尺寸有 200mm×100mm×60mm 等；按混凝土路面砖成型材料组成分为带面层混凝土路面砖(C)和通体混凝土路面砖(F)。按抗压强度(MPa)分为 C_c40、C_c50、C_c60 共 3 个等级；按抗折强度(MPa)分为 $C_f4.0$、$C_f5.0$、$C_f6.0$ 共 3 个等级。砖的产品标记按产品形状、成型材料组成、厚度、强度等级和标准编号顺序编写，例如，厚度 60mm、抗压强度等级 C_c40 的异形通体混凝土路面砖，其标记为：IF 60 C_c40 GB 28635—2012。

（3）透水混凝土路面砖和透水混凝土路面板

根据《透水路面砖和透水路面板》(GB/T 25993—2010)规定，透水混凝土路面砖(PCB)和透水混凝土路面板(PCF)是面层为天然彩色花岗岩、大理石与改性环氧树脂胶合，再与底层聚合物纤维多孔混凝土经复合加压成型并养护而成的砖块(板材)，其顶面可以是进行过二次深加工的用作路面铺设、具有透水性能的块材，其厚度不小于 50mm，长：厚≤4；

PCB 按其劈裂抗拉强度分为 $f_{ts}3.0$、$f_{ts}3.5$、$f_{ts}4.0$、$f_{ts}4.5$ 共 4 个等级，PCF 按其抗折强度分为 $R_f3.0$、$R_f3.5$、$R_f4.0$、$R_f4.5$ 共 4 个等级；按其抗冻性分为严寒地区 D50、寒冷地区 D35、夏热冬冷地区 D25、夏热冬暖地区 D15；透水系数，A 级 $\geq 2.0 \times 10^{-2}$ cm/s，B 级 $\geq 1.0 \times 10^{-2}$ cm/s；顶面的耐磨性应满足磨坑长度不大于 35mm，顶面防滑性应满足检测 BPN 值不小于 60。这两种材料适用于铺设市政人行道、园林景观小径、非重载路面广场等地面。

（4）蒸压（养）砖

蒸压砖是经高压蒸汽养护硬化而制成的砖，如蒸压粉煤灰砖、蒸压灰砂砖等；蒸养砖是经常压蒸汽养护硬化而制成的砖，如蒸养粉煤灰砖、蒸养矿渣砖等。这类砖是在制砖时掺入一定量的胶凝材料或在生产过程中形成一定的胶凝物质使砖具有一定的强度，蒸压砖的抗压强度和抗折强度都大于蒸养砖。其规格尺寸与烧结普通砖相同，即 240mm×115mm×53mm，可定制。目前使用的主要有蒸压(养)灰砂砖、蒸压(养)粉煤灰砖、蒸压(养)炉渣(煤渣)砖，蒸压实心砖适用于多层混合结构建筑的承重墙体、基础和地面；蒸压实心砖和蒸养灰砂砖适用于内隔墙、围护结构和低层建筑外墙；蒸养灰砂砖还适用于人行道地面。

①蒸压(养)灰砂砖　由磨细生石灰粉、天然砂和水按一定配比，经搅拌混合、陈伏、加压成型，再经高压(常压)蒸汽养护而成的普通灰砂砖。蒸压灰砂砖是一种技术成熟、性能优良、节能的新型建筑材料，根据《蒸压灰砂砖》(GB/T 11945—1999)规定，其强度等级为 MU25、MU20、MU15、MU10 共 4 个等级，分为蒸压灰砂砖和蒸压灰砂空心砖两种。

②蒸压(养)粉煤灰砖　以粉煤灰、石灰为主要原料，掺入适量石膏和集料，经坯料制备、压制成型，再经高压(常压)蒸汽养护而成的实心砖。

③蒸压(养)炉渣(煤渣)砖　以炉渣(煤渣)为主要原料，加入适量石灰、石膏和水搅拌均匀，并经陈伏、轮碾、成型，再经高压(常压)蒸汽养护而成的实心砖，呈黑灰色。

（5）普通混凝土小型砌块

根据《普通混凝土小型砌块》(GB/T 8239—2014)规定，以水泥、矿物掺合料、砂、石、水等为原料，经搅拌、振动成型、养护等工艺制成的小型砌块。砌块按其空心率大小可分为实心砌块(空心率<25%，代号 S)和空心砌块(空心率≥25%，代号 H)，空心率不小于 25%；按使用时砌筑墙体结构和受力情况分为承重砌块(L)和非承重砌块(N)；常用的辅助砌块有半块(50)、七分头块(70)、圈梁块(U)、清扫孔块(W)；按抗压强度分级，实心承重砌块分为 MU15.0、MU20.0、MU25.0、MU30.0、MU35.0、MU40.0 共 6 个等级，实心非承重砌块分为 MU10.0、MU15.0、MU20.0 共 3 个等级，空心承重砌块分为 MU7.50、MU10.0、MU15.0、MU20.0、MU25.0 共 5 个等级，空心非承重砌块分为 MU5.0、MU7.5、MU10.0 共 3 个等级；软化系数不小于 0.85。按砌块种类、规格、强度等级和标准代号顺序标记。例如，空心非承重砌块，尺寸 395mm×190mm×194mm、强度等级 MU7.5，其标记为：NH 395×190×194 MU7.5 GB/T 8239—2014。适用于建筑墙体，包括高层与大跨度的建筑，也可以用于围墙、挡土墙、桥梁和花坛等市政设施，应用范围十分广泛。

（6）再生砖和砌块

再生制品按种类分为砖和砌块，按生产工艺分为烧结制品和非烧结制品，按孔洞率分为烧结实心制品、多孔制品和空心制品。

再生砖和砌块的外型宜为直角六面体，其长度、宽度、高度尺寸应符合下列要求：

砖的规格尺寸（mm）：240、190、180、115、90、53。砌块的规格尺寸（mm）：390、240、190、180、115、90。其他规格尺寸应由供需双方协商确定。

①再生护坡砖　是指以再生骨料（即建筑垃圾破碎的骨料）、水泥、水为主要原料，加入适量外加剂或掺合料，经配料、搅拌、加压成型、蒸汽养护或自然养护的护坡砖，也称生态护坡砖。规格可由供需双方协商，常见的形状有六角形、人字形、8字形、八角形和连锁形。在生态护坡砖中种植花草植物，可形成网格与植物相互依托的综合护坡系统，既能起护坡作用，也能起美化效果，给人带来眼前一亮的感觉。

②再生砖瓦和再生古建砖瓦　是指以再生骨料、水泥、水为主要原料，加入适量外加剂或掺合料，经配料、搅拌、压制成型、蒸汽养护或自然养护的成品砖。其强度等级满足MU10以上的要求，孔隙率为40%~85%。优点是具有良好的保温性、隔热性、隔音性及耐火性，与烧结黏土砖瓦或传统烧结古建砖瓦相比，消耗建筑垃圾，节约能耗，减少黏土用量，减少二氧化碳（CO_2）气体排放。可代替烧结普通砖瓦和烧结古建砖瓦用于建筑承重或填充墙体，也可用于地面铺装。

③再生小型空心砌块和自保温砌块　是指以水泥为胶凝材料，以再生粗细骨料、水为原料，经配料、搅拌、振捣、加压成型后养护制成的具有一定空心率的砌块材料。空心部位可添加保温材料达到自保温效果。根据《轻集料混凝土小型空心砌块》（GB/T 15229—2011）规定，其主规格为390mm×190mm×190mm，其他规格由供需双方协商；按抗压强度分为MU2.5、MU3.5、MU5.0、MU7.5、MU10.0共5个等级。再生小型空心砌块和自保温砌块具有自重较轻，墙面平整，砌筑方便，热工性、抗震性好等特点，自保温砌块还具有节能、低成本、防火等特点。主要用于非承重墙体的填充和砌筑。

④再生挡土砌块　是指以再生骨料、水泥、水为主要原料，加入适量外加剂或掺合料，搅拌、压制成型的支撑路基填土或山坡土体、防止填土或土体变形失稳的构造物。主要用于水利工程和生态修复的山丘护坡、河道景观、低速或中速水流条件下的渠道护坡、排水沟的护面、人行道、车道或船舶下水坡道的防滑路面，湖泊和水库岸坡等处。其特点是高透水性，可以净化水质，发挥"生态护岸"的作用，防止河道两岸土壤流失，预防土体滑坡，可为人行道、车道或船舶下水坡道提供安全防滑面层。

免烧砖和砌块如图1-8-4所示。

1.8.2　板材

板材是做成标准大小（如长2440mm、宽1220mm、厚19mm）的扁平矩形建筑材料板，应用于建筑行业，用作墙壁、天花板或地板的构件。按材质分为石膏板、实木板、木质板、金属板、塑料板、硅酸盐板、复合板等；按厚薄分为薄板（厚度≤5mm）、常规板（厚度为6~14mm）、厚板（≥15mm）等。园林建筑主要使用复合板较多，也有部分用塑料板、金属板等。

（1）水泥板

水泥板是以水泥为主要原材料，经过特殊工艺加工生产的一种建筑平板，可切割、钻孔、雕刻，具有防火、防水、耐腐蚀、隔音、使用年限长等特点。主要有普通水泥板、纤

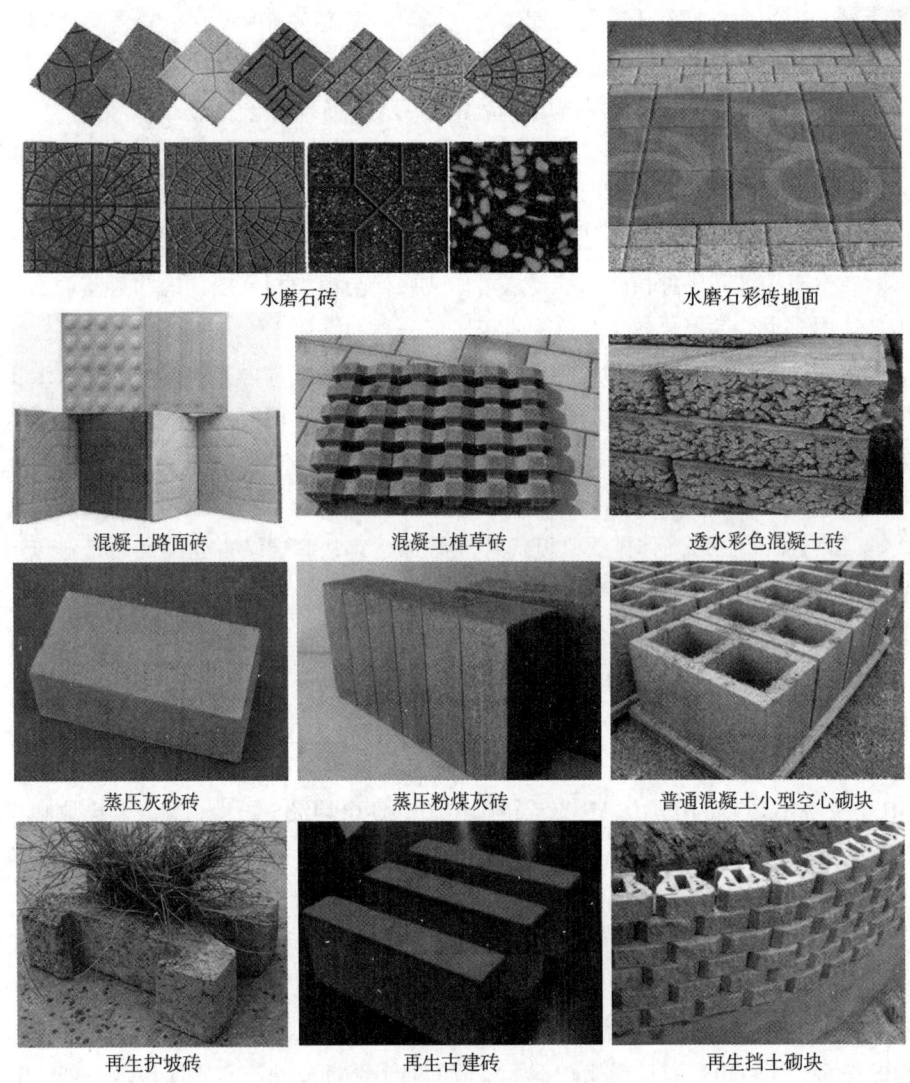

图 1-8-4 免烧砖和砌块

维水泥板、纤维水泥压力板、水泥轻质墙板等，其规格为（mm）：长 1200、宽 2400 和长 1220、宽 2440，厚为 2.5、3、3.5、4、5、6、8、9、10、12、15、18、20、24、25、30、40、60、90 等。主要用作非承重内外墙板、天花吊顶板、楼层隔板、幕墙衬板、高速公路铁路隔声屏障等。

①普通水泥板　是水泥板中最低档的一种产品，主要由水泥、粉煤灰、砂、水，经配料、搅拌、成型的产品。其规格厚度一般为 6~12mm。

②纤维水泥板　又被称为纤维增强水泥板，与普通水泥板相比添加了矿物纤维石棉、植物纤维纸浆、合成纤维维纶、人造纤维玻璃丝等作增强材料，使水泥板的强度、柔性、抗压性、抗折性、抗冲击性等大幅提高，且根据所添加的纤维不同，又分为温石棉纤维水泥板和无石棉纤维水泥板。

③玻璃纤维增强水泥（GRC）板　以抗碱玻璃纤维为增强材料，以低碱水泥净浆或水泥砂浆为基体形成的一种新型复合材料。其主要特点是强度高、抗冻性好、抗开裂性强、耐

火性好、韧性好、易成型，可制作成薄壁、高强、形状复杂的各种建筑构件和制品，如GRC 欧式构件、GRC 空心条板、高强度 GRC 幕墙板等。

④纤维水泥压力板　纤维水泥压力板与纤维水泥板的区别是，纤维水泥压力板在生产过程中是通过专用压机压制而成，具有更高的密度，防水、防火和隔音性能更好，承载的抗折、抗冲击性更强，其性能的高低除了原材料、配方和工艺外，主要取决于压机压力的大小。

（2）PC 板

PC 板又称聚碳酸酯板、卡普隆板，是以聚碳酸酯树脂为主要原料，采用共挤压技术而成，表面加 UV 涂层。具有透明度高、质轻、抗冲击、隔音、隔热、耐高温、难燃、抗老化等特点。无色 PC 板透光率75%～82%，应用10年后透光率仅减少6%；质轻，其重量是同厚度玻璃的1/15；抗冲击强度大，其抗冲击强度是玻璃的16倍；耐冷及耐热，在-40～120℃温度下不变形；可冷弯性，常温下 PC 板的最小曲折半径为板厚的175倍。PC 板是一种高科技、综合性能极其卓越、节能环保型的塑料板材，是目前国际上普遍采用的塑料建筑材料。

PC 板主要有 PC 阳光板和 PC 耐力板、PC 波浪瓦、PC 采光瓦和 PC 合成树脂瓦。其中阳光板为中空多层或双层结构，耐力板为实心板材。

①PC 阳光板　主要有中空板、中空阳光板、中空阳光瓦、蜂窝阳光板、U 型锁扣阳光板、单双勾锁扣阳光板、日光板等。其主规格(mm)：长6000，宽2100，厚有4、6、8、10、12，通常为双层结构，更厚的通常表现为多层以及异形结构。主要用于温室大棚、园林中廊亭、幕墙、建筑物内外装饰及顶棚等。

②PC 耐力板　规格：通用级 PC 板，(0.5～15)mm(厚)×1220mm(长)×2440mm(宽)；工程级 PC 板，(20～200)mm(厚)×630mm(长)×1000mm(宽)。主要用于高速公路和城市高架路隔音屏障，以及电话亭、广告路牌、灯箱广告、展示展览的布置，商业建筑的内外装饰、现代城市楼房的幕墙等。

（3）木塑复合板

木塑复合材料(WPC)是一种由木材或纤维素为基础材料与塑料制成的复合材料，即利用聚乙烯、聚丙烯和聚氯乙烯等代替树脂胶黏剂与超过50%以上的木粉、稻壳、秸秆等植物纤维混合成新的木质材料，再经挤压、模压、热压、注射成型等加工工艺生产出的板材或型材。

木塑复合材料具有密度高、硬度大，防水防火性能好，抗酸抗碱抗生物腐蚀，吸音效果好，节能性能好，加工性能、强度性能良好，能变废为宝，原料来源广泛和使用寿命长等优点。

木塑复合材料在一定程度上可替代传统木材，用于墙裙踢脚线、窗台、门、楼板、连廊、隔断、顶棚、护栏、包边、栅栏、栈桥、淋浴房、门窗套、休息亭、车库、地板、家具饰件、水上栈道、露天座椅、楼梯踏步、露天平台、集装箱铺板、运动场座椅、轻轨隔音墙、多功能墙隔板、高速公路隔音墙等，并开始渗入建筑、家装、物流、包装、园林、市政、环保等行业，在园林建筑行业中尤为兴盛。

（4）铝塑复合板

铝塑复合板(简称铝塑板)是指以塑料为芯层，两面为铝材的三层复合板材，并在产品表面覆以装饰性和保护性的涂层或薄膜(若无特别注明则通称为涂层)作为产品的装饰面。其具有耐候性佳、强度高、易保养、施工便捷、工期短、加工性、断热性、隔音性优良和防火性能绝佳，可塑性好、耐撞击、可减轻建筑物负荷，防震性佳，平整性好，质轻而坚韧，可供选择颜色多，加工机具简单、可现场加工，能缩短工期，降低成本等优点。主要用作外墙幕墙墙板、天花板、室内隔间、标识板、广告招牌和展示台架等。

铝塑复合板是一种新型材料，通常按用途分为建筑幕墙用铝塑复合板和普通装饰用铝塑复合板。

①建筑幕墙用铝塑复合板　根据《建筑幕墙用铝塑复合板》(GB/T 17748—2016)要求，建筑幕墙用铝塑复合板是采用经阻燃处理的塑料为芯材，并用作建筑幕墙材料的铝塑复合板，简称幕墙板。

按燃烧性能分为阻燃型(FR)和高阻燃型(HFR)两种。

幕墙板所用铝材应符合《一般工业用铝及铝合金板、带材 第2部分：力学性能》(GB/T 3880.2—2012)要求的3×××系列、5×××系列，或耐腐蚀性及力学性能更好的其他系列铝合金，表面选用氟碳树脂涂层或其他性能相当或更优异的涂层，所用铝板平均厚度不小于0.50mm，最小厚度不小于0.48mm。

常用规格尺寸(mm)：长2000、2440、3000、3200等，宽1220、1250、1500等，最小厚度4；幕墙板的长度和宽度也可由供需双方商定。

标记：按产品名称、类型、规格、铝材厚度以及标准号的顺序进行标记。例如，规格为2440mm×1220mm×4mm、铝材厚度为0.50mm的阻燃型幕墙板，其标记为：建筑幕墙用铝塑复合板 HFR 2440×1220×4 0.50 GB/T 17748—2016。

②普通装饰用铝塑复合板　是以普通塑料或经阻燃处理的塑料为芯材，用于室内和室外非建筑幕墙用铝塑复合板，简称装饰板。

按表面装饰效果分为：

- 涂层装饰铝塑复合板：在铝板表面涂覆各种装饰性涂层，普遍采用氟碳树脂、聚酯树脂、丙烯酸树脂涂层，主要包括金属色、素色、珠光色、荧光色等颜色，具有装饰性作用，是市面最常见的品种。
- 氧化着色铝塑复合板：采用阳极氧化及时处理铝合金面板，使其拥有玫瑰红、古铜色等别致的颜色，起特殊装饰效果。
- 贴膜装饰复合板：按设定的工艺条件，将彩纹膜黏合在涂有底漆的铝板或直接贴在经脱脂处理的铝板上，主要有石纹和木纹等。
- 彩色印花铝塑复合板：通过计算机照排印刷技术，将不同的图案用彩色油墨在转印纸上印刷出各种仿天然花纹，然后通过热转印技术间接在铝塑板上复制出各种仿天然花纹。可以满足设计师的创意和业主的个性化选择。
- 拉丝铝塑复合板：采用表面经拉丝处理的铝合金面板，常见的是金拉丝和银拉丝产品，给人带来不同的视觉享受。
- 镜面铝塑复合板：铝合金面板表面经磨光处理，宛如镜面。

按使用部位分为：

- 室外装饰与广告用铝塑复合板：铝板采用厚度不小于0.20mm，厚度偏差不大于0.02mm的防锈铝，总厚度不小于4mm，表面选用氟碳树脂或聚酯树脂涂层。
- 室内用铝塑复合板：采用厚度为0.20mm，厚度偏差不大于0.02mm的铝板，总厚度一般为3mm，表面选用聚酯树脂或丙烯酸树脂涂层。

《普通装饰用铝塑复合板》（GB/T 22412—2016）要求，按燃烧性能将其分为普通型（G）、阻燃型（FR）和高阻燃型（HFR）3种。

按装饰面层材质分为氟碳树脂涂层型（FC）、聚酯树脂涂层型（PE）、丙烯酸树脂涂层型（AC）和覆膜型（F）4种。

常用规格（mm）：长2000、2440、3200等，宽1220、1250等，厚3、4；其他规格可由供需双方商定。

按产品名称、燃烧性能、装饰面层材质、规格及标准编号顺序进行标记。例如，规格为2440mm×1220mm×4mm、装饰面层为氟碳树脂涂层的普通型装饰板，其标记为：普通装饰用铝塑复合板 G PE 2440×1220×4 GB/T 22412—2016。

（5）涂层钢板

涂层钢板又称镀层钢板，是在具有良好深冲性能的低碳钢板表面涂覆锡、锌、铝、铬、铅-锡合金、有机涂料和塑料等制品的统称。常用的涂（镀）层钢板包括镀锡薄板、无锡钢板、镀锌钢板、镀铝钢板、镀铅-锡合金钢板和有机涂层钢板等。

彩色涂层钢板：用镀锌钢板或冷轧钢板为基体，经表面处理后涂以各种保护、装饰涂层的一种复合金属板材，又称彩色有机涂层钢板。彩色涂层钢板由内至外的结构层为冷轧板、镀锌层、化学转化层、初涂层（底漆）、精涂层（正、背面漆）。这种板材表面色彩新颖、附着力强、抗锈蚀性和装饰性好，并且加工性能好，可进行剪切、弯曲、钻孔、铆接、卷边等。常用的涂层分为无机涂层、有机涂层和复合涂层三大类。主要用作建筑外墙护墙板，直接用它构成墙体则需做隔热层；此外，它还可以作屋面板、瓦楞板、防水防渗透板、耐腐蚀设备和构件以及家具、汽车外壳、挡水板等。

（6）合成树脂装饰瓦

根据《合成树脂装饰瓦》（JG/T 346—2011）规定，合成树脂装饰瓦是以聚氯乙烯树脂为中间层和底层、丙烯酸树脂为表面层，经3层共挤成型，可做成各种形状的屋面用硬质装饰材料。表面丙烯酸树脂一般包括ASA（丙烯腈-苯乙烯-丙烯酸酯）、PMMA树脂（聚甲基丙烯酯甲酯），不包括彩色PVC树脂（聚氯乙烯）。其按表面层共挤材料可分为ASA共挤合成树脂装饰瓦、PMMA共挤合成树脂装饰瓦两大类。

按分类、规格及标准号进行标记。例如，表面共挤材料为ASA，长6000mm、宽720mm、厚3mm的合成树脂装饰瓦，其标记为：ASA 6000×720×3 JG/T 346—2011。

合成树脂装饰瓦是运用高新化学化工技术研制而成的新型建筑材料，具有重量轻、强度大、防水防潮、防腐阻燃、隔音隔热等多种优良特性，普遍适用于屋顶"平改坡"、农贸市场、商场、住宅小区、新农村建设居民高档别墅、雨棚、遮阳棚、仿古建筑等处。板材如图1-8-5所示。

图 1-8-5　板材

1.9　陶瓷与玻璃

【知识目标】
（1）熟悉常见的陶瓷与玻璃材料。
（2）掌握各种常见陶瓷与玻璃材料的特性及适用范围。
【技能目标】
能够在设计及施工过程中选择正确的材料。
【素质目标】
通过学习市面上广泛使用的陶瓷与玻璃材料的种类和特性，要求学生掌握不同陶瓷的特性及使用范围，掌握各种装饰玻璃材料的适用范围及各种安全玻璃的特性及使用范围，培养学生良好的职业道德和过硬的职业素质以及严谨务实的职业的精神。

陶瓷和玻璃都属于无机非金属材料、硅酸盐制品，都是广泛运用的园林建筑装饰材料。陶瓷为晶体结构，它的外面一般包覆一层玻璃体的釉来增加陶瓷的美观以及光洁。陶瓷的熔点高于普通玻璃，一般在1000℃以上的高温下烧制而成。玻璃为石英的非晶体结构，一般在几百摄氏度的温度下冷却得到。由于陶瓷和玻璃均为硅酸盐产品，所以耐酸、耐碱、耐各种腐蚀，均为脆性材料。

1.9.1 陶瓷

(1) 陶瓷分类

陶瓷制品根据其结构可以划分成三大类：

①陶质制品　用黏土或陶土经捏制成形后烧制而成的制品称为陶质制品。陶质制品历史悠久，在新石器时代就已初见简单粗糙的陶器就是最古老的陶质制品。多孔结构，有较大的吸水率。

由于陶质制品中原料土所含杂质含量不同，所以又分为粗陶和精陶。我们常见的黏土砖（图1-9-1）就是最普通的粗陶制品，宜兴紫砂陶就是精陶的一种。

②瓷质制品　我国著名的瓷器就是一种瓷质制品，是经过高温烧制而成的制品，我们日常生活中常见的餐具、茶具等就是瓷质制品（图1-9-2）。相对于陶质制品来说，瓷质制品的结构更加致密，基本上不吸水，颜色洁白，在光线下具有半透明性。根据其制作工艺的不同，分为粗瓷和细瓷。

③炻质制品　炻质制品介于陶质制品和瓷质制品之间，致密程度优于陶质制品，吸水率较陶质制品小，但是相比于瓷质制品，没有其那么洁白。常见的许多建筑用墙砖及地砖就是炻质制品。

图1-9-1　黏土砖

图1-9-2　瓷器

(2) 常见建筑陶瓷制品

①釉面内墙砖　釉面内墙砖是砖的表面经过施釉高温高压烧制处理的瓷砖，用以建筑物内墙，具有保护及装饰效果（图1-9-3）。这种瓷砖是由土坯和表面的釉面两个部分构成的，主体又分陶土和瓷土两种，陶土烧制出来的背面呈红色，瓷土烧制的背面呈灰白色，因在表面上挂有一层釉，故称釉面砖。釉面砖釉面光滑，图案丰富多彩，且具有不吸污、耐腐蚀、易清洁的特点，所以多用于厨房、卫生间。

图1-9-3　釉面内墙砖

②外墙面砖　外墙面砖具有坚固、耐用、色彩鲜艳、易清洗、防火、防水、耐磨、耐腐蚀和维修费用低等特点。作为外墙饰面，不仅可以提高建筑物的使用质量，而且能美化建筑物、保护墙体，延长建筑物的使用年限。

③玻化砖　又名全瓷玻化砖，采用优质瓷工经高温、焙烧而成。玻化砖的烧结程度很高，表面不上釉，属于高度致密的瓷质坯体。玻化砖结构致密，坚硬、耐磨性高，同时还

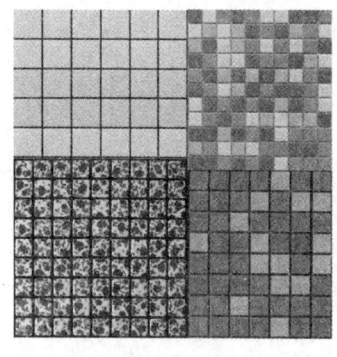

图 1-9-4 陶瓷锦砖

高,表面不上釉,属于高度致密的瓷质坯体。玻化砖结构致密、坚硬、耐磨性高,同时还具有吸水率低,抗冻性高,抗风化性强,耐酸碱性高,色彩多样,不褪色易清洗,防滑等优良特性,适用于写字楼、酒店、饭店、广场等室内外墙面装饰。

(3)陶瓷锦砖

陶瓷锦砖俗称马赛克,是以彩色石头或者玻璃等小块材镶嵌出一定图案的装饰材料(图 1-9-4)。陶瓷锦砖色泽多样,质地坚实,经久耐用,耐酸、耐碱、耐火、耐磨,抗压力强,吸水率小,可用于各类门厅、走廊、餐厅、厕所、浴室、工作间、化验室等处的地面和内墙面。

1.9.2 玻璃

玻璃是一种透明的半固体、半液体物质,在熔融时形成连续网络结构,冷却过程中黏度逐渐增大并硬化而不结晶的硅酸盐类非金属材料。一般用多种无机矿物(如石英砂、硼砂、硼酸、重晶石、碳酸钡、石灰石、长石、纯碱等)为主要原料,另外加入少量辅助原料制成。它的主要成分为二氧化硅和其他氧化物。

(1)普通玻璃

普通玻璃即常见的用于装配门窗,起到透光、挡风和保温性能的材料。具有很好的透明度且表面光滑平整。

(2)装饰玻璃

①浮法玻璃 装饰特性特别好,具有透明性、明亮性、纯净性良好以及室内的光线明亮等特点,视野广阔,是建筑门窗、天然采光材料中的首选,更是应用广泛的建筑材料之一。

②彩色玻璃 是由透明玻璃粉碎后用特殊工艺染色制成的一种玻璃(图 1-9-5)。它分为透明和不透明两类,是一种具有良好装饰性的材料,特别是对于有透光要求的装饰部位有很好的造景效果。

彩色玻璃还可以铺路,可使铺成的彩色防滑减速路面的耐久性能大幅提高,而且色彩艳丽程度高于使用花岗岩或石英砂作为骨料的传统彩色防滑路面。

③磨砂玻璃 又叫毛玻璃、暗玻璃,是用普通平板玻璃经机械喷砂、手工研磨(如金刚砂研磨)或化学方法处理(如氢氟酸溶蚀)等将表面处理成粗糙不平整的半透明玻璃(图 1-9-6)。通过这样的手法制成的磨砂玻璃使光线产生漫反射,能使室内的光线更加柔和,对于有透光需求,但是又有隐私需求的室内,也常常使用磨砂玻璃进行隔断,既保证了采光,又保证一定的私密性。

④花纹玻璃 在玻璃硬化前用刻有花纹的辊筒在玻璃的单面或者双面压上花纹,从而制成单面或双面有图案的花纹玻璃,称作压花玻璃(图 1-9-7)。还有一种花纹玻璃的做法是直接在平板玻璃上喷上花纹图案,叫作喷花玻璃。

花纹玻璃和磨砂玻璃有相同的优点,透光不透明,而且具有很好的装饰效果。

  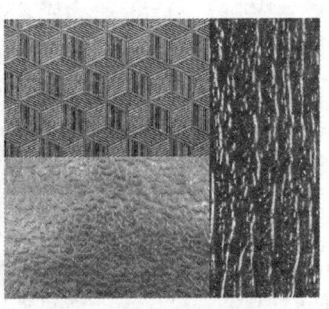

图 1-9-5　彩色玻璃　　　　图 1-9-6　磨砂玻璃　　　　图 1-9-7　压花玻璃

⑤镭射玻璃　应用镭射全息膜技术，在玻璃上涂敷一层感光层，利用激光在玻璃上刻划出任意多的几何光栅，在同一块玻璃上可形成上百种图案（图 1-9-8）。镭射玻璃的特点在于，当它被不同光源照射时，将因衍射作用而产生不同的色彩变化。镭射玻璃被广泛用于酒店、KTV 等各种文化娱乐场所。

⑥玻璃马赛克　是一种小规格的彩色釉面玻璃（图 1-9-9），具有色调柔和、朴实、典雅、美观大方、化学稳定性好、冷热稳定性好等优点，而且有不变色、不积尘、容重轻、黏结牢等特性，多用于室内局部、阳台外侧装饰。

图 1-9-8　镭射玻璃　　　　　　　图 1-9-9　玻璃马赛克

（3）安全玻璃

安全玻璃是指符合现行国家标准的钢化玻璃、夹层玻璃及由钢化玻璃或夹层玻璃组合加工而成的其他玻璃制品。安全玻璃具有良好的安全性、抗冲击性和抗穿透性，具有防盗、防爆、防冲击等功能。

《建筑安全玻璃管理规定》第六条规定：建筑物需要以玻璃作为建筑材料的下列部位必须使用安全玻璃：有框门玻璃，无框门玻璃。

- 7 层及 7 层以上建筑物外开窗。
- 面积大于 $1.5m^2$ 的窗玻璃或玻璃底边离最终装修面小于 500mm 的落地窗。
- 距离可踏面高度 900mm 以下的塑料窗玻璃。
- 幕墙。
- 倾斜装配窗、各类天棚（含天窗、采光顶）、吊顶。
- 观光电梯及其外围护。
- 室内隔断、浴室围护和屏风。

- 楼梯、阳台、平台走廊的栏板和中庭内拦板。
- 用于承受行人行走的地面板。
- 水族馆和游泳池的观察窗、观察孔。
- 公共建筑物的出入口、门厅等部位。
- 易遭受撞击、冲击而造成人体伤害的其他部位。

①钢化玻璃　是一种预应力玻璃，为提高玻璃的强度，通常使用化学或物理的方法，在玻璃表面形成压应力，玻璃承受外力时首先抵消表层应力，从而提高了承载能力，增强玻璃自身的抗风压性、寒暑性、冲击性等。

当安全玻璃受外力破坏时，碎片会形成类似蜂窝状的钝角碎小颗粒，不易对人体造成严重的伤害。且同等厚度的钢化玻璃抗冲击强度是普通玻璃的3~5倍，抗弯强度是普通玻璃的3~5倍。钢化玻璃具有良好的热稳定性，能承受的温差是普通玻璃的3倍，可承受300℃的温差变化。

②夹层玻璃　是由两片或多片玻璃，之间夹了一层或多层有机聚合物中间膜，经过特殊的高温预压（或抽真空）及高温高压工艺处理后，使玻璃和中间膜永久黏合为一体的复合玻璃产品（图1-9-10）。夹层玻璃在重球撞击下可能碎裂，但整块玻璃仍保持一体性夹层，碎块和锋利的小碎片仍与中间膜粘在一起。这种玻璃破碎时，碎片不会分散，多用在汽车等交通工具上。

在欧美，大部分建筑都采用夹层玻璃，这不仅是为了避免伤害，还因为夹层玻璃有极好的抗入侵能力。中间膜能抵御各类凶器的连续攻击，还能在很长时间内抵御子弹穿透，其安全防范程度很高。

③中空玻璃　是由两层或多层平板玻璃构成（图1-9-11）。四周用高强高气密性复合黏结剂，将两片或多片玻璃与密封条黏接密封。中间充入干燥气体，框内充以干燥剂，以保证玻璃片间空气的干燥度。

中空玻璃主要用于需要采暖、空调、防止噪声或结露以及需要无直射阳光和特殊光的建筑物上。广泛应用于住宅、饭店、宾馆、办公楼、学校、医院、商店等需要室内空调的场合。也可用于火车、汽车、轮船、冷冻柜的门窗等处。

（4）玻璃空心砖

是以烧熔的方式将两片玻璃胶合在一起，再用白色胶同水泥混合将边隙密合（图1-9-12），可依玻璃砖的尺寸、大小、花样、颜色来做不同的设计表现。依照尺寸的变化可以在家中设计出直线、曲线以及不连续的玻璃墙。由于中间是密闭的腔体并且存在一定的微负压，所以其具有透光不透明、隔音、保温、隔潮等特点。

 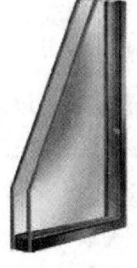 

图1-9-10　夹层玻璃　　　图1-9-11　中空玻璃　　　图1-9-12　玻璃空心砖

1.10 塑料与涂料

【知识目标】
(1)熟悉常用的建筑塑料与涂料。
(2)掌握常见建筑塑料与涂料的运用。
【技能目标】
(1)能熟练地选择不同位置、不同设计风格等各种条件下的塑料与涂料。
(2)能熟练将常见建筑塑料与涂料运用到建筑构造中。
【素质目标】
通过学习建筑塑料和涂料的种类和特性,要求学生掌握不同建筑塑料和涂料的使用规范和流程,培养学生良好的职业道德和严谨务实的职业的精神。

1.10.1 建筑塑料

建筑塑料是用于建筑工程的塑料制品的统称。建筑塑料制品常用的成型方法有压延、挤出、注射、模铸、涂布、层压等。塑料是以合成高分子化合物或天然高分子化合物为主要基料,与其他原料在一定条件下经混炼、塑化成型,在常温常压下能保持产品形状不变的材料。塑料在一定的温度和压力下具有较大的塑形,容易制成所需的各种形状、尺寸的制品,而成型以后,在常温下能保持既得的形状和必需的强度。

1.10.1.1 建筑塑料的组成

塑料分为单组分塑料和多组分塑料。单组分塑料仅含合成树脂。合成树脂简称树脂,是塑料中最主要的组分,在塑料中起胶结作用。塑料的性质取决于所采用的树脂。单组分塑料中含100%树脂,多组分塑料中树脂含量为30%~70%。为改善性能,降低成本,多数塑料还含有填充料、增塑剂、硬化剂、着色剂等,故大多数塑料是多组分的。

1.10.1.2 建筑塑料的分类

通常按树脂的合成方法将建筑塑料分为聚合物塑料和缩聚物塑料。按受热时塑料所发生的变化不同分为热塑性塑料和热固性塑料。热塑性塑料加热时具有一定流动性,可加工成各种形状,包括全部聚合物塑料、小部分缩聚物塑料。热固性塑料加热后会发生化学反应,质地坚硬,失去可塑性,包括大部分缩聚物塑料。

1.10.1.3 常见建筑塑料及其制品

(1)常见建筑塑料
①热塑性塑料
聚乙烯塑料(PE):主要用于防水、防潮材料和绝缘材料等。

聚氯乙烯塑料(PVC)：硬质聚氯乙烯塑料具有强度高、抗腐蚀性强、耐风化性能好等特点，可用于百叶窗、天窗、屋面采光板、水管、排水管等，也可制成泡沫塑料作隔声保温材料等。软质聚氯乙烯塑料材质较软，耐摩擦，具有一定弹性，易加工成型，可挤压成板、片、型材作地面材料等。

聚苯乙烯塑料(PS)：用于生产水箱、泡沫隔热材料灯具、发光平顶板等。

聚丙烯塑料(PP)：用于生产管材、卫生洁具等建筑制品。

聚甲基丙烯酸甲酯(PMMA)有机玻璃：是透光性最好的一种塑料。用于制作有机玻璃、板材、管件、室内隔断等。

②热固性塑料

酚醛塑料(PF)：用于生产各种层压板玻璃钢制品、涂料和胶黏剂等。

聚酯树脂：分为不饱和聚酯树脂和饱和聚酯树脂(线型聚酯)。不饱和聚酯树脂用于生产玻璃钢、涂料和聚酯装饰板等。饱和聚酯树脂用来制成纤维或绝缘薄膜材料等。

玻璃纤维增强塑料(玻璃钢)：由合成树脂胶结玻璃纤维制品制成的一种轻质高强的塑料，一般采用热固性树脂为胶结材料，使用最多的是不饱和聚酯树脂，作为结构和采光材料使用。

（2）常见建筑塑料制品（图1-10-1、图1-10-2）

①弹性地板　有半硬质聚氯乙烯地面砖和弹性聚氯乙烯卷材地板两大类。地面砖一般为边长300mm的正方形，厚度1.5mm。其主要原料为聚氯乙烯或氯乙烯和醋酸乙烯的共聚物，填料为重质碳酸钙粉及短纤维石棉粉。产品表面可以有耐磨涂层、色彩图案或凹凸花纹。弹性聚氯乙烯卷材地板的优点是：地面接缝少，容易保持清洁；弹性好，步感舒适；具有良好的绝热吸声性能。公用建筑中常用的为不发泡的多层复合塑料地板，表面为透明耐磨层，下层印有花纹图案，底层可使用石棉纸或玻璃布。用于住宅建筑材料的为中间有发泡层的多层复合塑料地板。黏结塑料地板和楼板面用的胶黏剂，有氯丁橡胶乳液、聚醋酸乙烯乳液或环氧树脂等。

图1-10-1　弹性地板　　　　　　图1-10-2　化纤地毯

②化纤地毯　主要材料是尼龙长丝、尼龙短纤维、丙烯腈、纤维素及聚丙烯等。地毯的主要使用性能为耐磨损性、弹性、抗脏及抗染色性、易清洁以及产生静电的难易等。丙烯腈、尼龙和聚丙烯纤维的使用性能均可与羊毛媲美。

1.10.2 建筑涂料

建筑涂料是指涂刷于建筑物表面，能与基体材料很好黏结，形成完整而坚韧的护膜的一类物质。

1.10.2.1 建筑涂料的组成

（1）主要成膜物质

涂料所用的主要成膜物质有树脂和油料两类。树脂有天然树脂(虫胶、松香、大漆等)、人造树脂(甘油酯、硝化纤维等)和合成树脂(醇酸树脂、聚丙烯酸酯及其共聚物等)。油料有桐油、亚麻子油等植物油和鱼油等动物油。为满足涂料的各种性能要求，可以在一种涂料中采用多种树脂配合，或与油料配合，共同作为主要成膜物质。

（2）次要成膜物质

次要成膜物质是各种颜料，包括着色颜料、体质颜料和防锈颜料3类，它是构成涂膜的组分之一。其主要作用是使涂膜着色并赋予涂膜遮盖力，增加涂膜质感，改善涂膜性能，增加涂料品种，降低涂料成本等。

1.10.2.2 建筑涂料的分类

按使用部位可分为外墙涂料、内墙涂料、地面涂料、顶棚涂料等。按使用功能可分为防火涂料、防水涂料、防霉涂料等。按所用的溶剂可分为溶剂型涂料和水溶性涂料。按主要成膜物质的化学组成可分为有机涂料、无机涂料和无机-有机复合涂料。

（1）有机涂料

①溶剂型涂料　其优点是涂膜细腻而紧韧，并且有一定耐水性和耐老化性。但易燃，挥发后对人体有害，污染环境，在潮湿基层上施工容易起皮剥落，且价格较贵。

②水溶性涂料　无毒，不易燃，价格便宜，有一定透气性，施工时对基层的干燥度要求不高，但耐水性、耐候性和耐擦洗性较差，只用于内墙装饰。

③乳液型涂料　又称乳胶漆，价格比较便宜，不易燃，无毒，有一定透气性，耐水性、耐擦洗性较好。涂刷时不要求基层很干燥，可作内外墙建筑涂料，是今后建筑涂料发展的主流。

（2）无机涂料

其优点在于资源丰富，工艺简单，价格便宜，对环境污染程度低；黏结力高，遮盖力强，对基层处理的要求较低，耐久性好，色彩丰富；耐刷洗，耐热性好，无毒，不燃。

（3）无机-有机复合涂料

可使有机、无机涂料发挥各自的优势，取长补短，对降低成本、改善性能的新要求提供一条有效途径。

1.10.2.3 常见建筑涂料

（1）内墙涂料(图 1-10-3)

内墙涂料就是一般装修用的乳胶漆。乳胶漆即是乳液性涂料，按照基材的不同，分为聚醋酸乙烯乳液和丙烯酸乳液两大类。乳胶漆以水为稀释剂,是一种施工方便、安全、耐水洗、透气性好的涂料,它可根据不同的配色方案调配出不同的色泽。种类有水性内墙漆、油性内墙漆、干粉型内墙漆,属水性涂料,主要由水、乳液、颜料、填料、添加剂5种成分构成。

(2)外墙涂料(图1-10-4)

外墙涂料是用于涂刷建筑外立墙面的,所以最重要的一项指标就是抗紫外线照射,要求达到长时间照射不变色。部分外墙涂料还要求有抗水性能,有自涤性,漆膜要硬而平整,脏污一冲就掉。外墙涂料能用于内墙涂刷使用,是因为它也具有抗水性能;而内墙涂料却不具备抗晒功能,所以不能把内墙涂料当外墙涂料用。

(3)其他装饰涂料

①防锈漆 对金属等物体进行防锈处理的涂料,在物体表面形成一层保护层,分为油性防锈漆和树脂防锈漆两种(图1-10-5)。

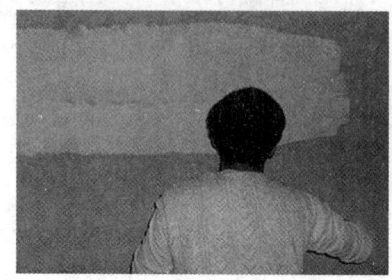  

图1-10-3 内墙涂料　　　　图1-10-4 外墙涂料　　　　图1-10-5 防锈漆

②清油 又称熟油,是以亚麻油等干性油加部分半干性植物油制成的浅黄色黏稠液体。一般用于厚漆和防锈漆,也可单独使用。清油能在改变木材颜色基础上保持木材原有花纹,主要作木制家具底漆。

1.11　建筑防水材料

【知识目标】
(1)熟悉建筑常用的各种防水材料。
(2)掌握主要建筑防水材料的特性。
【技能目标】
(1)能熟练辨别各种建筑防水材料。
(2)能将合适的建筑防水材料运用于园林建筑建造中。
【素质目标】
通过学习建筑塑料和涂料的种类和特性,要求学生掌握不同建筑塑料和涂料的使用规范和流程,培养学生良好的职业道德和严谨务实的职业精神。

建筑物的屋面、基础及水池等水工构筑物都须进行防水处理。工程上常用的防水材料有屋面瓦、金属或塑料屋面板、防水涂料、建筑密封材料等。此外，用于刚性结构防水的还有防水混凝土和防水砂浆等材料。

1.11.1 坡屋面刚性防水材料

铺贴或直接安装在坡屋顶的覆面材料，主要有各种瓦和防水板材，起到排水和防水的作用。

（1）黏土瓦

黏土瓦是以黏土为原料，经成型、干燥、焙烧而成，是传统坡形屋面的防水材料。与其他防水材料相比，它施工方便，成本低，防水可靠，耐久性好。因此，千百年来一直是住宅、公共建筑和其他建筑工程中主要的屋面防护覆面材料。黏土瓦的主瓦类型有平板瓦、槽形瓦、S形瓦、鳞形瓦、小青瓦等。根据外观指标，黏土瓦划分为一等品和二等品。

（2）琉璃瓦

琉璃瓦是采用优质矿石原料，经过筛选粉碎，高压成型，高温烧制而成。具有强度高、平整度好、吸水率低、抗折、抗冻、耐酸、耐碱、永不褪色等显著优点。广泛适用于厂房、住宅、宾馆、别墅等工业和民用建筑，并以其造型多样、釉色质朴、多彩、环保、耐用，深得建筑师的推崇。

1.11.2 防水卷材

防水卷材主要是用于建筑墙体、屋面以及隧道、公路、垃圾填埋场等处，起到抵御外界雨水、地下水渗漏的一种可卷曲成卷状的柔性建材产品。工程基础与建筑物之间无渗漏连接的部分，是整个工程防水的第一道屏障，对整个工程起着至关重要的作用。防水卷材主要包括沥青防水卷材和合成高分子防水卷材两个系列。

（1）沥青防水卷材

沥青防水卷材是指以沥青材料、胎料和表面撒布防黏材料等制成的成卷材料，又称油毡。常用于张贴式防水层。沥青防水卷材指的是有胎卷材和无胎卷材。凡是用厚纸或玻璃丝布、石棉布、棉麻织品等胎料浸渍石油沥青制成的卷状材料，称为有胎卷材；将石棉、橡胶粉等掺入沥青材料中，经碾压制成的卷状材料称为辊压卷材，即无胎卷材。沥青防水卷材成本低，拉伸强度和延伸率低，温度稳定性差，高温易流淌，低温易脆裂，耐老化性较差，使用年限短，属于低档防水卷材。

（2）合成高分子防水卷材

合成高分子防水卷材是指以合成橡胶、合成树脂或两者混合体为基料，加入适量的化学助剂和填充料等，经混炼压延或挤出等工序加工而成的防水材料。合成高分子防水卷材具有高弹性、高延伸性、良好的耐老化性、耐高温性和耐低温性等多方面的优点，已成为新型防水材料发展的主导方向。常见合成高分子防水卷材的特点和使用范围见表1-11-1。

表 1-11-1　常见合成高分子防水卷材的特点和使用范围

卷材名称	特　点	适用范围
聚氯乙烯防水卷材	具有良好的耐候、耐臭氧、耐热老化、耐油、耐化学腐蚀及抗撕裂性能	单层或复合使用，宜用于紫外线强的炎热地区
氯化聚乙烯防水卷材	具有较高的拉伸和撕裂强度，延伸率较大，耐老化性能好，原材料丰富，价格便宜，容易黏结	单层或复合使用于外露或保护层的防水工程
三元乙丙橡胶防水卷材	防水性能优异，耐候性好、耐臭氧性、耐化学腐蚀性、弹性和抗拉强度大，对基层变形开裂的使用性强，重量轻，使用温度范围宽，寿命长，但价格高，黏结材料尚需配套完善	防水要求较高，防水层耐用年限长的工程，单层或复合使用
三元丁橡胶防水卷材	有较好的耐候性、耐油性、抗拉强度和延伸率，耐低温性能稍低于三元乙丙橡胶防水卷材	单层或复合使用于要求较高的防水工程
氯化聚乙烯-橡胶共混防水卷材	不但具有氯化聚乙烯特有的高强度和优异的耐臭氧、耐老化性能，而且具有橡胶所特有的高弹性、高延伸性以及良好的耐低温性	单层或复合使用，尤宜用于寒冷地区或变形较大的防水工程

1.11.3　防水涂料

丙烯酸防水涂料是以纯丙烯酸聚合物乳液为基料，加入其他添加剂而制得的单组分水乳型防水涂料。防水涂料经固化后形成的防水薄膜具有一定的延伸性、弹塑性、抗裂性、抗渗性及耐候性，能起到防水、防渗和保护作用。

防水涂料按主要成膜物质可分为沥青类、改性沥青类、合成高分子类等。

（1）沥青防水卷材

沥青类防水涂料是以沥青为基料配制而成的水乳型或溶剂型防水涂料。乳化沥青的储存期不能过长（一般 3 个月左右），否则容易引起凝聚分层而变质。储存温度不得低于 0℃，不宜在-5℃以下施工，以免水结冰而破坏防水层，也不宜在夏季烈日下施工，因表面水分蒸发过快而成膜，膜内水分蒸发不出会产生气泡。乳化沥青主要适用于防水等级较低的建筑屋面、混凝土地下室和卫生间防水、防潮；粘贴玻璃纤维毡片（或布）作屋面防水层；拌制冷用沥青砂浆和混凝土铺筑路面等。常用品种是石灰膏沥青、水性石棉沥青防水材料等。

（2）改性沥青防水涂料

改性沥青类防水涂料指以沥青为基料，用合成高分子聚合物进行改性制成的水乳型或溶剂型防水涂料。改性沥青类防水涂料在柔韧性、抗裂性、拉伸强度、耐高低温性能、使用寿命等方面都比沥青类涂料有很大改善。这类涂料常用产品有氯丁橡胶沥青防水涂料、水乳型橡胶沥青防水涂料、APP 改性沥青防水涂料、SBS 改性沥青防水涂料等。这类涂料广泛应用于各级屋面和地下以及卫生间等的防水工程。

（3）合成高分子类防水涂料

合成高分子防水涂料指以合成橡胶或合成树脂为主要成膜物质制成的单组分或多组分的防水涂料。这类涂料具有高弹性、高耐久性及优良的耐高低温性能。常用产品有聚氨酯防水涂料、丙烯酸酯防水涂料、环氧树脂防水涂料、有机硅防水涂料等。适用于高防水等级的屋面、地下室、水池及卫生间的防水工程。

1.11.4 建筑密封材料

建筑密封材料是嵌入建筑物缝隙、门窗四周、玻璃镶嵌部位以及由于开裂产生的裂缝，能承受位移且能达到气密、水密目的的材料，又称嵌缝材料。

按材料组成可分为改性石油沥青密封材料和合成高分子密封材料两大类。目前常用的密封材料类型和适用范围见表 1-11-2。

表 1-11-2 常用的密封材料类型和适用范围

类　型	适用范围
沥青嵌缝油膏	主要作为屋面、墙面沟和槽的防水嵌缝
聚酯乙烯接缝膏	用于各种屋面嵌缝，表面涂布作为防水层，或用于水渠、管道等接缝
丙烯酸酯密封膏	用于屋面、墙板、门、窗嵌缝，耐水性差，不宜用于经常泡在水中的工程
硅酮密封膏	分为 F 类和 G 类硅酮密封膏。F 类为建筑接缝，用于预制混凝土墙板、水泥板、大理石板的外墙接缝，混凝土和金属框架的黏结，卫生间和公路接缝的防水密封等；G 类为镶装用密封膏，用于玻璃和建筑门、窗的密封

单元 2　园林建筑基本构造组成

2.1　园林建筑构造基本知识

【知识目标】
(1) 了解园林建筑构造的内容、影响因素及设计原则，了解园林建筑的结构分类。
(2) 熟悉建筑的基本组成部分及其主要功能。
【技能目标】
(1) 能识别园林建筑的类型，分析其基本组成部分。
(2) 能判别园林建筑各部分的功能。
【素质目标】
通过学习园林建筑构造的基本知识，要求学生掌握园林建筑构造的基本内容、设计原则以及建筑物的基本组成，培养学生良好的工程职业素养和严谨的工作作风。

园林建筑是民用建筑中公共建筑的一类，因此普通园林建筑主要组成部分及其构造方法与民用建筑构造方法基本相同。

2.1.1　园林建筑构造内容、特点和研究方法

（1）园林建筑构造的内容

随着科学技术的进步，建筑构造已发展成为一门技术性很强的学科。建筑构造主要研究建筑物各组成部分的构造原理和构造方法，是建筑设计不可分割的一部分，对整体的设计创意起着具体表现和制约作用。建筑的构造方案，构配件组成的节点，细部构造及其相互间的连接和对材料的选用等各方面的有机结合，使建筑实体的构成成为可能，从而完成建筑的整体与空间的构成。园林建筑构造的主要内容包括：研究建筑的各个组成部分及其作用；研究建筑的各个组成部分的构造要求及相应构造理论；在构造原理的指导下，研究用性能优良、经济可行的园林建筑材料和建筑制品构成配件之间的连接方法。

（2）园林建筑构造的特点

建筑构造设计具有实践性强和综合性强的特点。在内容上是对实践经验的高度概括，并且涉及建筑材料、建筑力学、建筑结构、建筑物理、建筑美学、建筑施工和建筑经济等有关方面的知识。根据建筑物的功能要求，对细部的做法和构件的连接、受力和合理性等都要加以考虑。同时，还应满足防潮、防水、隔热、保温、隔音、防火、防震、防腐等方面的要求，以便于提供适用、安全、美观、经济的构造方案。

建筑构造中的每一个基本部分称为建筑构件，主要是墙、柱、楼板、屋架等承重结构；建筑配件是指屋面、地面、墙面、门窗、栏杆、花格、细部装修等。建筑结构设计主

要侧重于建筑构件的设计,建筑构造设计主要侧重于建筑配件的设计。

(3)园林建筑构造的研究方法

①选定符合要求的园林建筑材料和建筑产品;

②确定整体构成的体系与结构方案;

③全方面考虑建筑构造节点和细部处理所涉及的多种因素。

(4)园林建筑构造设计的设计原则

影响建筑构造的因素很多,构造设计要同时考虑许多问题。有时错综复杂的矛盾交织在一起,设计者应根据以下原则,分清主次和轻重,综合权衡利弊而求得妥善处理。

①坚固实用 即在构造方案上首先应考虑坚固实用,保证建筑物的整体刚度,安全可靠、经久耐用,同时还要满足建筑的各项使用要求。

②技术先进 建筑构造设计应该从材料、结构、施工三方面引入先进技术,但是必须注意因地制宜,不能脱离实际。

③经济合理 建筑构造设计都应考虑经济合理,在选用材料上要注意就地取材,节约钢材、水泥、木材三大材料,并在保证质量的前提下降低造价。

④美观大方 建筑构造设计是初步设计的继续和深入,建筑要做到美观大方,构造设计是非常重要的一环。

2.1.2 园林建筑组成

园林建筑作为建筑的类型之一,具有建筑的一般性质和特点。解剖建筑,我们容易发现它们均是由基础、墙和柱、楼地层、楼梯、屋顶、门窗等几大部分组成(图 2-1-1)。这

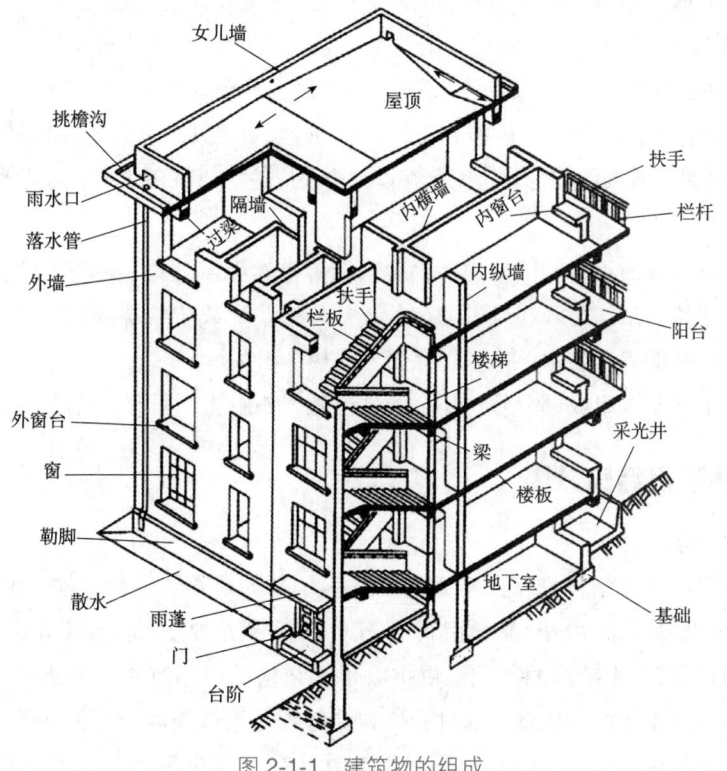

图 2-1-1 建筑物的组成

些构件所处的位置不同,作用也不同,现将各组成部分及其作用进行分述。

(1)基础

基础是建筑底部与地基接触的承重结构,它承受着建筑的全部荷载,并保证这些荷载传到地基,故要求其必须具有足够的承载力和稳定性,防止不均匀沉降,而且能够经受冰冻和地下水及地下各种有害因素的侵蚀。基础的结构形式取决于上部荷载的大小、承重方式以及地基特性。

(2)墙和柱

墙和柱都是建筑的竖向承重构件,墙的主要作用是承重、围护和分隔空间。作为承重构件,它承受着屋顶、楼层传来的各种荷载,并把这些荷载传给基础。作为围护结构,外墙起着抵御自然界风、雨、雪、寒暑及太阳辐射的作用。内墙则起着分隔空间、隔声、遮扫视线、避免相互干扰等作用。对于墙体还需要足够的承载力,稳定性,良好的热功能和防火、防水、隔声等性能。

(3)楼板和地面层

楼板是水平方向的承重结构,同时还兼有在竖向划分建筑内部空间的功能。楼板承担建筑的楼面荷载,并把这些传给墙或梁,同时对墙体起到水平支撑的作用,它应具有足够的强度和刚度。地面层是指建筑底层的地坪,对地面层有均匀传力及防潮、保温等要求,应具有坚固耐磨、易清洁等性能。

(4)楼梯

楼梯是建筑物中联系上下层的垂直交通工具,供人们交通及紧急疏散之用。因此,楼梯应具有足够的通行能力,并且坚固和安全。

(5)门窗

门的功能主要是供人们出入建筑和房间。门不仅应具有足够的宽度和数量,还应考虑它的特殊要求,如防火、隔声等。窗主要用来采光、通风和观景,应有足够的面积。由于门窗均是建筑立面造型的重要组成部分,因此在设计中还应注意门窗在立面上的艺术效果。

(6)屋顶

屋顶是建筑顶部的承重和围护构件,用来抵御自然界风、霜、雨、雪的侵袭和太阳辐射。屋顶承受建筑物顶部荷载和风雪的荷载,并将这些荷载传给墙或柱。因此,屋顶应有足够的承载力,并能满足防水、排水、保温、隔热、耐久等要求。

建筑除了上述基本组成部分外,还有配件设施,如雨篷、阳台、台阶、通风道等。

2.1.3 园林建筑结构分类

(1)木结构

木结构指竖向承重结构和横向承重结构均为木料的建筑。它由木柱、木梁、木屋架、木檩条等组成骨架,而内外墙可用砖、石、木板等组成,成为不承重的围护结构(图2-1-2)。近代胶合木结构的出现,更扩大了木结构的应用范围。木结构建筑具有自重轻、构造简洁、施工方便等优点。木材受拉和受剪皆是脆性破坏,其强度受木节、斜纹及裂缝等天然缺陷的影响很大;但在受压和受弯时具有一定的塑性。木材处于潮湿状态时,将受木腐菌侵蚀而腐朽；在空气温度、湿度较高的地区，白蚁、蛀虫、家天牛等对木材危害颇大。我国古代建筑物大多采用木结构。现如今由于我国木材资源有限，导致木结构在使用中受到一定限制，又因木材具有易腐蚀、易燃、易爆、耐久性差等缺点，所以目前单纯的大型木结构已极少使用，而小型园林建筑，如花架、亭等使用木结构较普遍。但在盛产木材的地区或有特殊要求的建筑中仍可采用木结构建筑。中国的木结构建筑在唐朝已形成一套严整的制作方法，但见诸文献是在北宋李诫主编的《营造法式》，这是中国也是世界上第一部木结构房屋建筑的设计、施工、材料以及工料定额的法规。对房屋设计规定"凡构屋之制，皆以材为祖。材有八等，度屋之大小，因而用之"。

（2）砌体结构

由各种砖块、块材和砂浆按一定要求砌筑而成的构体称为砌体或墙体。由各种砌体建造的结构统称为砌体结构或砖石结构（图2-1-3）。近年来，为了节约耕地，墙体出现了一些新型材料，如各种混凝土砌块、各类硅酸盐材料制成的砌块及烧结多孔砖等。以砖墙、钢筋混凝土楼板及屋顶承重的建筑物，一般称为混合结构或砖混结构。

图 2-1-2 木结构

图 2-1-3 砌体结构

砌体结构在我国应用很广泛，这是因为它可以就地取材，具有很好的耐久性及较好的化学稳定性和结构稳定性，有较好的保温隔热性能。较钢筋混凝土结构节约水泥和钢材，砌筑时无须模板及特殊的技术设备，可节约木材。

这种结构的优点是原材料来源丰富，易就地取材和废物利用，施工较方便，并具有良好的耐火、耐久性和保温、隔声性能；缺点是砌体强度低，实心砌块砌体结构自重大，砂浆与块材直接黏结力较弱，砌体的抗震性能也较差。因此，对多层砌体结构抗震设计需要采用构造柱、圈梁及其他拉结等构造措施以提高其延性和抗倒塌能力。此外，砖砌体所用黏土砖用量很大，占用农田土地过多，因此把砌体结构实心砖改成空心砖。发展高孔洞率、高强度、大块的空心砖以节约材料，以及利用工业废料，如粉煤灰、煤渣或者混凝土制成空心砖块代替红砖等，都是今后砌体结构的发展方向。

（3）钢筋混凝土结构

钢筋混凝土结构是指建筑物的承重构件都用钢筋混凝土材料（图2-1-4），包括墙承重和框架承重、现浇和预制施工。钢筋和混凝土这种物理、力学性能很不相同的材料之所以能有效地结合在一起，主要靠两者之间存在的黏结力，受荷后协调变形；再者这两种材料温度线膨胀系数接近；此外钢筋至混凝土边缘之间的混凝土，作为钢筋的保护层，使钢筋不受锈蚀并提高构件的防火性能。由于钢筋混凝土结构合理地利用了钢筋和混凝土两者性能特点，可形成强度较高、刚度较大的结构。此结构的优点是整体性好、刚度大、耐久、耐火性能较好。现浇钢筋混凝土结构有费工、费模板、施工期长的缺点。

图 2-1-4　钢筋混凝土结构

（4）钢结构

钢结构的主要承重构件均用型钢制成。钢材的特点是强度高、自重轻、整体刚度好、变形能力强，故特别适用于建造大跨度和超高、超重型的建筑物；材料匀质性和各向同性好，属理想弹性体，符合一般工程力学的基本假定；材料塑性、韧性好，可有较大变形，能很好地承受动力荷载；建筑工期短，空间应用灵活；其工业化程度高，可进行机械化程度高的专业化生产。在园林建筑中应用越来越广（图 2-1-5）。

（5）空间结构

空间结构是指在大厅式平面组合中，面积和体积都很大的厅室，如剧院的观众厅、体育馆的比赛大厅等，它的覆盖和围护问题是大厅式平面组合结构布置的关键。新型空间结构的迅速发展，有效地解决了大跨度建筑空间的覆盖问题，同时也创造了丰富多彩的建筑形象。空间结构系统有各种形状的折板结构、壳体结构、网架壳体结构以及悬索结构等。它包括悬索网架壳体、索膜等结构形式（图 2-1-6）。适宜大跨度空间，如园林中广泛应用的张拉膜即该种结构。

图 2-1-5　钢结构　　　　　　　　　图 2-1-6　空间结构

2.1.4 影响园林建筑构造的因素

(1) 外界环境

外界环境的影响是指自然界和人为的影响。

①自然界的影响　一般包括外力和气候两个方面。外力又称荷载，包括人、家具和设备的结构自重，风力、地震作用以及雨雪重量等。荷载是选择结构类型和方案的主要设计依据。气候主要是日晒雨淋、风雪冰冻、地下水等。气候的影响主要从构造上采取相应的措施，如防水、保温、隔热等。

②人为影响　包括火灾、机械振动、噪声等影响，在建筑构造上需采用防火、防振动和隔声处理。

(2) 建筑技术

建筑技术主要指材料技术、结构技术和施工技术等。不同的结构类型其施工技术也不一样。

(3) 建筑标准

建筑标准包含的内容较多，与建筑构造关系密切的主要有建筑的造价标准、建筑装修标准和建筑设备标准。标准高的建筑，其装修质量好，设备齐全且档次高，建筑的造价相应也较高；反之则造价较低。标准高的建筑，构造做法考究；反之构造只能采取一般的做法。因此，建筑构造的选材选型和细部做法无不根据标准的高低来确定。通常大多数建筑属一般标准的建筑，构造方法往往也是常规的做法，而大型的公共建筑，标准则要求高些，构造方法上对美观要求也更高。

2.2 地基与基础

【知识目标】
(1) 了解地基的分类、基础的分类。
(2) 掌握地基和基础的区别、影响基础埋深的因素。

【技能目标】
(1) 能识别园林建筑基础的类型。
(2) 能根据地基的情况确定合适的基础类别。

【素质目标】
通过学习园林建筑基础和地基的分类和构造特点，要求学生掌握根据园林建筑不同的结构类型，结合地基条件选择合适的基础类型，培养学生分析问题能力和实事求是解决问题的能力。

万丈高楼平地起，基础是园林建筑的重要组成部分。因此，坚固实用的基础对建筑至关重要。

2.2.1 概述

基础是建筑地面以下的承重构件且与土层直接接触，是建筑的下部结构，是建筑物的重要组成部分。它承受建筑物上部结构传下来的全部荷载,并把这些荷载连同本身的重量一起传到下面的土层(图2-2-1)。

地基是承受基础传下的荷载的土层,它承受着建筑物的所有荷载。可分为持力层和下卧层。

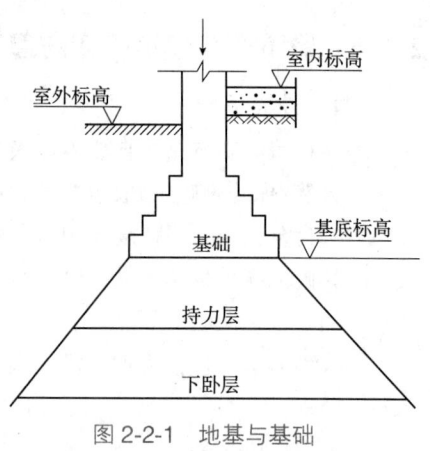

图 2-2-1　地基与基础

2.2.2　园林建筑地基

2.2.2.1　地基的分类

地基主要分为两大类:天然地基和人工地基。

(1)天然地基

天然地基是指土层本身具有足够的强度,能直接承受建筑物的荷载。

(2)人工地基

人工地基是指需要对土壤进行人工加工或加固处理后才能承受建筑物荷载的地基。人工加固的常用方法有:压实法、换土法和桩基。

①压实法　就是利用重锤或机械碾压将土壤中的空气排除,从而提高土的密实性而增强了地基土壤的承载能力。常见的压实方法有:碾压法、夯实法、振动压实法。

碾压法:松土碾压宜先用轻碾压实,再用重碾压实,效果较好。碾压机械压实填方时,行驶速度不宜过快,一般平碾不应超过2km/h;羊足碾不应超过3km/h。

夯实法:夯实法是利用夯锤自由下落的冲击力来夯实土壤,土体孔隙被压缩,土粒排列得更加紧密。人工夯实所用的工具有木夯、石夯等;机械夯实常用的有内燃夯土机、蛙式打夯机和夯锤等。夯锤是借助起重机悬挂一重锤,提升到一定高度,自由下落,重复夯击基土表面。夯锤锤重1.5~3t,落距2.5~4m。还有一种强夯法是在重锤夯实法的基础上发展起来的,其锤重8~30t,落距6~25m。其强大的冲击能使地基深层得到加固。强夯法适用于黏性土、湿陷性黄土、碎石类填土地基的深层加固。

振动压实法:振动压实法是将振动压实机放在土层表面,在压实机振动作用下,土颗粒发生相对位移而达到紧密状态。振动碾是一种振动和碾压同时作用的高效能压实机械,比一般平碾提高功效1~2倍,可节省动力30%。用这种方法振实填料为爆破石渣、碎石类土、杂填土和轻亚黏土等非黏性土效果较好。

②换土法　就是将地基中的部分软弱土层挖去,换以承载力高的坚实土层,从而达到提高地基土壤承载能力的目的。置换后的土层称垫层。垫层设计主要是选定垫层材料、确定垫层的宽度与厚度。垫层厚度应大于1/4基底宽度,垫层宽度应能防止垫层材料侧向挤出,通常按应力扩散角设计,并超出基础底间边缘一定距离。同时应验算下卧层的容许承载力。在中国的西北和华北及湿陷性黄土地区使用较普遍,用以部分或全部消除黄土地基的湿陷变形,或用以提高杂填土地基的承载力;在建筑物范围内设置整片土(或灰土)垫层时还兼有良好的隔水作用。

③桩基　就是将钢筋混凝土桩打入土中,把土壤挤实或把桩直接打入地下坚实的土壤层中,达到提高地基土壤的承载能力的目的。桩基础是一种承载能力高、适用范围广、历

史久远的基础形式。随着生产水平的提高和科学技术的发展，桩基的类型、工艺、设计理论、计算方法和应用范围都有了很大的发展，广泛应用于高层建筑、港口、桥梁等工程中。桩是将建筑物的全部或部分荷载传递给地基土并具有一定刚度和抗弯能力的传力构件，其横截面尺寸远小于其长度。而桩基础是由埋设在地基中的多根桩(称为桩群)和把桩群联合起来共同工作的桩台(称为承台)两部分组成。桩基础的作用是将荷载传至地下较深处承载性能好的土层，以满足承载力和沉降的要求。桩基础的承载能力高，能承受竖直荷载，也能承受水平荷载，能抵抗上拔荷载，也能承受振动荷载，是应用最广泛的深基础形式。

2.2.2.2 基础的埋置深度

（1）基础埋深的概念

室外设计地面至基础底面的垂直距离称为基础的埋置深度，简称基础的埋深(图 2-2-2)。

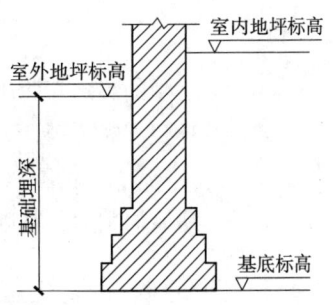

图 2-2-2 基础的埋置深度

（2）影响因素

实际工程中，影响基础埋置深度的因素有很多，归纳起来大致有以下几种：

①地基土层构造的影响 地基土大致可分为好土层及软土层。房屋的基础必须优先考虑建造在坚实可靠的好土层上，如图 2-2-3 所示。

- 地基由均匀的良好土构成，基础应尽量浅埋。
- 地基上层为软土，厚度在 2m 以内；下层为好土，基础应埋在下层的好土上。
- 地基由好土和软土交替组成，总荷载小的建筑可将基础埋在好土内；总荷载大的建筑应采用人工地基或把基础埋在下面的好土上或采用桩基础。

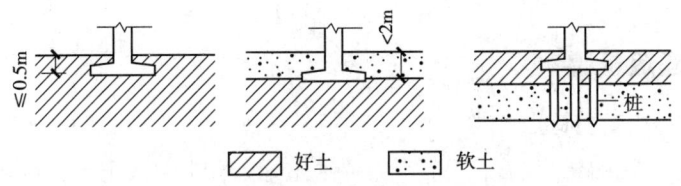

图 2-2-3 地基土层分布与埋深的关系

②地下水位的影响 因为地基土中含水量的大小直接影响地基的承载能力，含水量越大，则地基的承载力越小，故房屋的基础应尽量埋在最高地下水位线之上。但当地下水位较高，基础不能埋在地下水位线之上时，则应将基础底面埋置在最低地下水位 200mm 以下，以免使基础底面处于地下水位变化的范围之内，如图 2-2-4 所示。

③冰冻深度的影响 冰冻土与非冻土的分界线称为冰冻线。各地由于气候不同，冰冻线的深度也不相同，如北京为 0.6~1.0m；哈尔滨则达到 2m；南方炎热地区的冰冻线深度很小，甚至无冻土，如湖南、广东等。

土层在冻结与解冻时，会使基础分别产生拱起和下沉的不良影响，因此一般要求基础底面应埋在冰冻线 200mm 以下处，如图 2-2-5 所示。

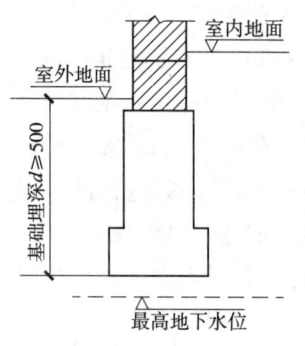 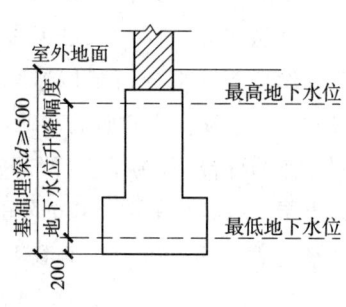

图 2-2-4 地下水位的影响

④相邻房屋的影响 两相邻建筑中,新建房屋的基础不宜深于原有房屋的基础。但当不能满足这项要求时,则两基础之间的水平距离应大于或等于两基础底面高差值的 1~2 倍,即 $L \geq (1 \sim 2)\Delta h$,如图 2-2-6 所示。

此外,房屋的用途、基础的形式与构造等均对基础的埋置深度有一定的影响。

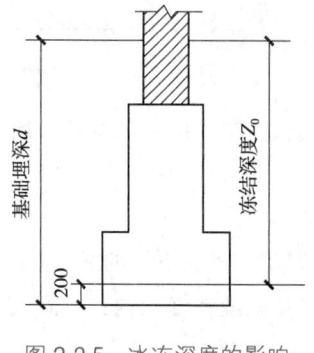 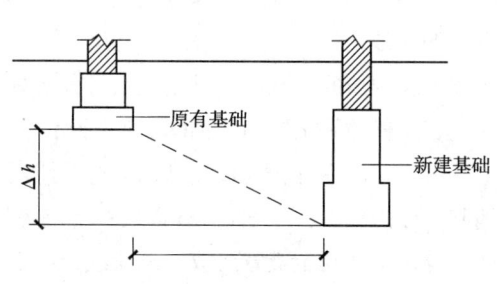

图 2-2-5 冰冻深度的影响　　图 2-2-6 相邻建筑物与埋深的关系

2.2.3 园林建筑基础

(1) 按材料及受力特点分类

①刚性基础 是由砖、块石、毛石、素混凝土、三合土和灰土等材料建造的基础,这些材料虽有较好的抗压性能,但抗拉、抗剪强度却不高。所以在设计时,要求基础的外伸宽度和基础高度的比值要在一定限度内,以避免发生在基础内的拉应力和应力超过其材料强度设计值。在这样的限制下,基础的相对高度一般都比较大,几乎不会发生弯曲变形,所以,此类基础被习惯称为刚性基础。为了满足地基容许承载力的要求,基底的宽度均要大于上部墙宽,加宽挑出部分的基础相当于一个悬臂梁,当它挑出的部分过长且较薄时,其挑出部分的底面受拉区的拉应力超过材料的抗拉强度时,基础底面将因受拉而开裂,使基础破坏。

实验证明,在刚性材料构成的基础上,墙或柱传来的压力是沿一个角度分布的,这个控制范围的夹角称为刚性角,用 α 表示。只要基础的加宽部分在刚性角范围之内,基础就不会被破坏,如图 2-2-7 所示。其中,砖、石材料的刚性角的宽度与高度比为 1:1.25~1:1.50,混凝土的宽高之比为 1:1。由于刚性角的限制,刚性基础的截面形式相对固定,如图 2-2-8 所

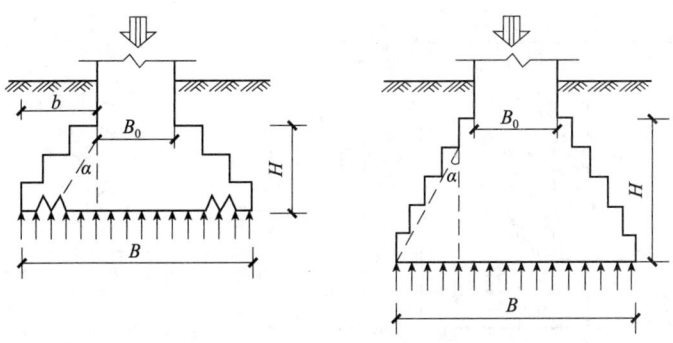

图 2-2-7　基础的受力分析

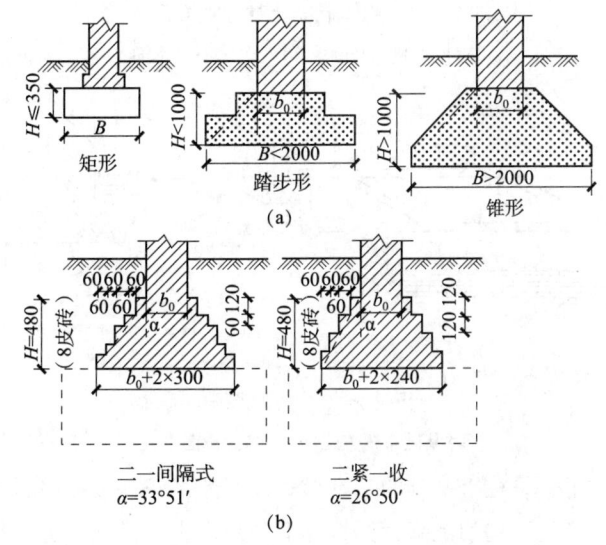

图 2-2-8　混凝土基础、砖基础的截面形式
(a)混凝土基础　(b)砖基础

示。一般情况下，刚性基础多用于地基承载力较高的低层或多层的民用建筑中。

②柔性基础　用抗拉、抗压、抗弯、抗剪均较好的钢筋混凝土材料做基础(不受刚性角的限制)，用于地基承载力较差、上部荷载较大、设有地下室且基础埋深较大的建筑。当刚性基础的尺寸不能满足地基承载力和基础埋深的要求时，则需采用柔性基础。在混凝土基础的受拉区增设了受拉钢筋而形成的钢筋混凝土基础，极大地提高了材料的抗拉、抗剪能力。故该基础宽度的加大不受刚性角的限制。工程上又称其为柔性基础或非刚性基础，因此该基础常制成宽而薄的锥形，但应注意基础最薄处不应小于200mm。当外荷载较大且存在弯矩和水平荷载，同时地基承载力又低时，宜采用钢筋混凝土基础。

通常，钢筋混凝土基础适用于地基承载力不好，且基础又不宜埋置过深的房屋中。一般多层框架结构多采用柔性基础(图 2-2-9)。

(2)按基础构造形式分类

①条形基础　是连续的带状基础。常用于墙下，是墙基础的基本形式，如图 2-2-10 所示。

②独立基础　当房屋上部结构采用框架或单层排架结构承重时，常采用方形或矩形的

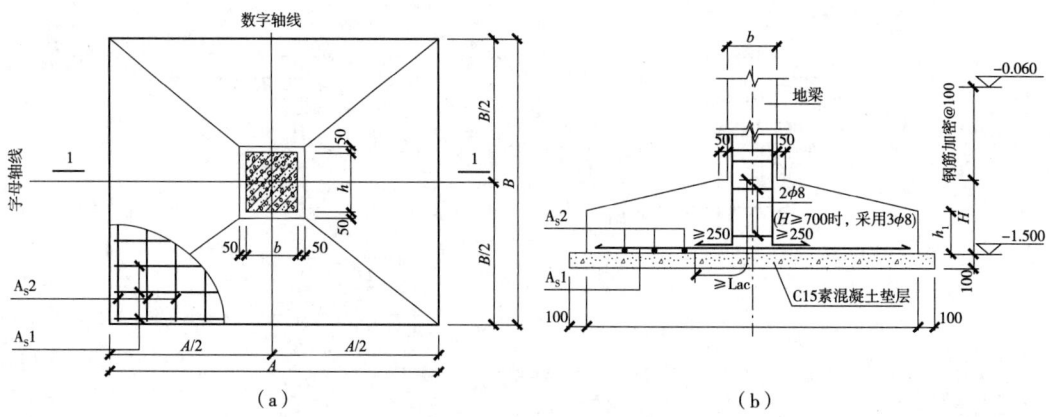

图 2-2-9 钢筋混凝土基础截面形式
(a)柱下独立基础大样图 (b)1—1 剖面

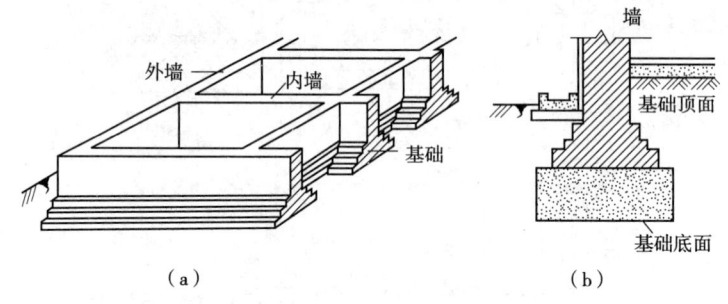

图 2-2-10 条形基础
(a)基础布置方式 (b)基础截面形式

单独基础，常用于柱下，是柱下基础的基本形式。当地基条件较差时，为了提高房屋的整体性，防止柱子之间产生不均匀沉降，要将柱下基础沿纵、横两个方向扩展连接起来，做成十字交叉的井格式，也称为井格式基础，如图 2-2-11 所示。

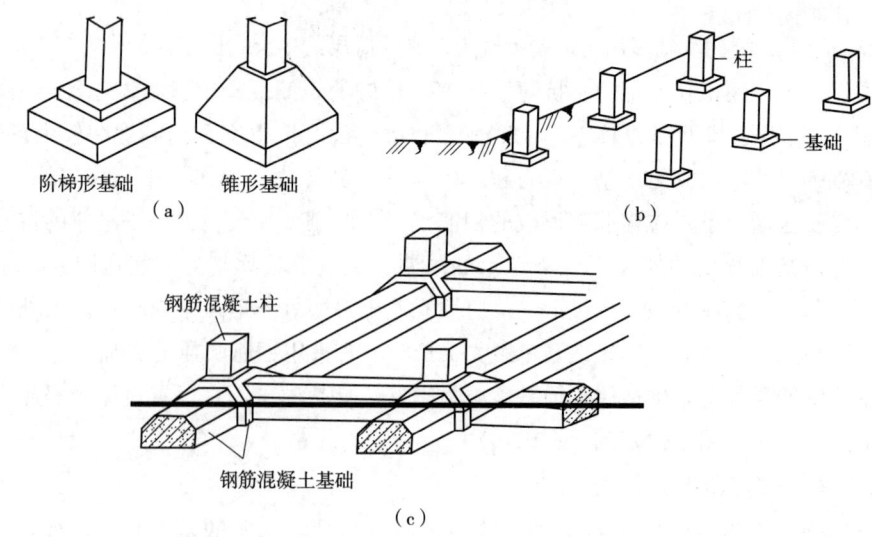

图 2-2-11 独立基础
(a)独立基础形式 (b)独立基础布置 (c)井格式基础布置

③满堂基础与箱形基础　由成片的钢筋混凝土板支承着整个房屋，其直接支承在地基土层上或支承在柱基上。满堂基础又称为筏板基础，筏板基础整体性好，可以跨越基础下部的局部软弱土层。常见的形式有筏式基础、箱形基础、连续薄壳基础等。其中，筏式基础适用于下部土层较弱且刚度较好的5~6层的居住建筑中，如图2-2-12所示；而箱形基础常用于高层建筑或在软弱地基上建造的重型建筑，如图2-2-13所示。

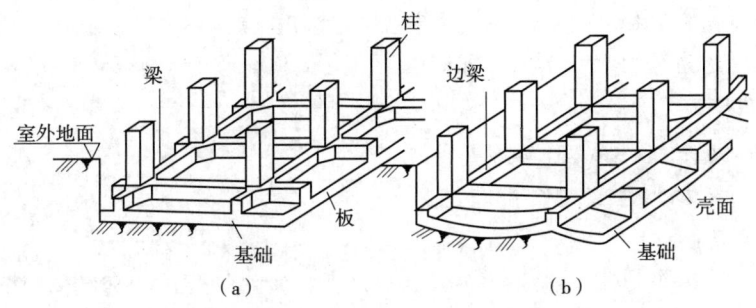

图 2-2-12　满堂基础(筏板基础)
(a)筏式基础　(b)连续薄壳基础

④桩基础　当地下软弱土层很深，而上部房屋荷载又很大时，不宜采用浅基础，常采用桩基础。采用桩基础能节省基础材料，减少挖填土方的工程量，缩短工期。桩基础的工作原理：房屋的荷载通过柱子似的桩穿过深达十多米甚至几十米的软弱土层，直接支承在坚硬的岩层上。桩基础由桩和承台两部分构成，目前常见的桩为钢筋混凝土桩，又分为预制桩与灌注桩，如图 2-2-14、图 2-2-15所示。

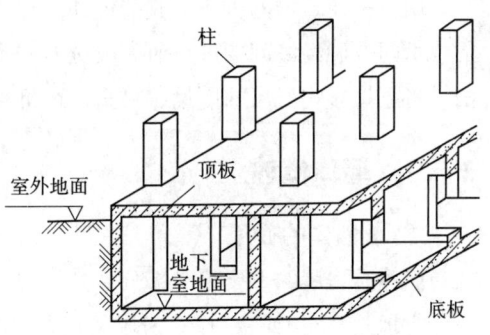

图 2-2-13　箱形基础

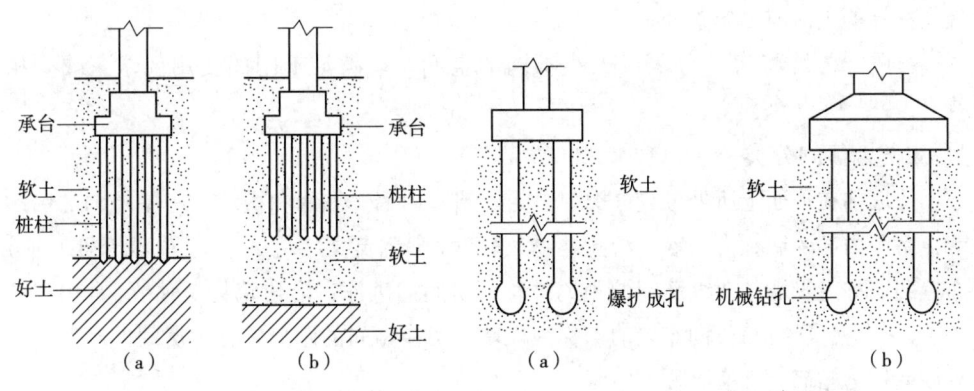

图 2-2-14　预制桩基础　　　　图 2-2-15　灌注桩基础
(a)端承桩　(b)摩擦桩　　　　(a)爆扩灌注桩　(b)钻孔灌注桩

2.3 墙体

> 【知识目标】
> (1)了解墙体的作用、分类和常见的新型墙体材料。
> (2)熟悉常见的墙体材料、组砌方式、隔墙的类型和构造。
> (3)掌握砖墙和砌块墙的类型和细部构造。
> 【技能目标】
> (1)能辨别墙体的类型和墙体的材料种类。
> (2)能判别墙体细部构造的作用和功能。
> 【素质目标】
> 通过学习园林建筑墙体的分类、作用及特点,要求学生掌握园林建筑墙体的细部构造,培养学生一丝不苟的工作态度和精益求精的工匠精神。

墙体是建筑物的主体,其造价和工程量在建筑中占据了较大的份额。人们一直对墙体的技术问题和经济问题进行研究改进,并不断推陈出新。选择何种墙体材料和何种构造方法,将直接影响房屋的质量、自重、造价等。

2.3.1 墙体概述

(1)墙体的作用

墙体是房屋的重要组成部分,其作用主要有如下三个方面:

①承重 墙(或柱)作为房屋竖直方向的承重构件,要承受由楼面及屋顶传来的竖直荷载以及水平风荷载,并将荷载传给基础。

②围护 外墙要抵御自然界的风、霜、雨、雪的侵袭及太阳辐射、声音干扰等,为室内提供良好的生活与工作条件。

③分隔 内墙将房屋分隔成大小不同的空间,以满足不同的使用要求,减少相互干扰。

(2)墙体的分类

①按墙体在平面上所处位置分类 分为外墙和内墙、纵墙和横墙。房屋外围的墙称为外墙,房屋内部的墙称为内墙。沿建筑物长轴线(常用英文字母A、B、C等编号的轴)方向布置的墙称为纵墙,两纵墙间的距离常称为房间的进深;沿建筑物短轴线(常用阿拉伯数字1、2等编号的轴)方向布置的墙称为横墙,两横墙间的距离常称为房间的开间,一般将外纵墙称为檐墙,外横墙称为山墙。

②按墙体的受力情况分类 分为承重墙和非承重墙。承重墙要承受梁、板等上部结构传来的荷载以及墙体自重。非承重墙又分为两种:一是自承重墙,不承受外来荷载,只承受自身的重量并传至基础;二是隔墙,起分隔房间的作用,不承受外来荷载,并把自身重量传给梁或楼板。框架填充墙就是隔墙的一种。悬挂在建筑物外部的轻质墙称为幕墙,包

括金属幕墙和玻璃幕墙。

③按墙体材料分类　分为砖砌墙体、砌块墙体、石砌墙体、现浇或预制的钢筋混凝土墙体。砖砌墙体包括烧结普通砖、烧结多孔砖、蒸压灰砂砖、蒸压粉煤灰砖，以及无筋和配筋砌体；砌块墙砌体包括混凝土、轻集料混凝土砌块、无筋和配筋砌体；石砌墙体包括各种料石和毛石砌体。

④按墙体的构造方式分类　分为实体墙、空体墙和复合墙。实体墙是由烧结普通砖及其他实体砌块砌筑而成的墙体；空体墙是由烧结普通砖砌筑的空斗墙或由空心砖砌筑的具有空腔的墙体；复合墙是由两种或两种以上的材料组合而成的墙体。

（3）墙体的要求

①具有足够的强度和稳定性　墙体的强度是指其承受荷载的能力，与墙体材料、材料等级、截面尺寸有关；墙体的稳定性取决于墙体的高度、厚度与长度，应通过高厚比进行验算，高厚比应满足规范的要求。在墙体的长度和高度确定了之后，一般可用增加墙体厚度，设置刚性横墙，加设圈梁、壁柱、墙垛的方法增加墙体稳定性。

②满足保温(隔热)、隔声和防火要求

热工方面的要求：外墙是建筑保护结构的主体，其热工性能的好坏会对建筑的使用及能耗带来直接的影响，随着人类对能源消耗的日渐重视，建筑节能问题被提高到一个前所未有的高度，并成为衡量建筑综合性能的一项重要指标。

北方寒冷地区要求建筑的外墙应具有良好的保温能力。在采暖期尽量减少热量损失，降低能耗，保证室内温度不致过低，不出现墙体内表面产生冷凝水现象。为了使墙体具有足够的保温能力，一是增加墙体的厚度，但这种做法很不经济，又增加结构自重；二是选择热导率小的墙体材料，但这种材料的强度一般较低；三是采取复合材料的保温结构。

南方炎热地区要求建筑的外墙应具有良好的隔热能力，以隔阻太阳的辐射热传入室内，防止室内温度过高。为使墙体具有隔热能力，除了可以采用热导率小的墙体材料之外，还可以采用中空墙体。另外，合理选择建筑朝向，具有良好的通风条件，使用浅颜色的外墙表面，在窗口外侧设置遮阳措施，在外墙外表面种植攀缘植物等，也是提高墙体隔热降温效果的有效措施。

隔声方面的要求：墙体是在建筑水平方向划分空间的构件。为了使人们获得安静舒适的工作和生活环境，提高私密性，避免相互干扰，墙体必须要有足够的隔声能力，并应符合国家有关隔声标准的要求。

声音是以空气传声和固体传声两个途径实现的，墙体应对空气传声具有足够的阻隔能力。增加墙体材料的密度和厚度，选用密度大的墙体材料，设置中空墙体等，是提高墙体隔声能力的有效手段。

防火方面的要求：建筑墙体的材料及厚度应满足有关防火规范中对燃烧性能和耐火极限的要求。当建筑的单层建筑面积或长度达到一定指标时，应划分防火分区，以防止火灾蔓延，防火分区一般利用防火墙进行分隔。

其他要求：墙体还应满足防潮、防水、减轻自重、降低造价及适应建筑工业化的要求。

2.3.2 砖墙

(1) 墙体材料

常用砌筑材料规格及强度等级见表2-3-1。

(2) 墙体的尺寸、砌筑要求和组砌方式

①墙体的尺寸 最传统的砖墙是实心墙。用烧结普通砖砌的实心墙厚度为60mm、120mm、180mm、240mm、370mm、490mm、620mm等几种。实心墙,顾名思义是完全由砖块砌成,且内部没有空腔,也没有其他材料(如混凝土)的墙芯。砖墙的厚度习惯上以砖长为基数来定义,如半砖墙(120mm)、一砖墙(240mm)、一砖半墙(370mm)等。

表 2-3-1 常用砌筑材料规格及强度等级

名　称	主要规格尺寸(mm)	强度等级
烧结普通砖	240×115×53	MU30、MU25、MU20、MU15、MU10
烧结多孔砖	长、宽、高应符合290、240、190、180、175、140、115、90 的要求	
混凝土普通砖	240×115×53	MU30、MU25、MU20、MU15
混凝土多孔砖	240×200×115、240×120×115、390×190×190、390×190×90	MU30、MU25、MU20、MU15、MU10、MU7.5、MU5.0、MU3.5
蒸压灰砂砖	240×115×53	MU25、MU20、MU15
蒸压粉煤灰砖	240×115×53	
单排孔混凝土砌块、轻集料混凝土砌块	390×190×190	MU20、MU15、MU10、MU7.5、MU5
双排孔或多排孔轻集料混凝土砌块	390×190×190、290×190×190、190×190×190、90×190×190	MU10、MU7.5、MU5、MU3.5
蒸压加气混凝土砌块	长度：L600 宽度：B75、100、125、150、175、200、200、250、60、120、180、240 高度：H200、240、250、300	按照体积密度级别分 B03、B04、B05、B06、B07、B08(B 后面数字表示 300、400…kg/m³

②砖墙的砌筑要求 砖墙砌筑原则是横平竖直、砂浆饱满、厚薄均匀、上下错缝、内外搭接接槎牢固,错缝长度一般不应小于 1/4 砖长(60mm)。错缝和搭接能够保证墙体不出现连续的垂直通缝,以提高墙体的强度和稳定性。砖在墙体中的放置方式有顺式(砖的长方向平行于墙面砌筑)和丁式(砖的长方向垂直于墙面砌筑)。

③组砌方式 常见的砖墙组砌方式有:一顺一丁式、多顺一丁式、十字式(梅花丁式)、全顺式120墙体、180砖墙、370砖墙。实心砖墙的砌筑方式、墙厚尺寸如图2-3-1所示。

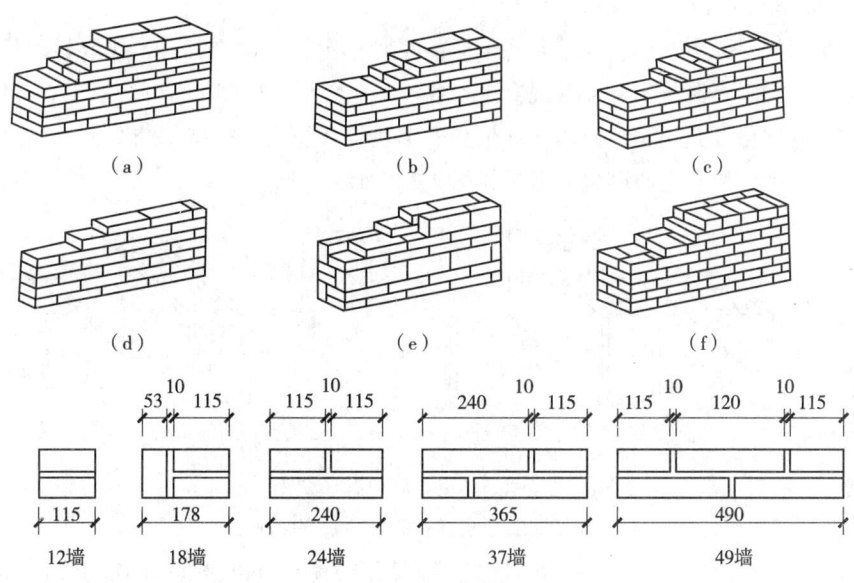

图 2-3-1 实心墙的砌筑方式

(a)240 砖墙,一顺一丁式 (b)240 砖墙,多顺一丁式 (c)240 砖墙,十字式
(d)120 砖墙 (e)180 砖墙 (f)370 砖墙

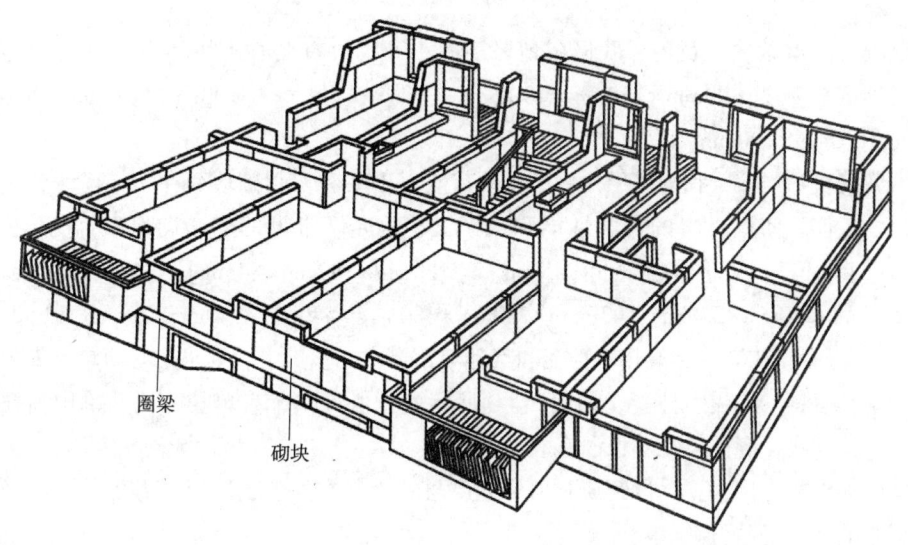

图 2-3-2 砌块建筑表示图

2.3.3 砌块墙

砌块墙是指利用在预制厂生产的块材所砌筑的墙体,如图 2-3-2 所示。其最大优点是可以采用素混凝土或能充分利用工业废料和地方材料,且制作方便、施工简单,无须大型的起重运输设备,具有较大的灵活性;它既容易组织生产,又能减少对耕地的破坏,并能够节约能源,因此在墙体改革中,应大力发展砌块墙体。

(1) 砌块的材料、规格和类型

①砌块的材料 生产砌块应结合各地区的实际情况,因地制宜,就地取材。目前,各地广泛采用的材料有混凝土、加气混凝土、各种工业废料、粉煤灰、煤矸石、石渣等。

②砌块的规格及其类型 我国各地生产的砌块,其规格、类型不统一,但从使用情况看,以中、小型砌块和空心砌块居多,如图2-3-3所示。

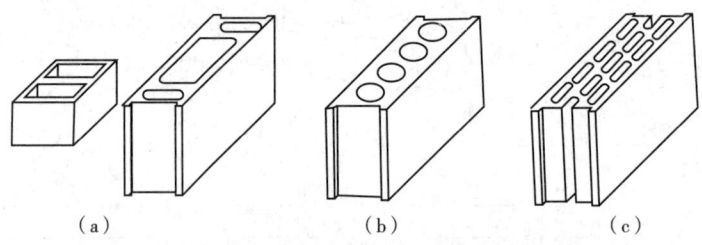

图 2-3-3 空心砌块的形式
(a) 单排方孔 (b) 单排圆孔 (c) 多排扁孔

在考虑砌块规格时,首先必须符合《建筑模数协调标准》(GB/T 50002—2013)的规定;其次是砌块的型号越少越好,且其主要砌块在排列组合中,使用的次数越多越好;再次,砌块的尺寸选择应考虑到生产工艺条件、施工和起重、吊装的能力以及砌筑时错缝搭接的可能性;最后,在确定砌块时既要考虑到砌体的强度和稳定性,也要考虑到墙体的热工性能。

混凝土小型砌块:目前,我国各地采用的小型砌块有实心砌块和空心砌块两种。其外形尺寸大多数为390mm×190mm×190mm。辅助块材尺寸为190mm×190mm×90mm和190mm×190mm×190mm。

中型砌块:当前,我国采用的中型砌块有空心砌块和实心砌块两种。其尺寸各地均不统一,由各地区使用材料的力学性能和成形工艺确定。常见的空心砌块尺寸为630mm×180mm×845mm、1280mm×180mm×845mm和2130mm×180mm×845mm;常见的实心砌块尺寸为280mm×240mm×380mm、430mm×240mm×380mm、580mm×240mm×380mm和580mm×240mm×380mm。在满足建筑热工性能和其他使用要求的基础上,要求形状简单、细部尺寸合理,且具有良好的受力性能。如图2-3-3所示的空心砌块,有单排方孔、单排圆孔和多排扁孔3种形式,多排扁孔对保温有利。

蒸压加混凝土砌块:是以钙质材料和硅质材料为基本材料,用铝粉做加气剂,经适宜工艺制成的多孔轻质材料。

(2) 砌块的尺寸、组合与墙体构造(以加气混凝土砌块墙为例)

①加气混凝土砌块墙的尺寸与组合 加气混凝土砌块墙厚应根据建筑结构、防火、热工性能和节能等要求确定:砌块外墙、楼梯间墙和分户内墙的厚度不应小于200mm,其他砌块内墙厚度不应小于100mm,窗间墙宽度不宜小于600mm。加气混凝土砌块用于墙体时,高厚比应按《砌体结构设计规范》(GB 50003—2011)第6.1条公式计算确定。

②加气混凝土砌块墙的构造

砌筑缝:砌块墙的接缝有水平缝和垂直缝,缝的形式一般有平缝、凹槽缝和高低缝等。平缝制作方便,多用于水平缝;凹槽缝和高低缝可使砌块连接牢固,增加墙的整体性，而且凹槽缝灌浆方便，因此多用于垂直缝。

砌块的排列组合与砌块墙的拉结：砌块的组合是件复杂而重要的工作，为使砌块墙合理组合并搭接牢固，必须根据建筑的初步设计进行砌块的试排工作，即按建筑物的平面尺寸、层高，对墙体进行合理分块和搭接，以便正确选定砌块的规格、尺寸。在设计时，必须考虑使砌块整齐划一，有规律性；要满足上下皮排列整齐，不仅要考虑到大面积墙面的错缝搭接，避免通缝，而且要考虑内、外墙的交接、咬砌，使其排列有致。此外，应多使用主要砌块，并使其占砌块总数的70%以上。采用空心砌块时，上下皮砌块应孔对孔、肋对肋，使上下皮砌块之间有足够的接触面，以保证具有足够的受压面积。

加气混凝土砌块一般不宜与其他块材混砌。墙体砌筑时，墙底部应先砌实心砖（如灰砂砖、页岩砖）或先烧筑C20混凝土坎台，使其高度≥200mm，宽度同墙厚。

- 加气混凝土砌块切锯、开槽、设置预埋件等均应使用专用工具，不得用斧子、瓦刀任意砍劈、剔凿。为便于配料和减少施工中现场的切锯工作量，要求砌块施工前应进行排块计算。

砌块之间的黏接砂浆采用黏接性好的专用砂浆（一般采用M5砂浆砌筑），其水平灰缝厚度及垂直灰缝厚度分别为15mm和20mm。第一层砌块坎台上，应先用厚度10~30mm专用砂浆做找平层。

- 加气混凝土填充墙砌体的拉结钢筋，其预埋位置应与块体皮数相符合，以准确置于灰缝中；竖向位置偏差不应超过一皮高度。当垂直灰缝大于30mm时，必须用C20细石混凝土灌实。

- 砌块墙体在室内地坪以下，室外明沟或散水以上的砌体内，应设置水平防潮层。一般采用防水砂浆或配筋混凝土；同时，应以水泥砂浆做勒脚抹面。

- 过梁是砌块墙的重要构件，它既起联系梁和承受门窗洞孔上部载荷的作用，同时又是一种调节砌块：当层高与砌块高出现差异时，过梁高度的变化可起调节作用，从而使砌块的通用性更大。为加强砌块建筑的整体性，多层砌块建筑应设置圈梁。当圈梁占过梁位置接近时，一般将圈梁和过梁一并考虑。现浇圈梁整体性强，对加固墙身较为有利，但施工制模较麻烦。

- 设构造柱。为加强砌块建筑的整体刚度，常于外墙转角和必要的内外墙交接处设置构造柱。构造柱多利用空心砌块将其上下孔洞对齐，于孔中配置$\phi 12$钢筋分层插入，并用C20细石混凝土分层填实，如图2-3-4所示。构造柱与圈梁、基础必须有较好的连接。这对抗震加固也十分有利。

2.3.4 墙体的细部构造

墙体的细部构造包括勒脚、散水与明沟、墙身防潮层、门窗过梁、窗台、圈梁、构造柱等。

（1）勒脚、散水与明沟

①勒脚　勒脚是外墙与室外地面接近的部位，其主要作用是保护这部分墙身免受雨、雪侵蚀和各种机械性损伤以及增加美观，故勒脚高度一般不应低于600mm。勒脚的构造应满足防水、坚固、耐久、美观的要求。其做法有：抹水泥砂浆、做水刷石、镶砌石块、贴

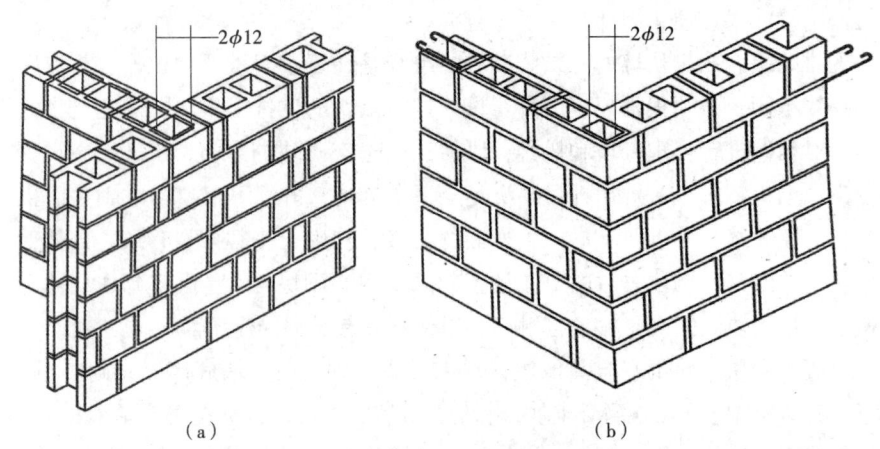

图 2-3-4 砌块墙构造柱的布置
(a)内外墙交接处构造柱 (b)外墙转角处构造柱

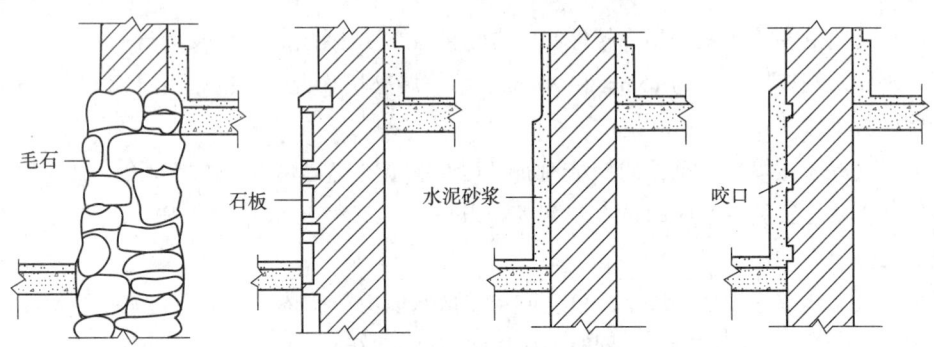

图 2-3-5 勒脚的构造

面砖、局部墙体加厚或按单项工程设计,如图 2-3-5 所示。

②散水与明沟　为了排除外墙脚下地表雨水及屋面雨水管排下的屋顶雨水,应在室外地坪靠外墙脚处设置散水或明沟,以保护基础。

散水:散水的宽度应根据当地的降水量、地基土质情况及建筑物来确定,一般不小于 800mm;应比建筑物挑檐宽度大 200~300mm,且外缘较周围地坪高出 20~50mm;散水表面要有 3%~5% 的向外坡度。

散水有多种做法,如砖砌散水、水泥砂浆散水、碎石(砖)散水、混凝土散水、块石散水等。若采用混凝土散水,其具体做法一般如图 2-3-6 所示:要求素土夯实宽度比散水宽 300mm,散水外口应局部加深,以保护散水下的土壤;散水整体面层的纵向距离每隔 6~12mm 做一道伸缩缝;勒脚与散水、明沟交接处设变形缝,缝宽 30mm,缝内填深 50mm 的油膏。

明沟:是设置在房屋四周的排水沟,它将屋面雨水和地面积水有组织地导向地下排水管网,以保护外墙基础。明沟的做法有砖砌明沟、现浇混凝土明沟(C15 混凝土)等。若采用砖砌明沟,其具体做法如图 2-3-7 所示:要求采用 MU10 砖、M5 水泥砂浆砌筑,沟底设有不小于 0.5% 的纵向坡度,起点深度 120mm,每 30~40mm 设变形缝,缝宽 30mm,缝内灌建筑嵌缝油膏。

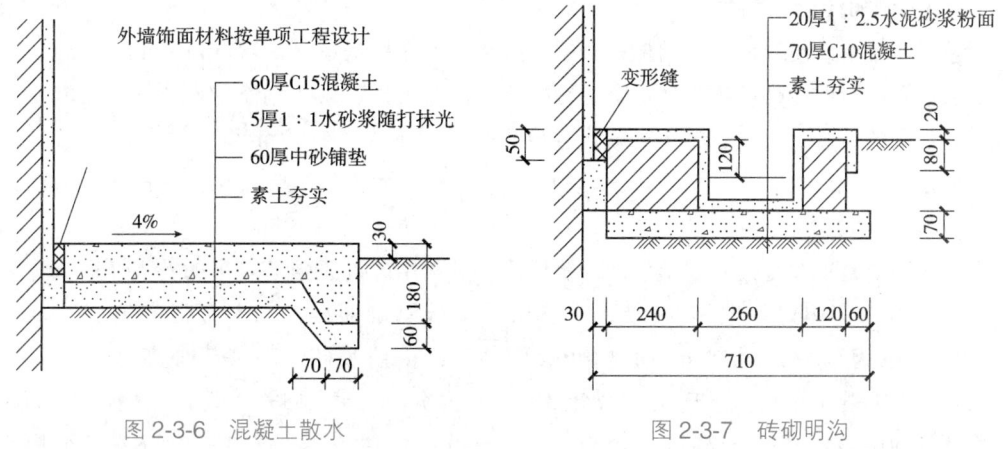

图 2-3-6 混凝土散水　　　　图 2-3-7 砖砌明沟

（2）墙身防潮层

其作用是阻止地基中的水分因毛细管作用进入墙身，以提高墙身的坚固性和耐久性，并保持室内干燥卫生。防潮层的位置要设在室内地面标高以下，室外地坪标高以上，通常设在室内地面混凝土垫层处的墙身，位于室内地面以下 60mm 处（室内 0.000m 一皮砖的下方），如图 2-3-8 所示。其做法有多种：

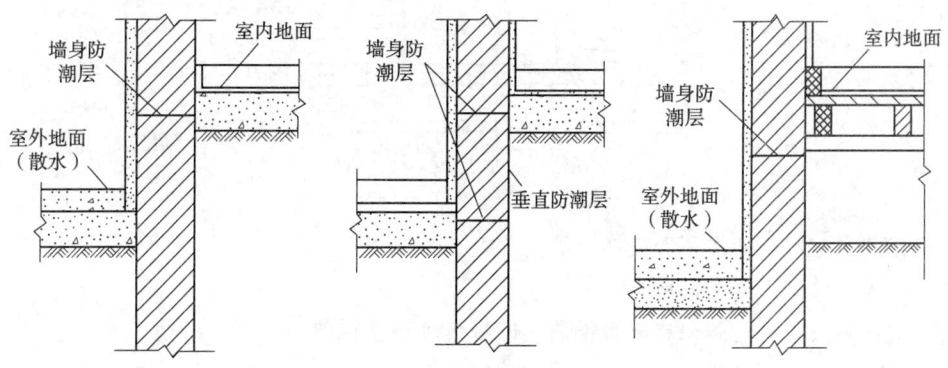

图 2-3-8 墙身防潮层位置

① 防水砂浆防潮层　即用 20mm 厚的 1∶2 水泥砂浆加入水泥质量 5% 的防水剂。

② 防水砂浆砌筑砖防潮层　即用防水砂浆砌筑 3~5 皮砖防潮。

③ 油毡防潮层　采用干铺油毡或一毡二油防潮层，要求油毡搭接长度不小于 100mm，油毡比墙体每侧宽出 10mm。油毡防潮效果好，但会使砖墙与基础墙连接不好，不利于抗震，故不宜用于地震地区或有振动荷载作用的建筑。

④ 钢筋混凝土带　捣制 60mm 厚 C15 或 C20 混凝土带，内配 3φ6 或 3φ8 纵筋，φ6@250mm 分布筋。由于它的防潮性能和抗裂性能都很好，且与砖砌体结合紧密，故适用于整体刚度要求较高的建筑中。

在有地圈梁的建筑中，当地圈梁标高合适时，也可用地圈梁兼做墙身防潮层。墙身水平防潮层应连续封闭，当建筑物两侧地面标高不同时，在每侧地表下 60mm 外应分别设置防潮层，并在两个防潮层间加设垂直防潮层；在接触土的墙上勾缝或用水泥砂浆抹灰 15~20mm 后，再涂刷热沥青两道，如图 2-3-8 所示。

(3) 门窗过梁、窗台

①门窗过梁　门窗洞口上的横梁叫门窗过梁，其作用是承受门窗洞口上部的荷载，并将荷载传到洞口两侧的墙体上。过梁的种类有：砖砌平拱过梁、钢筋砖过梁、钢筋混凝土过梁。过梁的跨度，不应超过下列规定：砖砌平拱过梁为1.2m、钢筋砖过梁为1.5m。对有较大振动荷载或可能产生不均匀沉降的房屋，应采用钢筋混凝土过梁。目前，常用的是钢筋混凝土过梁。

砖砌平拱过梁：是砖石建筑中的传统做法，是利用砖抗压强度较高的特点，由拱体传递上部荷载，其构造如图2-3-9所示。它由普通砖侧砌而成，要求砖强度等级不低于MU10，砖应为单数并对称于中心向两边倾斜，平拱用竖砖，砌筑部分高度不应小于240mm；砂浆强度等级不低于M5，灰缝呈楔形，上宽（不大于15mm）下窄（不小于5mm）；平拱的底面中心要较两端提高跨度的1/100（起拱）。起拱的目的是拱受力下沉后使底面平齐。

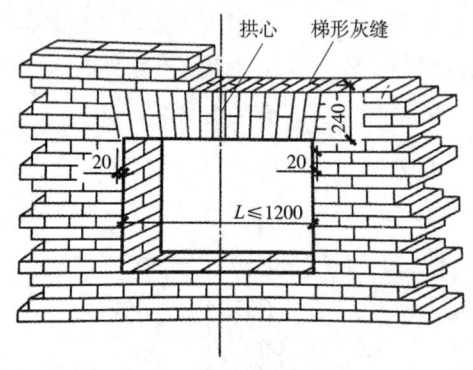

图2-3-9　砖砌平拱过梁

砖砌平拱过梁的两端下部应伸入墙内20~30mm，不得用于有较大振动荷载、集中荷载或可能产生不均匀沉降的房屋。

钢筋砖过梁：是在砖缝里配置钢筋，形成可以承受荷载的加筋砖砌体，如图2-3-10所示。钢筋砖过梁底面砂浆层处的钢筋，其直径不应小于5mm，间距不宜大于120mm；钢筋伸入支座砌体内的长度不宜小于240mm；砂浆层的厚度不宜小于30mm，砂浆强度等级不宜低于M5。

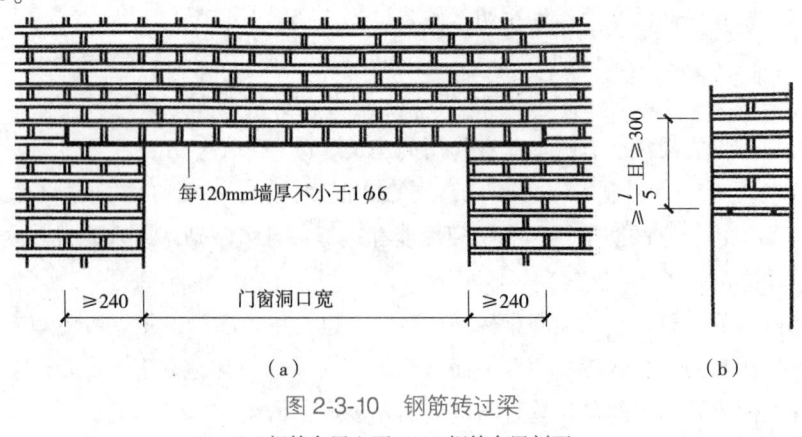

图2-3-10　钢筋砖过梁
(a) 钢筋布置立面　(b) 钢筋布置剖面

钢筋混凝土过梁：钢筋混凝土过梁宽度一般与墙厚相同，在墙内的支承长度不小于250mm，梁高及钢筋配置由结构计算确定。为了施工方便，梁高应与砖的皮数相适应，以方便墙体连续砌筑，故常见梁高为60mm、120mm、180mm、240mm。梁的截面常做成矩形或L形，如图2-3-11(a)所示。适用于各种洞口宽度及荷载较大和各种振动荷载作用情况，可预制、可现浇，施工方便，使用最普遍。其中，L形过梁主要用于外墙，如图2-3-11(b)所示，挑出部分又称遮阳板。由于钢筋混凝土比砖砌体的热导率大，热工性能差，故钢筋混凝土构件比相同面积砖砌体部分的热损失多，表面温度也就相对低些，会出现"冷桥"现象；在寒冷地区，因保温要求，为了减少热损失，外墙上过梁布置常采用如图2-3-11(c)所示形式。

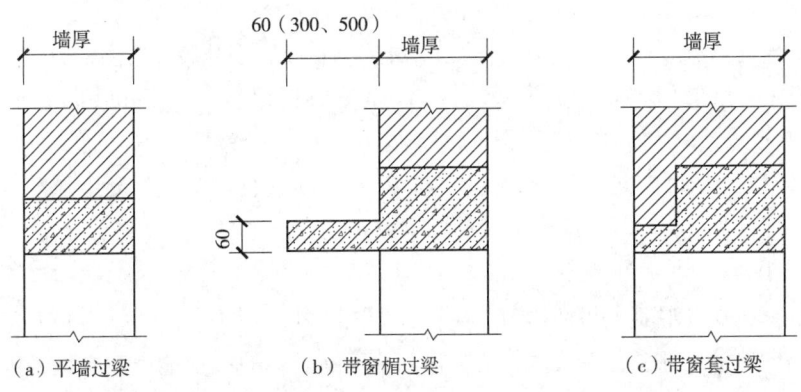

图 2-3-11　钢筋混凝土过梁

②窗台　是窗洞下部的泄水构件，为排除窗外侧流下的雨水，窗台一般应凸出墙面60mm左右，上表面做成向外倾斜的不透水表面层，下表面设滴水。

窗台的做法如图2-3-12所示，有砖砌窗台和预制钢筋混凝土窗台之分，上面加以水泥浆、水刷石或贴面砖等。当窗框安装在墙中部时，窗洞下靠室内侧要求做内窗台，以方便清扫并防止墙身被淹坏。内窗台一般用水泥砂浆粉面，标准较高的房屋或窗台下设暖气片槽时，内窗台可采用预制水磨石板、大理石板或木板。

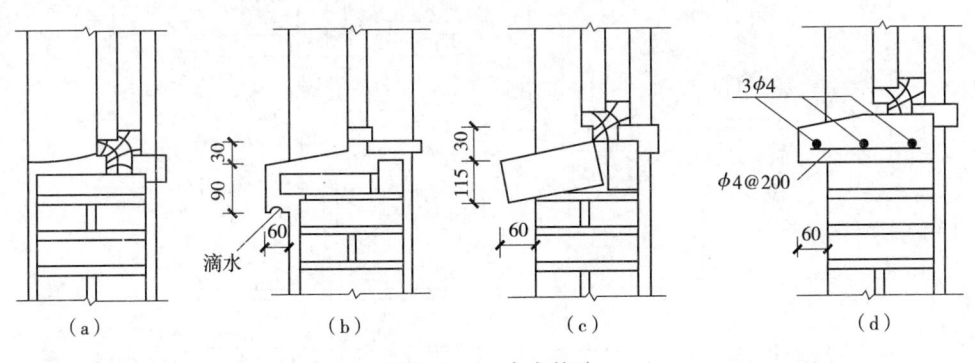

图 2-3-12　窗台构造

(a)不悬挑窗台　(b)平砌砖窗台　(c)侧砌砖窗台　(d)预制钢筋混凝土窗台

（4）圈梁

圈梁又称腰箍，它是沿外墙四周及部分内墙设置的连续封闭的梁。其作用是增强房屋的整体刚度和稳定性,防止地基的不均匀沉降或较大振动荷载对房屋的不利影响。

圈梁的数量与房屋层数、高度、地基土状况及当地地震烈度等因素有关。圈梁常设于基础内、楼盖处、屋顶檐口处,宜连续地设在同一水平面上并形成封闭状。当圈梁被门窗洞口截断时,应在洞口上部增设相同截面的附加圈梁,附加圈梁与圈梁的搭接长度不应小于两者中轴垂直距离的2倍,且不得小于1m,如图2-3-13所示。

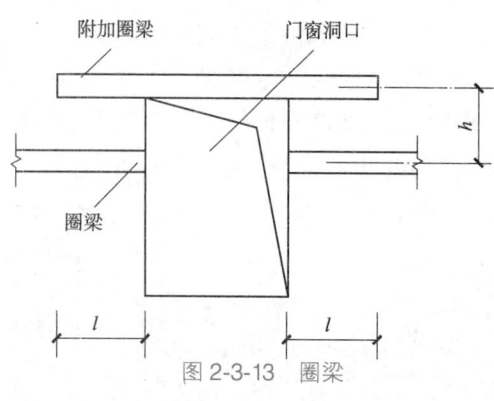

图 2-3-13 圈梁

圈梁常采用钢筋混凝土圈梁,也可采用钢筋砖圈梁。钢筋混凝圈梁的宽度宜与墙厚相同,当墙厚≥240mm,其宽度不宜小于墙厚的2/3;高度应为砖厚的整倍数,并不小于120mm;纵向钢筋不少于4φ10,绑扎接头的搭接长度按受拉钢筋考虑,箍筋间距不大于300mm。圈梁兼做过梁时,过梁部分的钢筋应按计算面积另行增配。混凝土强度等级不应低于C15。地震地区钢筋混凝土圈梁的配筋要求更高。

(5) 构造柱

在墙中设置的钢筋混凝土小柱称为构造柱,如图2-3-14所示。它不承受竖向压力和弯矩,而是作为墙体的一部分,对墙体起约束作用,提高墙体的抗剪能力和延性,进而提高整幢房屋的抗侧力性能,防止或延缓房屋在地震影响下发生突然倒塌。

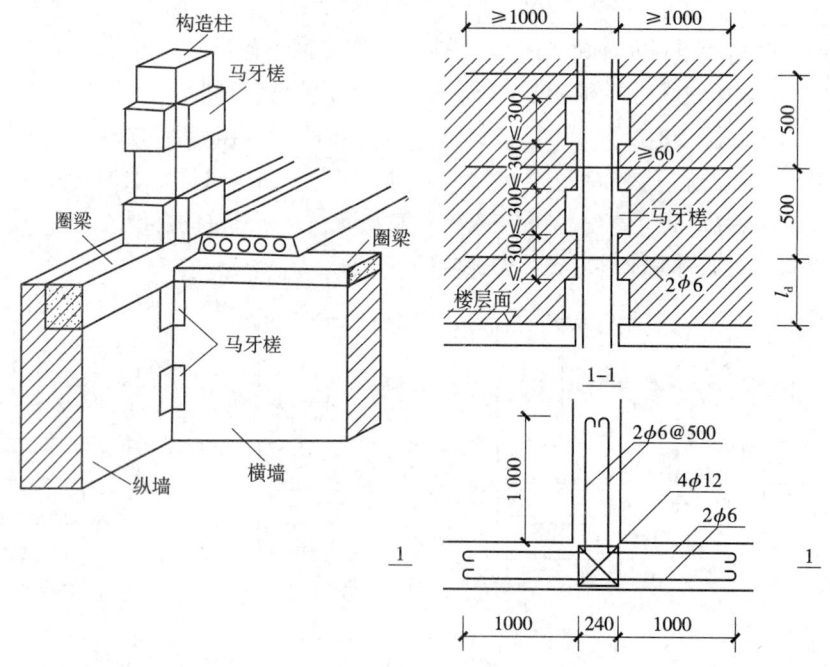

图 2-3-14 构造柱

砖砌体房屋的不同层数和不同烈度在外墙四角、错层部位的横墙与外墙交接处、较大洞口两侧、大房间内外墙交接处均应设置构造柱,这是因为这些部位受力较复杂,地震时容易被破坏；此外，大楼和电梯间四角也常设置构造柱，以保证它们作为地震时的安全疏散通道不被破坏。

构造柱必须与圈梁及墙体紧密相连。构造柱与墙体的连接处宜砌成马牙槎，构造柱可不单独设置基础，但应伸入室外地面下500mm，或锚入距室外地面小于500mm的基础圈梁内。当有管沟时，应伸到管沟下，上端锚固于顶层圈梁或女儿墙压顶内，柱内沿墙高每500mm伸出2φ6锚拉筋和墙体连接，每边伸入墙内不少于1m。构造柱的最小截面尺寸为180mm×240mm，混凝土强度等级不低于C15，纵向钢筋宜采用4φ12，箍筋直径不应小于φ6，箍筋间距不宜大于200mm；且在柱的上下端、钢筋搭接处和圈梁相交的节点处等适当加密：加密范围在圈梁上下均不应小于1/6层高及450mm中的较大者，箍筋间距不宜大于100mm。房屋四大角的构造柱可适当加大截面及配筋。

2.3.5 隔墙与隔断

隔墙是分隔建筑物内部空间的非承重内墙，其自重由楼板或梁来承担，所以隔墙应尽量满足轻、薄、隔声、防火、防潮，易于拆卸、安装等要求。常用隔墙有砌筑隔墙、立筋隔墙和板材隔墙3种。

（1）砌筑隔墙

砌筑隔墙包括砖砌隔墙和砌块隔墙两种。

①砖砌隔墙　半砖墙用烧结普通砖全顺式砌筑而成，砌筑砂浆强度等级不低于M5，当墙长超过6m时应设砖壁柱，墙高超过4m时在门过梁处应设通长钢筋混凝土带。为增强隔墙的稳定性，隔墙两端应沿墙高每500mm设2φ6的筋与承重墙拉结。为保证砖隔墙不承重，在砖墙砌到楼板底或梁底时，将砖斜砌一皮，或将空隙塞木楔打紧，然后用砂浆填缝，如图2-3-15所示。

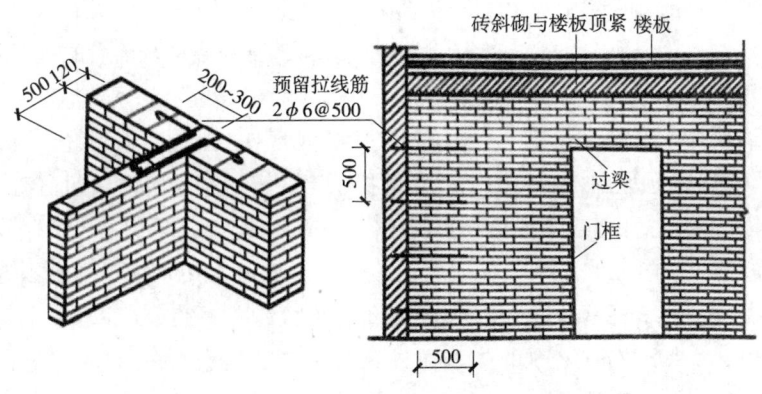

图2-3-15　半砖墙

1/4砖墙用烧结普通砖侧砌而成，砌筑砂浆强度等级不低于M5。因稳定性差，一般用于不设门窗的部位，并采取加固措施。

②砌块隔墙　为减轻隔墙自重，可采用轻质砌块，如加气混凝土砌块、粉煤灰砌块、空心砌块等。墙厚由砌块尺寸决定，加固措施同半砖墙，且每隔1200mm墙高铺30mm厚砂浆一层，内配2φ4通长钢筋或钢丝网一层。加气混凝土砌块一般不宜与其他块材混砌。

墙体砌筑时，因砌块吸水量大，墙底部应先砌实心砖（如灰砂砖、页岩砖）或先浇筑C20混凝土坎台，其高度≥200mm，宽度同墙厚。

（2）立筋隔墙

立筋隔墙由骨架和面板两部分组成。骨架又分为木骨架和金属骨架；面板又分为板条抹灰、钢丝网板条抹灰、胶合板、纤维板、石膏板等。

①板条抹灰隔墙　是由立筋、上槛、下槛、立筋斜撑或横档组成木骨架，并在其上钉以板条再抹灰而成，如图2-3-16所示。这种隔墙耗费木材多，施工复杂，湿作业多，不宜大量采用。

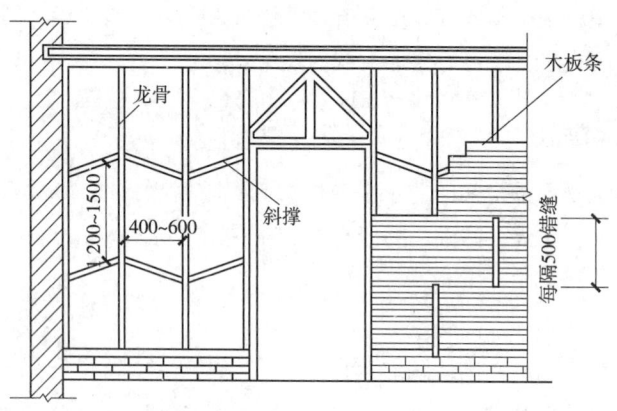

图2-3-16　板条抹灰隔墙

板条抹灰隔墙木骨架各截面尺寸为50mm×70mm和50mm×100mm，斜撑或横档中距为1200~1500mm。立筋间距为400mm时，板条采用1200mm×24mm×6mm；立筋间距为500~600mm，板条采用1200mm×38mm×9mm。

钉板条时，板条之间要留7~10mm的缝隙，以便抹灰浆能挤到板条缝的背面以咬住板条墙。板条垂直接头每隔500mm要错开一档龙骨，考虑到板条抹灰前后的湿胀干缩，板条接头处要留出3~5mm宽的缝隙，以利伸缩。考虑防潮防水及保证踢脚板的质量问题，在板条墙的下部砌3~5皮砖。隔墙转角交接处钉一层钢丝网，避免产生裂缝。板条墙的两端边框立筋应与砖墙内预埋的木砖钉牢，以保证板条墙的牢固。隔墙内设门窗时，应加大门窗四周的立筋截面或采用撑至上槛的长脚门框。

为提高板条抹灰隔墙的防潮、防火性能，隔墙表面可采用水泥砂浆或其他防潮、耐火材料，并在板条外增钉钢丝网。也可直接将钢丝网钉在立筋上（注意立筋间距应按钢丝网规格排列），然后在钢丝网上抹水泥砂浆等面层，这种隔墙称为钢丝网板条抹灰隔墙。

②立筋面板隔墙　是在木质骨架或金属骨架上镶钉人造胶合板、纤维板等其他轻质薄板的一种隔墙。木质骨架做法同板条抹灰隔墙，但立筋与斜撑或横档的间距应按面板的规格排列。金属骨架一般采用薄型钢板、铝合金薄板或拉眼钢板网加工而成，并保证板与板的接缝在立筋和横档上留出5mm宽的缝隙以利伸缩，用木条或铝压条盖缝。采用金属骨架时，可先钻孔，用螺栓固定，或采用膨胀铆钉将面板固定在立筋上，然后在面板上刮腻子，再裱糊墙纸或喷涂油漆等。立筋面板隔墙为干作业，自重轻，可直接支撑在楼板上，

施工方便，灵活多变，应用广泛，但隔声效果较差。

（3）板材隔墙

板材隔墙是一种由条板直接装配而成的隔墙。由工厂生产各种规格的定型条板，高度相当于房间的净高，面积也较大。常见的有加气混凝土板、多孔石膏板、碳化石灰空心板等隔墙。

碳化石灰空心板长、宽、厚分别为 2700～3000mm、500～800mm、90～120mm。它是用磨细生石灰掺入 3%～4% 的短玻璃纤维，加水搅拌入模振动，进行碳化成型而成。制作简单、造价较低、质量轻、干作业施工，有可加工性（可刨、锯、钉），有一定的防火、隔声能力。安装时，板顶与上层楼板连接可用木楔打紧，条板之间的缝隙用水玻璃胶黏剂或 108 胶（新型高分子合成建筑胶黏剂）连接，安装完毕后刮腻子找平，再在表面进行装修，如图 2-3-17 所示。

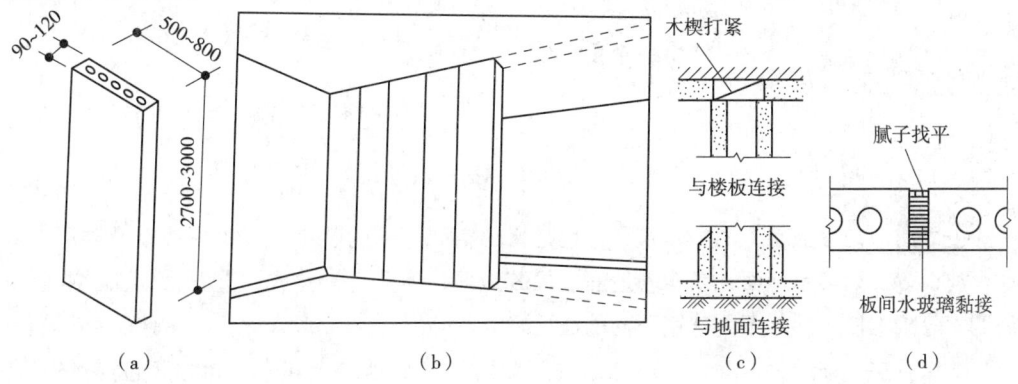

图 2-3-17 碳化石灰空心板隔墙
(a) 碳化石灰空心板尺寸　(b) 安装　(c) 隔墙平面节点　(d) 隔墙剖面图

2.4　楼板层与地面

【知识目标】
(1) 了解楼板层、地坪、地面的构造。
(2) 掌握钢筋混凝土楼板的构造要求和构造措施。

【技能目标】
(1) 能根据不同的使用功能确定不同位置的楼板层的构造和相应措施。
(2) 能判别墙体细部构造的作用和功能。

【素质目标】
通过学习园林建筑楼板层、地坪、地面的构造，要求学生掌握园林建筑楼板的基本构造做法和措施，培养学生一丝不苟的工作态度和精益求精的工匠精神。

楼板层是建筑物的主要水平承重构件。它把荷载传到墙、柱及基础上，同时对墙、柱起着水平约束作用。在水平荷载（风、地震等）作用下，协调各竖向构件（柱、墙）的水平位移，增强建筑物的刚度和整体性。楼板层把建筑物沿高度方向分成若干楼层，同时也发挥了相关的物理性能,如隔声、防水、防火、美观等。建筑物底层与土壤交接处的水平构件称为地面(地坪)。它能够承受地面上的荷载,并均匀直接地传给地坪以下的土壤。

2.4.1 楼板层的组成与分类

(1)楼板层的组成

楼板层一般由若干层组成,各层所起的作用不同(图2-4-1)。

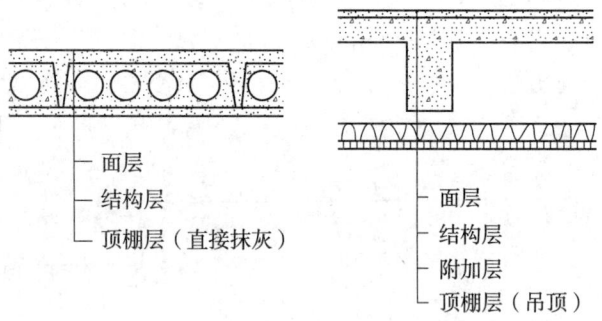

图2-4-1 楼板层的组成

①面层 是楼板层上面的建筑层,也是室内空间下部的装饰层,俗称地面或楼层。地面种类很多,如实木地面、复合木地面、橡胶地面、地砖、天然或人造石材地面、普通水泥地面等根据使用功能不同选用不同的面层。

②结合层 该层将地面的面层与结构层(楼板)牢固地结合起来,同时又起找平作用,故又称找平层。

③结构层 位于面层和顶棚层之间,是楼板层的承重构件。它由楼板或楼板与梁组成,承受着整个楼层的荷载,并将其传至柱、墙及基础。结构层也对隔声、防火起重要作用。

④附加层 通常设置在面层和结构层之间,或结构层和顶棚之间,是根据不同的要求而增设的层次,主要有保温隔热层、隔声层、防水层、防潮层、防静电层和管线敷设层等。

⑤顶棚层 是楼板下部的装修层,有直接式顶棚和吊顶棚之分。

(2)楼板的类型

根据使用材料的不同,楼板可分为木楼板、钢筋混凝土楼板和钢衬板组合楼板等几种类型。

①木楼板 是用木龙骨架在主梁或墙上铺木板形成的楼板[图2-4-2(a)]。木楼板的优点是构造简单,自重轻,保温性能好;缺点是耐火性和耐久性较差,消耗木材量大。木材是自然生态资源,是一种十分重要的工业及民用原材料。目前除在产木区或有特殊要求的建筑外较少采用木楼板。

②钢筋混凝土楼板 是目前最常用的楼板类型[图2-4-2(b)],它具有强度高、刚度大、耐久性和耐火性好等优点,且具有良好的可塑性;缺点是自重较大。

③钢衬板组合楼板 是利用压型钢板作为衬板与现浇混凝土组合而成的楼板,钢衬板既是楼板受拉部分,也是现浇混凝土的衬模[图2-4-2(c)]。这种楼板的优点是强度和刚度

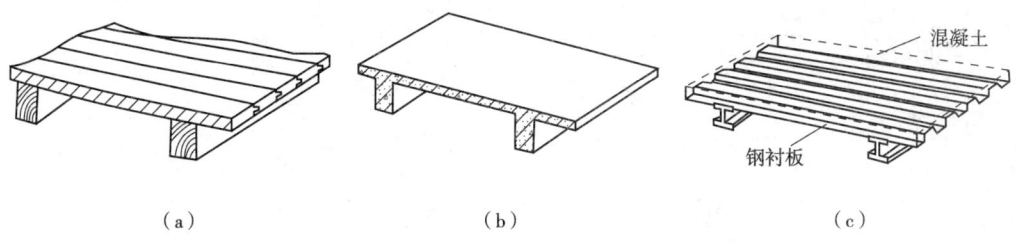

图 2-4-2 楼板的类型
(a)木楼板 (b)钢筋混凝土楼板 (c)钢衬板组合楼板

较高,自重较轻且利于加快施工进度,缺点是板底要进行防火处理,用钢量较多,造价高。目前普通园林建筑中应用较少,高层建筑和标准厂房中应用较多。

2.4.2 钢筋混凝土楼板

(1) 钢筋混凝土楼板的类型和特点

钢筋混凝土楼板有现浇式、预制装配式、装配整体式3种。根据建筑物的使用功能、楼面使用荷载的大小平面、规则性、楼板跨度、经济性及施工条件等因素选用不同的楼板。

①现浇式 是指在现场支模、绑扎钢筋、浇灌混凝土形成的楼板结构。它结构整体性好,对抗震、防水有利,且在使用时不受空间尺寸、形状限制,适用于对整体性要求较高、形体复杂的建筑。

②预制装配式 是指预制构件在现场进行安装的钢筋混凝土楼板。这种楼板使现场施工工期大为缩短,且节省材料,保证质量。唯一的问题是在建筑设计中要求其平面形状规则、尺寸符合建筑模数要求,并且该楼板的整体性、防水性和抗震性较差。

③装配整体式 是先将预制楼板作底模,然后在上面灌注现浇层,形成装配整体式楼板。它具有现浇式楼板整体性好和装配式楼板施工简单、工期较短、省模板的优点。

(2) 现浇钢筋混凝土楼板构造

现浇式钢筋混凝土楼板根据受力和传力情况不同分为板式楼板、梁板式楼板、无梁楼板和压型钢板混凝土组合楼板等。

①板式楼板 当空间跨度较小,楼板内不设梁,板直接支承在四周的墙上,荷载由板直接传递给墙体时,这种楼板称为板式楼板。楼板一般是四边支承,根据其受力特点和支承情况,又可分为单向板和双向板。当板的长短边之比大于2时,板基本上沿短边方向受力,称为单向板,板中受力钢筋沿短边方向布置;当板的长短边之比小于或等于2时,板沿双向受力,称为双向板,板中受力钢筋沿双向布置。这种楼板底面平整,施工简便,适用于小跨度空间(图2-4-3)。

②梁板式楼板 当空间跨度较大时,板的厚度和板内配筋均会增大,为使板的结构经济合理,常在板下设梁以控制板的跨度,这样楼板上的荷载就先由板传给梁,再由梁传给墙或柱,这种楼板称为梁板式楼板或梁式楼板。梁有主梁和次梁之分:主梁可沿空间的横向或纵向布置;次梁通常垂直于主梁布置。主梁搁置在墙或柱上,次梁搁置在主梁上,板搁置在次梁上,次梁的间距即为板的跨度(图2-4-4)。

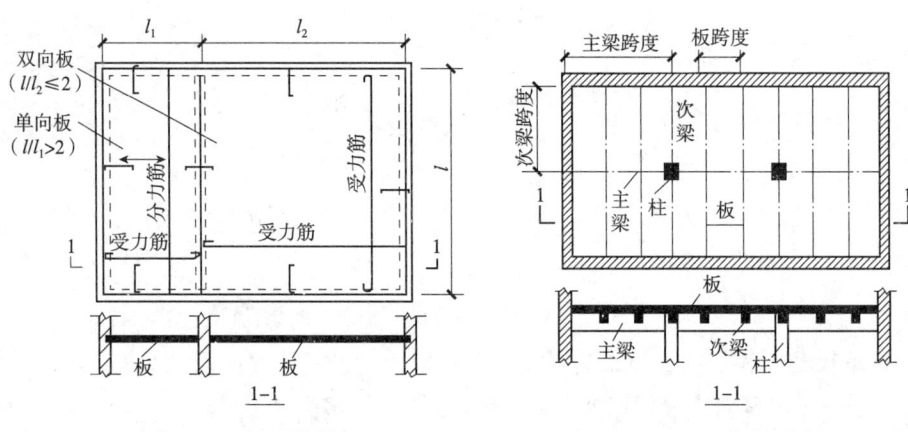

图 2-4-3 板式楼板　　　　　图 2-4-4 梁板式楼板

梁支承在墙上,为避免把墙压坏,保证可靠传递荷载,支点处应有一定的支承面积。规范规定了梁的最小搁置长度,在砖墙上的搁置长度与梁的截面高度有关:当梁高小于或等于 500mm 时,搁置长度应不小于 180mm;当梁高大于 500mm 时,搁置长度应不小于 240mm。在工程实践中,一般次梁的搁置长度宜采用 240mm,主梁宜采用 370mm。

井式楼板是梁板式楼板的一种特殊布置形式。当空间尺寸较大且接近正方形时,常将两个方向的梁等距离布置,不分主次梁。为了美化楼板下部的图案,梁可布置成正放、正交斜放或斜交斜放(图 2-4-5)。

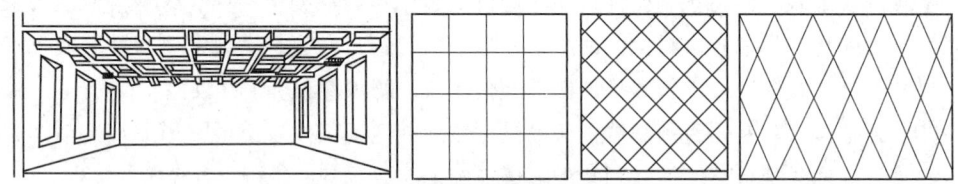

图 2-4-5　井式楼板及梁的布置

③无梁楼板　无梁楼板是将板直接支承在柱上,而不设主梁或次梁的结构,当荷载较大时,为了增大柱子的支承面积和减小跨度,可在柱顶上加设柱帽。楼板下的柱应尽量按方形网格布置,间距在 6m 左右较为经济,板厚不宜小于 120mm。与其他楼板相比,无梁楼板顶棚平整、室内净空间大、采光通风效果好,且施工时模板架设简单(图 2-4-6)。

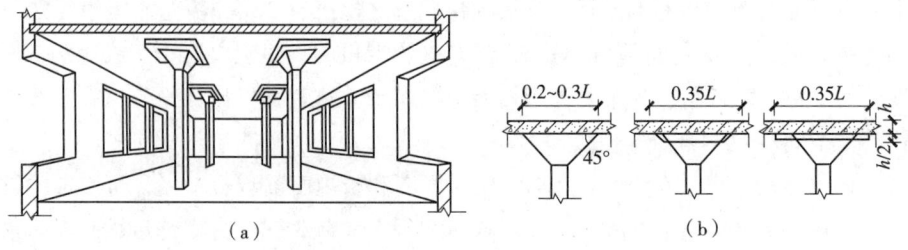

图 2-4-6　无梁楼盖
(a)无梁楼板　(b)柱帽

(3) 预制装配式钢筋混凝土楼板构造

预制钢筋混凝土板可分为预应力和非预应力两种。采用预应力构件可推迟板裂缝的出现,限制裂缝的发展,从而提高构件的承载力和刚度。预应力与非预应力构件相比较,可节省钢材30%~50%,节省混凝土10%~30%,且能使自重减轻,造价降低。

①预制装配式钢筋混凝土楼板类型 一般有实心平板、空心板和槽形板3种类型。

实心平板:上下板面平整、制作简单,宜用于荷载不大、小跨度空间。板的两端支承在墙或梁上,跨度一般在2.4m以内(图2-4-7)。

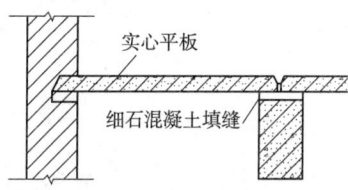

图2-4-7 实心平板

空心板:楼板属受弯构件,当其受力时,截面上部受压、下部受拉、中部轴附近内力较小,因此为节省材料和减轻自重,可去掉中部轴附近的混凝土,形成空心板。空心板孔洞的形状有圆形、长圆形和矩形等(图2-4-8)。

槽形板:是一种梁板结合的构件,即在实心板的两侧设有纵肋,形成"п"形截面。为了提高板的刚度和便于搁置,在板的两端常设端肋(边肋)封闭。当板的跨度大于6m时,在板中应每隔500~700mm增设横肋一道。

槽形板有正置和倒置两种:正置肋向下,受力合理,但板底不平,有碍美观,多用作吊顶;倒置肋向上,板底平整,但受力不合理,材料用量较多。为提高保温反隔声效果,可在槽内填充保温隔声材料(图2-4-9)。

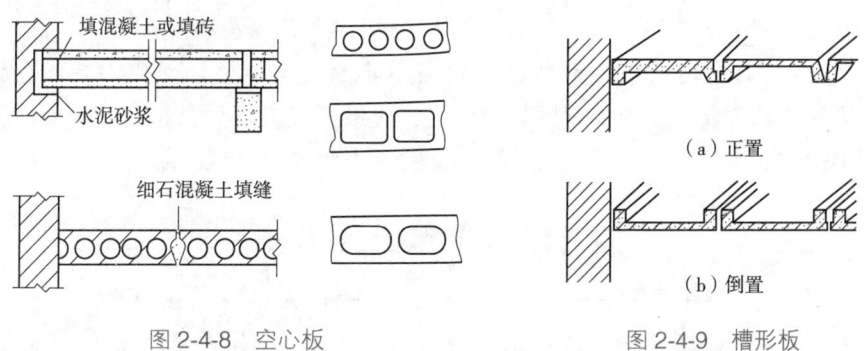

图2-4-8 空心板　　图2-4-9 槽形板

②预制装配式钢筋混凝土楼板的布置与细部构造

板的布置:板的支承方式有板式和梁板式两种。板在梁上的搁置方式一般有两种:一种是板直接搁在矩形梁或T形梁上;另一种是板搁在花篮梁或十字梁肩上,板的上皮与梁顶面平齐。在梁高不变的情况下,楼板所占高度小,相当于提高了空间净高(图2-4-10)。

板的搁置及板缝处理:当板搁置在墙或梁上时,必须保证楼板放置平稳,使板和墙、梁有很好的连接。首先要有足够的搁置长度,一般在砖墙上的搁置长度应不小于80mm,在梁上的搁置长度应不小于60mm;其次,必须在梁或墙上铺以水泥砂浆找平,坐浆厚度为20mm左右。楼板与墙体、楼板与楼板之间常用锚固钢筋予以锚固(图2-4-11)。

板的接缝分为端缝和侧缝两种。端缝一般是以细石混凝土灌筋,使之相互连接。为

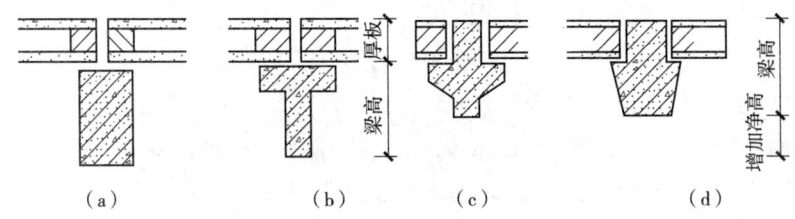

图 2-4-10 板在梁上的搁置方式
(a)矩形梁 (b)T 形梁 (c)十字梁 (d)花篮梁

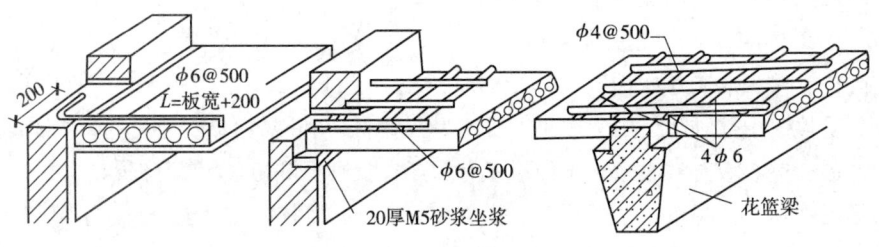

图 2-4-11 钢筋的锚固位置

了增加建筑物抵抗水平力的能力,可将板端留出钢筋交错搭接在一起,或加钢筋网片再灌以细石混凝土。板的侧缝一般有 3 种形式:V 形、U 形和凹形。其中凹形接缝抗板间裂缝和错动效果最好(图 2-4-12)。

③装配整体式钢筋混凝土楼板

密肋填充块楼板(图 2-4-13):密肋填充块楼板的密肋有现浇和预制两种。

叠合楼板:叠合楼板是由预制板和现浇钢筋混凝土层叠合而成的装配整体式楼板。为保证预制薄板与叠合层有较好的连接,薄板上表面需做刻槽处理,刻槽直径为 50mm,深 20mm,间距 150mm。也可在薄板上表面露出较规则的三角形结合钢筋(图 2-4-14)。

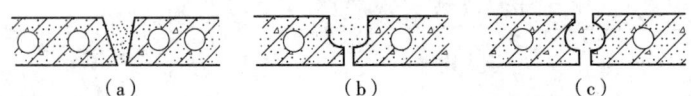

图 2-4-12 板的侧缝形式
(a)V 形缝 (b)U 形缝 (c)凹形缝

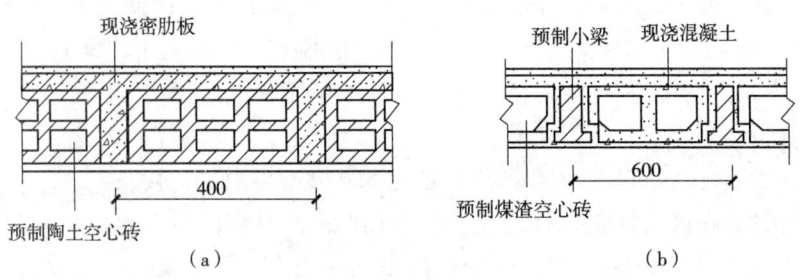

图 2-4-13 密肋填充楼板
(a)现浇密肋板 (b)预制密肋板

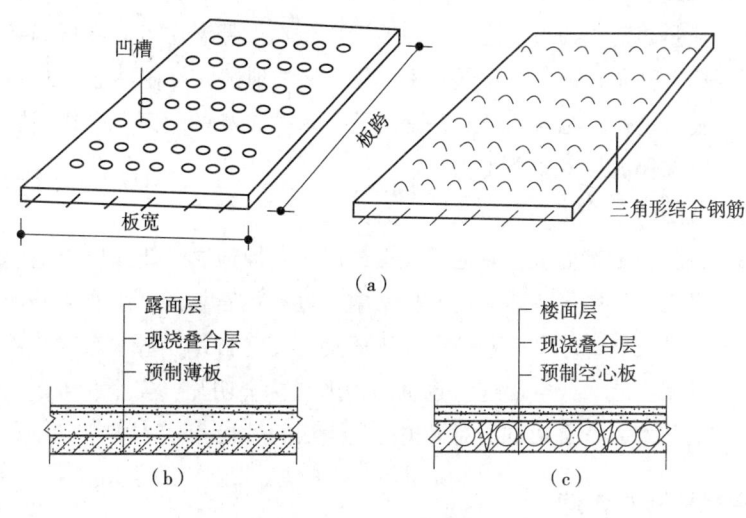

图 2-4-14 叠合楼板
(a)预制薄板表面处理 (b)预制实心板作底层 (c)预制空心板作底层

2.4.3 楼地层防潮、防水及隔声构造

2.4.3.1 楼地层防潮构造(图 2-4-15)

(1)设防潮层

具体做法是在混凝土垫层上、刚性整体面层下先刷一道冷底子油,然后铺憎水的热沥青或防水涂料形成防潮层,以防止潮气上升到地面。也可以于垫层下铺一层粒径均匀的卵石或碎石、粗砂等,以切断毛细水的上升通路。防潮层构造方案:隔气膜+保温层+防水透气膜。隔气膜减缓了室内水汽向保温层排放的速度,并有效地阻止冷凝的形成,使防水透气膜有效地将保温层水汽迅速排放出去,保护围护结构热工性能,从而达到节约能耗的目的。

当室内地面垫层为不透水层时(如混凝土),通常在-0.06m 标高处设置。而且至少高于室外地坪 150mm,以防雨水溅湿墙身;当室内地面垫层为透水层(如碎石,炉渣等)时,通常设置在+0.06m 标高处;当两相邻房间之间室内地面有高差时,应在墙身内设置高低两道水平防潮层,并在靠土壤一层设置垂直防潮层。

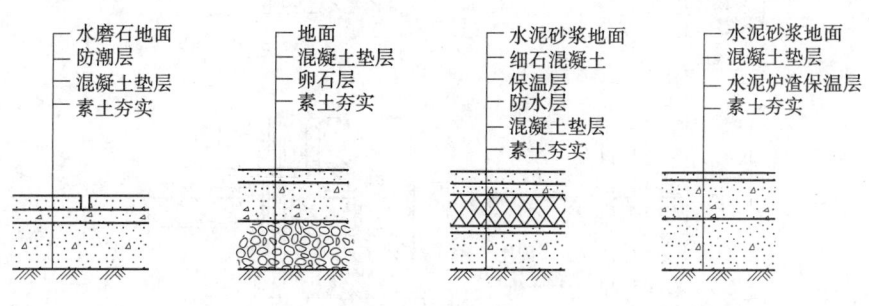

图 2-4-15 防潮构造

（2）设保温层

室内潮气大多是因室内与地层温差大的原因所致，设保温层可以降低温差，对防潮也起一定的作用。第一种是在地下水位低、土壤较干燥的地区，可在垫层下铺一层 1:3 的水泥炉渣或其他工业废料做保温层；第二种是在地下水位较高的地区，可在面层与混凝土垫层间设保温层，并在保温层下做防水层。

（3）架空地层

将地层底板搁置在地垄墙上，将地层架空，形成空铺地层，使地层与土壤间形成通风道，可带走地下潮气。架空层以前多用木柱架空，也有用石材的，少有用砖的。随着科技的进步、建筑材料的发展，除了一些仿古建筑还用上述材料外，基本都钢结构和钢筋混凝土断了现代建筑的架空层。架空层这种建筑结构形式优势明显，安全、隔潮、通风、因地制宜、体现特定的艺术风情是架空层对人类居住生活的贡献。

2.4.3.2 楼地层防水构造

（1）楼面排水

首先要设置地漏，并使地面由四周向地漏有一定的坡度，从而引导水流流入地漏。地面排水坡度一般为 1%~1.5%。另外，有水房间的地面标高应比周围其他房间或走廊低 20~30mm；若不能实现标高差，也可在门口做高为 20~30mm 的门槛，以防水多时或地漏不畅通时积水外溢。

（2）有水楼层的防水（图 2-4-16）

有防水要求的楼层，其结构应以现浇钢筋混凝土楼板为好。面层也宜采用水泥砂浆、水磨石地面或贴缸砖、瓷砖、陶瓷锦砖等防水性能好的材料。可在结构层（垫层）与面层间设防水层一道，还应将防水层沿房间四周墙体从下向上延续到至少 150mm，以防墙体受水侵蚀，到门口处应将防水层铺出室外至少 250mm（图 2-4-16）。

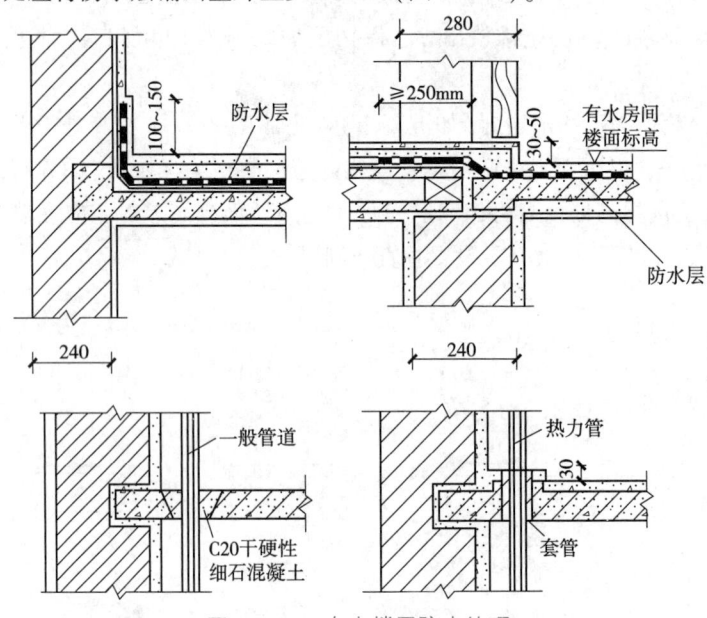

图 2-4-16 有水楼层防水处理

(3) 管道穿过楼板的防水构造

①对常温普通管道的做法是将管道穿过的楼板孔洞，用 C20 干硬性细石混凝土捣实，再用二布二油橡胶酸性沥青防水涂料做密封，也可在管道上焊接钢板止水片。

②当热力管道穿过楼板时，需增设防止温度变化引起混凝土开裂的热力套管，保证热力管自由伸缩，套管应高出楼地面面层 30mm。

2.4.3.3 楼层隔声构造

噪声的传播主要有两种途径：一是固体传声，如楼上人们的行走、家具的拖动、撞击楼板等声音；二是空气传声。楼层隔声的重点是隔绝固体传声，减弱固体的撞击能量。可从以下三方面进行改善：

(1) 采用弹性楼面面层

在楼板上铺设一层弹性闭孔结构隔声减震垫层材料与混凝土楼板共同隔声，就能有效降低楼板撞击声压传播，满足使用要求。隔声垫有较好的强度，质轻且柔软、防潮、无毒、耐腐蚀、绝缘、耐久强度高。典型隔声楼面做法为 5mm 厚发泡橡胶减震垫层+设备管道敷设+70mm 厚 C20 细石混凝土面层内配 $\phi 6@150$。常见的弹性面层还有地毯、橡胶板、塑料地面和软木地面等。

(2) 采用弹性垫层，形成浮筑式楼板

在钢筋混凝土楼板上垫一层以矿棉为主的弹性隔声层，然后铺楼面。固体的传声效果在固体、液体、气体之中是最强的，现在固体传声被大大缓解，楼板的隔声性能也就大大加强了。在实际测量中，光裸楼板经测量计算后撞击声级为 83dB，达不到《民用建筑隔声设计规范》(GB 50118—2010) 的最低要求，浮筑楼板经测量计算后撞击声级为 65dB，达到住宅建筑楼板撞击隔声标准一级，改善量为 18dB。浮筑楼板要比普通楼板厚 7cm。

(3) 楼板下设置吊顶

通常吊顶的质量越大，整体性越强，隔声效果越好。吊顶主要是隔绝楼板层产生的空气传声。此外，吊顶与楼板之间如采用弹性连接，则隔声能力可大为提高。吊顶要满足以下要求：

①吊顶必须是封闭的；
②吊顶的单位面积质量大一些好；
③吊顶内若铺上多孔吸声材料会使隔声性能提高；
④吊顶与楼板之间采用弹性连接比刚性连接要好。

2.4.3.4 常用地面的构造

(1) 整体式地面

①水泥砂浆地面 优点是构造简单，坚固耐磨，防潮防水，造价低廉；缺点是导热系数大，吸水性差，易结露，易起灰，不易清洁。水泥砂浆地面做法为 15～20mm 厚 1:3 水泥砂浆找平，5～10mm 厚 1:2 水泥砂浆抹面或者用 20～30mm 厚 1:2 水泥砂浆抹平压光。当基层为预制楼板时取较厚的找平层和面层。

②细石混凝土地面 刚性好，强度高，整体性好，不易起灰。做法为30~40mm厚C20细石混凝土随打随抹光。如在内配置纵横向钢筋$\phi 4@200$，可提高预制楼板的整体性，满足抗震要求。在细石混凝土内掺入一定量的三氯化铁，则可以提高其抗渗性，成为耐油混凝土地面。

③水磨石地面 是将天然石料（大理石、方解石）的石屑，做成水泥石屑，面层经磨光打蜡制成。具有很好的耐磨性、耐久性、耐油耐碱、防火防水。水磨石地面为分层构造，底层为18mm厚1:3水泥砂浆找平，面层为12mm厚1:1.5~1:2水泥石屑，石屑粒径为8~10mm。具体操作时先将找平层做好，然后在找平层上按设计的图案嵌固玻璃分格条（或铜条、铝条），分格条一般高10mm，用1:1水泥砂浆固定，将拌和好的水泥石屑铺入压实，经浇水养护后磨光，一般需粗磨、中磨、精磨，用草酸水溶液洗净，最后打蜡抛光。普通水磨石地面采用普通水泥掺白石子，玻璃条分格；美术水磨石可用白水泥加各种颜料和各色石子，用铜条分格，可形成各种优美的图案。

（2）块材式地面

凡利用各种人造的和天然的预制块材、板材镶铺在基层上的地面称块材地面。常用块材有陶瓷地砖、陶瓷锦砖、水泥花砖、大理石板、花岗石板等，常用铺砌或胶结材料有水泥砂浆和各种聚合物改性胶黏剂等。

①铺砖地面 有黏土砖地面、水泥大阶砖地面、预制混凝土块地面等。铺设方式有两种：干铺和湿铺。干铺是在基层上铺一层20~40mm厚砂子，将砖块等直接铺设在砂上。湿铺是在基层上铺15~20mm厚1:3水泥砂浆，将砖块铺平压实，然后用1:1水泥砂浆灌缝。

②陶瓷地砖及陶瓷锦砖地面 陶瓷地砖的做法为20mm厚1:3水泥砂浆找平，3~4mm厚素水泥砂浆粘贴，校正找平后用白水泥浆擦缝；陶瓷锦砖做法为15~20mm厚1:3水泥砂浆粘贴陶瓷锦砖（纸皮砖）用辊筒压平，使水泥砂浆挤入缝隙，用水洗去牛皮纸，用白水泥浆擦缝。

③天然石板地面 常用的天然石板指大理石和花岗石板，由于它们质地坚硬，色泽丰富艳丽，属高档地面装修材料。天然石板的施工做法为在基层上刷素水泥浆一道，30mm厚1:3干硬性水泥砂浆找平，面上撒2mm厚素水泥（洒适量清水），粘贴20mm厚大理石板（花岗石板），素水泥浆擦缝。

（3）木地板地面

木地板地面按其用材规格分为普通木地面、硬木条地面和拼花木地面3种；按其构造方式分为空铺地面、实铺地面和强化木地面3种。普通木地板常用木材为松木、杉木；硬木条地板及拼花木地板常采用桦木、水曲柳等。

①铺木地面 可用于底层，也可以用于楼层，木板面层可采用双层面层或单层面层铺设。

双层面层的铺设方法为：在地面垫层或楼板层上，通过预埋镀锌钢丝或U形铁件，将做过防腐处理的木格栅绑扎。木格栅间距400mm，格栅之间应加钉剪力撑或横撑，与墙之间宜留出30mm的缝隙。对于没有预埋件的楼地面，通常采用水泥钉和木螺钉固定木格栅。格栅上铺钉毛木板，背面刷防腐剂，毛木板呈45°斜铺，上铺油毡一层，以防止使用中产生声响和被潮气侵蚀，毛木板上钉实木地板，表面刷清漆并打蜡。木板面层与墙之间应留10~20mm的缝隙，并用木踢脚板封盖。为了减少人在地板上行走时所产生的空鼓声，改善保温隔热效果，通常还在格栅与格栅之间的空腔内填充些轻质材料，如干焦渣、蛭石、矿棉毡、石灰炉渣等，如图2-4-17所示。

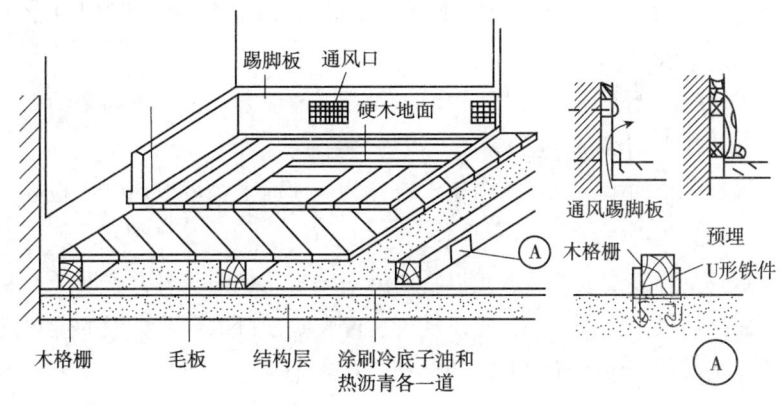

图2-4-17　实铺木地板(双层面层)

单层面层即将实木地板直接与木格栅固定，每块长条木板应钉牢在每根格栅上，钉长应为板厚的2~2.5倍，并从侧面斜向钉入板中。其他做法与双层面层相同，如图2-4-18所示。

②强化木地面　由面层、基层、防潮层组成。面层具有很高的强度和优异的耐磨性能，基层为高密度板，长期使用不会变形，其防潮底层更能确保地板不变形。常用规格为1290mm×195mm×(6~8)mm，为企口型条板。强化木地面做法简单、快捷，采用悬浮法安装。在楼地面先铺设一层衬垫材料，如聚乙烯泡沫薄膜、波纹纸等，起防潮、减震、隔声作用，并改善脚感。其上接铺贴强化木地板，木地板不与地面基层及泡沫底垫粘贴，只是地板块之间用胶黏剂结成整体。地板与墙面相接处应留出8~10mm缝隙，并用踢脚板盖缝。强化木地板构造做法如图2-4-19所示。

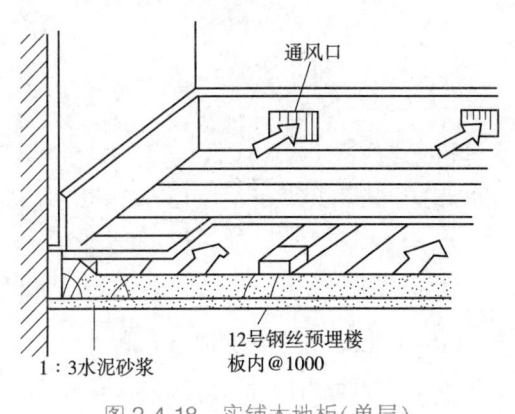

图2-4-18　实铺木地板(单层)

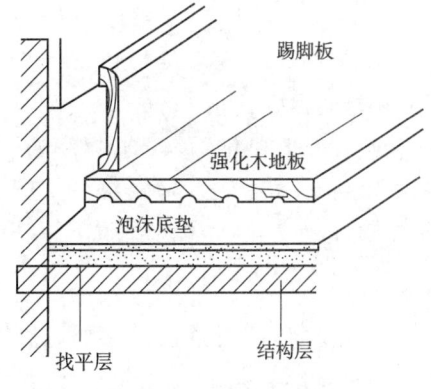

图2-4-19　强化木地面

（4）其他类型地面

①地毯地面　按其材质来分，主要有化纤地毯和羊毛地毯等。化纤地毯是我国近年来广泛采用的一种新型地毯，以丙纶、腈纶纤维为原料，采用簇绒法和机织法制作面层，再

与麻布背衬加工而成。化纤地毯地面具有吸声、隔声、弹性好、保温好、脚感舒适、美观大方等优点。

化纤地毯的铺设分固定和不固定两种方式。铺设时可以满铺或局部铺设。采用固定铺设时，应先将地毯接缝拼好，下衬一条100mm宽的麻布条，胶黏剂按0.8kg/m的涂布量使用。地面与地毯黏结时，在地面上涂刷120~150mm宽的胶黏剂，按0.05kg/m的涂布量使用。

纯毛地毯采用纯羊毛，用手工或机器编织而成。铺设方式多为不固定的铺设方法，一般作为毯上毯使用（即在化纤地毯的表面上铺装羊毛毯）。

地毯可以铺在木地面上，也可以用于水泥等其他地面上；可以用倒齿板固定，也可以不固定。

②活动地板　又称装配式地板，是以特制的平压刨花板为基材，表面饰以装饰板和底层镀锌钢板经黏结组成的活动板块，配以横梁、橡胶垫和可供调节高度的金属支架组装的架空地板在水泥类基层上铺设而成。活动地板广泛应用于计算机房、变电所控制室、程控交换机房通信中心、电化教室、剧场舞台等要求防尘、防静电、防火的房间。

活动地板的板块典型尺寸为457mm×457mm，600mm×600mm，762mm×762mm。其构造做法为：先在平整、光洁的混凝土基层上安装支架，调整支架顶面标高，使其逐步抄平，然后在支架上安装格栅状横梁龙骨，最后在横梁上铺贴活动板块。

2.5　楼梯、梯道、台阶与坡道

【知识目标】
(1)了解楼梯的组成、尺度，常见楼梯的形式及适用范围，台阶与坡道的构造要求。
(2)掌握平行双跑楼梯的计算方法，钢筋混凝土楼梯的类型、特点和结构形式。
【技能目标】
(1)能对平行双跑楼梯进行计算。
(2)能按照制图规范绘制平行双跑混凝土板式楼梯。
【素质目标】
通过学习园林建筑楼梯的基本构造、梯道、台阶和坡道的设计要求，要求学生掌握园林建筑楼梯的计算方法、细部构造措施以及梯道、台阶和坡道等相应构造要求，培养学生分析问题、解决问题的能力和严谨的工作作风。

建筑空间的整体联系，主要通过楼梯、电梯、台阶、坡道等竖向交通设施来实现。其中，楼梯是最主要的交通设施，楼梯的数量、疏散宽度应满足消防疏散的能力，有电梯和自动扶梯的建筑中，也必须同时设置疏散楼梯。

2.5.1　楼梯

楼梯作为建筑物中楼层间垂直交通的构件，用于楼层之间和高差较大时的交通联系。

在设有电梯、自动梯作为主要垂直交通手段的多层和高层建筑中也要设置楼梯。高层建筑尽管采用电梯作为主要垂直交通工具,但仍然要保留楼梯供火灾时逃生之用。

2.5.1.1 楼梯的形式和尺度

(1) 楼梯的组成

楼梯最常用的形式是双跑式楼梯,也称双梯段直跑楼梯。一般由楼梯段、平台和中间平台、栏杆、扶手组成,如图 2-5-1 所示。

① 楼梯段 由踏步组成。踏步的表面称踏面,与踏步面相连的垂直或倾斜部分称踢面。规定一个楼梯段的踏步数一般不应多于 18 级,不应少于 3 级。楼梯段和平台之间的空间称为楼梯井。

② 平台和中间平台 指连接楼地面与梯段端部的水平部分。

③ 扶手、栏杆(或栏板) 为了保证人们在楼梯上行走安全,楼梯段和平台的临空边缘必须安装栏杆或栏板。栏杆或栏板上部供人用手扶持的配件称扶手。

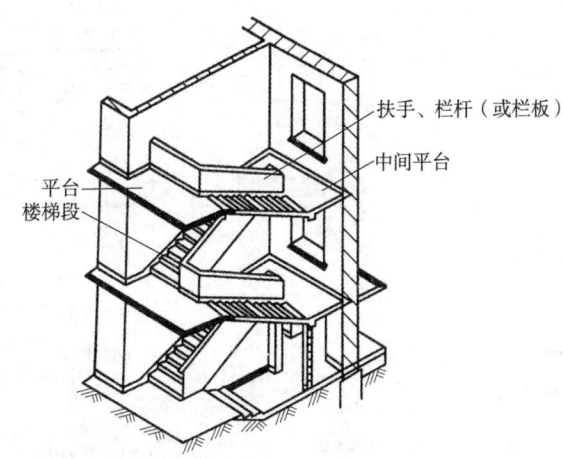

图 2-5-1 楼梯的组成

(2) 楼梯的形式

按楼梯所在位置来分,有室内楼梯和室外楼梯;按楼梯的使用性质来分,有主要楼梯、辅助楼梯、疏散楼梯和消防楼梯;按楼梯所用材料来分,有木楼梯、钢楼梯和钢筋混凝土楼梯;按楼梯的形式来分,有直跑式、转角式、合上双分式、分上双合式、双折式、三折式、四折式、八角式、圆形、螺旋形、弧线形、交叉式和剪刀式等,如图 2-5-2 所示。

① 直跑楼梯 一般用于层高较小的建筑,中间不设休息平台,只有一个楼梯段,所占楼间宽度较小,长度较大。

② 双跑平行楼梯 在一般建筑物中采用最为广泛的一种楼梯形式。由于双跑楼梯第二跑梯段折回,所以占用房间长度较小,楼梯间与普通房间平面尺寸大致相近,便于平面设计时进行楼梯布置。双分式、双合式楼梯相当于两个双跑楼梯并在一起,常用作公共建筑的主要楼梯。

③ 三、四跑楼梯 常用于楼梯间平面接近方形的公共建筑,由于梯井较大,不宜用于住宅、小学等儿童经常上下楼梯的建筑,否则应有可靠的安全措施。

④ 螺旋楼梯 楼梯踏步围绕一根中央立柱布置,每个踏步面为扇形,另外还有圆形、弧形等曲线形楼梯形式,它们造型独特、美观,但由于行走不便,一般采用较少,有时公共建筑为丰富建筑空间会采用这种形式的楼梯。

⑤ 剪刀式楼梯 4 个梯段用一个中间平台相连,占用面积较大,行走方便,多用于人流较大的公共建筑。

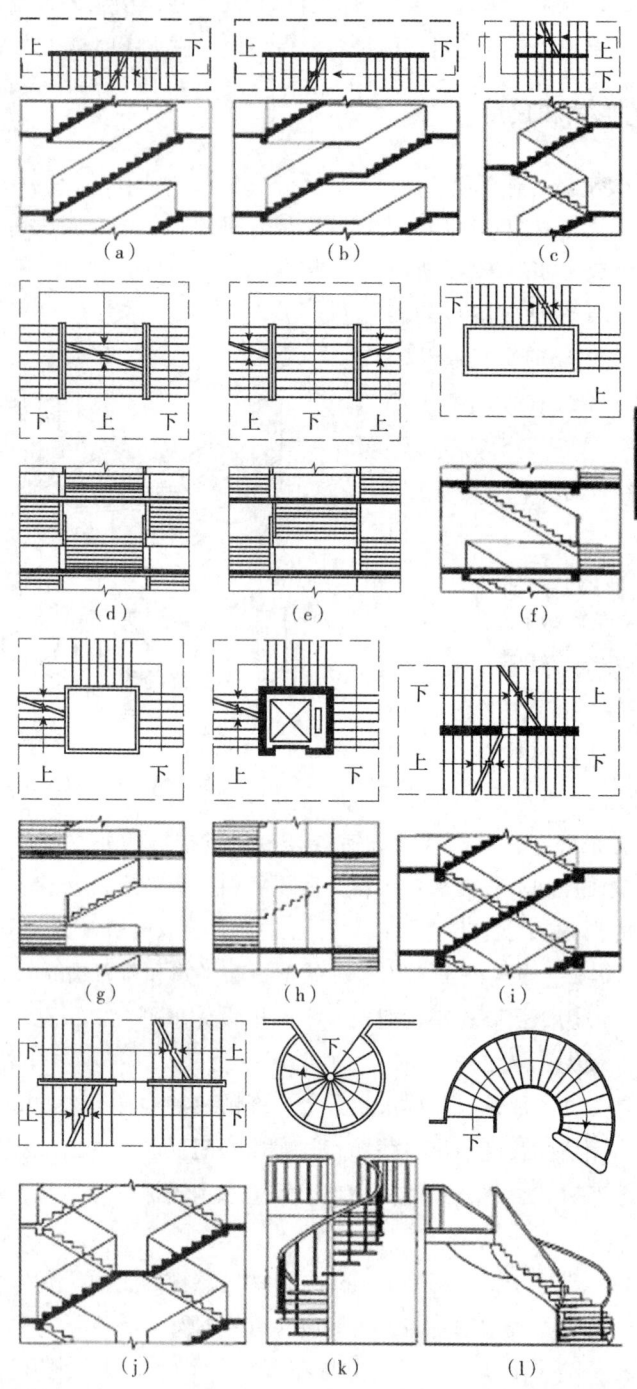

图 2-5-2 楼梯的形式

(a)直行单跑楼梯 (b)直行多跑楼梯 (c)平行双跑楼梯 (d)平行双分楼梯 (e)平行双合楼梯 (f)折行双跑楼梯 (g)折行三跑楼梯(1) (h)折行三跑楼梯(2) (i)交叉跑(剪刀)楼梯 (j)交叉跑(剪刀)楼梯 (k)螺旋楼梯 (l)弧形楼梯

(3) 楼梯的尺度

①楼梯梯段的宽度、平台宽度及扶手高度

梯段的宽度：一般供日常主要交通用的公共楼梯的梯段净宽，应根据紧急疏散时要求通过的人流股数来确定。一般按每股人宽度为 0.55m+0~0.15m 考虑。同时，应满足各类建筑设计规范对梯段宽度的限定，例如，住宅的户内楼梯可按通行单股人流确定其宽度，当一边临空时，不应小于 0.75m；两边为墙时，不应小于 0.9m。住宅的公共楼梯的最小宽度不应小于 1.10m，低于 6 层的单元式住宅中应设有栏杆的疏散楼梯，其最小宽度可不小于 1m。

平台宽度：一般楼梯的平台宽度不应小于梯段的宽度，并不得小于 1.20m。

扶手高度：一般室内楼梯的扶手高度不宜低于 900mm，公共建筑楼梯要求在踏步前缘设有防滑措施。供儿童出入的场所应增设一道不高于 600mm 的扶手，靠楼梯井侧水平栏杆长度超过 500mm 时，其扶手高度不应小于 1000mm。此外，室外楼梯栏杆高度不应小于 1050mm。高层建筑的栏杆高度应再适当提高，但不宜超过 1200mm。

楼梯井宽度：公共建筑中的楼梯井宽度不应小于 150mm（水平净距）。但住宅和中小学校等楼梯井的宽度一般在 60~200mm。

栏杆扶手的高度：是指从踏步前缘至扶手上表面的垂直距离。室内楼梯栏杆扶手的高度不宜小于 900mm。凡阳台、外廊、室内回廊、内天井、上人屋面及室外楼梯等临空处设置的防护栏杆，栏杆扶手的高度不宜小于 1050mm。高层建筑的栏杆高度应再适当提高，但不宜超过 1200mm。儿童栏杆扶手的高度不宜大于 600mm。

当梯段宽达到三股人流时应两侧设扶手，靠墙扶手距墙面净距应大于 40mm；当达到四股人流时还应在梯段中间增设一道扶手。

②楼梯的坡度和踏步的尺寸　楼梯的坡度是指梯段中各级踏步前缘的假定连线与水平面形成的夹角，或以夹角的正切表示的踏步的高宽比。楼梯坡度不宜过大或过小，坡度过大，行走易疲劳；坡度过小，楼梯占用空间大。坡度过小时，可做成坡道；坡度过大时，可做成爬梯。楼梯坡度一般不宜超过 38°，供少量人流通行的内部交通楼梯，坡度可适当加大。楼梯常见的坡度范围为 25°~45°，其中以 30°左右较为通用。楼梯的坡度与楼梯踏步的高宽比有关，如图 2-5-3 所示。

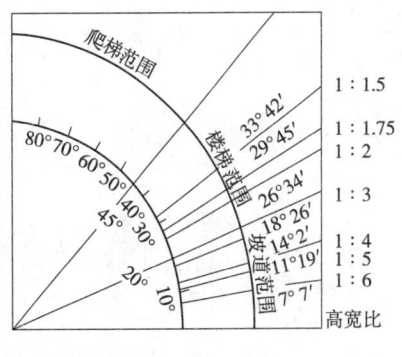

图 2-5-3　楼梯的坡度

楼梯的踏步尺寸与楼梯坡度的大小有关，一般按照一级踏步大致等于一般人行走的步距的原理，换成经验公式计算如下：

$$2h+b=600~620 \tag{2-1}$$

式中　h——踏步高度；

　　　b——踏步宽度。

当受条件限制时，供少量人流通行的内部交通楼梯，踏步宽度可适当减少，但也不宜小于 220mm，或者也可采用突缘（出沿或尖角）加宽 20mm。踏步宽度一般以 1/5M（1M = 100mm）模数为宜，如 220mm、240mm、260mm、280mm、300mm、320mm 等。

表 2-5-1　楼梯适宜的踏步尺寸　　　　　　　　　　　　　　　　　　　mm

名　称	住宅	大学、中学、办公室	剧院、礼堂	医院(病人用)	幼儿园
踏步高	156～175	140～160	120～150	150	120～150
踏步宽	260～300	280～340	300～350	300	260～300

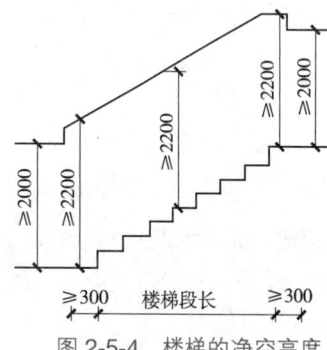

图 2-5-4　楼梯的净空高度

楼梯的踏步尺寸应根据建筑的性质和使用要求确定，可参考表 2-5-1 的规定。

③楼梯的净空高度　指平台下净高和梯段净高。在楼梯平台及下部过道处的净高应不小于 2m。梯段净高为自踏步缘线(包括踏步前缘线以外 0.30m 范围内)测量至上方突出物下缘间的铅垂高度，不应小于 2.2m，如图 2-5-4 所示。常用的处理方法有以下几种：铅垂高度不应小于 2.2m，如图 2-5-4 所示。常用的处理方法有以下几种：a. 增加第一梯段踏步数，做不等跑式的梯段；b. 降低室内地坪，但仍要高于室外地坪；c. 将 a 和 b 综合起来考虑；d. 做直跑式楼梯(南方地区或层高不高时可用)，如图 2-5-5 所示。

2.5.1.2　钢筋混凝土楼梯构造

钢筋混凝土楼梯具有坚固耐久、整体性和防火性好的优点。钢筋混凝土楼梯按施工方式分为现浇钢筋混凝土楼梯和预制装配式钢筋混凝土楼梯两类。

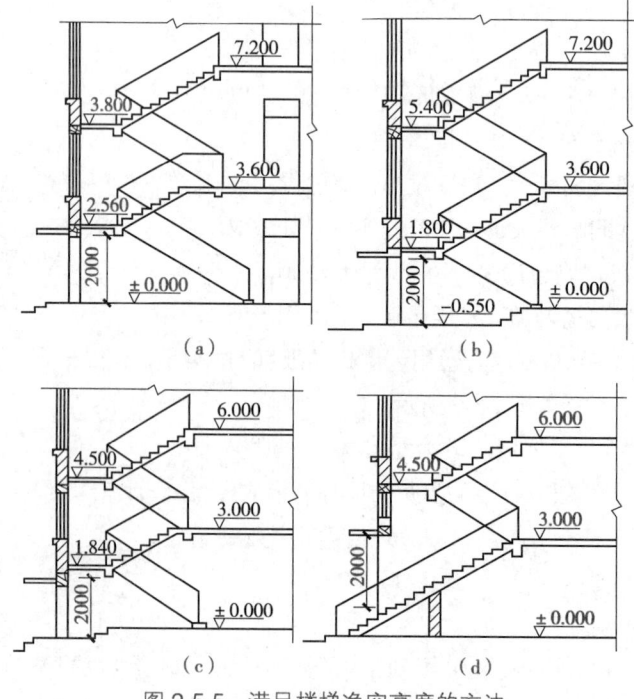

图 2-5-5　满足楼梯净空高度的方法

(a)做成不等跑　(b)降低平台下室内地面标高　(c)不等跑和降标高结合　(d)做成直跑

(1) 现浇钢筋混凝土楼梯

现浇钢筋混凝土楼梯按照楼梯段形式分为板式楼梯和梁板式楼梯。

①板式楼梯 整个梯段相当于一块斜置于平台梁间的简支板。楼梯的荷载是由板传到平台梁,再由平台梁传到两端的支撑结构上,因此板式楼梯适用于梯段跨度不大、荷载相对较小的楼梯。板式楼梯具有板底平齐,美观,便于施工、装修等优点,如图 2-5-6 所示。

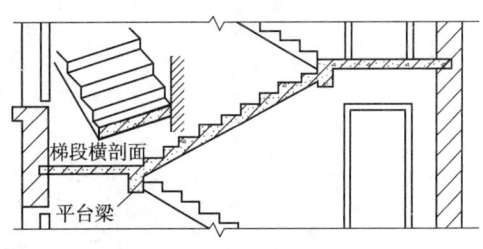

图 2-5-6 板式楼梯

②梁板式楼梯 楼梯的梯段是由板与斜梁组成。楼梯的荷载依次由板传到梯段的斜梁上,再由斜梁传到平台梁上,再传到两端的支撑结构上,因此梁板式楼梯比板式楼梯能承受更大的荷载。梁板式楼梯节省材料,减轻了自重,但板底由于有梁突出而不平整,且施工相对较复杂。

梁板式楼梯中根据斜梁与板的位置不同,又分为明步和暗步两种,如图 2-5-7 所示。

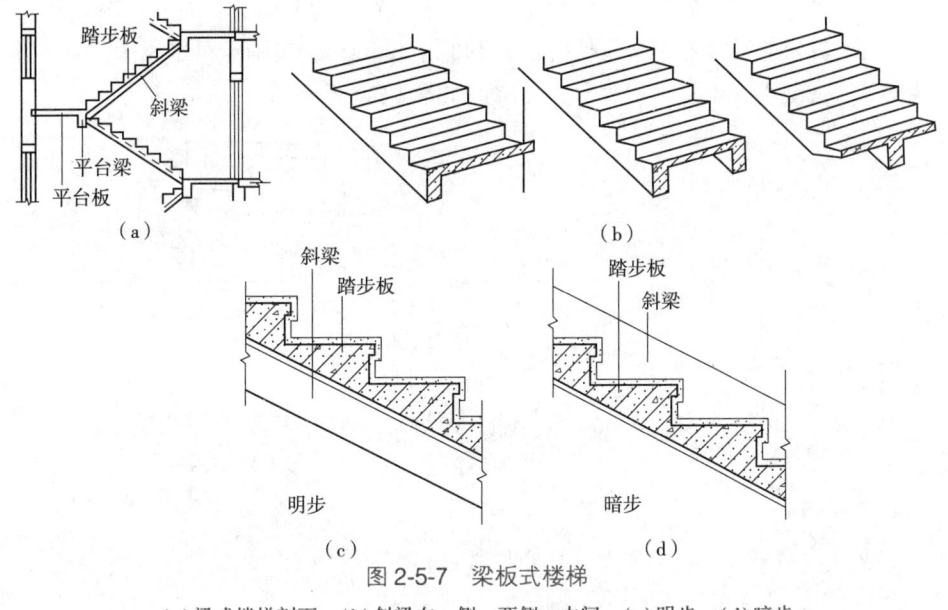

图 2-5-7 梁板式楼梯

(a)梁式楼梯剖面 (b)斜梁在一侧、两侧、中间 (c)明步 (d)暗步

(2) 预制装配式钢筋混凝土楼梯

预制装配式钢筋混凝土楼梯根据生产、运输、吊装和建筑体系的不同,有许多不同的构造形式,由于构件尺度的不同,大致可分为小型构件装配式、中型构件装配式和大型构件装配式三大类。

①小型构件装配式楼梯 根据不同的预制踏步板与其不同的支承结构的形式可分为墙承式、悬臂式和梁承式三种。

墙承式楼梯:是将预制好的楼梯踏步板搁置在两端的受力墙上,此时踏步板是简支受力,可以不设平台梁。平行双跑楼梯应在中间设墙,但中间有墙会阻挡视线,一般在中间墙上设窗口,如图 2-5-8 所示。

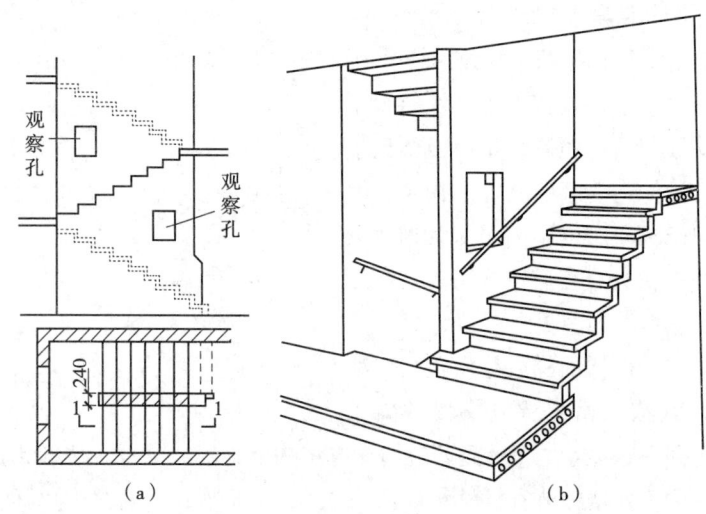

图 2-5-8 墙承式楼梯
(a)平面图 (b)梯间内视图

悬臂式楼梯：是将预制好的楼梯踏步板的一端搁置于受力墙上，而另一端悬挑。其构造简单，施工方便。通常悬臂式楼梯的臂长不超过 1.5m，预制踏步可采用 L 形或一字形。在有冲击荷载或地震区不宜采用悬臂式楼梯，如图 2-5-9 所示。

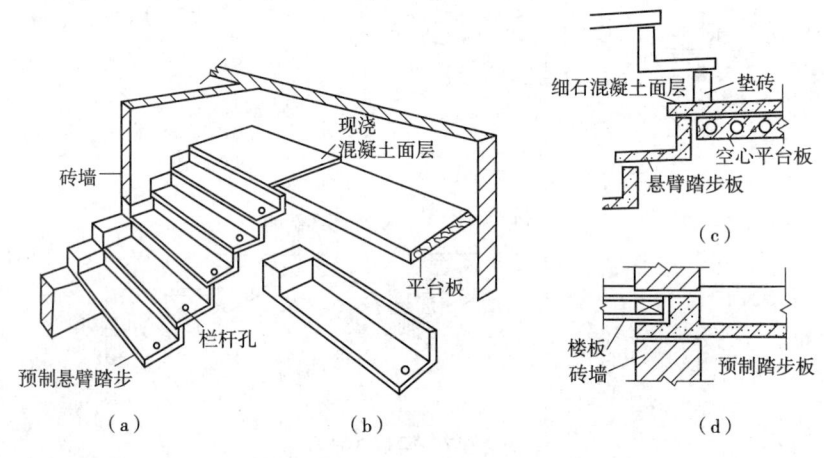

图 2-5-9 悬臂式楼梯
(a)悬臂踏步楼梯示意 (b)踏步构件 (c)平台转换处剖面 (d)预制楼板处构件

梁承式楼梯：是将踏步板、平台梁、斜梁、平台板先预制好，再通过组装而成，如图 2-5-10 所示。预制踏步梁承式楼梯在构造设计中应注意踏步在梯梁上的搁置构造，主要涉及踏步和梯梁的形式。三角形踏步应搁置在矩形梯梁上，楼梯为暗步时，可采用 L 形梯梁。L 形和一字形踏步应搁置在锯齿形梯梁上。梯梁在平台梁上的搁置构造与平台处上下行梯段的踏步相对位置有关。

图 2-5-11 为预制装配式钢筋混凝土楼梯梁、板的布置示意图。

②中型构件装配式楼梯 中型装配式楼梯一般是由楼梯梯段、楼梯平台和平台梁三部分构件装配而成，如图 2-5-12 所示。

预制梯段：有板式梯段和梁式梯段两种类型。板式梯段分实心和空心两种；梁式梯段一般采用暗步，称为槽板式梯段，有实心、空心和折板形 3 种。

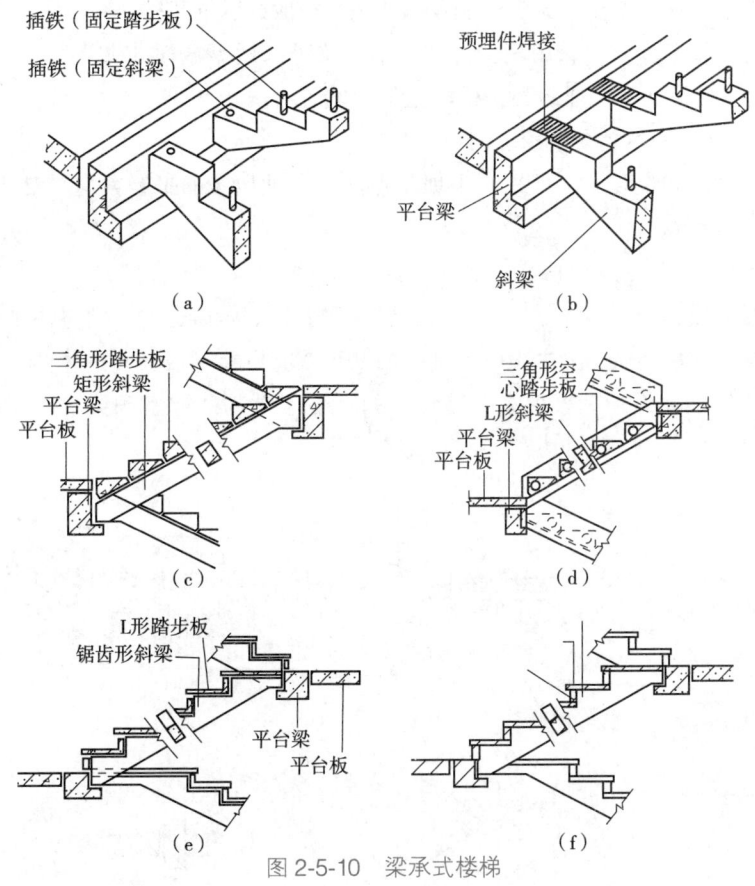

图 2-5-10　梁承式楼梯

(a)插铁固定　(b)预埋件　(c)矩形斜梁　(d)L形斜梁　(e)L形踏步板　(f)一字形踏步板

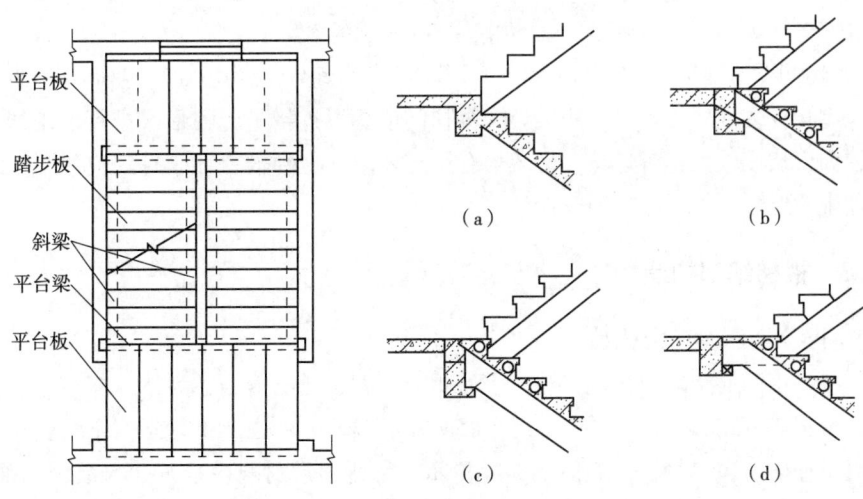

图 2-5-11　预制装配式钢筋混凝土
　　　　　楼梯梁、板的布置

图 2-5-12　预制中型装配式楼板
(a)平台梁　(b)踏步板　(c)斜梁　(d)平台板

预制平台板和平台梁：通常将平台板和平台梁一起预制成一个构件，形成带梁的平台板，也可分开预制。

梯段的搁置：梯段在平台梁上的搁置构造做法一般有以下几种：

- 上下行梯段同步时，采用埋步做法。平台梁可采用等截面的L形梁，为便于安装，L形平台梁的翼缘顶面宜做成斜面。梯段上下两端各有一步与平台标高一致，即埋入平台内，如图2-5-13(a)所示。
- 上下行梯段同步时，也可采用不埋步做法。这种做法的平台梁应设计成变截面梁，如图2-5-13(b)所示。
- 上下行梯段错开一步的做法，如图2-5-13(c)所示。
- 上下行梯段错开多步的做法：楼梯底层中间平台下做通道时，常将两个梯段做成不等跑的，这样，二层楼层平台处上下行梯段的踏步就有可能形成较多的错步。此时，踏步较少的梯段应做成曲折形。楼梯第一跑梯段的下端应设基础或基础梁，以支承梯段，如图2-5-13(d)所示。

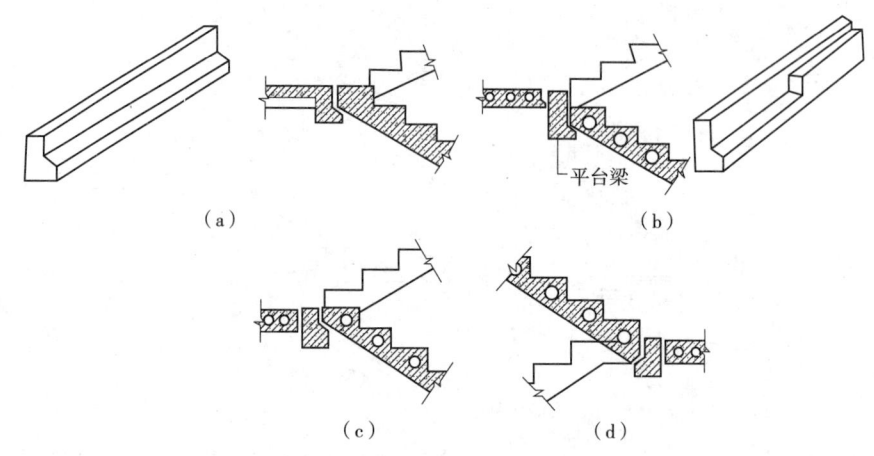

图2-5-13 梯段在平台梁上的搁置构造

(a)等截面平台梁　(b)变截面平台梁　(c)上下行梯段错开一步做法　(d)上下行梯段错开多步做法

③大型构件装配式楼梯　一般以整个楼梯间或梯段连接平台的形式进行预制加工，构件质量较大，尺度较大，对运输、吊装均有一定要求，这种楼梯在园林中应用很少，教材中不做详细介绍。

2.5.1.3　楼梯细部构造

（1）踏步面层及防滑措施

①踏步　由踏面和踢面构成，踏步表面要求耐磨、便于清洁，为使人在踏步上行走舒适，踏面可适当放宽20mm做成踏口或踢面向外成倾斜。考虑上下行走安全，应在踏口处填嵌防滑条或防滑包口材料，如图2-5-14所示。踏步面层材料应根据建筑装修标准选择，标准较低时，可用水泥砂浆面层；一般标准时，可用普通水磨石面层；标准较高时，可用缸砖面层、大理石板或预制彩色水磨石板铺贴。

②踏步突缘构造　当踏步宽度取值较小时，前缘可挑出形成突缘，以增加踏步的实际

使用宽度，踏步突缘的构造做法与踏步面层做法相似。整体现抹的地面，可直接抹成突缘，突缘宽度一般为20~40mm。

③踏面防滑处理一般有两种方式。

设防滑条：可采用马赛克、扁钢、橡胶条和铸铁等材料，其位置应设在距踏步前缘40~50mm处，踏步两端接近栏杆或墙处可不设防滑条，防滑条长度一般按踏步长度每边减去150mm。

设防滑包口：即用带槽的金属等材料将踏步前缘包住，既防滑又起保护作用。

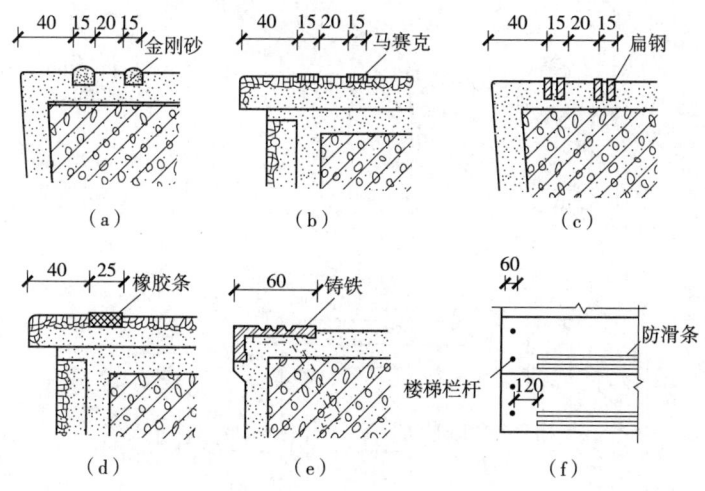

图 2-5-14 踏步面层及防滑措施
（a）金刚砂防滑 （b）马赛克防滑 （c）扁钢防滑 （d）橡胶条防滑 （e）铸铁防滑 （f）防滑条平面示意图

（2）楼梯栏杆、栏板和扶手

楼梯栏杆常用金属、玻璃、有机玻璃、钢筋混凝土、木材等材料制作。目前，常用的类型有金属栏杆、钢筋混凝土栏杆和木栏杆。钢筋混凝土栏杆常与楼梯踏步一起现浇连接，而金属栏杆与楼梯常用焊接或螺栓连接。楼梯栏板常用砖砌、钢筋混凝土、玻璃及有机玻璃等材料制作。其中，玻璃及有机玻璃通常设在金属或木栏杆中间。

栏杆、栏板的形式有空透式栏杆、栏板式栏杆和组合式栏杆。

①空透式栏杆 以竖杆作为主要受力构件，常用钢、木材、钢筋混凝土或其他金属等材料制作。方钢的断面一般在16mm×16mm~20mm×20mm，圆钢采用$\phi16$~$\phi18$为宜。还可采用钢化玻璃、穿孔金属板或金属网等装饰性材料。

②栏板式栏杆 栏板是实心的，有钢筋混凝土预制板或现浇栏板、钢丝网抹灰栏板和砖砌栏板，厚度80~100mm。钢丝网抹灰栏板是在钢筋骨架的两侧焊接或绑扎钢丝网，然后抹水泥砂浆而成。砖砌栏板是用黏土砖砌成60mm厚的矮墙。为增加其牢固性和整体性，一般需在砖的两侧增加钢筋网片，然后抹水泥砂浆，顶部现浇钢筋混凝土扶手以增加牢固性。

③组合式栏杆 是以上两种的组合，通常是上部用空花栏杆，下部用实心栏板。

栏杆与梯段的连接一般有3种方式：锚固法、焊接法和栓接法。

锚固法：在梯段中预留孔洞，将端部制成开脚插入预留孔洞内，用水泥砂浆、细石混凝土或快凝水泥、环氧树脂等材料灌实。预留孔洞的深度一般不小于60~75mm，距离梯段边缘不小于50~70mm。

焊接法：在梯段中预埋钢板或套管，将栏杆的立杆与预埋铁件焊接在一起。

拴接法：用螺栓将栏杆固定在梯段上，固定方式有若干种。

楼梯的扶手一般用硬木、塑料、圆钢管等材料制作。靠墙处需要做扶手时，常通过铁脚使扶手与墙得以相互连接。硬木扶手与金属栏杆的连接一般通过木螺钉拧在栏杆上部的通长扁铁上；塑料扶手通过预留的卡口直接卡在扁铁上；圆钢管扶手则直接焊接在金属栏杆的顶面上，如图 2-5-15 所示。

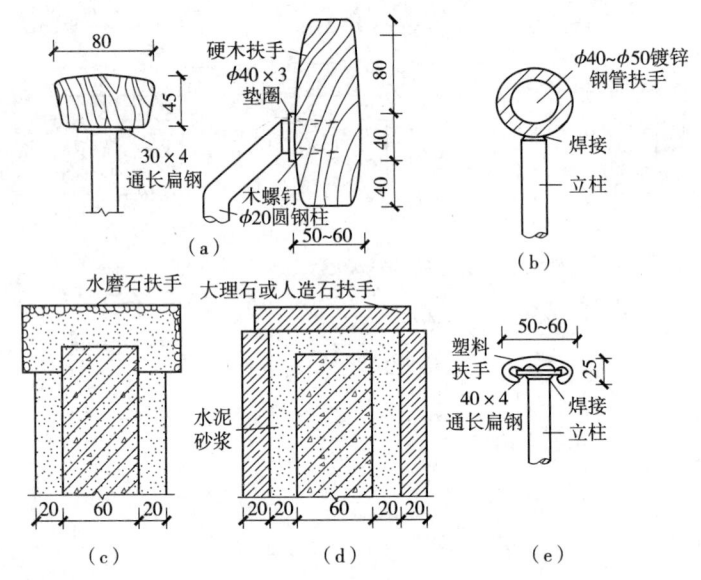

图 2-5-15　楼梯的扶手连接构造

(a)木扶手　(b)钢管扶手　(c)水磨石扶手　(d)大理石扶手　(e)塑料扶手

栏杆、扶手的转弯处理如下：在双折式楼梯的平台转弯处，当上下行楼梯的第一个踏步口平齐时，两段扶手在此不能方便地连接，需延伸一段后再连接，或做成"鹤颈"扶手，如图 2-5-16 所示。这种扶手使用不便且制作麻烦，应尽量避免。一般的改进方法有：一是将平台处栏杆向里缩进半个踏步距离，可顺当连接。其特点是连接简便，易于制作，省工省料，但是由于栏杆扶手伸入平台，使平台净宽变小。二是将上下行的楼梯段的第一个踏步相互错开，扶手可顺当连接。其特点是简便易行，但是必须增加楼梯间的进深。三是将上下行扶手在转折处断开各自收头。因扶手断开，栏杆的整体性受到影响，需在结构上互相连牢。

2.5.1.4　楼梯构造设计

（1）楼梯构造设计步骤及方法

①已知楼梯间开间进深和层高，进行楼梯设计

选择楼梯形式：根据已知的楼梯间尺寸，选择合适的楼梯形式。

- 进深较大而开间较小时，可选用双跑平行楼梯；

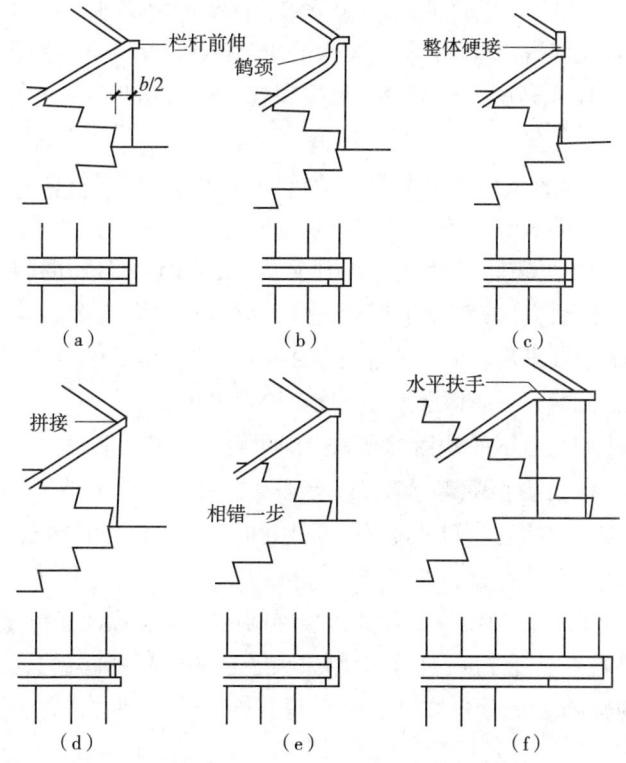

图 2-5-16 栏杆转弯处处理

(a)栏杆前伸半个踏步 (b)"鹤颈"扶手 (c)整体硬接 (d)拼接 (e)(f)错开踏步的扶手处理

- 开间和进深均较大时,可选用双分式平行楼梯;
- 进深不大却与开间尺寸接近时,可选用三跑或四跑楼梯。

确定踏步尺寸和踏步数量:根据建筑物的性质和楼梯的使用要求,确定踏步尺寸。通常公共建筑主要楼梯的踏步尺寸适宜范围为:踏步宽度 300mm、320mm,踏步高度 140~150mm;公共建筑次要楼梯的踏步尺寸适宜范围为:踏步宽度 280mm、300mm,踏步高度 150~170mm;住宅公用楼梯的踏步尺寸适宜范围为:踏步宽度 250mm、260mm、280mm,踏步高度 160~180mm。

设计时可选定踏步高度,由经验公式 $2h+b = 600mm$(h 为踏步高度,b 为踏步宽度),求得踏步高度,且各级踏步高度应相同。

根据楼梯间的层高 H 和初步确定的楼梯踏步高度,计算楼梯各层的踏步数量,即踏步数量为:

$$N=H/h$$

若得出的踏步数量不是整数,可调整踏步高度 h 值,使踏步数量为整数。

确定梯段宽度:根据楼梯间的开间、楼梯形式和楼梯的使用要求,确定梯段宽度。如双跑平行楼梯的梯段宽度=0.5×(楼梯间宽度-净宽梯井宽)。

梯井宽度一般为 100~200mm,梯段宽度应该用 1m 或 1/2m 的整数倍数。

确定各梯段的踏步数量:根据各层踏步数量、楼梯形式等确定各梯段的踏步数量。如双跑平行楼梯的踏步数量为:

$$各梯段踏步数量(n) = 0.5×各层楼梯踏步数量(N)$$

各层踏步数量宜为偶数。若为奇数，每层的两个梯段的踏步数量相差一步。

确定梯段长度和梯段高度：根据踏步尺寸和各梯段的踏步数量，计算梯段长度和高度，计算式为：

$$梯段长度=[该梯段踏步数量(n)-1]×踏步宽度(b)$$
$$梯段高度=该梯段踏步数量(n)×踏步高度(h)$$

确定平台深度：根据楼梯间的尺寸、梯段宽度等，确定平台深度（包括中间平台深度和楼层平台深度）。平台深度应不小于梯段宽度，对直接通向走廊的开敞式楼梯间而言，其楼层平台的深度不受此限制，但为了避免走廊与楼梯的人流相互干扰并便于使用，应留有一定的缓冲余地。此时，一般楼层平台深度至少为500~600mm。

确定底层楼梯中间平台下的地面标高和中间平台面标高：若底层中间平台下设通道，平台梁底面与地面之间的垂直距离应满足平台净高的要求，即不小于2000mm。否则，应将地面标高降低，或同时抬高中间平台面标高。此时，底层楼梯各梯段的踏步数量、梯段长度和梯段高度需进行相应调整。

校核：根据以上设计所得结果，计算出楼梯间的进深。若计算结果比已知的楼梯间进深小，通常只需调整平台深度；当计算结果大于已知的楼梯间进深，而平台深度又无调整余地时，应调整踏步尺寸，按以上步骤重新计算，直到与已知的楼梯间尺寸一致为止。

绘制楼梯间各层平面图和剖面图：楼梯平面通常有底层平面图、标准层平面图和顶层平面图。

绘制时应注意以下几点：

● 尺寸和标高的标注应整齐、完整。平面图中应主要标注楼梯间的开间和进深、梯段长度和平台深度、梯段宽度和梯井宽度等尺寸，以及室内外地面、楼层和中间平台面等标高。剖面图中应主要标注层高、梯段高度、室内外地面高差等尺寸，以及室内外地面、楼层和中间平台面等标高。

● 楼梯平面图中应标注楼梯上行和下行指示线及踏步数量。上行和下行指示线是以各层楼面（或地面）标高为基准进行标注的，踏步数量应为上行或下行楼层踏步数。

● 在剖面图中，若为平行楼梯，当底层的两个梯段做成不等长梯段时，第二个梯段的一端会出现错步，错步的位置宜安排在二层楼层平台处，不宜布置在底层中间平台处。

② 已知建筑物层高和楼梯形式，进行楼梯设计，并确定楼梯间的开间和进深

● 根据建筑物的性质和楼梯的使用要求，确定踏步尺寸，再根据初步确定的踏步尺寸及建筑物的层高，确定楼梯各层的踏步数量。设计方法同上（详见楼梯构造设计步骤及方法）。

● 根据各层踏步数量、梯段形式等，确定各梯段的踏步数量，再根据各梯段踏步数量和踏步尺寸计算梯段长度和梯段宽度。楼梯底层中间平台下设通道时，可能需要调整底层各梯段踏步数量、梯段长度和梯段高度，以使平台净高满足2000mm要求。设计方法同上（详见楼梯构造设计步骤及方法）。

- 根据楼梯的使用性质、人流量的大小及防火要求,确定梯段宽度。通常住宅的公用楼梯梯段净宽不应小于 1100mm,不超过 6 层时,可不小于 1000mm。公共建筑的次要楼梯梯宽不应小于 1200mm,主要楼梯梯段净宽应按疏散宽度的要求确定。
- 根据梯段宽度和楼梯间的形式等,确定平台深度。设计方法同上(详见楼梯构造设计步骤及方法)。
- 根据以上设计所得结果,确定楼梯间的开间和进深。开间和进深应以 3M(1M = 100mm) 为模数。
- 绘制楼梯各层平面图和楼梯剖面图。

（2）**楼梯构造设计例题分析**

如图 2-5-17 所示,某内廊式综合楼的首层为 3.60m,楼梯间的开间为 3.30m,进深为 6m,室内外地面高差为 450mm,墙厚为 240mm,轴线居中,试设计该楼梯。

①选择楼梯形式　对于开间为 3.30m,进深为 6m 的楼梯间,适合选用双跑平行楼梯。

②确定踏步尺寸和踏步数量　作为公共建筑的楼梯,初步选取踏步宽度 b = 300mm。由经验公式 $2h+b=600$mm,求得踏步高度 h = 150mm,初步取 h = 150mm。各层踏步数量 N = 层高(H)/h = 3600/150 = 24(级)。

③确定梯段宽度　设梯井宽为 160mm,楼梯间净宽为 3300 − 2×120 = 3060(mm),则梯段宽度 B = 0.5×(3060 − 160) = 1450(mm)。

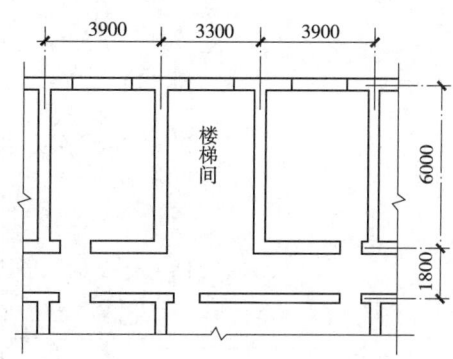

图 2-5-17　某综合楼部分平面图

④确定各梯段的踏步数量　各层两梯段采用等跑,则各层两个梯段踏步数量为:

$$n_1 = n_2 = 0.5 \times N = 24/2 = 12(级)$$

⑤确定梯段长度和梯段宽度　梯段长度 $L_1 = L_2 = (n-1)b = (12-1)\times 300 = 3300$(mm);梯段高度 $H_1 = H_2 = n \times h = 12 \times 150 = 1800$(mm)。

⑥确定平台深度　中间平台深度 B_1 不小于 1450mm(梯段宽度),取 1600mm,楼梯平台深度 B_2 暂取 600mm。

⑦校核　$L_1 + B_1 + B_2 + 120 = 3300 + 1600 + 600 + 120 = 5620$(mm),小于 6000(mm)(进深),将楼层平台深度加大至 600 + (6000 − 5620) = 1080(mm)。

由于层高较大,楼梯底层中间平台下的空间可作为贮藏空间有效利用。为增加净高,可降低平台下的地面标高至 −0.300m。根据以上设计结果,绘制楼梯各层平面图和楼梯剖面图(图 2-5-18),此图按 3 层综合楼绘制。设计时,按实际层数绘图。

2.5.2　梯道

（1）**梯道的概念**

梯道即梯形通道。人行梯道是城市竖向规划建设的步行系统。步行系统为山区城市必不可少的交通设施,而人行梯道是山区步行系统的主要设施,为满足人们上、下坡时心理和体力需要及景观要求,规定了人行梯道的坡比值、休息平台及转折平台等技术指标,而

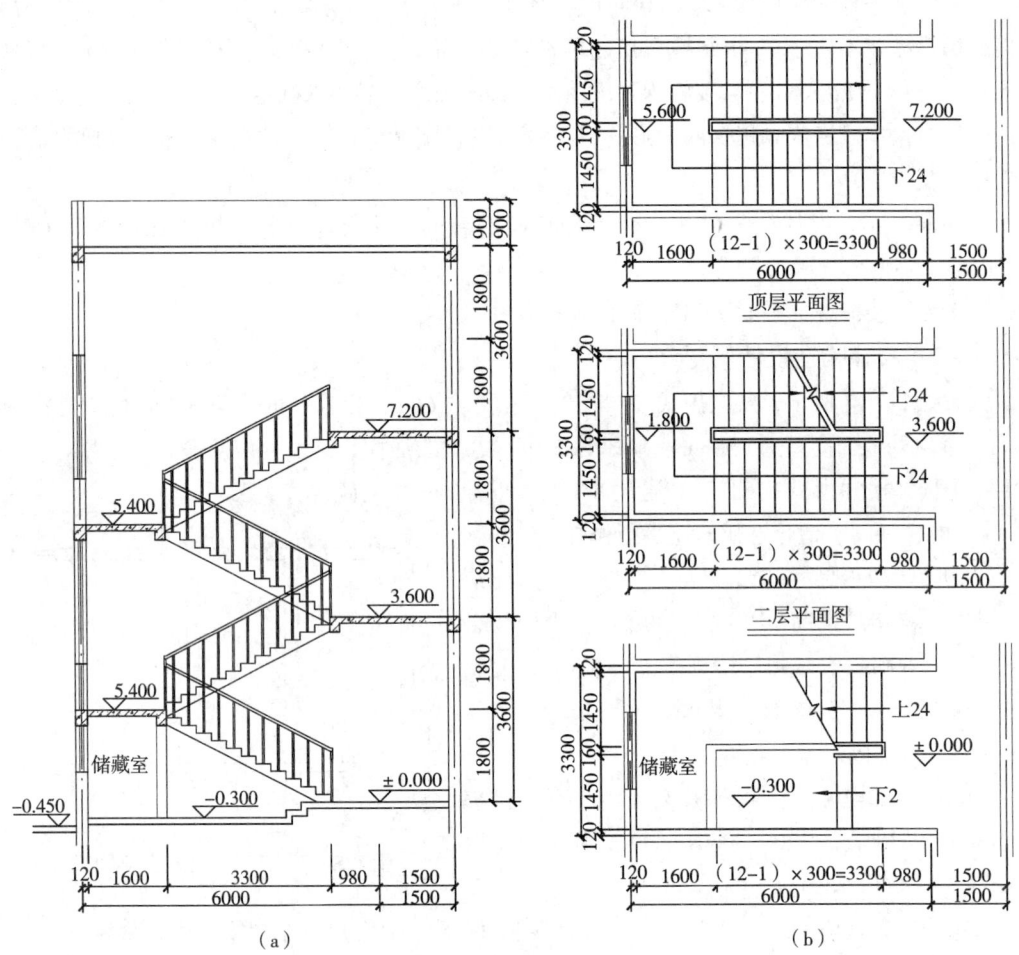

图 2-5-18　楼梯设计图
(a)剖面图　(b)底层平面图

这些指标和梯道的功能级别相关。为此,《城乡建设用地竖向规划规范》(CJJ 83—2016)中对梯道进行了分级,以便于规划设计时参照取值。

人行梯道分级系统是综合分析山区城市梯道后归纳而成的,如重庆市火车站至两路口、朝天门至滨江路的梯道,属交通枢纽地段梯道;又如重庆市大礼堂梯道和南京市的中山陵大梯道等属景观性梯道,皆为一级梯道。

设置休息平台、转折平台,主要是为了满足人们生理和心理需要,尤其是为了老年人和体弱者的需要。转折平台宽度若小于梯道宽度,将成为步行通道的卡口,可能形成交通阻塞,不利于安全。梯道的坡比值包括阶梯、休息平台、转折平台的全程坡度比值。

(2)梯道的设置规定

《城乡建设用地竖向规划规范》(CJJ 83—2016)中指出梯道应符合下列规定:

①人行梯道按其功能和规模可分为3级:一级梯道为交通枢纽地段的梯道和城市景观性梯道;二级梯道为连接小区间步行交通的梯道;三级梯道为连接组团间步行交通或入户的梯道。

②梯道台阶踏步数不应少于2级；纵坡大于50%的梯道应做防滑处理，并设置护栏设施；梯道每升高1.2~1 5m宜设置休息平台，平台进深应大于1.2m，条件为陡坡山地时，宜根据具体情况增加台阶数，但不宜超过18级；二、三级梯道连续升高超过5.0m时除应设置休息平台外，还应设置转折平台，且转折平台的宽度不宜小于梯道宽度。

③各级梯道的规划指标应符合表2-5-2的规定。

表2-5-2 梯道的规划指标

级 别	项 目		
	宽度(m)	坡比值(%)	休息平台宽度(m)
一级	≥10.0	≤25	≥2.0
二级	4.0~10.0	≤30	≥1.5
三级	2.0~4.0	≤35	≥1.2

2.5.3 台阶与坡道

台阶与坡道多是设置在建筑物出入口处的辅助构件，根据使用要求的不同在形式上有所区别。一般民用建筑中，在车辆通行及专为残疾人使用的特殊情况下才设置坡道；有时在走廊内为解决小尺寸高差时也用坡道。台阶和坡道在入口处对建筑的立面还具有一定的装饰作用，因此设计时既要考虑实用，又要考虑美观。

（1）台阶与坡道的形式

台阶由踏步和平台组成。其形式有单面踏步式、三面踏步式等。台阶坡度较楼梯平缓，每级踏步高为100~150mm，踏面宽为300~400mm。当台阶高度超过0.7m时，宜设置护栏设施。台阶有室内台阶和室外台阶之分，室内台阶主要用于室内局部的高差联系，室外台阶主要用于联系室内外地面，在园林环境中室外台阶应用广泛。室内台阶步宽不宜小于300mm，步高不宜大于150mm，连续踏步数不宜小于二级。当高差不足二级时，需设计成坡道。由于室外台阶使用较多，本节仅介绍室外台阶。

为防潮防水，一般要求首层室内地面至少要高于室外地坪150mm。这部分高差要用台阶联系。

台阶由踏步和平台组成，其平面形式有单面踏步式、两面踏步式和三面踏步式等，如图2-5-19所示。台阶坡度较楼梯平缓，每级踏步高为100~150mm，踏面宽为300~400mm，当台阶高度超过1m时，宜设有护栏。在出入口和台阶之间设平台，平台应与室内地坪有一定高差，一般为40~50mm，且表面应向外倾斜1%~3%的坡度，避免雨水流向室内。

在园林环境中，有时为了突显山势，台阶的高度可增至250mm以上，以增加趣味。在广场、河岸等较平坦的地方，有时为了营造丰富的地面景观，也要设计台阶，使地面的造型更加富有变化。每一级踏步的宽度最好一致，不要忽宽忽窄；每一级踏步的高度也要统一，不得高低相间。

（2）台阶构造

台阶构造与地坪构造相似，台阶由踏步和平台组成，由面层和结构层构成。面层应耐磨、光洁、易于清扫，一般采用耐磨、抗冻材料做成，常用的有水泥砂浆、水磨石、缸砖

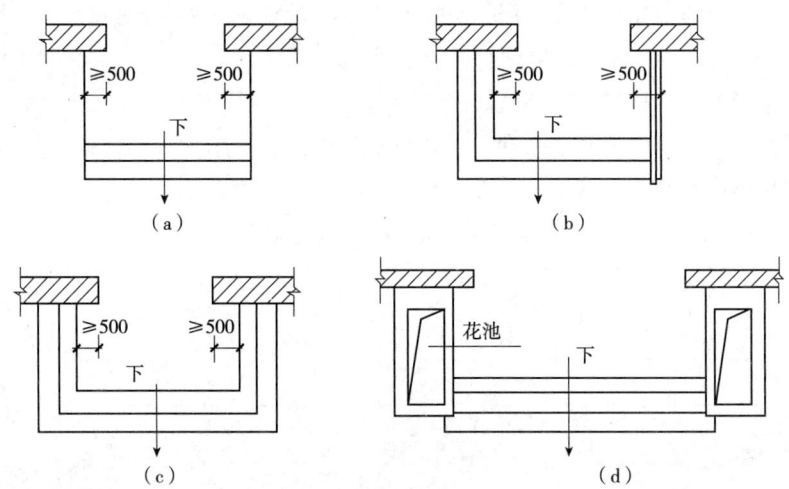

图 2-5-19 台阶的形式
(a)单面踏步 (b)双面踏步 (c)三面踏步 (d)单面踏步带花池

以及天然石板等。水磨石在冰冻地区容易造成滑跌,应慎用,如使用必须采取防滑措施。缸砖、天然石板等也应慎用表面光滑的材料。结构层承受作用在台阶上的荷载,应采用抗冻、抗水性能好且质地坚实的材料,常用的有黏土砖、混凝土、天然石材等。普通黏土砖抗冻、抗水性能差,砌做台阶整体性也不好,容易损坏,即使做了面层也会剥落,故除次要建筑或临时性建筑中使用外,一般很少用。大量的民用建筑多采用混凝土台阶。常见的台阶基础有就地砌造、勒脚挑出和桥式 3 种。台阶踏步有砖砌踏步、混凝土踏步、钢筋混凝土踏步和石踏步 4 种,如图 2-5-20 所示。

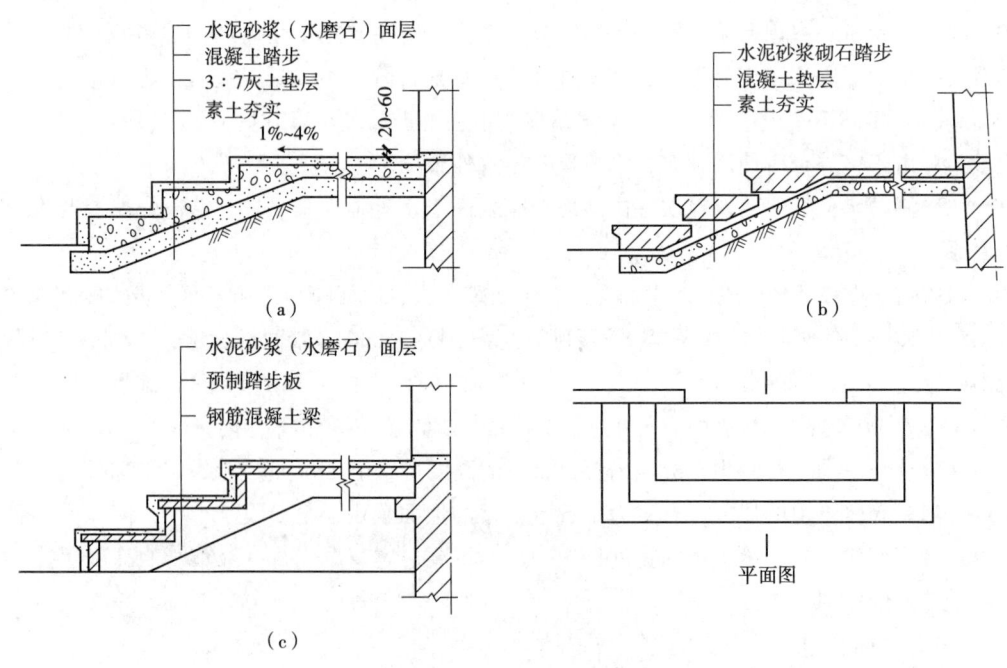

图 2-5-20 台阶构造
(a)混凝土台阶 (b)石台阶 (c)钢筋混凝土架空台阶

(3) 坡道构造

当室外门前有车辆通行及特殊的情况下,要求设置坡道。坡道多为单面坡形式。有些大型公共建筑为考虑车辆能在出入口处通行,常采用台阶与坡道相结合的形式。在有残疾人轮椅车通行的建筑门前应在有台阶的地方增设坡道,以便出入。坡道的坡度一般在1:8~1:12。室内坡道不宜大于1:8,室外坡道不宜大于1:10;供轮椅使用的坡道不应大于1:12。当坡度大于1:8时须做防滑处理,一般做锯齿状或做防滑条。自行车坡道不宜大于1:5,并应辅以踏步。

坡道也是由面层、结构层和基层组成,要求材料耐久性,抗冻性好,表面耐磨。常用的结构层材料有混凝土或石块等,面层以水泥砂浆居多,基层应注意防止不均匀沉降和冻胀土的影响。

常见的坡道材料有混凝土或石块等,面层也以水泥砂浆居多,经常处于潮湿、坡度较陡或采用水磨石做面层的坡道,其表面必须做防滑处理,如图 2-5-21 所示。

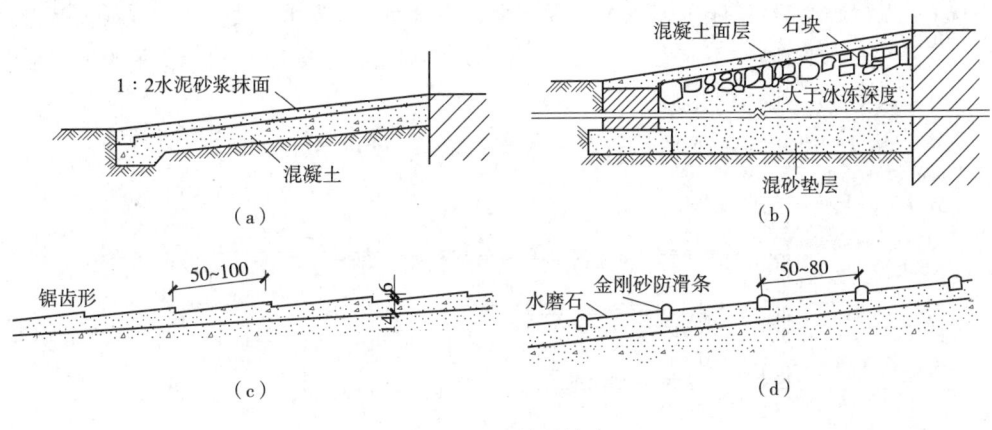

图 2-5-21 坡道构造
(a)水泥砂浆抹面 (b)混凝土面层 (c)锯齿形坡道 (d)金刚砂防滑条

在坡度较大的地段,一般纵坡超过15%时,应设台阶,但为了车辆通行,将斜面做成锯齿形坡道,称为礓磋。

(4) 有高差处无障碍设计的构造问题

①无障碍坡道 有高差处无障碍设计的服务对象是下肢残疾及视力残障的人员。无障碍设计的主要方式是用坡道来代替楼梯和台阶及对楼梯采取特殊构造处理。

建筑入口为无障碍入口时,入口室外的地面坡度不应大于1:50。供轮椅通行的坡道应设计成直线形、直角形或折返形,不宜设计成弧形。坡道的两侧应设扶手,在扶手栏杆下端设高度不小于 50mm 的坡道安全挡台。不同位置坡道的坡度及宽度应符合表 2-5-3 的要求。

坡道的尺度:《城市道路和建筑物无障碍设计规范》(JGJ 50—2016)中主要供残疾人使用的走道与地面应符合下列规定:

- 走道宽度不应小于 1.80m;
- 走道两侧应设扶手;
- 走道两侧墙面应设高度为 0.35m 的护墙板;

表 2-5-3 不同位置坡道的坡度及宽度

坡道位置	最大坡度	最小宽度(m)
有台阶的建筑入口	1∶12	≥1.20
只设坡道的建筑入口	1∶20	≥1.50
室内走道	1∶12	≥1.00
室外走道	1∶20	≥1.50
困难地段	1∶10~1∶8	≥1.20

- 走道及室内地面应平整，并选用遇水不滑的地面材料；
- 走道拐弯处的阳角应为弧墙面或切角墙面等；
- 走道内不得设置障碍物，光照度不应小于120lx。

坡道的坡面应平整，不光滑。坡道的起点、终点和休息平台的水平长度不应小于1500mm。人行通道和室内地面应平整、不光滑、不松动、不积水。使用不同材料铺装的地面应相互取平，如有高差不应大于15mm，并应以斜面过渡。如图 2-5-22 所示为坡道的起点、终点和休息平台的水平长度。

残疾人使用的楼梯与台阶的设计要求、坡度要求：见表 2-5-4、表 2-5-5。

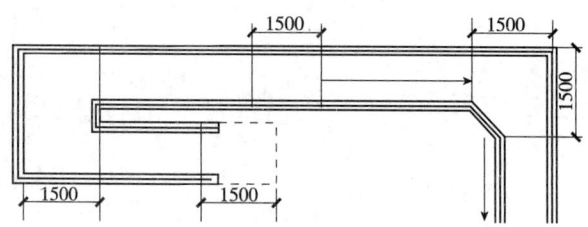

图 2-5-22 坡道的起点、终点和休息平台的水平长度

表 2-5-4 残疾人使用的楼梯与台阶的设计要求

类　别	设　计　要　求
楼梯与台阶形式	应采用有休息平台的直线形梯段和台阶； 不用采用无休息平台的梯段和弧形楼梯； 不应采用无踢面和突缘为直角形的踏步
宽度	公共建筑的梯段宽度不应小于1.50m； 居住建筑的梯段宽度不应小于1.20m
扶手	楼梯两侧应设扶手； 从三级台阶起应设扶手
踏面	应平整而不光滑； 明步踏面应设高度不小于50mm的安全挡台
盲道	距踏步起点和终点25~30cm处设提示盲道
颜色	踏面与踢面的颜色应有区分和对比

表 2-5-5　不同坡度的高度和水平长度

坡度	1∶20	1∶16	1∶12	1∶10	1∶8
最大高度(m)	1.50	1.00	0.75	0.60	0.35
水平长度(m)	30.00	16.00	9.00	6.00	2.80

②无障碍楼梯形式和扶手栏杆

无障碍楼梯形式及尺度：残疾人使用的楼梯应采用有休息平台的直线形梯段，如图 2-5-23 所示。

踏步细部处理：楼梯、台阶踏步的宽度和高度见表 2-5-6。梯段凌空一侧翻起应不小于 50mm；踏步无突缘，如图 2-5-24 所示。

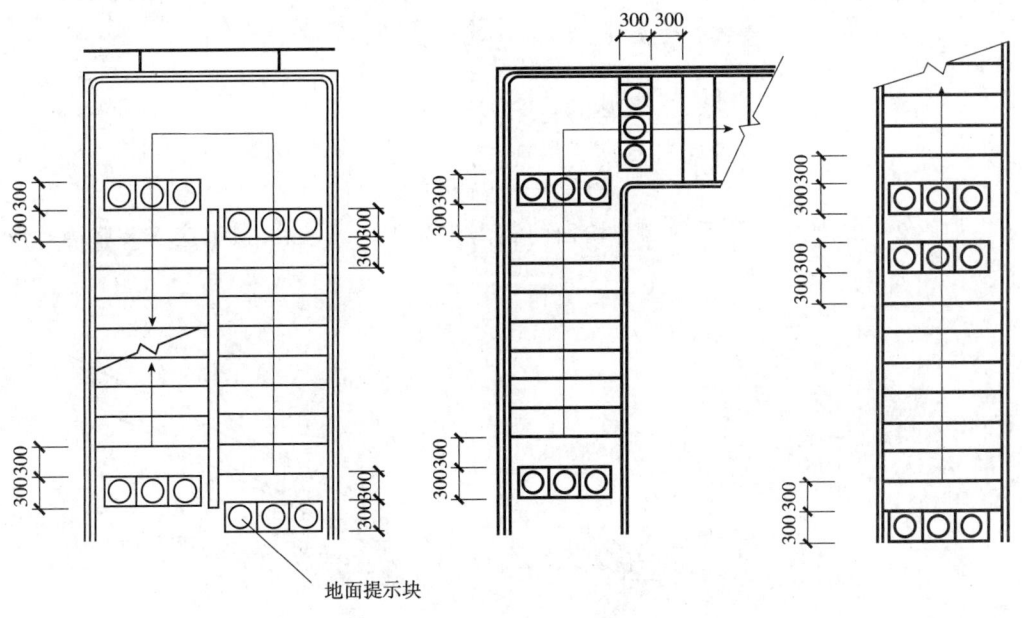

图 2-5-23　无障碍楼梯形式及尺度

表 2-5-6　无障碍楼梯、台阶踏步的宽度和高度　　　　　　　　　　　　　　m

建筑类别	最小宽度	最大高度
公共建筑楼梯	0.28	0.15
住宅、公寓建筑公用楼梯	0.26	0.16
幼儿园、小学楼梯	0.26	0.14
室外台阶	0.30	0.14

③楼梯、坡道的扶手、栏杆　楼梯在两侧均设高度为 850mm 的扶手，设两层扶手时，下层扶手高度应为 650mm；扶手起点与终点处延伸应大于或等于 300mm；扶手末端应向内拐到墙面，或向下延伸 100mm。栏杆式扶手应向下成弧形或延伸到地面固

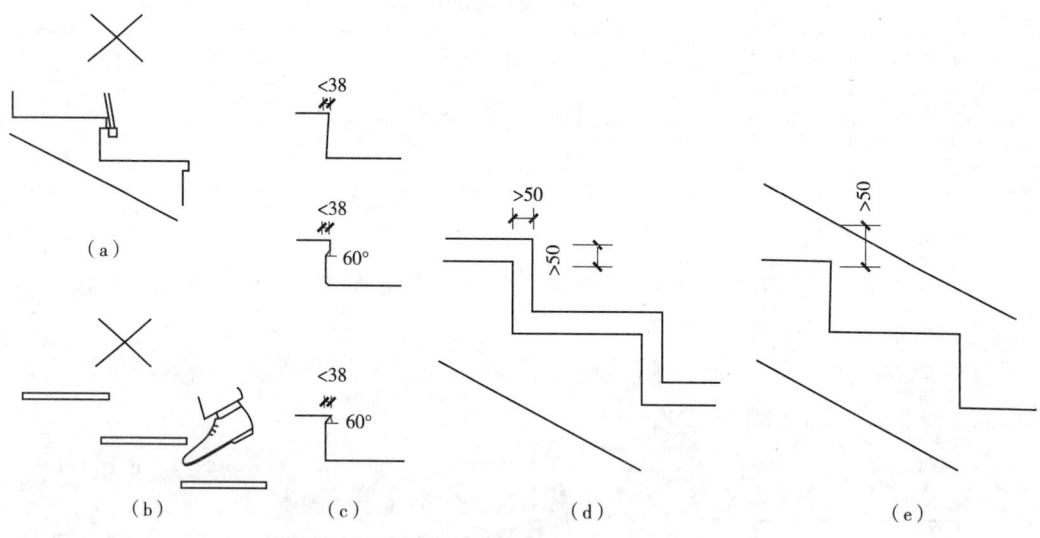

图 2-5-24 踏步细部处理

(a)有直角突缘,不可用 (b)踏步无踢面,不可用 (c)踏步线形光滑流畅,可用
(d)立椽 (e)踢脚板

定,如图 2-5-25 所示;扶手内侧与墙面的距离应为 40~50mm;扶手应安装坚固,形状易于抓握。

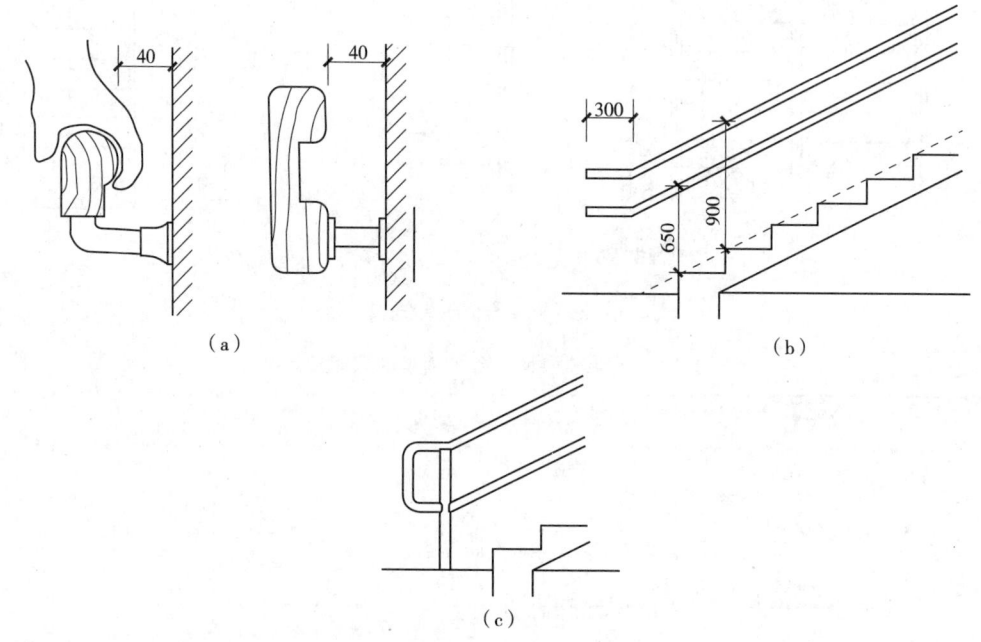

图 2-5-25 楼梯、坡道的扶手、栏杆

(a)扶手截面应便于抓握 (b)扶手高度及起始、终结步处外伸尺寸
(c)扶手末端向下

2.6 门窗

【知识目标】
(1) 了解常见门窗的类型、大小、比例尺度、材料、造型以及排列组合方式。
(2) 了解门窗的常见材料和构造要求。
【技能目标】
(1) 能辨别门窗的类型、材质。
(2) 能根据不同的建筑风格配置不同材质和风格的门窗。
【素质目标】
通过学习园林建筑门窗的类型、大小、比例尺度以及作用；要求学生掌握不同建筑风格门窗的设计要求和施工构造措施；培养学生的美学素养、实事求是的工作作风和科学严谨的工作态度。

门和窗是房屋建筑中的两个围护部件。门的主要功能是供交通出入、分隔并联系建筑空间，有时也兼通风和采光作用；窗的主要功能是采光、通风、观察和递物；在不同使用条件要求下，门窗还应具有保温、隔热、隔声、防水、防火、防尘及防盗等功能。因此，对门窗的要求是：坚固、耐用，开启方便、关闭紧密，功能合理，便于维修。

门窗常采用的材料有木、钢、铝合金、塑料、玻璃等。木门窗制作简易，适用于手工加工，制作灵活，是一直以来广泛采用的有效形式。普通木门窗多采用变形较小的松木和杉木，较考究的木门窗多用硬木，所用木料需经干燥处理，以防变形。

钢门窗强度高、断面小、挡光少、能防火，所用钢门窗型材经不断改进，形成多种规格系列型材，是被广泛采用的形式之一。普通钢门窗易生锈、重量大、导热系数较高，在严寒地区易结露。渗铝空腹钢门窗、塑钢门窗、彩板钢门窗可大大改善钢门窗的防蚀性能，已在世界许多国家推广使用。

铝合金门窗轻、挺拔精致、密闭性能好，近百年来要求较高的建筑已广泛采用铝合金门窗。但铝合金导热系数大，保温较差且造价偏高。用绝缘性能较好的材料，如塑料做隔离层制成的塑铝窗能大大提高铝合金门窗的热工性能。

塑料门窗热工性能好、加工精密、耐腐蚀，是很有发展前途的门窗类型。目前我国生产的塑料门窗成本偏高，强度、刚度及耐老化性能尚待提高，但随着塑料工业的发展，高强度、耐老化的塑料门窗使用寿命已达 30 年以上，塑料门窗必将得到越来越广泛的应用。

现代门窗的制作生产，已经走上标准化、规格化及商品化的道路，全国各地都有大量的标准图可供选用，门窗的制作与加工也多由工业化生产供应。由于木门窗在园林建筑中应用比较广泛，因此本教材重点介绍木门窗的构造设计原理和做法，对金属和塑料门窗只做简单介绍。

2.6.1 木窗的构造

（1）窗的开启方式

窗的开启方式主要取决于窗扇转动五金的位置和转动方式，通常有以下几种：固定

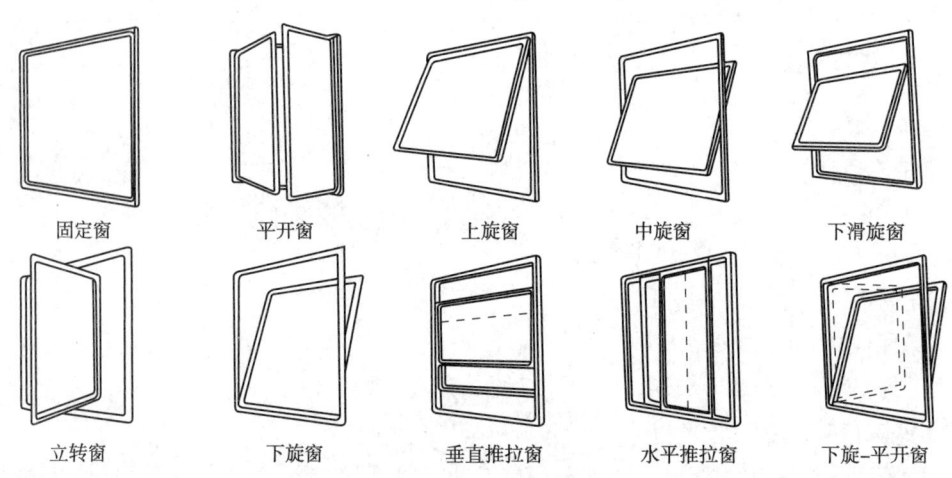

图 2-6-1　窗的开启方式

窗、平开窗、横式旋窗(上、中、下)、立转窗、下旋窗、推拉窗(垂直、水平)以及下旋-平开窗，如图 2-6-1 所示。

（2）木窗的组成与尺度

窗主要由窗樘(俗称窗框)和窗扇组成。窗扇有玻璃窗扇、纱窗扇、板窗扇和百叶窗扇等。为了转动和启闭中的临时固定，在窗扇和窗樘间装有各种铰链、风钩、插销、拉手以及导轨、转轴、滑轮等五金零件。窗樘与墙的连接处，根据不同的要求，有时要加设窗台、贴脸、窗帘盒等(图 2-6-2)。平开窗一般为单层玻璃窗，为防止蚊蝇，还可加设纱窗，为遮阳还可设置百叶窗；为保温或隔声，也可设置双层窗。

窗的尺度一般根据采光通风要求、结构构造要求和建筑造型等因素决定，同时应符合模数制要求。

从构造上讲，一般平开窗的窗扇宽度为 400～600mm，高度为 800～1500mm，腰头上的气窗高度为 300～600mm，固定窗和推拉窗尺寸可大些。目前我国各地标准窗基本尺度多以 300mm 为扩大模数，有些地区也有插入 300mm 的一半为模数或习惯尺寸的。

（3）木窗的窗樘

窗樘是墙与窗扇之间的联系构件，施工时窗樘的安装方式一般有立樘子及塞樘子两种。

①立樘子　又称立口。施工时将窗樘立好后砌窗间墙，为加强窗樘与墙的联系，在窗樘上下档各伸出约半砖长的木段(俗称羊角或走头)，同时在边框外侧每 500～700mm 设一木拉砖或铁脚砌入墙身，如图 2-6-3 所示。

②塞樘子　又称塞口或嵌樘子，是在砌端时先留出窗洞，以后再安装窗樘。为了加强窗樘与墙的联系，砌墙时需在窗洞两侧每隔 500～700mm 翻入一块半砖大小的防腐木砖(窗洞每侧应不小于两块)，安装窗樘时用长钉或螺钉将窗樘钉在木砖上(图 2-6-4)。为了施工方便，可以在樘子上钉铁脚，再用膨胀螺丝钉在墙上，也可以用膨胀螺丝直接把樘子钉于墙上。

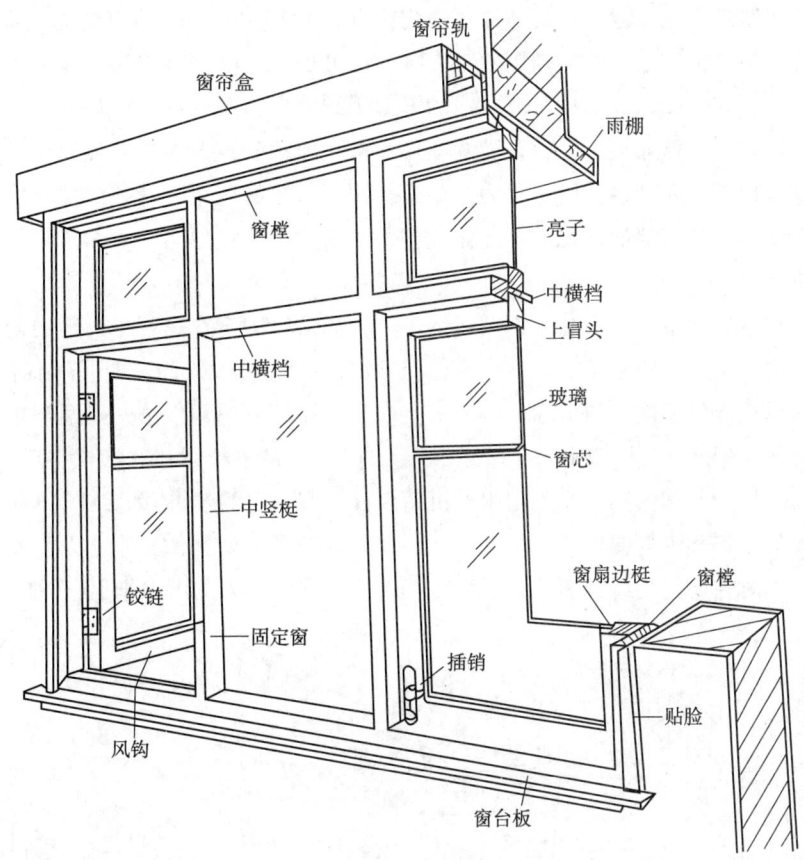

图 2-6-2 木窗的组成

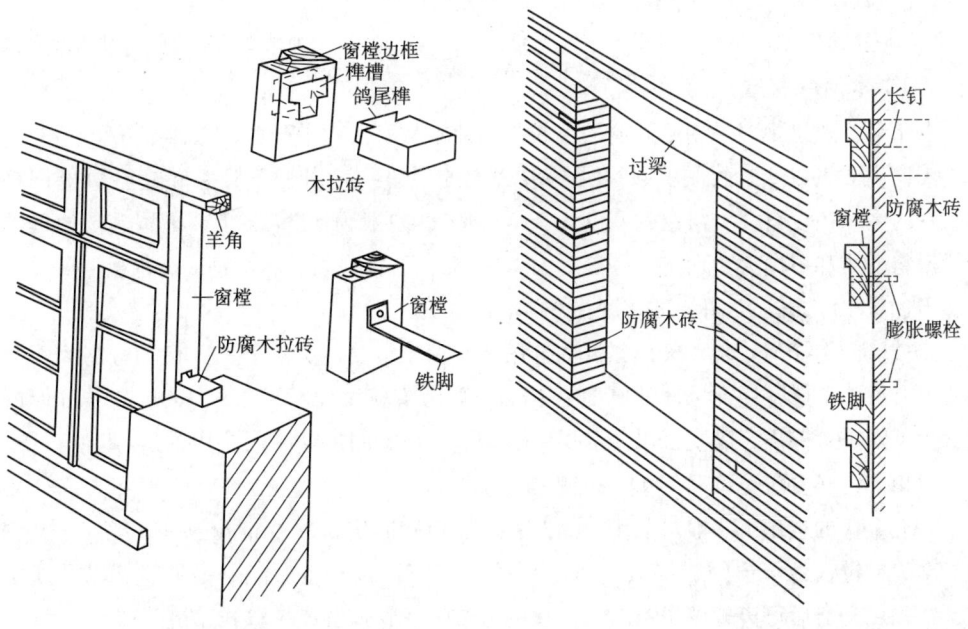

图 2-6-3 窗樘立樘子的羊角、木拉砖和铁脚　　图 2-6-4 塞口洞口构造

③窗樘与墙的构造　塞樘子的窗樘每边应比窗洞小10~20mm，所以窗樘与墙之间的缝需进行处理。为了抗风雨，外侧须用砂浆嵌缝，也可加钉压缝条或采用油膏嵌缝；寒冷地区，为了保温和防止灌风，窗框与墙之间的缝应用纤维或毡类如毛毡、矿棉、麻丝或泡沫塑料绳等填塞。木窗樘靠墙一面，易受潮变形，常在窗樘外侧开槽，并做防腐处理，以减少木材伸缩变形造成的裂缝；同时，为使墙面粉刷能与窗樘嵌牢，常把窗樘靠墙一侧内外二角做成灰口。窗樘与墙面内平的情况做成贴脸，窗樘小于墙厚者，可做成筒子板，贴脸和筒子板也要注意开槽，防止变形。

窗樘与窗扇的构造：一般窗扇都用铰链、转轴或滑轨固定在窗樘上，窗扇与窗樘之间既要开启方便，又要关闭紧密。通常在窗樘上做铲口，深10~12mm，也可钉小木条形成铲口以减少对窗樘木料的削弱[图2-6-5(a)(b)]。为了提高防风雨能力，可适当加大铲口深度(约15mm)或在铲口处钉镶密封条[图2-6-5(c)]，或在窗樘留槽，形成空腔的回风槽，对减弱风压、防止毛细流动、排除雨水及沉落风沙均有一定的效果[图2-6-5(d)(e)]。

外开窗的上口和内开窗的下口，都是防水薄弱环节，一般须做披水板及滴水槽以防止雨水内渗，同时在窗樘内槽及窗盘处做积水槽及排水孔将渗入的雨水排出(图2-6-6)。

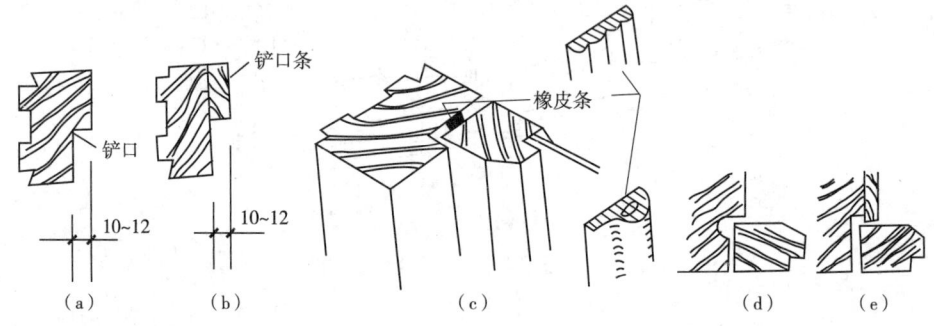

图 2-6-5　窗樘与窗扇间铲口处理方式
(a)窗樘铲口　(b)小木条铲口　(c)铲口处钉密封条　(d)弧形空腔回风槽　(e)矩形空腔回风槽

（4）木窗的窗扇

由于园林建筑中多采用平开窗的形式，因此本教材仅对平开窗扇做详细介绍。

①窗扇的组成、断面形状和尺寸　玻璃窗的窗扇一般由上下冒头和左右边梃榫接而成，有的中间还设窗棂。窗扇的厚度为35~42mm，一般为40mm，上、下冒头及边梃的宽度视木料材质和窗扇大小而定，一般为50~60mm，下冒头加做滴水槽或披水板，可较上冒头适当加宽10~25mm，窗棂的宽度为27~40mm。

②玻璃的选择与安装　玻璃厚薄的选用，与窗扇分格的大小有关，窗的分格大小与使用要求有关，一般常用窗玻璃的厚度为3mm。如考虑较大面积可采用5mm或6mm厚的玻璃，为了隔声、保温等需要可采用双层中空玻璃。窗上的玻璃一般多用油灰(桐油石灰)镶嵌成斜角形，必要时也可采用小木条镶钉。

③五金件的选用　一般可分为启闭时转动、启闭时定位以及推拉执手3类。平开窗转动五金为铰链，为了窗的拆卸方便可采用抽芯铰链；为开启后能贴平墙身，以及便于擦窗，常采用开启后可离开樘子有一段距离的方铰链、长铰链或平移式铰链。

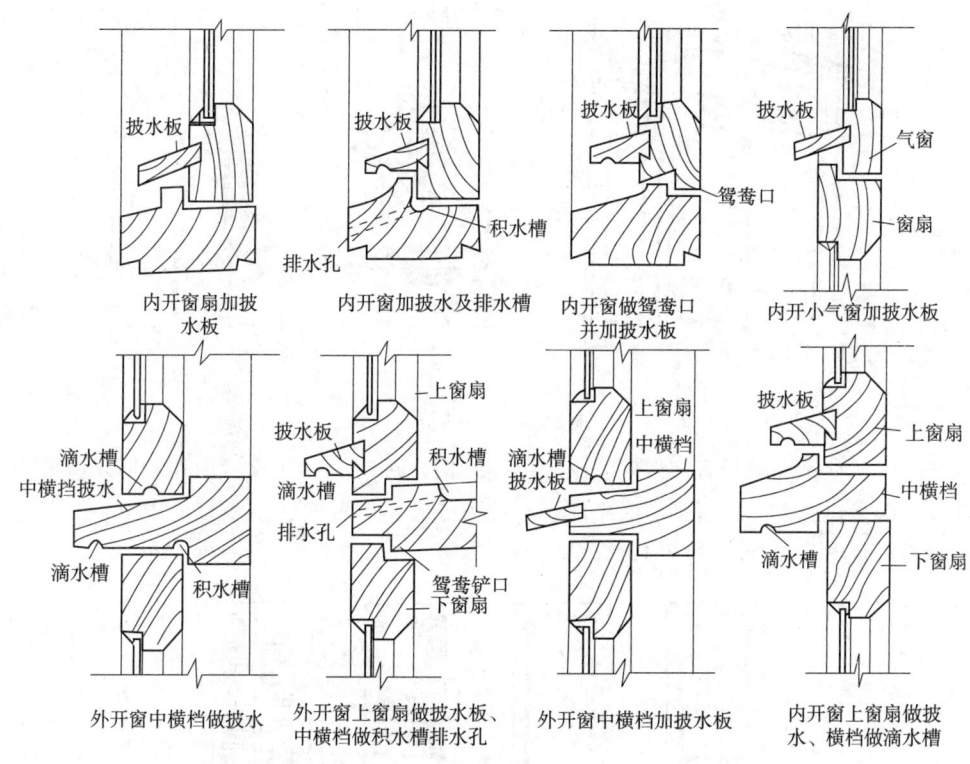

图 2-6-6 窗的披水构造

2.6.2 木门的构造

（1）门的开启方式

门的开启方式主要及类型由使用要求决定，通常有以下几种不同的类型：平开门、弹簧门、推拉门、折叠门、转门，还有上翻门、升降门、卷帘门。

（2）门的组成与尺度

门主要由门樘、门扇、腰头窗和五金件等部分组成。门的尺度须根据交通运输和安全疏散要求设计。一般供人日常生活活动进出的门，门扇高度常在1900～2100mm；门扇宽度：单扇门为800～1000mm，辅助房间如浴厕、贮藏室的门为600～800mm，双扇门为1200～1800mm；腰头窗高度一般为300～600mm。公共建筑和工业建筑的门可按需要适当提高。

（3）平开门构造

①门樘 又称门框，一般由两根边梃和上槛组成。门樘断面形状，基本上与窗樘类同，只是门的负载较窗大，必要时尺寸可适当加大。门樘与墙的结合位置，一般都设计在开门方向的一边，与抹灰齐平，这样门开启的角度较大，如图2-6-7所示。

门樘与墙的结合方式，基本上和窗樘相同，一般门的悬吊重力和碰撞力均较窗更大，门樘四周的抹灰极易开裂，甚至振落，因此抹灰要嵌入门樘铲口内，并做贴脸木条盖缝。贴脸一般厚15～25mm，宽30～75mm，为了避免木条挠曲，可在木条背后开槽使其较为平服。贴脸木条与地板踢脚线收头处，一般做比贴脸木条放大的木块，称为门蹬。

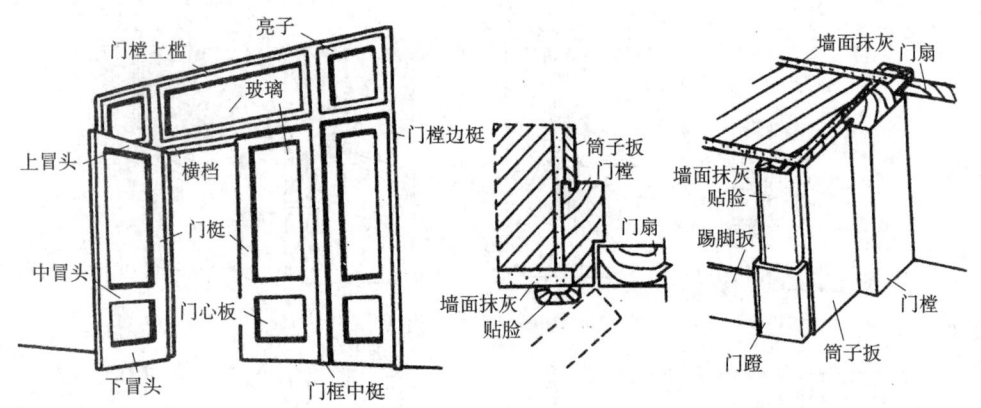

图 2-6-7 门的构造

②门扇 常见的门扇有镶板门、玻璃门、纱门、百叶门、夹板门和弹簧门。主要由上下冒头和两根边梃组成框子,有时中间还有一条或几条横冒头或一条竖向中梃,在其中镶装门心板、玻璃纱或百叶板,组成各种门扇,如图 2-6-8 所示。

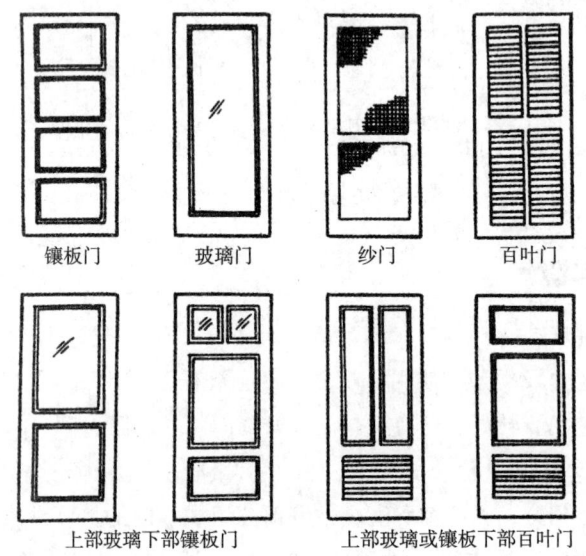

图 2-6-8 镶板门、玻璃门、纱门和百叶门的立面形式

夹板门:中间为轻型骨架,双面贴薄板的门。这种门用料省,自重轻,外形简洁,便于工业化生产。一般广泛适用于房屋的内门;作为外门则须注意使用防水的面板及胶合材料。夹板门的骨架一般用厚 32~35mm、宽 34~60mm 木料做框子,内为格形纵横肋条,肋的宽同框料,厚 10~25mm,视肋距而定,肋距在 200~400mm,装锁处须另加附加木。为了不使门格内温湿度变化产生内应力,一般在骨架间设有通风连贯孔。为了节约木材和减轻自重,还可用与边框同宽的浸塑纸粘成整齐的蜂窝形网格,填在框格内,两面用胶料贴板,成为蜂窝纸夹板门。夹板门的面板一般为胶合板、硬质纤维板或塑料板,用胶结材料双面胶结。有的胶合板面层的木纹有一定装饰效果。夹板门的四周一般采用 15~20mm 厚木条镶边较为整齐美观。夹板门可根据使用功能上的需要镶玻璃及百叶,也可局部加玻璃或百叶。一般在镶玻璃及百叶处,均做一小框子,玻璃边还要做

压条。

弹簧门：开启后自动会关闭的门，一般装有弹簧铰链，常用的有单面弹簧、双面弹簧、地弹簧等数种（图 2-6-9）。单面弹簧门多为单扇，常用于需有温度调节及气味遮挡的房间如厨房、厕所以及用作纱门等。双面弹簧、地弹簧的门，只是铰轴的位置不同，前者弹簧铰链装在门侧边，后者装在地下。双面弹簧门通常都为双扇门，适用于公共建筑的过厅、走廊及人流较多的房间门。为避免人流出入碰撞，一般门上需装设玻璃。

弹簧门中特别是双面弹簧门因人进出频繁，须用硬木，其用料尺寸常比一般镶板门稍大；门扇厚度为 42~50mm，上冒头及边框宽度为 100~120mm，下冒头宽度为 200~300mm，中冒头看需要而定，为了避免两扇门的碰撞，同时不能有过大的缝隙，通常上下冒头做平缝，边框做弧形断面，其弧面半径为门厚的 1~1.2 倍（图 2-6-10）。

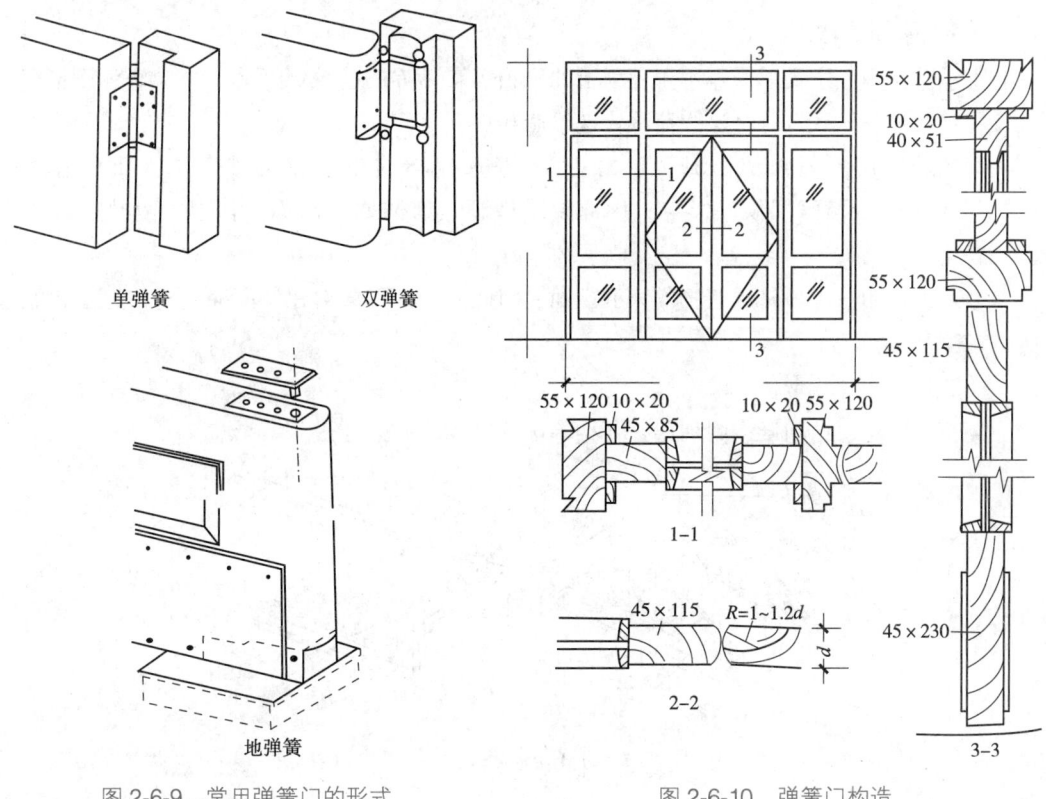

图 2-6-9　常用弹簧门的形式　　图 2-6-10　弹簧门构造

2.7　屋顶

【知识目标】
(1) 了解屋顶的作用、形式及设计要求。
(2) 了解屋顶坡度的影响因素。
(3) 了解屋顶的排水方式。

> 【技能目标】
> (1)掌握坡屋顶的构造组成及防水构造做法。
> (2)掌握屋顶的保温、隔热、通风等要求和构造做法。
> 【素质目标】
> 通过学习园林建筑屋顶的作用、形式和设计要求,要求学生掌握屋顶的坡度的影响因素和排水要求;培养学生的美学素养、实事求是的工作作风和科学严谨的工作态度。

屋顶是建筑的必要构件之一,是建筑物顶部的承重构件和外围护构件。

2.7.1 概述

（1）屋顶的作用

①承重作用 主要承受作用于屋顶上的风雪等自然界的荷载以及施工、检修、设备荷载及屋顶自重等荷载,并将这些荷载传递给墙和柱。

②围护作用 屋顶要防御风、雨、雪、霜、雹等自然因素的侵袭和太阳的辐射热,以及冬季低温等气候的影响,因此要求屋顶具有防水、防火、保温、隔热、隔声等性能。

③造型作用 屋顶是建筑物的第五立面,因此屋顶的形式对建筑立面和整体造型有很大的影响。

（2）屋顶的组成

屋顶由面层、结构层、附加层、顶棚等部分组成(图2-7-1)。

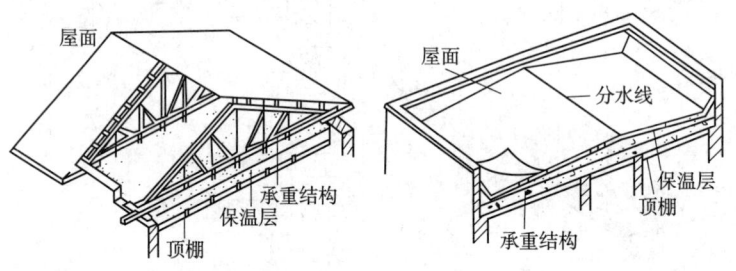

图2-7-1 屋顶的组成

①面层 屋顶面层直接暴露在大气中,承受自然界中各种因素的长期影响,因此面层材料应有足够的防水、耐久性能。

②结构层 即承重层,承受屋面传来的多种荷载和屋面自重。屋顶承重结构一般为平面结构和空间结构。对于园林建筑而言,一般采用平面结构,即梁板结构、屋架等。

③顶棚 屋顶的底面。对于诸如小卖部、茶餐厅、园厕等园林建筑的承重结构需采用梁板结构时,一般在梁、板底面直接抹灰,形成直接抹灰顶棚。当承重结构采用屋架或室内顶棚美观要求较高时,可从承重结构向下吊挂顶棚,形成吊顶。

（3）屋顶的类型

按照屋顶的排水坡度与构造形式,屋顶可分为平屋顶、坡屋顶和曲面屋顶三种类型。

①平屋顶 屋面较平缓,一般是指坡度小于3%的钢筋混凝土屋面。大量的民用建筑

屋顶结构与楼板一样多采用矩形钢筋混凝土板，因此形成平屋顶。平屋顶经济合理，是运用最广泛的一种屋顶。

②坡屋顶　又叫斜屋顶，是指排水坡度一般大于或等于3%的屋顶。坡屋顶在建筑中应用较广，主要有单坡式、双坡式、四坡式等。

③曲面屋顶　是由尾端弯曲的平面接合成的斜截头屋顶。

（4）屋顶的设计要求

根据屋顶的作用，有以下几点设计要求：

①结构安全可靠　屋顶要求具有足够的强度、刚度和稳定性。应能支撑房屋的上部所有荷载，包括自然界的荷载、施工、上人及自重。在抗震设防地区，还要满足抗震的要求，力求做到坚固耐久、自重轻、构造简单、施工方便。同时，还应做到就地取材、造价经济、便于维修等。

②防水可靠，排水迅速　屋顶是房屋最上层的围护构件，直接与室外环境相接触，要经受雨雪水的冲击，因此应防渗漏、排水迅速，及时排除滞留在屋顶面的雨雪水，保证房屋正常使用。

③保温隔热性能好　在寒冷地区，要防止冬季热量透过屋顶散失；在炎热地区，要避免太阳辐射热透过屋顶导致室内过热。因此，屋顶应具有良好的保温、隔热性能。

④造型美观　屋顶是建筑造型中的重要组成部分，中国古建筑的重要特征之一就是变化多样的屋顶外形。当屋顶做成曲面、线条并加以装饰时，会给人以美感。因此，设计应符合美学要求。

总之，建筑的屋顶设计应综合考虑建筑防水、建筑热工、材料选择、构造做法、建筑施工、建筑防火、建筑艺术等因素的影响，尽可能做到经济适用、安全、美观。

2.7.2 屋顶排水

（1）排水坡度

屋顶面坡度是屋顶面形成排水系统的首要条件。只有形成一定的坡度，才能使屋顶面的雨雪水按设计意图流向预定的方向，从而达到排水目的。

①坡度的确定　屋顶面坡度的确定受多方面因素的影响。主要因素有建筑平面、屋顶形式、造型要求、防水构造方案、使用功能、屋面材料、气候条件、风俗习惯及经济条件等。

②坡度表示方法　屋顶坡度的表示方法有百分比法、斜率法和角度法三种，其中以百分比法和斜率法较为常用（图2-7-2）。

③坡度的形成　平屋顶坡度的常用坡度为1%~3%，坡度的形成一般有材料找坡和结构找坡两种做法。材料找坡又称垫置坡度，是指屋面板水平搁置，用材料在平整的基层上堆出坡度[图2-7-3(a)]。平屋顶材料找坡宜为2%~3%。结构找坡又称搁置坡度，是屋顶结构构件自身构成一定的排水坡度。平屋顶结构找坡宜为3%[图2-7-3(b)]。平屋顶的坡度形成方法可以根据屋顶平面情况选择找坡方式中的一种或两种方式综合使用，而坡屋顶则一般是结构找坡。不同类型屋面的坡度见表2-7-1。

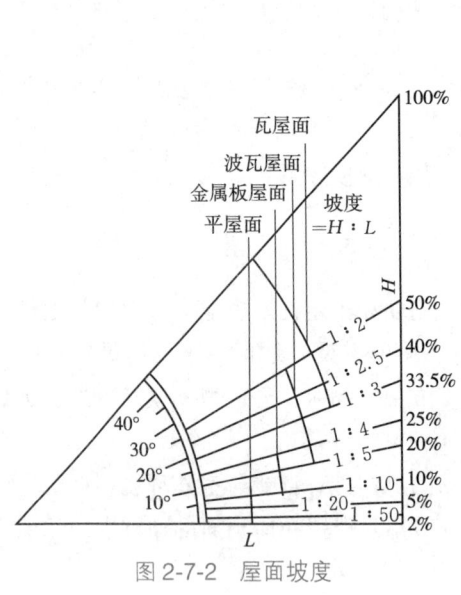

图 2-7-2 屋面坡度

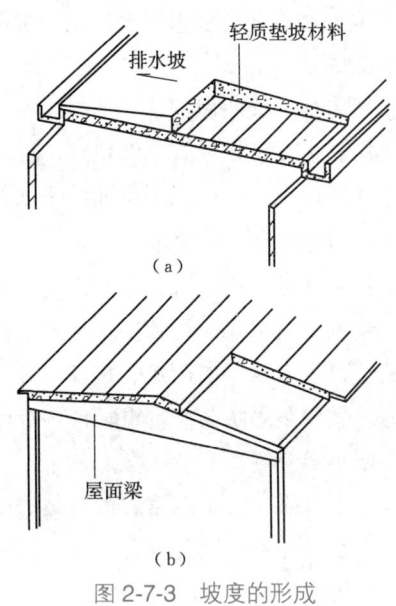

图 2-7-3 坡度的形成
(a)材料找坡 (b)结构找坡

表 2-7-1 不同类型屋面的坡度情况

项目	屋面类型						
	沥青瓦屋面	块瓦屋面	波形瓦屋面	金属板屋面		防水卷材屋面	装配式轻型坡屋面
				压型金属板屋面	夹芯板屋面		
适用坡度(%)	≥20	≥30	≥20	≥5	≥5	≥3	≥20

(2)排水方式

①无组织排水　是指屋顶面的雨水直接由檐口自由滴落至室外地面,又称自由落水。无组织排水不必设置天沟、雨水管进行导流,构造简单、造价较低,为防止屋面雨水顺外墙面漫流影响墙体、溅湿勒脚等,要求屋顶有挑出外墙面的挑檐。无组织排水方式主要适用于少雨地区、一般非临街的低层建筑,或檐高小于10m的建筑物(图2-7-4)。

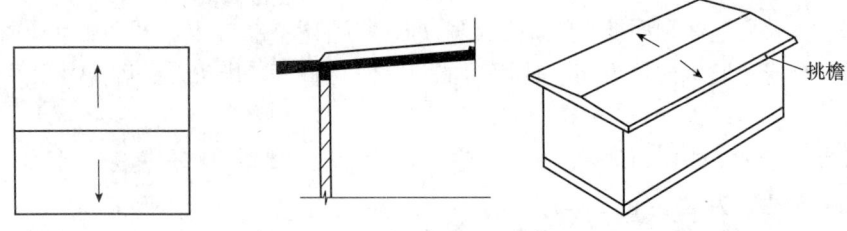

图 2-7-4 平屋顶挑檐自由落水

②有组织排水　是将屋面划分为若干排水区域,按一定的排水坡度把屋面雨水有组织地排到檐沟或雨水口,再经雨水管排到地面或地下管沟的一种排水方式。这种排水方式宜采用雨水收集系统。

有组织排水相对于无组织排水而言,其构造复杂,造价高,但可避免屋顶面的雨水直接泻落在建筑物周围而影响建筑外墙面。有组织排水适用于年降水量较大的地区或高度较大、较为重要的建筑。有组织排水分为外排水和内排水两种方式。

外排水：是落水管在墙外的排水系统，又分为檐沟外排水、女儿墙挑檐外排水、女儿墙内檐沟外排水等多种形式，是建筑中优先选择的一种排水方式（图 2-7-5）。

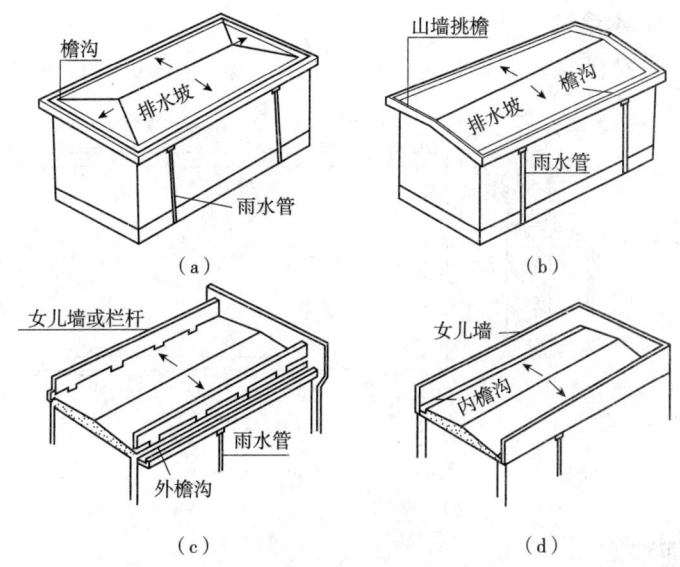

图 2-7-5　平屋顶有组织外排水
(a)(b)檐沟外排水　(c)女儿墙挑檐外排水　(d)女儿墙内檐沟外排水

内排水：是指屋面设有雨水斗，建筑物内部设有雨水管道的雨水排水系统。这种方式是经雨水口流入室内雨水管，再由地下管道将雨水排至室外排水系统。内排水系统可分为单斗排水系统和多斗排水系统，敞开式内排水系统和密闭式内排水系统。相对于外排水而言，内排水构造复杂，易渗漏且维修不便。一般寒冷地区宜采用内排水（图 2-7-6）。

各种类型屋面的排水构造设计见表 2-7-2。

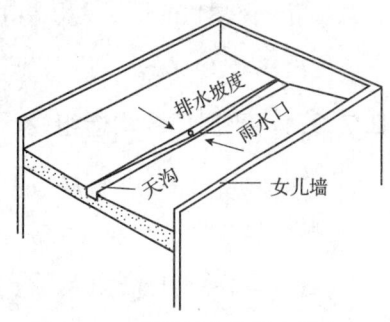

图 2-7-6　平屋顶有组织内排水

表 2-7-2　屋面排水构造设计

建筑类型	无组织排水	有组织排水		
		内排水	外排水	檐沟、天沟坡度要求
高层建筑屋面	—	宜采用	—	钢筋混凝土檐沟、天沟净宽不应小于 300mm，分水线处最小深度不应小于 100mm；沟内纵向坡度不应小于 1%，沟底落差不得超过 200mm 金属檐沟、天沟排水的纵向坡度宜为 0.5%
多层建筑屋面	—	—	宜采用	
低层建筑及檐高小于 10m 的屋面	可采用	—	—	
多跨及汇水面积较大的屋面	—	宜采用天沟排水，天沟找坡较长时，宜采用中间内排水和两端外排水		

注：引自《屋面工程技术规范》(GB 50345—2012)。

(3) 屋面排水分区

屋面排水分区的划分是为了合理地布置雨水管。一般是按每个雨水管能排除 200m² 面积的水来划分的。排水区域应注意排水路线要简捷，排水要畅通。

(4) 水落口、水落管

水落口和水落管的位置应根据建筑物的造型要求、屋面汇水等因素来确定(图 2-7-7)。

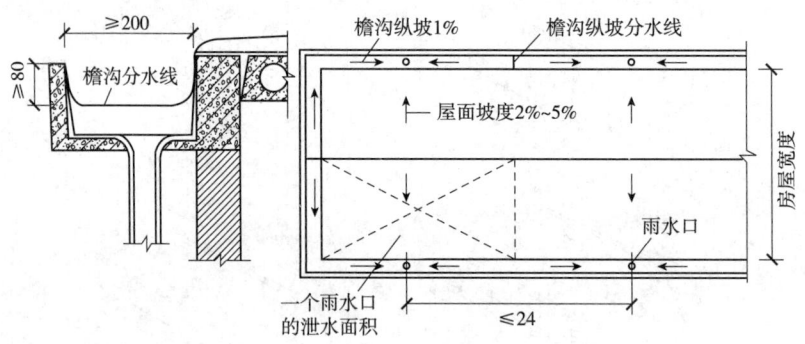

图 2-7-7 有组织排水示例

2.7.3 平屋顶构造

平屋顶一般由结构层和防水层组成，有时还要根据地理环境和设计需要加设保温层和隔热层等。平屋顶的特点是构造简单、节约材料，且呈平面状的屋面便于利用，如做成露台、屋顶花园等。

2.7.3.1 平屋顶的构造组成

平屋顶一般由面层(防水层)、保温层、结构层和顶棚层等主要部分组成，还包括保护层、结合层、找平层、隔汽层等(图 2-7-8)。

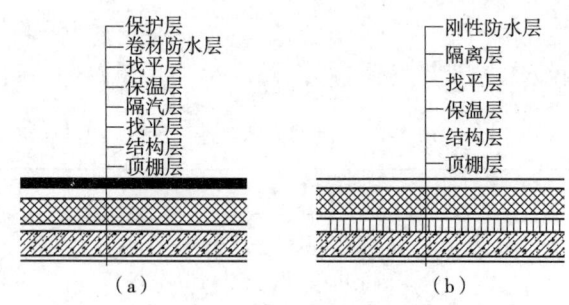

图 2-7-8 平屋顶构造组成示例
(a) 卷材防水屋面 (b) 刚性防水屋面

2.7.3.2 平屋顶防水构造方案

平屋顶防水构造方案的选择主要依据屋面使用情况、屋面坡度、防水等级、气候条件、经济因素及施工条件等。屋面防水等级和设防要求见表 2-7-3。

影响屋面防水方案选择的因素很多，应综合考虑。

表 2-7-3 屋面防水等级和设防要求

防水等级	建筑类别	设防要求	防水做法
Ⅰ级	重要建筑和高层建筑	两道防水设防	卷材防水层和卷材防水层、卷材防水层和涂膜防水层、复合防水层
Ⅱ级	一般建筑	一道防水设防	卷材防水层、涂膜防水层、复合防水层

2.7.3.3 平屋顶防水构造

（1）柔性防水

柔性防水屋面一般指的是卷材防水屋面，是用防水卷材与黏结剂结合在一起形成连续致密的构造层以达到防水目的。此种防水层具有一定的延伸性，并具有适应因温度、振动或不均匀沉降而导致的一定变形的能力，故称为柔性防水。

①防水材料　柔性防水材料一般是卷材。传统的防水卷材是油毡。随着技术的发展，大量性能良好的高分子化合物也开始作为防水卷材。如合成橡胶类：三元乙丙橡胶（EPDM）防水卷材、氯化聚乙烯（CPE）防水卷材；合成树脂类：聚氯乙烯（PVC）防水卷材、聚乙烯（PE）防水卷材；橡塑共混型：氯化聚乙烯——橡胶共混防水卷材；高密度聚乙烯（HDPE）防水卷材等。这些材料在耐老化、耐低温、耐腐蚀、弹性及抗拉强度等方面都优于油毡。另外，人们利用现代技术对沥青也进行了改性。例如，将沥青和橡胶混溶后做成氯丁橡胶沥青、丁基橡胶沥青等，这使得改性沥青的卷材性能较油毡有了大幅提高。

②构造层次和构造做法　柔性防水层的基本构造层次从下往上分别为结构层、找坡层、保温层、找平层、防水层和保护层等。根据需要还可以增加隔汽层等。若是结构找坡，就无找坡层。

• 结构层一般是指钢筋混凝土屋面板。

• 找平层的厚度和技术要求见表 2-7-4。

表 2-7-4 找平层的厚度和技术要求

找平层分类	适用基层	厚度（mm）	技术要求	备注
水泥砂浆	整体现浇混凝土板	15~20	1:2.5 水泥砂浆	保温层上面的找平层应留宽 5~20mm 的分格缝，纵横缝的间距不大于 6m
	整体现喷保温层	20~25		
细石混凝土	装配式混凝土板	30~35	C20 混凝土	
	板状材料保温层			
混凝土随浇随抹	整体现浇混凝土板	—	原浆表面抹平、压光	

注：引自《屋面工程技术规范》（GB 50345—2012）和《国家建筑标准设计图集 12J201 平屋面建筑构造》。

• 隔汽层一般设置在潮湿房间（厨房、开水房、游泳池等）的屋面。在寒冷地区室内空气湿度大于 75%，其他地区室内空气湿度常年大于 80%，或采用纤维状保温材料时，一般将隔汽层设置在结构层和保温层之间，应选用气密性、水密性好的材料，可采用防水卷材或涂料。隔汽层在屋面需形成全封闭性的，应沿周边墙面（外立墙面或女儿墙）向上连续铺设，高出保温层上表面不小于 150mm。若局部做隔汽层，则应扩大至潮湿房间以外至少 1.0m 处。隔汽层旁边可以不用和防水层连接，其一，隔汽层不同于防水层，两者无关联；

其二，隔汽层施工在前，防水层施工在后，这几道工序有先后之分、无法同时进行，防水层与墙面交接处的泛水处理与隔汽层无关。

- 保温层宜选用吸水率低，导热系数小，并有一定强度的保温材料。若屋面有停车场等有较大荷载，应根据计算来确定保温材料的强度。保温层为封闭型的，或保温层干燥有困难的卷材屋面可以进行排汽构造设计。排汽道可以与找平层的分格缝合二为一，宽度宜为40mm。这些排汽道应纵横贯通，其纵横间距宜为6m，屋面面积每36m²宜设置一个排汽孔，排汽孔应做防水处理。

- 若有找坡层，则应尽量采用轻质材料，如膨胀珍珠岩、浮石、陶粒、炉渣、加气混凝土碎块等轻集料混凝土，也可利用保温层兼做找坡层。

- 防水层由卷材铺设而成。防水卷材在铺设工程中应采用搭接缝，搭接宽度与卷材类别有关。卷材接缝是卷材防水成败的关键，而卷材搭接宽度是接缝质量的保证。卷材搭接宽度见表2-7-5。

表 2-7-5　卷材搭接宽度

卷材类别		搭接宽度(mm)
合成高分子防水卷材	胶黏剂	80
	胶黏带	50
	单缝焊	60，有效焊接宽度不小于25
	双缝焊	80，有效焊接宽度10☞2☞空腔宽
高聚物改性沥青防水卷材	胶黏剂	100
	自黏	80

- 保护层是为保护防水层而设置的。材料及构造要求见表2-7-6，其中上人屋面构造如图2-7-9所示。

表 2-7-6　保护层材料和构造要求等

屋面情况	保护层材料	构造要求		隔离层材料
		技术要求	构造做法	
上人	细石混凝土	40mm厚C20细石混凝土或50mm厚C20细石混凝土内配φ4@100双向钢筋网片	表面应抹平压光，并应设分格缝，其纵横间距不应大于6m，分格缝宽度宜为10~20mm，并应用密封材料嵌填；与山墙或女儿墙之间应预留宽度为30mm的缝隙，缝内宜填塞聚苯乙烯泡沫塑料，并应用密封材料嵌填	低强度等级砂浆
	块体材料	地砖或30mm厚C20细石混凝土预制块	宜设分格缝，其宽度宜为20mm，纵横间距不宜大于10m，并用密封材料嵌填；与山墙或女儿墙之间应预留宽度为30mm的缝隙，缝内宜填塞聚苯乙烯泡沫塑料，并应用密封材料嵌填	塑料膜、土工布、卷材

(续)

屋面情况	保护层材料	构造要求		隔离层材料
		技术要求	构造做法	
不上人	浅色涂料	丙烯酸系反射涂料	应与防水层黏结牢固,厚薄均匀,不得漏涂	—
	铝箔	0.05mm 厚铝箔反射膜	—	—
	矿物颗粒	不透明	—	—
	水泥砂浆	20mm 厚 1:2.5 或 M15 水泥砂浆	表面应抹平压光,并设分格缝,分格面积宜为 $1m^2$;与山墙或女儿墙之间应预留宽度为 30mm 的缝隙,缝内宜填塞聚苯乙烯泡沫塑料,并应用密封材料嵌填	塑料膜、土工布、卷材

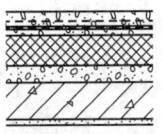

屋面构造：
40厚C20细石混凝土保护层,配φ6或冷拔φ4的Ⅰ级刚,双向@150,钢筋网片绑扎或点焊（设分格缝）
10厚低强度等级砂浆隔离层
防水卷材或涂膜层
20厚1:3水泥砂浆找平层
最薄30厚LC5.0轻集料混凝土2%找坡层
钢筋混凝土屋面板

无保温上人屋面

屋面构造：
40厚C20细石混凝土保护层,配φ6或冷拔φ4的Ⅰ级刚,双向@150,钢筋网片绑扎或点焊（设分格缝）
10厚低强度等级砂浆隔离层
防水卷材或涂膜层
20厚1:3水泥砂浆找平层
保温层
最薄30厚LC5.0轻集料混凝土2%找坡层
钢筋混凝土屋面板

有保温上人屋面

图 2-7-9　上人屋面构造(《国家建筑标准设计图集 12J201 平屋面建筑构造》)

（2）刚性防水

刚性防水是采用刚性材料作为防水层以达到建筑物的防水目的。刚性防水材料因属于脆性材料,抗拉强度较低,因而采用刚性防水材料的屋顶称为刚性防水屋顶。刚性防水屋顶的主要优点是构造简单、施工方便、造价经济以及维修较为方便。

①防水材料　主要采用较高强度和无延伸防水材料,如防水砂浆、防水混凝土等。防水原理就是利用这些材料自身的密实性,并通过添加膨胀剂、减水剂、防水剂等混凝土外加剂,使浇筑后的混凝土工程细致密实,液态水难以通过,从而达到防水目的。

②构造层次及做法　刚性防水屋面的基本构造层次从下往上分别为结构层、找平层、隔离层、防水层。

- 结构层一般为现浇或预制的钢筋混凝土屋面板,要求有足够的强度和刚度。
- 找平层通常采用1:3水泥砂浆进行找平,厚度20mm。
- 隔离层可采用纸筋灰、低强度等级砂浆或在薄砂层上干铺一层油毡等。其作用主要是减少结构层变形及温度变化对防水层造成不利影响。

- 防水层常用配筋细石混凝土。

2.7.3.4 平屋顶防水细部构造(表2-7-7)

表2-7-7 平屋顶细部构造做法

屋面或防水材料类型	部位			
	檐口	檐沟和天沟	女儿墙和山墙	泛水
卷材防水屋面	檐口800mm范围内的卷材应满粘,卷材收头应采用金属压条钉压,并用密封材料封严。檐口下端应做鹰嘴和滴水槽	檐沟和天沟的防水层下应增设附加层,附加层伸入屋面的宽度不应小于250mm。应由沟底翻上至外侧顶部,卷材收头应用金属压条钉压,并用密封材料封严	女儿墙和山墙压顶可采用混凝土或金属品。压顶向内排水坡度不应小于5%,压顶内侧下端应做滴水处理	女儿墙和山墙泛水处的防水层应增设附加层,附加层在平面和立面的宽度均不应小于250mm。低女儿墙泛水处的防水层可直接铺设或涂刷至压顶下,高女儿墙泛水处的防水层泛水高度不应小于250mm
涂膜	涂膜檐口的涂膜收头应用防水涂料多遍涂刷。檐口下端应做鹰嘴和滴水槽	檐沟和天沟的防水层下应增设附加层,附加层伸入屋面的宽度不应小于250mm。涂膜收头应用防水涂料多遍涂刷	女儿墙和山墙压顶可采用混凝土或金属品。压顶向内排水坡度不应小于5%,压顶内侧下端应做滴水处理	涂膜收头应用防水涂料多遍涂刷

2.7.3.5 平屋顶保温和隔热构造

在寒冷地区或需要保温的房间的屋顶,为了防止热量散失过多、过快,一般会在屋顶上加设保温材料来满足保温要求。

(1)保温

①保温材料 一般选用轻质、疏松多孔或纤维材料(密度不大于$10kg/m^3$),按物理特性分为三大类:散料类保温层,如炉渣、矿渣等工业废料;现浇类保温层,一般在结构层上用轻骨料(矿渣、蛭石、陶粒、珍珠岩等)与石灰水泥拌合、浇筑而成;板块类保温层用水泥、沥青、水玻璃等胶结的预制膨胀珍珠岩、膨胀蛭石、加气混凝土块做成。

②构造 分为正置式保温和倒置式保温。正置式保温又称为内置式保温,即保温层位于结构层与防水层之间,以形成封闭式的保温层;倒置式保温即保温层位于防水层之上,是一种敞露式的保温层,所以又称为外置式保温。

(2)隔热

平屋顶的隔热构造做法主要有通风隔热、蓄水隔热、种植隔热等,见表2-7-8。

表 2-7-8　平屋顶隔热层构造设计

名　称		基本构造做法及要求	备　注
通风隔热屋面	架空通风隔热	架空隔热层的高度宜为 180~300mm，架空板与女儿墙的距离不应小于 250mm； 当屋面宽度大于 10m 时，架空隔热层中部应设置通风屋脊	不宜在寒冷地区采用
	顶棚通风隔热	通风间层应有足够的净空高度，一般为 500mm	
蓄水隔热屋面		应根据建筑物平面布局划分若干蓄水区，每区的边长不宜大于 10m。长度超过 40m 的蓄水屋面应做分仓缝设计； 蓄水深度一般为 150~200m；溢水口距分仓墙顶面不应小于 100m	不宜在寒冷地区，地震设防地区和震动较大的建筑物上采用
种植隔热屋面		构造层包括植被层、种植土层、过滤层和排水层等； 过滤层宜采用 200~400g/m² 的土工布，过滤层应沿种植土周边向上铺设至种植土高度； 种植土四周应设挡土墙，挡土墙下部应设泄水孔，并应与排水出口连通	—

①通风隔热屋面　分为架空通风隔热屋面和顶棚通风隔热屋面两种做法。前者主要设于防水层之上，既可利用架空层的面层遮挡阳光的直射热，又可利用架空层内空气的自由流通带走热量，从而降低室内的温度。后者是利用屋面顶层的间隙作为隔热层。

②蓄水隔热屋面　是在屋面蓄积一定高度的水，利用水蒸发带走热量，以减少屋顶吸收的热能，从而达到降温隔热的目的。

③种植隔热屋面　是指在屋面种植植物，利用植物的蒸腾和光合作用，吸收部分太阳辐射热，从而达到降温隔热的目的。

2.7.4　坡屋顶构造

2.7.4.1　坡屋顶的形式与组成

（1）坡屋顶的形式

根据坡面组织的不同，可分为单坡顶、双坡顶、四坡顶等。

①单坡顶　只有一面坡的屋顶。单坡屋顶一般都用在不太重要的建筑或是附属性的建筑上。

②双坡顶　根据檐口和山墙处理的不同可分为硬山屋顶、悬山屋顶、出山屋顶等。

③四坡顶　也叫四落水屋面。四坡顶两面形成两个小山尖，称为歇山。古代宫殿庙宇中的四坡屋顶，称为庑殿。

（2）坡屋顶的组成

坡屋顶一般由承重结构和屋面两部分组成。构造层次一般有屋面层、结构层、顶棚层和附加层。

①屋面层　是建筑的围护结构,直接承受来自外部自然界的各种荷载或作用。
②结构层　承受屋面传来的荷载,并传给柱或墙。
③顶棚层　屋顶下部的遮盖部分,对于有美观要求或要求室内天花板平整的建筑,可设顶棚。
④附加层　根据使用情况和地域气候条件等,可设置找平层、结合层、保温层、隔热层、隔汽层等。

2.7.4.2 坡屋顶的承重结构

坡屋顶的承重结构有横墙承重、屋架承重和木梁架承重3类。

（1）横墙承重

横墙承重是将房屋的内外横墙砌成尖顶状,在上面直接搁置檩条来支承屋面的荷载,又称硬山搁檩(硬山架檩)。此类屋顶具有构造简单、施工方便、节省木材、利于防火和隔音等优点,但限制了房间的开间大小。适用于开间较小的建筑(图2-7-10)。

（2）屋架承重

屋架承重又称屋面梁承重。屋架由杆件组成,为平面结构,有三角形、拱形、多边形等,以三角形屋架运用最广泛。制作三角形屋架的常用材料有木材、钢筋混凝土、预应力混凝土或钢材,也可用两种以上材料组合制作。屋架的间距一般与房屋开间尺寸相同,通常为3~4.5m。不同材料的适用跨度大小不一,例如,木屋架一般用于跨度不超过12m的建筑,钢木结合屋架一般用于跨度不超过18m的建筑,预应力混凝土和钢屋架则适合跨度更大的建筑。这种结构可以省去承重的横墙,使得房间内部可灵活划分(图2-7-11)。

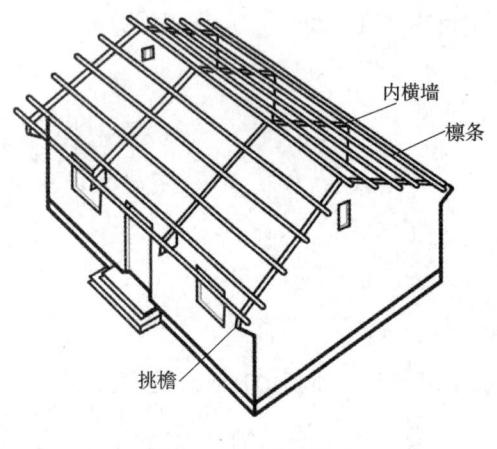
图2-7-10　横墙承重

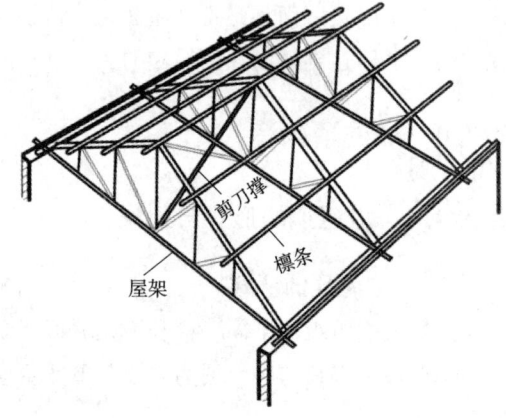
图2-7-11　屋架承重

（3）木梁架承重

木梁架承重结构是我国古建筑的主要结构形式,是由立柱和横梁组成屋顶和墙身部分的承重骨架。木梁架结构的构架形式中最常见的是抬梁式、穿斗式、抬梁穿斗结合式。这种结构形式构架交接点为榫齿结合,整体性和抗震性较好。但木材消耗量大,维修费用

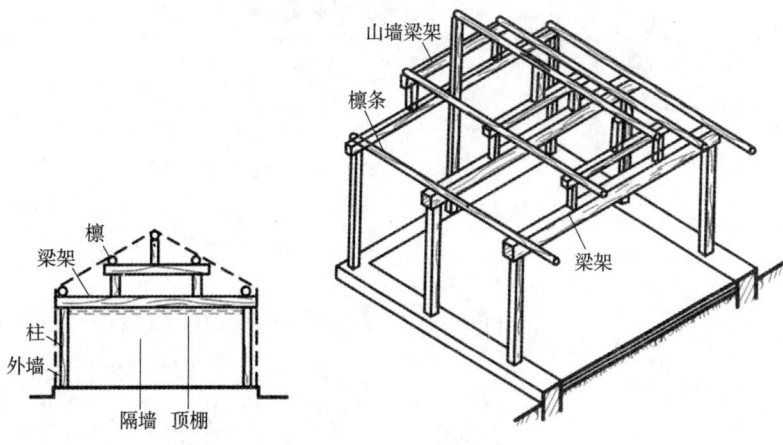

图 2-7-12　木梁架承重

高,且耐火性和耐久性较差(图 2-7-12)。

2.7.4.3　坡屋顶的屋面类型及构造

常见的坡屋顶的屋面类型有以下几种:

(1)瓦屋面

瓦屋面主要指沥青瓦屋面、块瓦屋面,其中块瓦主要包括烧结瓦和混凝土瓦。瓦屋面不同基层的构造做法见表 2-7-9。

表 2-7-9　瓦屋面不同基层的构造做法

屋面类型	基层		
	木基层	混凝土基层	有保温层的混凝土基层
烧结瓦、混凝土瓦屋面	宜先在基层上铺设防水层或防水垫层,之后钉顺水条、挂瓦条,最后再挂瓦	宜在混凝土表面上先抹水泥砂浆找平层,再在其上铺设防水层或防水垫层,之后钉顺水条、挂瓦条,最后再挂瓦	宜先在保温层上铺设防水层或防水垫层,再在其上设细石混凝土持钉层,然后钉顺水条、挂瓦条,最后再挂瓦
沥青瓦屋面	宜先在基层上铺设防水层或防水垫层,然后铺钉沥青瓦	宜在混凝土表面上先抹水泥砂浆找平层,再在其上铺设防水层或防水垫层,然后铺钉沥青瓦	宜先在保温层上铺设防水层或防水垫层,再在其上铺设持钉层,最后铺钉沥青瓦

注:引自《屋面工程技术规范》(GB 50345—2012)。

(2)金属板屋面

金属板材主要是压型金属板、金属面绝热夹芯板。

(3)玻璃采光顶屋面

玻璃采光顶屋面应根据建筑物的屋面形式、使用功能和美观要求,选择结构类型、材料和细部构造。

以上各种屋面的构造层次及做法见表 2-7-10。

表 2-7-10 屋面构造层次、铺设或固定方式及构造要求

屋面类型	基本构造层次（自上而下）	铺设或者固定方法	构造要求
烧结瓦、混凝土瓦屋面	块瓦、挂瓦条、顺水条、持钉层、防水层或防水垫层、保温层、结构层	干法挂瓦	固定牢固，檐口部位应采取防风揭措施；屋面坡度不应小于30%；瓦屋面檐口挑出屋面的长度不宜小于300mm
沥青瓦屋面	沥青瓦、持钉层、防水层或防水垫层、保温层、结构层	固定方式应以钉为主，粘接为辅	沥青瓦应具有自黏胶带或相互搭接的连锁构造；屋面坡度不应小于20%
压型金属板屋面	金属屋面板、固定支架、透汽防水垫层、保温隔热层和承托网	防水等级为I级应采用大于180°咬边连接的固定方式；防水等级为II级应采用明钉或金属螺钉固定的方式	压型金属板采用咬口锁边链接时，屋面排水坡度不宜小于5%，压型金属板采用紧固件链接时，屋面排水坡度不宜小于10%；金属檐沟、天沟的伸缩缝间距不宜大于30m；金属板在主体结构的变形缝处宜断开
绝热夹芯板屋面	屋脊盖板、屋脊盖板支架、夹芯屋面板等	夹芯板横向相连，采用拼接式或搭接式的固定方式	夹芯板顺坡长向搭接。坡度小于10%时，搭接长度不应小于300mm，坡度大于等于10%时，搭接长度不应小于250mm；连接处应密封
玻璃采光顶屋面	—	镶嵌方式、胶黏方式、点支组装方式等	玻璃采光顶应采用支撑结构找坡，排水坡度不宜小于5%

2.7.4.4 屋面防水构造做法

屋面防水等级及防水垫层的构造做法见表 2-7-11。

表 2-7-11 屋面防水等级及防水垫层的构造做法

屋面类型		防水等级	防水做法	防水垫层及其他构造要求
瓦屋面	烧结瓦、混凝土瓦	I级	瓦+防水层	可空铺、满粘或机械固定。防水垫层铺设在瓦材和屋面板之间时，屋面应为内保温隔热构造；防水垫层铺设在持钉层和保温隔热层之间时，应在防水垫层上铺设配筋细石混凝土持钉层；防水垫层铺设在保温隔热层和屋面板之间时，瓦材应固定在配筋细石混凝土持钉层上；防水垫层或隔热防水垫层铺设在挂瓦条和顺水条之间时，防水垫层宜呈下垂凹形
		II级	瓦+防水垫层	
	沥青瓦屋面	I级	瓦+防水层	沥青通风防水垫层应铺设在挂瓦条和保温隔热层之间
		II级	瓦+防水垫层	

(续)

屋面类型		防水等级	防水做法	防水垫层及其他构造要求
金属屋面	镀层钢板、涂层钢板、铝合金板、不锈钢板、钛锌板等	Ⅰ级	压型金属板+防水垫层	保温隔热层上面应设置透汽防水垫层
		Ⅱ级	压型金属板、金属面绝热夹芯板	压型金属板屋面防水等级为Ⅱ级时，保温隔热层上面宜设置透汽防水垫层
玻璃采光顶			玻璃是不渗透材料，故玻璃采光顶防水设防无需采用防水卷材或防水涂料处理，而是集中对玻璃面板之间的装配式接缝嵌填弹性密封胶，保证密封不渗透	玻璃采光顶的型材应设置集水槽，并使所有集水槽相互沟通，使玻璃下的结露水汇集，并排放到室外或室内落水管内；应采用安全玻璃，宜采用夹层玻璃或夹层中空玻璃；应采用磨边倒角处理

注：引自《屋面工程技术规范》（GB 50345—2012）和《国家建筑标准设计图集 12J201 平面屋建筑构造》。

2.7.4.5 屋面细部构造

应包括檐口、檐沟和天沟、女儿墙和山墙及屋脊等部位。这些细部构造做法见表 2-7-12。

表 2-7-12 坡屋面细部构造做法

屋面或防水材料类型	部位			
	檐口	檐沟、天沟	女儿墙、山(立)墙	屋脊
卷材防水屋面	檐口部位应设置外包泛水；外包泛水应包至隔汽层下不小于 50mm	内檐沟宜增设附加防水层的外沿	女儿墙部位泛水高度不应小于 250mm，并采用金属压条收口与密封；山墙顶部泛水卷材应铺设至外墙边沿	
烧结瓦、混凝土瓦屋面	檐口部位应增设防水垫层附加层。瓦头挑出檐口的长度宜为 50~70mm	檐沟和天沟的防水层下应增设附加层，附加层伸入屋面的宽度不应小于 500mm。檐沟和天沟的防水层伸入瓦内的宽度不应小于 150mm，并应与屋面防水层或防水垫层顺流水方向搭接	女儿墙阴角部位应增设防水垫层附加层，防水垫层应满粘铺设，沿立墙向上延伸不小于 250mm。屋面与山墙连接处的防水垫层应铺设自粘聚合物沥青泛水带。山墙阴角处应增设防水垫层附加层；防水层垫层应满粘铺设，沿立墙向上延伸不小于 250mm	屋脊部位应增设宽度不小于 250mm 的卷材附加层。脊瓦在两坡面瓦上的搭盖宽度，每边不应小于 40mm

(续)

屋面或防水材料类型	部 位			
	檐 口	檐沟、天沟	女儿墙、山(立)墙	屋 脊
沥青瓦屋面	沥青瓦屋面瓦头挑出檐口的长度宜为10~20mm。檐口部位应增设防水垫层附加层	檐沟防水层下应增设附加层,附加层伸入屋面的宽度不应小于500mm。防水层伸入瓦内的宽度不应小于150mm。天沟采用搭接式或编织式铺设时,沥青瓦下应增设宽度不小于1000mm的附加层;天沟采用敞开式铺设时,在防水层或防水垫层上应铺设厚度不小于0.45mm的防锈金属板材	女儿墙阴角部位应增设防水垫层附加层,防水垫层应满粘铺设,沿立墙向上延伸不应小于250mm。将瓦片翻至立面150mm的高度。山墙阴角处应增设防水垫层附加层;防水层垫层应满粘铺设,沿立墙向上延伸不小于250mm	屋脊部位应增设宽度不小于250mm的卷材附加层。脊瓦在两坡面瓦上的搭盖宽度,每边不应小于150mm
压型金属屋面	挑檐长度宜为200~300mm	金属板与檐沟之间应设置防水密封堵头和金属封边板。金属板挑入檐沟内的长度不宜小于100mm	山墙部位构造应考虑建筑物的热胀冷缩因素;出屋面山墙中墙与金属屋面板相交处泛水的高度不应小于250mm	屋脊部位应采用屋脊盖板,屋脊盖板在两坡金属板上的搭盖宽度每边不应小于250mm;屋面板端头应设置挡水板和堵头板。屋脊盖板应设置保温隔热层
绝热夹芯屋面板	檐口宜挑出外墙150~500mm。檐口部位应采用封檐板封堵,固定螺栓的螺帽应采用密封胶封严	金属板天沟伸入屋面金属板下面的宽度不应小于100mm	山墙应采用槽形泛水板封闭,并固定牢固,固定处应用密封胶封严	屋脊处应设置屋脊盖板支架,屋脊板与屋脊盖板支架连接,连接处和固定部位应采用密封胶封严

2.7.4.6 坡屋顶的保温与隔热

(1) 保温

坡屋顶的保温方法有吊顶棚保温和屋面保温两种。屋面保温层做法有两种,即保温层设在屋顶面层中、设在檩条之间(图2-7-13、图2-7-14)。

① 吊顶棚保温 吊顶棚的保温层通常铺设在吊顶棚

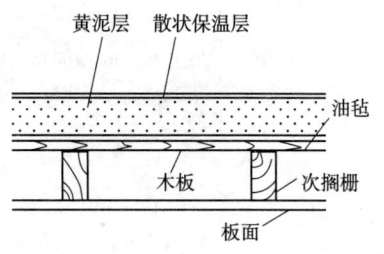

图 2-7-13 吊顶棚保温构造

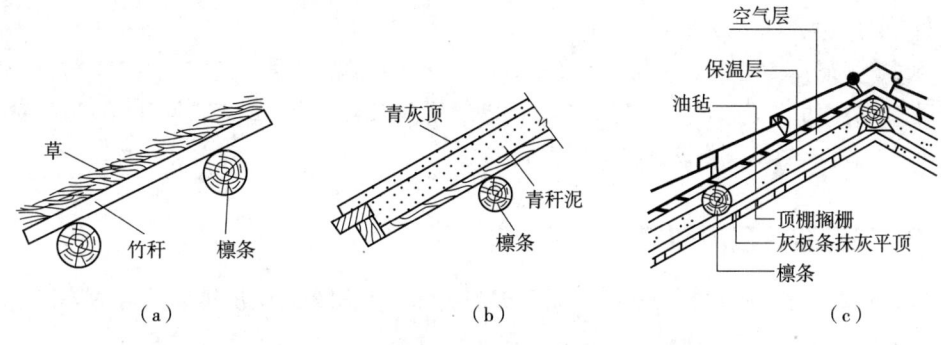

图 2-7-14　坡屋顶屋面保温构造
(a)(b)保温层在屋层面中　(c)保温层在檩条之间

上面，即在坡屋顶的悬吊顶棚上加铺木板，上面干铺一层油毡做隔汽层，再在油毡上面铺设轻质保温材料，这样也有隔热的作用。

②屋面保温　传统的屋面保温是在屋面铺草秸，将屋面做成麦秸泥青灰顶，或将保温材料设在檩条之间。

（2）隔热

坡屋顶的隔热除了采用实体材料层外，一般设置通风间层来隔热，有以下两种方式（图 2-7-15）：

①屋面通风（通风隔热屋顶）　把屋面做成双层，在檐口设进风口，屋脊设出风口，利用空气流动带走间层中的一部分热量，以降低屋顶的温度。

②吊顶棚通风　利用吊顶棚与坡屋面之间的空间作为通风层，在坡屋顶的歇山、山墙或屋面等位置设进风口。通风口一般设在檐口、屋脊、山墙等处。这种方式通风效果好于双层屋面通风。若屋顶面积较大时，可以在屋面设置兼有采光作用的通风气窗，又称老虎窗。

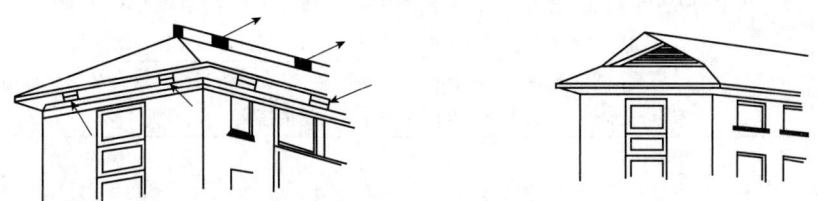

图 2-7-15　檐口、屋脊通风和歇山通风百叶窗

2.8　饰面装修

【知识目标】
(1)了解饰面装饰的基本知识。
(2)掌握墙面、楼面及棚顶的常用装饰材料和做法。

【技能目标】
(1)能熟练地选择不同位置、不同设计风格等各种条件下的墙面、楼面及棚顶的材料。
(2)能绘制各类装饰的构造详图。

> **【素质目标】**
> 通过学习饰面装修知识,要求学生熟悉掌握饰面装饰材料种类、施工工艺、生产流程及行业规范;培养学生良好的职业道德和过硬的职业素质及良好的个人品德,具有理论联系实际、实事求是的工作作风和科学严谨的工作态度。

2.8.1 饰面装修基本知识

饰面装修是饰面层附着于基层表面起美观和保护作用,与基层牢固结合的装修模式,主要有抹灰类、贴面类、涂料类、裱糊类和铺钉类等。

饰面装修一般由基层和面层组成,基层即支饰面层的结构构件或骨架,其表面应平整,具有一定的强度和刚度。饰面层附着于基层表面起美观和保护作用,应与基层牢固结合,且表面需平整均匀。通常将饰面层最外面的材料,用作饰面装修构造类型的命名。常见的饰面装修构造类型可分为罩面类、贴面类和钩挂类 3 种类型(表 2-8-1)。

表 2-8-1 饰面装修的类型

类型		构造特点
罩面类	抹灰	石灰砂浆、水泥砂浆、混合砂浆、聚合物水泥砂浆,以及麻刀灰、纸筋灰、石膏灰等
	涂料	有机涂料和无机涂料,溶剂型涂料、水溶性涂料和乳胶涂料等
贴面类	铺面	陶瓷面砖、马赛克、剁斧石、铝塑板、花岗岩板、大理石板
	粘贴	饰面材料呈薄片或卷材状,厚度小于 5mm,如各类壁纸、玻璃布
	钉嵌	饰面材料自重轻或厚度小、面积大,如木制品、石棉板、金属板、石膏、矿棉、玻璃等材料可直接钉固于基层,或借助压条、嵌条、钉头等固定,也可以用胶粘固定
钩挂类	扎接	用于饰面厚度为 20~30mm,面积约 $1m^2$ 的石料或人造石等,可在板材上方两侧钻小孔,用铜丝或镀锌铁线将板材与结构层上的预埋件连接,板与结构间灌砂浆固定
	钩接	用于饰面材料厚度 40~50mm 的花岗岩、空心砖等材料,常在结构层包砌,饰面材料上口留槽口,用于与结构固定的铁钩在槽内搭接

2.8.2 墙面装修

2.8.2.1 墙面装修的作用

①保护墙体,提高墙身防潮、防风化能力,增强墙体的坚固性、耐久性,延长使用年限。
②通过各种饰面材料及颜色、图案、质感等的组合搭配,增加墙体立面效果,提高建筑的艺术效果。

2.8.2.2 墙面装修的种类

一般来说,墙面装修主要包括抹灰类、涂料类、贴面类、裱糊类、铺钉类及清水类几种类型。

（1）抹灰类墙面装修

抹灰是我国传统的饰面做法，是用砂浆涂抹在房屋结构表面上的一种装修工程，其材料来源广泛、施工简便、造价低，通过工艺的改变可以获得多种装饰效果，因此在建筑墙体装饰中应用广泛。抹灰分为一般抹灰和装饰抹灰。一般抹灰通常采用分层的构造做法，基本构造可分 3 层：底层抹灰、中层抹灰和面层抹灰。不同材料墙体的抹灰构造也不尽相同（表 2-8-2）。抹灰层的厚度应根据抹灰的部位及抹灰等级确定，对于勒脚等突出部位，其抹灰平均厚度为 20~25mm。

表 2-8-2 抹灰分层分类表

分类		材料
材料或装饰效果	一般抹灰	石灰砂浆、水泥砂浆、水泥混合砂浆、聚合物水泥砂浆麻刀灰、纸筋灰，以及石膏灰等
	装饰抹灰	水磨石、水刷石、斩假石、干粘石、拉毛灰等
工程部位	顶棚抹灰	水泥砂浆或混合砂浆
	墙面抹灰	石灰砂浆、混合砂浆、水泥砂浆等
	地面抹灰	水泥砂浆或混合砂浆

①抹灰材料　一般抹灰材料有石灰砂浆、混合砂浆、水泥砂浆、纸筋灰、石灰纸筋灰、麻刀灰和聚合物水泥砂浆等。石灰砂浆由石灰和中砂按比例配制，仅用于低档或临时建筑中干燥环境下的墙面打底和找平层；混合砂浆由水泥、石灰和中砂按比例配制，常用于干燥环境下墙面一般抹灰的打底和找平层；水泥砂浆由水泥和中砂按比例配制，用于地面抹灰、装饰抹灰的基层和潮湿环境下墙面的一般抹灰；纸筋灰是在砂浆中掺入纸筋，水泥纸筋灰用于顶棚打底；石灰纸筋灰用于顶棚及墙面抹灰的罩面，现在已被腻子粉所取代；麻刀灰是在砂浆中掺入跺碎的麻绳类纤维，用于灰板条、麻眼网上的抹灰打底，作用是防裂，现在已很少使用；聚合物水泥砂浆是在砂浆中添加聚合物黏结剂，提高砂浆与基层的黏结强度及砂浆的柔性、内聚强度等性能，它常用于饰面板（砖）的镶贴、保温系统中聚苯颗粒的胶浆及抹面砂浆。装饰抹灰材料有水磨石、水刷石、斩假石、干粘石和拉毛灰等材料。清水砌体勾缝包括清水砌体砂浆勾缝和原浆勾缝。

②抹灰工具　主要抹灰机具包括：砂浆搅拌机、纸筋灰搅拌机、平锹、筛子（孔径 5mm）、窄手推车、大桶、灰槽、灰勺、2.5m 大杠、1.5m 中杠、2m 靠尺板、线坠、钢卷尺、方尺、托灰板、铁抹子、木抹子、塑料抹子、八字靠尺、5~7mm 厚方口靠尺、阴阳角抹子、长舌铁抹子、铁水平、长毛刷、排笔、钢丝刷、笤帚、喷壶、胶皮水管、小水桶、粉线袋、小白线、钻子（尖、扁头）、锤子、钳子、钉子、托线板、工具袋等（图 2-8-1）。

③抹灰施工工艺要点　抹灰用水泥应进行凝结时间和安定性复检；抹灰用石灰膏的熟化时间不少于 15d，罩面用的磨细生石灰粉的熟化时间不少于 3d；外墙抹灰施工前应安装门窗框、护栏，并将墙上的施工孔洞堵塞密实，并对基层进行处理；室内墙面、柱面和门窗洞口的阳角做法设计无要求时，应采用不低于 M20 水泥砂浆做成暗护角，高度不低于 2m，每侧宽度不小于 50mm（图 2-8-2）；当抹灰层具有防水、防潮功能时，应采用防水砂

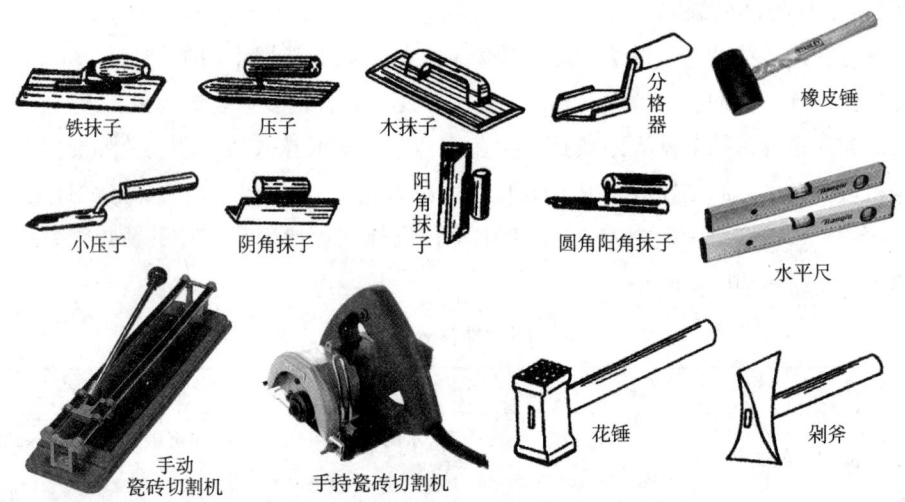

图 2-8-1 抹灰部分常用工具

浆;在不同结构基层的交接处应采取加强措施(铺钉一层钢丝网粉水泥砂浆或用水泥掺107胶铺贴玻纤网格布,与相交基层搭接宽度均不小于100mm);当抹灰总厚度大于或等于35mm时应采用加强措施(水泥砂浆打底、细石混凝土找平、铺设钢丝网)(图2-8-3);抹灰层在凝结前应防止快干、水冲、撞击、振动和受冻,在凝结后应防止沾污和损坏。水泥砂浆应在湿润条件下养护。

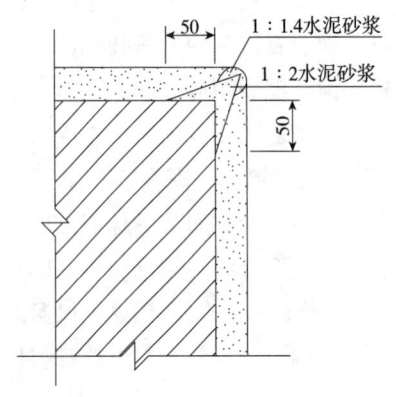

图 2-8-2 基层暗护角

图 2-8-3 基层加强措施

④抹灰施工流程 抹灰施工流程可总结为基层处理→浇水处理→抹灰饼→墙面冲筋→分层抹灰→设置分格缝→保护成品7步。

基层清理:抹灰工程在基体或基层的质量验收合格后进行,基体或基层的质量直接影响装饰装修工程质量。抹灰前基层表面的尘土、污垢、油渍等应清除干净,并应浇水润湿(图2-8-4)。对不同基体的做法:砖砌体应清除表面杂物、尘土,抹灰前应浇水湿润;混凝土表面应凿毛或在表面浇水润湿后涂刷1:1水泥砂浆(加适量胶黏剂);加气混凝土应在湿润后,边刷界面剂边涂抹强度不小于M5的水泥混合砂浆。表面凹凸明显的部位应事先剔平或用1:3水泥砂浆补平。

浇水处理:一般在抹灰前一天,用工具顺墙自上而下浇水湿润。不同的墙体,不同的环境需要不同的浇水量。浇水要分次进行,最终以墙体既湿润又不泌水为宜(图2-8-5)。

图 2-8-4 基层清除干净

图 2-8-5 基层浇水湿润

抹灰饼：利用激光仪放点，按设计图纸要求和抹灰质量要求，根据基层表面平整垂直情况，用一面墙作为基准，吊垂直、套方、找规矩，确定抹灰厚度，抹灰厚度不应小于 7mm。当墙面凹度较大时应分层衬平。每层厚度不大于 7~9mm。操作时应先抹上灰饼，再抹下灰饼。抹灰饼时应根据室内抹灰要求，确定灰饼的正确位置，再用靠尺板找好垂直与平整。灰饼宜用 1:3 水泥砂浆抹成 50mm 见方形状（图 2-8-6）。房间面积较大时应先在地上弹出十字中心线，然后按基层面平整度弹出墙角线，随后在距墙阴角 100mm 处吊垂线

图 2-8-6 抹灰饼

并弹出铅垂线，再按地上弹出的墙角线往墙上翻引弹出阴角两面墙上的墙面抹灰层厚度控制线，以此做灰饼，然后根据灰饼充筋。

墙面冲筋：是指在墙面粉刷水泥砂浆以前，为了使粉刷出来的墙面提高垂直度与平整度，而预先在墙壁上用砂浆做的一道从上到下、平直的基准线，如图 2-8-7 所示。当灰饼砂浆达到七八成干时，即可用与抹灰层相同的砂浆冲筋，冲筋根数应根据房间的宽度和高度确定，一般标筋宽度为 50mm，两筋间距不大于 1.5m。当墙面高度小于 3.5m 时宜做立筋，大于 3.5m 时宜做横筋，做横向冲筋时灰饼的间距不宜大于 2m。

分层抹灰：抹灰通常采用分层的构造做法，基本构造可分三层：底层抹灰、中层抹灰和面层抹灰。不同材料墙体的抹灰构造也不尽相同，如图 2-8-8、图 2-8-9 所示。抹灰层的厚度应根据抹灰的部位及抹灰等级来确定。对于勒脚等突出部位，其抹灰平均厚度为 20~25mm。

• 底层抹灰：简称底灰，又称刮糙，是对墙体基层进行的表面处理，其作用是使面层与基层粘牢和初步找平，厚度一般为 5~15mm。底灰的选用与基层材料有关，黏土砖墙、混凝土墙的底灰一般用水泥砂浆、水泥石灰混合砂浆或聚合物水泥砂浆，轻质混凝土砌块墙的底灰多用混合砂浆或聚合物水泥砂浆，板条墙的底灰常用麻刀石灰砂浆或纸筋石灰砂浆。另外，对湿度较大的房间或有防水、防潮要求的墙体，底灰宜选用水泥砂浆，如图 2-8-10 所示。

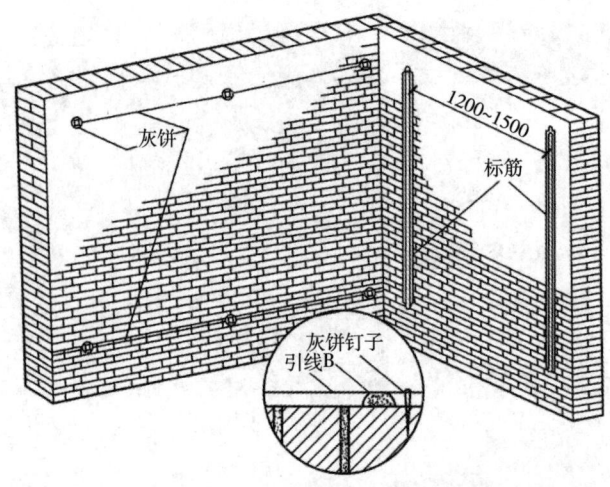

图 2-8-7　抹灰饼和冲筋

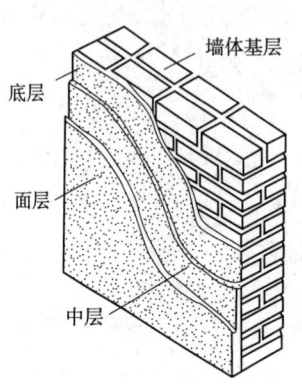

图 2-8-8　墙面抹灰分层构造

图 2-8-9　墙面抹灰施工图

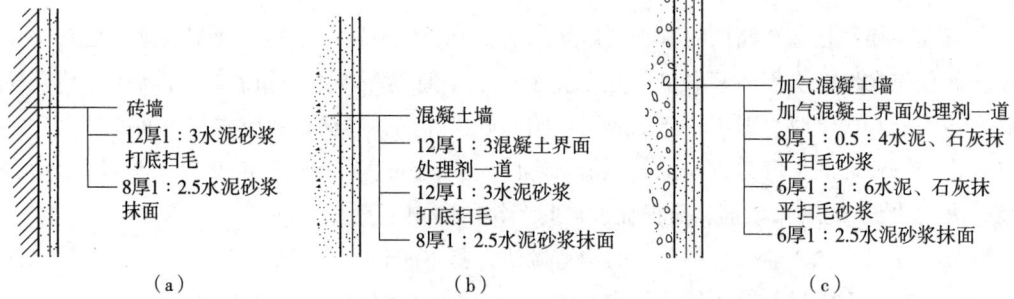

图 2-8-10　墙体抹灰饰面构造示意图
(a)砖墙体　(b)混凝土墙体　(c)加气混凝土墙体

● 中层抹灰：其作用是进一步找平，减少由于底层砂浆开裂导致的面层裂缝，同时也是底层和面层的黏结层，其厚度一般为 5~10mm。中层抹灰的材料可以与底灰相同，也可根据装饰要求选用其他材料。

● 面层抹灰：也称罩面，主要起装饰作用。要求表面平整、色彩均匀、无裂纹等，厚度一般为 5~10mm。

如果施工的外墙面面积较大,抹灰饰面会因温度的变化和材料的干缩产生裂缝,再加上施工接槎的需要,因此在抹灰施工时,通常将饰面分成小块来进行,分块所形成的线条称为引条线。引条线一般为凹缝,引条一般为木质,其断面形式有梯形、三角形和半圆形,待面层抹完后取出木引条,即形成线脚(图 2-8-11)。设置引条线是构造上的需要,同时也便于日后维修,且可使建筑立面更丰富。

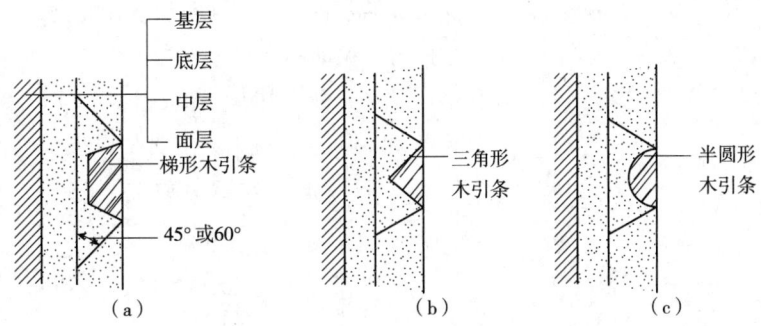

图 2-8-11 抹灰面引条线的形式
(a)梯形木引条 (b)三角形木引条 (c)半圆形木引条

根据面层采用的材料不同,一般抹灰有水泥砂浆、石灰砂浆、混合砂浆等做法,装饰抹灰有水刷石、干粘石、斩假石、水泥拉毛、彩色抹灰等做法。为保证抹灰层与基层连接牢固,表面平整均匀,避免裂缝和脱落,在抹灰前应将基层表面的灰尘、污垢、油渍等清除干净,并洒水湿润,同时抹灰层不能太厚,并应分层完成。普通抹灰一般由底层和面层组成,装修标准较高的房间,当采用中级或高级抹灰时,还要在面层与底层之间加一层或多层中间层,施工规范中普通抹灰墙面的构造做法见表 2-8-3 所列。

设置分格缝:如果施工的外墙面面积较大,抹灰饰面因温度变化和材料的干缩原因容易产生裂缝,再加上施工接槎的需要,因此在抹灰施工时,通常将饰面分成小块来进行,

表 2-8-3 普通抹灰墙面的构造做法

抹灰名称	构造做法	应用范围
混合砂浆抹灰	底层 1:1:3 水泥:石灰:砂子加麻刀 6mm 厚 中层 1:3:6 水泥:石灰:砂子加麻刀 10mm 厚 面层 1:0.5:3 水泥:石灰:砂子 8mm 厚	一般砖石墙面
水泥砂浆抹灰	素水泥浆一道,内掺水重 3%~5%的 108 胶 底层 1:3 水泥砂浆(扫毛或划出条纹)14mm 厚 面层 1:2.5 水泥砂浆 6mm 厚	有防潮要求的墙面
纸筋麻刀灰抹灰	底层 1:3 石灰砂浆 13mm 厚 面层 石膏灰 2~3mm 厚(分 3 遍完成)	高级装饰的室内抹灰罩面
膨胀珍珠岩灰浆罩面	底层 1:2~1:3 麻刀砂浆 13mm 厚 面层 100:(10~20):(3~5)水泥:石灰膏:膨胀珍珠岩 2mm 厚	有保温隔热要求的内墙面

分块所形成的线条称为分格缝，也叫引条线。引条线一般为凹缝，引条一般为木质，其断面形式有梯形、三角形和半圆形，待面层抹完后取出木引条，即形成线脚（图2-8-12、图2-8-13）。设置引条线是构造上的需要，也便于日后维修，且可使建筑立面更丰富。

保护成品：各种砂浆抹灰层，在凝结前应防止快干、水冲、撞击、振动和受冻，在凝结后应采取措施防止沾污和损坏。水泥砂浆抹灰层应在湿润条件下养护，一般应在抹灰24h后进行养护，主要是以人工喷洒的方法进行，如图2-8-14、图2-8-15所示。

图 2-8-12　抹灰面分格缝

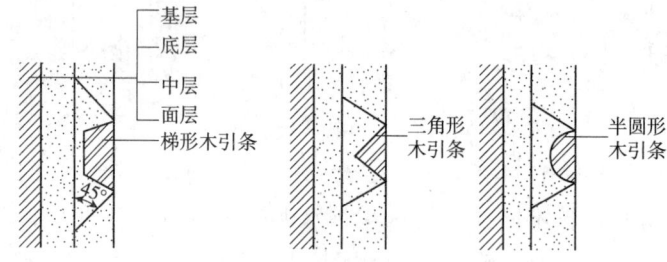

图 2-8-13　抹灰面引条的断面形式

图 2-8-14　浇水保湿养护

图 2-8-15　墙角防护

（2）涂料类墙面装修

涂料饰面是在木基层表面或抹灰饰面的面层上喷、刷涂料涂层的饰面装修。建筑涂料具有保护、装饰并且改善建筑构件的功能。涂料饰面是靠一层很薄的涂层达到保护和装饰作用，并根据需要配成多种色彩。涂料饰面涂层薄、抗蚀能力差，外用乳液涂料使用年限一般为4~10年，但是由于涂料饰面施工简单、省工省料、工期短、效率高、自重轻、维修更新方便，故在饰面装修工程中得到较为广泛的应用。按涂刷材料种类不同，可分为刷浆类饰面、涂料类饰面、油漆类饰面3类。

①刷浆类饰面　指在表面喷刷浆料或水性涂料的做法。适用于内墙刷浆工程的材料有石灰浆、大白浆、可赛银浆等。刷浆与涂料相比，价格低廉但不耐久。

石灰浆：是用石灰膏化水而成，根据需要可掺入颜料。为增强灰浆与基层的黏结力，可在浆中掺入108胶或聚醋酸乙烯乳液，其掺入量20%~30%。

石灰浆涂料的施工要待墙面干燥后进行，喷或刷两遍即成。石灰浆耐久性、耐水性及耐污染性较差，主要用于室内墙面、顶棚饰面。

大白浆：是由大白粉掺入适量胶料配制而成。大白粉为一定细度的碳酸钙粉末。常用胶料有108胶和聚醋酸乙烯乳液，其掺、渗入量分别为15%和8%~10%，以掺乳胶者居多。大白浆可掺入颜料而成色浆。大白浆覆盖力强，涂层细腻洁白，且货源充足，价格低，施工、维修方便，广泛应用于室内墙面及顶棚。

可赛银浆：可赛银又名刷墙粉，是一种色泽鲜明、光滑细腻并有一定耐酸和耐碱性能的色浆材料。它由碳酸钙（白色晶体或粉末，天然的有石灰石、分解石、白垩和大理石等）、滑石粉、颜料、胶料等原料配制而成。配制方法是：以可赛银的重量为基准，加入70%的温热水，搅拌成糊状，存放半天或一天，待粉内胶质完全溶化后，再加入可赛银重量90%的温热水，充分搅匀滤渣，然后加水调成适当浓度即可使用。主要用于室内墙面及顶棚。

②涂料类饰面　涂料是指涂敷于物体表面，能与基层牢固黏结并形成完整而坚韧保护膜的材料。建筑涂料是现代建筑装饰材料中较为经济的一种材料，施工简单、工期短、工效高、装饰效果好、维修方便。外墙涂料具有装饰性良好、耐污染老化、施工维修容易和价格合理的特点。

建筑涂料的种类很多，按成膜物质可分为有机涂料、无机高分子涂料、有机和无机复合涂料。按建筑涂料所用稀释剂分类，可分为溶剂型涂料、水溶性涂料、水乳型涂料（乳液型）。按建筑涂料的功能分类，可分为装饰涂料、防火涂料、防水涂料、防腐涂料、防霉涂料、复层涂料等。

水溶性涂料：有聚乙烯醇涂料、水玻璃内墙涂料等，俗称106内墙涂料和SJ-803内墙涂料。聚乙烯醇涂料是以聚乙烯醇树脂为主要成膜物质，这类涂料的优点是不掉粉，造价不高，施工方便，有的还能经受湿布轻擦，使用较为普遍，主要用于内墙饰面。

由丙烯酸树脂、彩色砂粒、各类辅助剂组成的真石漆涂料是一种具有较高装饰性的水溶性涂料，膜层质感与天然石材相似，色彩丰富，具有不燃、防水、耐久性好等优点，且施工简便，对基层的限制较少，适用于宾馆、剧场、办公楼等场所的内外墙饰面装饰。

乳液涂料：是以各种有机物单体经乳液聚合反应后生成的聚合物，以非常细小的颗粒分散在水中，形成非均相的乳状液。将这种乳状液作为主要成膜物质制成的涂料称为乳液涂料。当填充料为细小粉末时，所配制的涂料能形成类似油漆漆膜的平滑涂层，故习惯上称为"乳胶漆"（图2-8-16）。

乳液涂料以水为分散介质，无毒、不污染环境。由于涂膜多孔而透气，故可在初步干燥的（抹灰）基层上涂刷。涂膜干燥快，对加快施工进度、缩短工期十分有利。另外，所涂饰面可以擦洗，易清洁，装饰效果好。乳液涂料施工须按所用涂料性能及施工要求（如基层平整、光洁、无裂纹等）进行，方能达到预期的效果。乳液涂料品种较多，属高级饰面材料，主要用于内外墙饰面。掺有类似云母粉、粗砂粒等粗填料所配得的涂料，能形成有

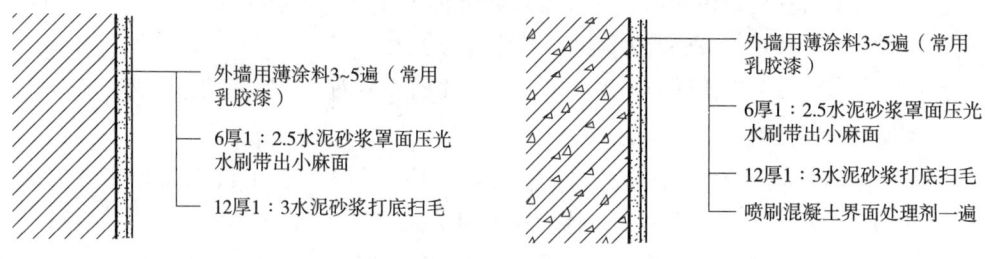

图 2-8-16　薄质涂料墙面构造图

一定粗糙质感的涂层，称为乳液厚质涂料，通常用于外墙饰面。

溶剂性涂料：是以高分子合成树脂为主要成膜物质，有机溶剂为稀释剂，加入一定量颜料、填料及辅料，经研磨、搅拌、溶解配制而成的一种挥发性涂料。这类涂料一般有较好的硬度、光泽、耐水性、耐蚀性以及耐老化性。但施工时有机溶剂挥发，污染环境。施工时要求基层干燥，除个别品种外，在潮湿基层上施工易产生起皮、脱落等问题。这类涂料主要用外墙饰面（图 2-8-17、图 2-8-18）。

图 2-8-17　墙体涂料示例　　　　图 2-8-18　刷涂料示意图

氟碳树脂涂料：是一类性能优于其他建筑涂料的新型涂料。由于采用具有特殊分子结构的氟碳树脂，该类涂料具有突出的耐候性、耐沾污性及防腐性。作为外墙涂料其耐久性可达 15～20 年，可称之为超耐候性建筑涂料。特别适用于有高耐候性、高耐沾污性要求和防腐要求的高层建筑及公共建筑、市政建筑。不足之处是价位偏高。

③油漆类饰面　是由胶黏剂、颜料、溶剂和催干剂组成的混合剂。油漆涂料能在材料表面干结成漆膜，使材料与外界空气、水分隔绝，从而达到防潮、防锈、防腐等保护作用。漆膜表面光洁、美观、光滑，改善了卫生条件，增强了装饰效果。常用的油漆涂料有调和漆、清漆、防锈漆等（图 2-8-19）。

（3）贴面类墙面装修

贴面类墙体饰面是将大小不同的块材通过构造连接镶贴于墙体表面形成的墙体饰面，常用的贴面材料有 3 类：一是陶瓷制品，如瓷砖、面砖、陶瓷锦砖等；二是天然石材，如

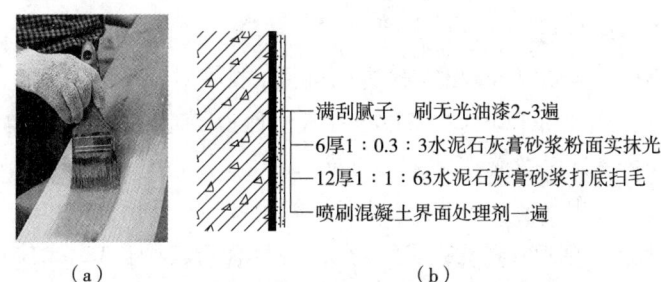

图 2-8-19 刷清漆示意图
(a)刷清漆示例　(b)油漆墙面构造图

大理石、花岗岩等；三是预制块材，如水磨石饰面板、人造石材等。贴面类墙面材料的特点和使用范围详见表 2-8-4、表 2-8-5。

表 2-8-4　陶瓷制品饰面块材

饰面块材名称	常见规格	特点	适用范围
釉面瓷砖	100mm×100mm、152mm×152mm、200mm×200mm、152mm×200mm、200mm×300mm、250mm×330mm、300mm×450mm、300mm×600mm 等，厚度 5~8mm	釉面砖的色彩图案丰富，规格多，防渗，不怕脏，清洁方便、选择空间大	厨房、卫生间、实验室、游泳池的饰面工程
面砖(外墙皮砖)	100mm×100mm×10mm 和 150mm×150mm×10mm	坚固耐用，色彩鲜艳，易清洗，防水、防火、耐磨、耐腐蚀，维修费用低	外墙面、柱面、窗心墙、门窗套等部位
陶瓷锦砖(马赛克)	9.5mm×9.5mm、10mm×10mm、15mm×15mm、20mm×20mm、25mm×25mm、30mm×30mm、45mm×45mm、48mm×48mm、50mm×50mm 等，或圆形、六角形等形状的小砖组合而成，厚度有4mm、5mm、6mm、8mm、10mm 等，单联的规格一般有 285mm×285mm、300mm×300mm 或 318mm×318mm 等	分陶瓷和玻璃两种，具有质地坚硬，防水、防火、防潮、耐酸耐碱、永不褪色、吸水率低、黏附力极好的特点	卫生间、浴池、阳台、餐厅、客厅的地面装修，公共活动场馆的陶瓷壁画

表 2-8-5　饰面石材

石材种类	石材名称	特　点	适用范围
天然石材	大理石	质地均匀细密，硬度小，易于加工和磨光，表面光洁如镜，棱角整齐，美丽大方，但耐候性较花岗岩差	建筑室内装饰面
	花岗岩	质地坚硬密实，加工后表面平整光滑，棱角整齐，耐酸碱、耐冻	建筑室内外装饰面
人造石材	人造大理石	花色可仿大理石，装饰效果好，表面抗污染性强，耐火性好，易于加工	建筑室内装饰面
	人造花岗岩	花色可仿花岗岩，装饰效果好，表面抗污染性强，耐火性好，易于加工	建筑室内装饰面

①陶瓷贴面类墙面装修

面砖饰面：面砖多数是以陶土或瓷土为原料，压制成型后经焙烧而成。由于面砖不仅可以用于墙面装饰，也可用于地面，所以也被人们称为墙地砖。常见的墙面砖有釉面砖、无釉面砖、仿花岗岩瓷砖、劈离砖等。

面砖安装前先将其表面清洗干净，然后放入水中浸泡，贴面前取出晾干或擦干。面砖安装时用1∶3水泥砂浆打底并划毛，后用1∶0.3∶3水泥石灰砂浆或用掺有108胶（水泥用量5%~8%）的1∶2.5水泥砂浆满刮于面砖背面，其厚度不小于10mm，然后将面砖贴于墙上，轻轻敲实，使其与底灰粘牢。一般面砖背面有凹凸纹路，更有利于面砖粘贴牢固。对贴于外墙的面砖应在面砖之间留出一定缝隙，以利湿气排除。而内墙面为便于擦洗和防水则要求安装紧密，不留缝隙。面砖如被污染，可用浓度为10%的盐酸洗刷，并用清水洗净（图2-8-20）。

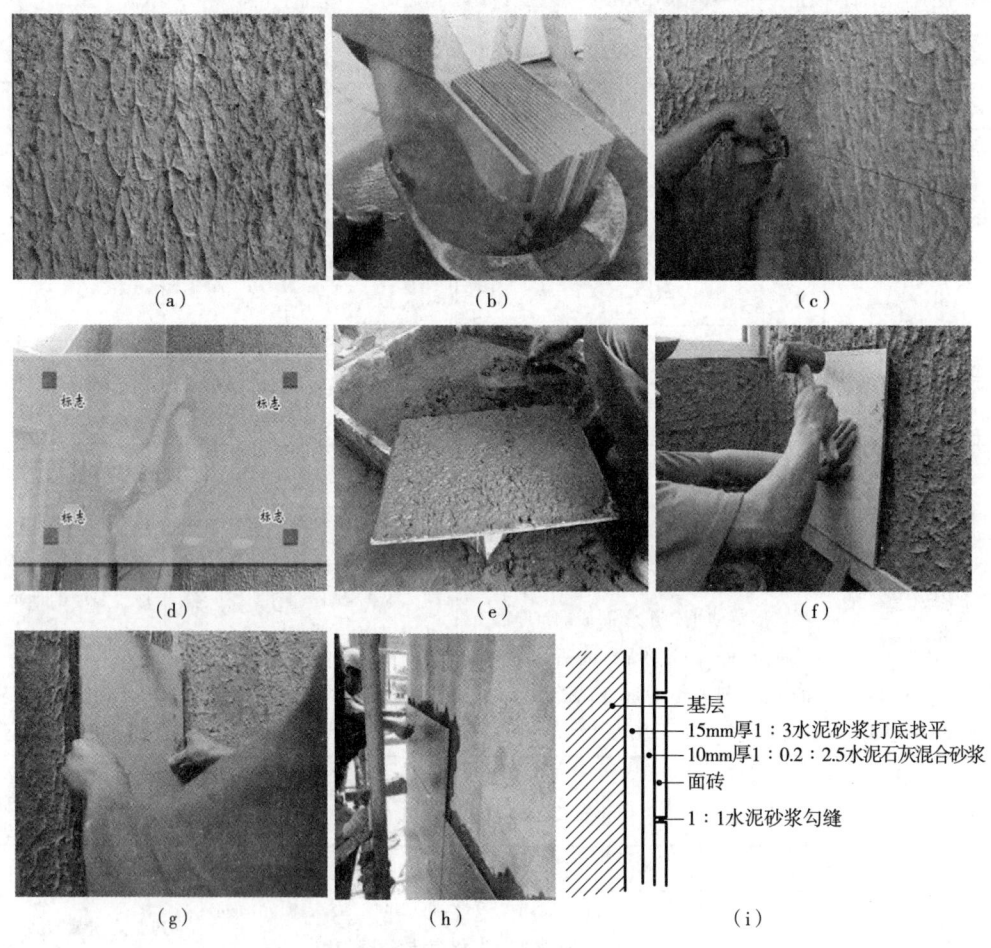

图 2-8-20　面砖饰面
(a)基层处理　(b)选砖及浸水　(c)拉通线　(d)做标志块　(e)黏结材料刮抹于砖块背面
(f)逐皮向上粘贴　(g)逐皮向上粘贴　(h)贴面砖施工　(i)面砖饰面构造

陶瓷锦砖饰面：陶瓷锦砖也称为马赛克，分玻璃和陶瓷两种，是高温烧结而成的小型块材，为不透明的饰面材料，表面致密光滑，坚硬耐磨，耐酸耐碱，一般不易变色。一般做成18.5mm×18.5mm×5mm、39mm×39mm×5mm的小方块，或边长为25mm的六角形等，根据它的花色品种，可拼成各种花纹图案。铺贴时，先按设计的图案将小块的面材正面向下贴于500mm×500mm大小的牛皮纸上，然后牛皮纸向外将陶瓷锦砖贴于饰面基层，待半凝后将纸洗去，同时修整饰面。陶瓷锦砖可用于墙面装修，但更多用于地面装修（图2-8-21）。

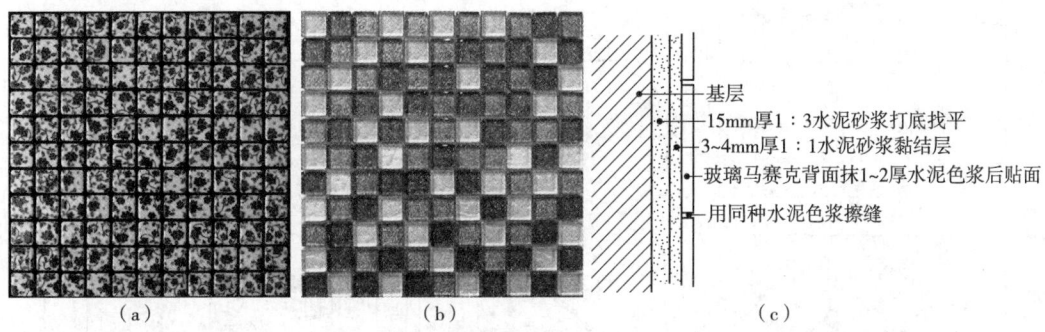

图2-8-21 锦砖饰面
(a) 陶瓷锦砖　(b) 玻璃锦砖　(c) 马赛克饰面构造

②石材贴面类墙面装修　装饰用的石材有天然石材和人造石材之分，按其厚度分有厚型和薄型两种，通常厚度在30~40mm的称板材，厚度在40~130mm的称为块材。

天然石材：天然石材饰面板不仅具有各种颜色、花纹、斑点等自然美感，而且质地密实坚硬，故耐久性、耐磨性等均比较好，在装饰工程中适用范围广泛。可用来制作饰面板材、各种石材线角、罗马柱、茶几、石质栏杆、电梯门贴脸等。但是由于材料品种、来源的局限性，造价比较高，属于高级饰面材料。

天然石材按其表面的装饰效果，可分为磨光和剁斧两种主要处理形式。磨光的产品有粗磨板、精磨板、镜面板等区别；剁斧的产品可分为磨面、条纹面等类型。也可以根据设计的需要加工成其他的表面。板材饰面的天然石材主要有花岗石、大理石及青石板。

人造石材：人造石材是以不饱和聚酯树脂为黏结剂，配以天然大理石或方解石、白云石、硅砂、玻璃粉等无机物粉料，以及适量的阻燃剂、颜色等，经配料混合、瓷铸、振动压缩、挤压等方法成型固化制成的。人造石材属于复合材料，具有色彩艳丽、光洁度高、颜色均匀一致、抗压耐磨、韧性好、结构致密、坚固耐用、比重轻、不吸水、耐侵蚀风化、色差小、不褪色、放射性低等优点。人造石材具有资源综合利用的优势，在环保节能方面具有不可低估的作用，也是名副其实的绿色环保建材，可选择范围广，且造价低于天然石材墙面。按照所用黏结剂不同，可分为有机类人造石材和无机类人造石材两类。按其生产工艺过程的不同，又可分为聚酯型人造大理石、复合型人造大理石、硅酸盐型人造大理石、烧结型人造大理石4种类型。

石材饰面的安装：石材在安装前必须根据设计要求核对石材品种、规格、颜色，进行统一编号，天然石材要用电钻打好安装孔，较厚的板材应在其背面凿两条2~3mm深的砂浆槽。板材的阳角交接处，应做好45°的倒角处理，最后根据石材的种类及厚度，选择适宜的连接方法。常用的连接方式为在墙内或柱内预埋铁箍，铁箍内立竖筋，在竖筋上绑扎横筋，形成钢丝网，将板材用钢丝绑扎，拴接在钢筋网上，并在板材与墙体的夹缝内灌以水泥砂浆，称为拴挂法(也称湿挂法)。另外还有干挂法(又叫空挂法)，干挂法施工工艺是在饰面石材上直接打孔或开槽，用各种形式的连接件(干挂构件)与布局基体上的膨胀螺栓或钢架相连接而不需要灌注水泥砂浆，使饰面石材与墙体间形成80~150mm宽的空气层的施工方法(图2-8-22至图2-2-30)。

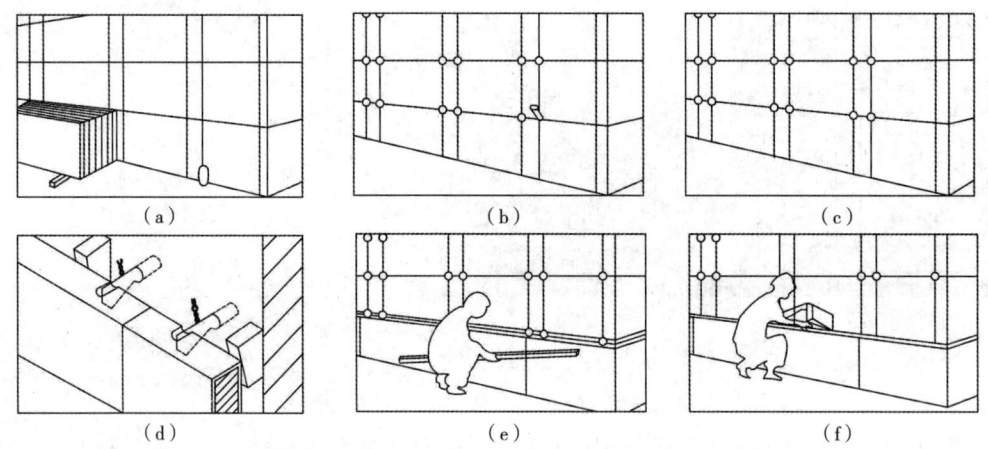

图2-8-22 大理石湿挂法安装示意图
(a)定线 (b)墙体凿孔(≤φ20) (c)打膨胀螺栓固定横竖钢筋
(d)大理石定位锚固 (e)过尺调整 (f)分层灌浆

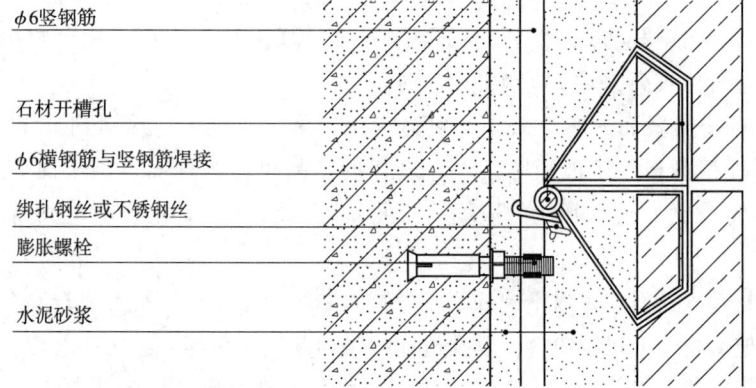

图2-8-23 大理石湿挂法施工图

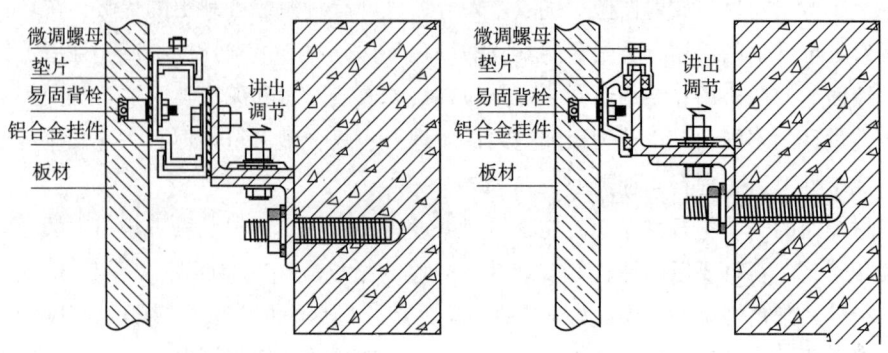

图2-8-24 背柱式开孔示意图

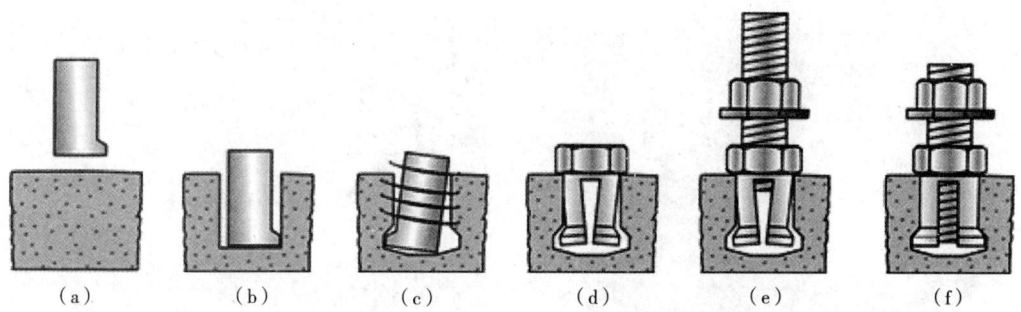

图 2-8-25　背柱式开孔示意图

(a)设备定位　(b)钻孔　(c)钻孔成形　(d)插入锚栓套　(e)插入螺栓　(f)拧紧螺栓至锚栓套

图 2-8-26　干挂挂件

图 2-8-27　干挂实例

图 2-8-28　背栓式示意图

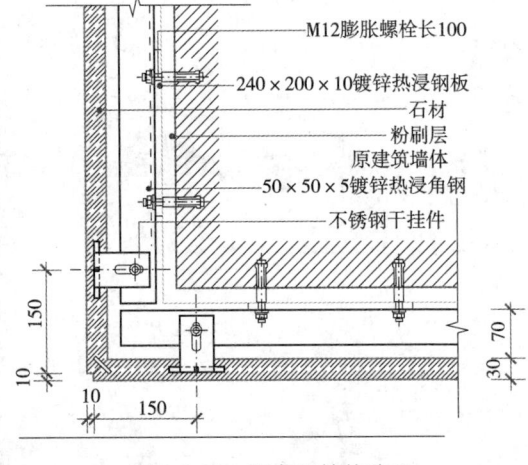

图 2-8-29 岗亭干挂施工　　　　图 2-8-30 阳角干挂构造图

（4）裱糊类墙面装修

裱糊类墙面是指用墙纸、墙布等裱糊的墙面。

①裱糊类墙面的构造　墙体上用水泥石灰浆打底，使墙面平整。干燥后满刮腻子，并用砂纸磨平，然后用 108 胶、专用墙纸墙布胶或其他胶黏剂粘贴墙纸（图 2-8-31、图 2-8-32）。

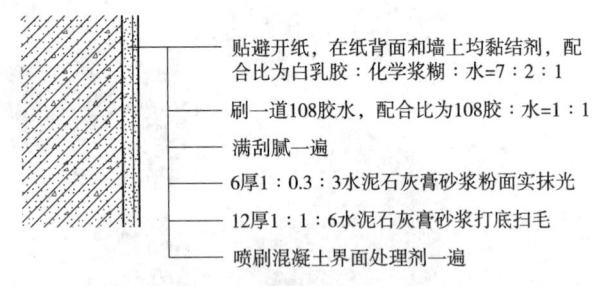

图 2-8-31 裱糊类墙面示例　　　　图 2-8-32 裱糊类墙面构造图

②裱贴墙纸、墙布主要工艺流程　清扫基层、填补缝隙→石膏板面接缝处贴接缝带、补腻子、磨砂纸→满刮腻子、磨平→涂刷防潮剂→涂刷底胶→墙面弹线→壁纸浸水→壁纸、基层涂刷黏结剂→墙纸裁纸、刷胶→上墙裱贴、拼缝、搭接、对花→赶压胶黏剂气泡→擦净胶水→修整。

③裱贴墙纸、墙布施工要点

• 基层处理时，必须清理干净、平整、光滑，防潮涂料应涂刷均匀，不宜太厚。

不同基层的处理方法如下：

混凝土和抹灰基层——墙面清扫干净，将表面裂缝、坑洼不平处用腻子找平；再满刮腻子，打磨平整；根据需要决定刮腻子遍数。

木基层——木基层应刨平，无毛刺、倒刺，无外露钉头。接缝、钉眼用腻子补平。满刮腻子，打磨平整。

石膏板基层——石膏板接缝用嵌缝腻子处理，并用接缝带贴牢，表面刮腻子。涂刷底胶一般使用 108 胶或全透明环氧结构胶，底胶一遍成活，但不能有遗漏。

- 为防止墙纸、墙布受潮脱落，可涂刷一层防潮涂料。
- 弹垂直线和水平线，以保证墙纸、墙布横平竖直、图案正确。
- 塑料墙纸遇水胶水会膨胀，因此要用水润纸，使塑料墙纸充分膨胀；玻璃纤维基材的壁纸、墙布等，遇水无伸缩，无需润纸；复合纸壁纸和纺织纤维壁纸也不宜闷水。
- 粘贴后，赶压墙纸胶黏剂，不能留有气泡，挤出的胶要及时揩净。

铺钉类墙面装修是指利用天然板条或各种人造薄板借助于钉、胶黏等固定方式进行饰面的做法。清水类墙面装修是指建筑结构完成后，并不进行表面处理或简单处理，可以称作为清水类面层，如清水砌筑墙体，清水混凝土等。

2.8.2.3 清水墙饰面装修

清水墙饰面指墙体砌成后，墙面不加其他覆盖性饰面层，只是利用原结构砖墙或混凝土墙的表面进行勾缝或模纹处理的一种墙体装饰装修方法。清水墙饰面主要有清水砖墙和清水混凝土墙（图 2-8-33、图 2-8-34）。清水墙一般是指只有结构部分，不做任何装饰的墙面。墙面不抹灰的墙叫清水墙，工艺要求较高；反之，墙面抹灰的墙叫混水墙。

清水砌筑砖墙，对砖的要求极高。首先砖的大小要均匀，棱角要分明，色泽要有质感。这种砖要定制，价格是普通砖的 5~10 倍。其次砌筑工艺十分讲究，灰缝要一致，阴阳角要锯砖磨边，接槎要严密和具有美感，门窗洞口要用拱、花等工艺。单面清水墙就是墙内侧或墙外侧有一面采用上述工艺，另一面用涂料喷刷，或者水泥抹平等。

图 2-8-33 东莞可园博溪渔隐清水墙面　　图 2-8-34 兰州城市规划展览馆清水混凝土墙面

①清水砌体勾缝工艺流程　放线，找规矩→开缝、修补→塞堵门窗口缝及脚手眼→墙面浇水→勾缝→扫缝→找补漏缝→清理墙面。

放线、找规矩时，应顺墙立缝自上而下吊垂直，并用墨线将垂直线弹在墙上，作为垂直控制的规矩。水平缝以同层砖的上下棱为基准拉线，作为水平缝控制的规矩；根据所弹控制基准线，凡在线外的棱角，均用开缝凿剔掉，对剔掉后偏差较大的部分，应用水泥砂浆顺线补齐，然后用原砖研粉与胶黏剂拌合成浆，刷在补好的灰层上，应使颜色与原砖墙一致；勾缝前，将门窗处残缺的砖补砌完整，用 1:3 水泥砂浆将门窗框四周与墙之间的缝隙堵严塞实、抹平，应深浅一致。门窗框缝隙填塞材料应符合设计及规范要求。堵脚手眼时需先将眼内残留砂浆及灰尘等清理干净，然后洒水润湿，用同墙颜色一致的原砖补砌堵严；污染墙面的灰浆及污物清刷干净，然后浇水冲洗湿润；勾缝砂浆配制应符合设计及相关要求。勾缝顺序应自上而下，先勾水平缝，然后勾立缝。勾缝深度应符合设计要求，无设计要求时，一般可控制在 4~5mm；每一操作段勾缝完成后，用扫帚顺缝清扫，先扫平缝，后扫立缝，并不断抖弹扫帚上的砂浆，减少墙面污染；扫缝完成后，要认真检查一遍有无漏勾的墙缝，尤其检查易忽略、挡视线和不易操作的地方，发现漏勾的缝应及时补勾；勾缝工作全部完成后，应将墙面全面清扫，对施工中污染墙面的残留灰痕应用力扫净，难以扫掉时用毛刷蘸水轻刷，然后仔细将灰痕擦洗掉，使墙面干净整洁。

②清水砌体勾缝工程质量要求　清水砌体勾缝所用砂浆的品种和性能应符合设计要求及国家现行标准、规范的有关规定。清水砌体勾缝应无漏勾，勾缝材料应黏结牢固，无开裂；清水砌体勾缝应横平竖直，交接处应平顺，宽度和深度均匀，表面应压实抹平；灰缝应颜色一致，墙体表面应洁净。

③清水混凝土装饰墙面工艺流程　对原始的混凝土基层进行打磨、剔凿、修补，接着对修补过后的墙面进行二次细磨并除尘，然后辊涂清水混凝土保护剂底漆，等到底漆干透以后，进行打磨、除尘，随后进行下一道工序，辊漆或是做拍花，对修补过的墙面色差进行修补调整，以使墙面的装饰效果做到清水混凝土的颜色，再对其颜色整体进行观察，对不满意的地方，进行二次修补拍花，以使其达到装饰的效果，最后辊涂清水混凝土保护剂面漆，在辊漆的过程中，需要注意应均匀辊涂，不可产生流坠等现象（图2-8-35）。

水泥砂浆面的清水混凝土墙面制作方法：在水泥砂浆基层上均匀刮涂清水混凝土专用腻子，使基层的颜色达到清水混凝土的效果。注意平整度，刮腻子完工后，应对基面进行打磨，避免出现刮痕。如果需要制作纹理、孔洞、禅孔、禅颖，应在刮腻子时，针对需要的效果进行制作，制作完工后，对其表面进行打磨并除尘；腻子层干透之后，可以均匀辊涂清水混凝土保护剂底漆，辊涂时，应均匀辊涂，不可出现流坠等现象；颜色处理是清水混凝土保护剂润色漆的上漆过程中主要的工艺技术，有辊涂和拍花两种工艺。辊涂时，料应少，不应多，辊涂时应均匀，不可辊涂太厚。拍花时，手法应均匀一致，应进行多次拍花，避免出现色差较大等情况；清水混凝土保护剂面漆辊涂。这是最后一道工序，也就是等到润色漆干透后，并达到满意效果后再做面漆，如果效果不好，可以对颜色层进行二次处理。最后均匀辊涂清水混凝土保护剂面漆即可，注意产生避免流坠现象。

石膏板基面的清水混凝土墙面制作方法：与水泥砂浆面的方法相似，唯一的区别是对石膏板的接缝处理。在做石膏板基层时，应针对石膏板的基层进行处理，并将石膏板的板缝之间的缝隙进行挂网处理，以避免后期出现开裂等问题。后边的操作工艺都是相同的，即刮腻子→打磨→上清水混凝土保护剂底漆→上润色漆→上面漆（图2-8-36）。

图2-8-35　联想研发中心　　　　图2-8-36　清水混凝土墙面

2.8.3 顶棚装修

2.8.3.1 直接顶棚

直接顶棚包括一般楼板板底、屋面板底直接喷刷涂料顶棚、直接抹灰顶棚及直接粘贴顶棚 3 种做法(图 2-8-37、图 2-8-38)。

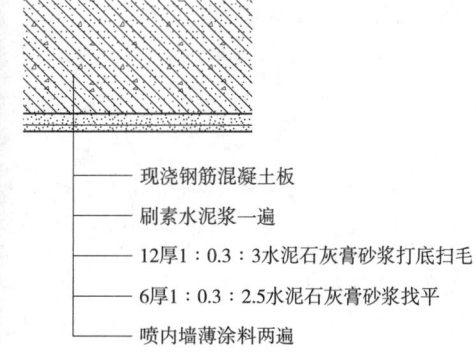

图 2-8-37 直接顶棚示例图　　　　图 2-8-38 直接顶棚构造图

①直接喷刷涂料顶棚　当要求不高或楼板地面平整时，可在板底嵌缝后喷(刷)石灰浆或涂料两道。

②直接抹灰顶棚　底板不够平整或要求稍高的房间，可采用板底抹灰，常用的有纸筋石灰浆顶棚、混合砂浆顶棚、水泥砂浆顶棚、麻刀石灰浆顶棚、石膏灰浆顶棚。

③直接粘贴顶棚　对某些装修标准较高或有保温吸声要求的房间，可在板底直接粘贴装饰吸声板、石膏板、塑胶板等。

2.8.3.2 吊顶

在较大空间和装饰要求高的房间中，因建筑声学、保温隔热、清洁卫生、管道敷设、室内美观等特殊要求，常用顶棚把屋架、梁板等结构构件及设备遮盖起来，形成一个完整的表面。由于顶棚是采用悬吊方式支承于屋顶结构层或楼盖层的梁板之下，所以称之为吊顶。吊顶的构造设计应从上述多方面进行综合考虑(图 2-8-39)。

图 2-8-39 吊顶施工

吊顶按设置的位置不同分为屋架下吊顶和混凝土楼板下吊顶；按材料分有木骨架吊顶和金属骨架吊顶。

吊顶的结构一般由基层和面层两大部分组成。

（1）基层

基层承受吊顶的荷载，并通过吊筋传给屋顶或楼板承重结构。基层由吊筋、龙骨组成。吊顶龙骨分为主龙骨与次龙骨，主龙骨为吊顶的承重构件，次龙骨则是吊顶的基层。

主龙骨通过吊筋或吊件固定在屋顶(或楼板)结构上，其断面大小视其材料种类、是否上人(吊顶承受人的荷载)和面层构造做法等因素而定。主龙骨断面比次龙骨大，间距通常为1m左右。悬吊主龙骨的吊筋为$\phi 8 \sim 10mm$的钢筋，间距也是1m左右。次龙骨间距视面层材料而定，间距不宜太大，一般为300~500mm。刚度大的面层不易翘曲变形，可扩大至600mm。

（2）面层

吊顶面层分为抹灰面层和板材面层两大类。抹灰面层为湿作业施工，费工费时。板材面层既可加快施工速度，又容易保证施工质量。吊顶面层板材的类型很多，一般可分为植物性板材(如胶合板、纤维板、木工板等)、矿物性板材(如石膏板、矿棉板等)、金属板材(如铝合金板、金属微孔吸声板等)等几种(图2-8-40至图2-8-46)。

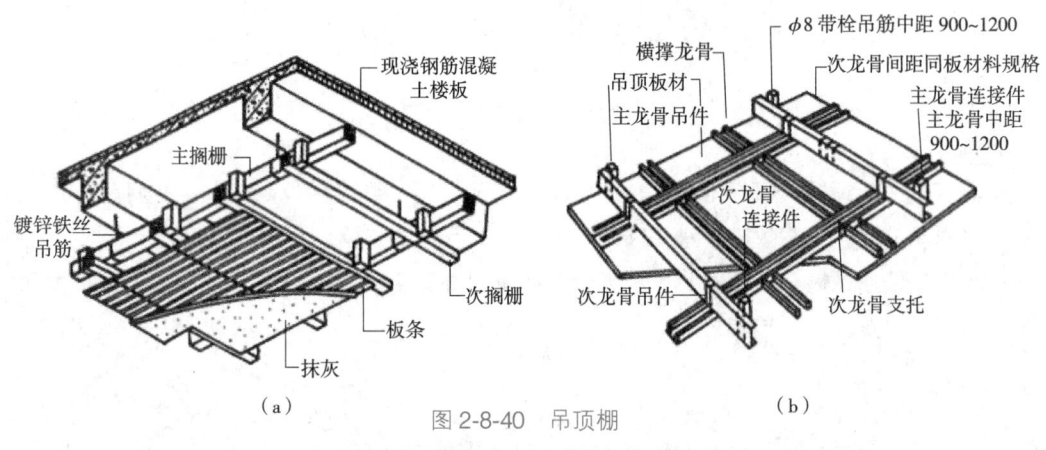

图2-8-40 吊顶棚
(a)木龙骨顶棚组成 (b)金属龙骨顶棚组成

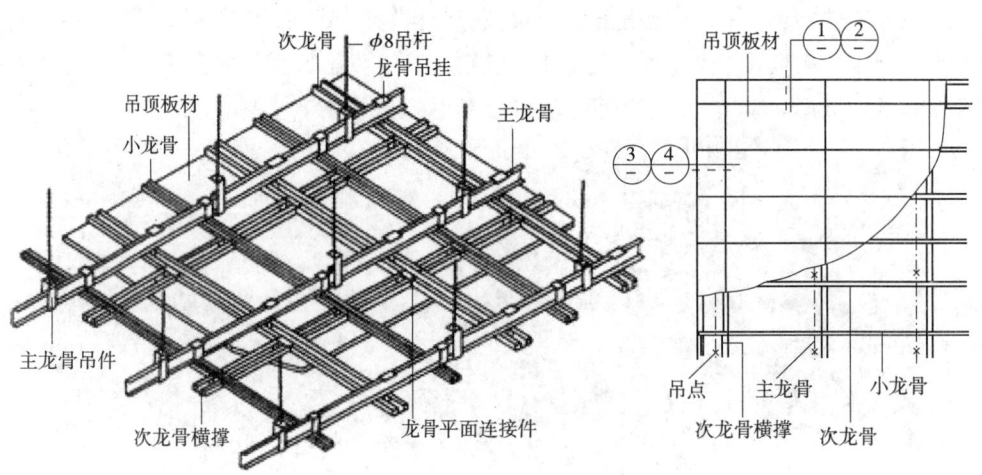

图2-8-41 U型轻钢龙骨悬吊式顶棚构造图(1)

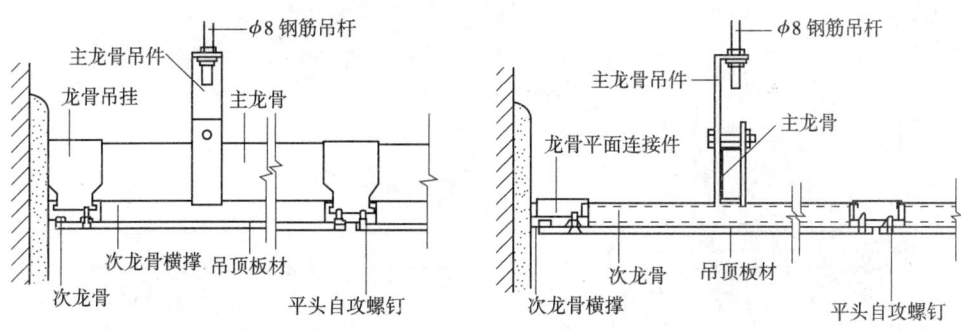

图 2-8-42 U 型轻钢龙骨悬吊式顶棚构造图(2)

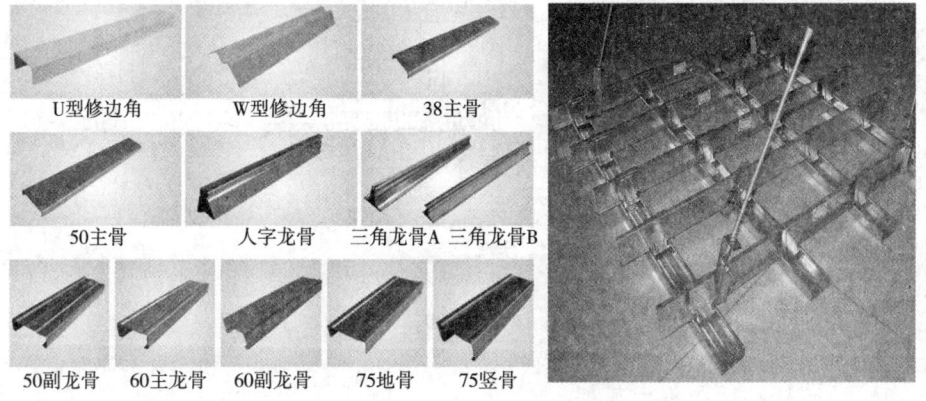

图 2-8-43 轻钢龙骨样式

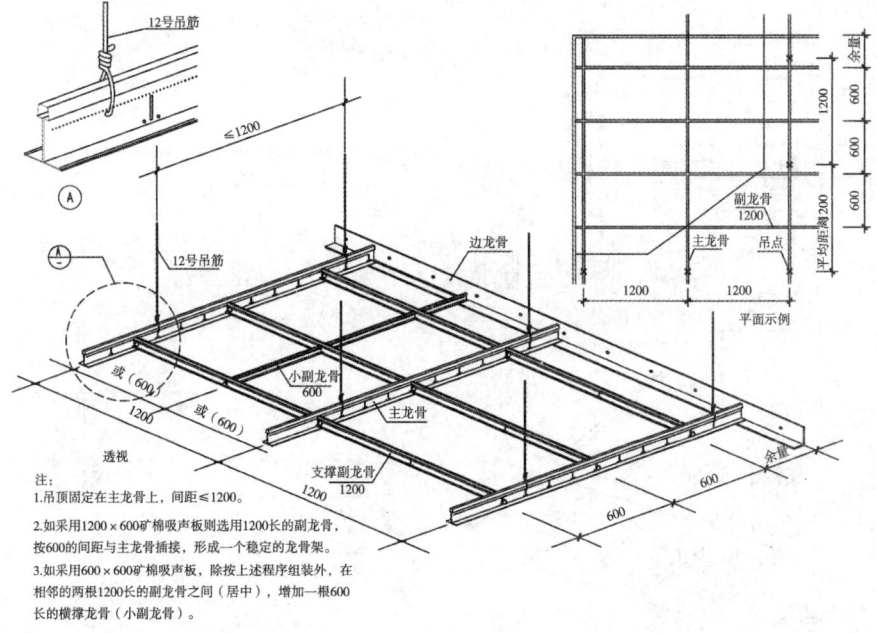

注：
1.吊顶固定在主龙骨上，间距≤1200。
2.如采用1200×600矿棉吸声板则选用1200长的副龙骨，按600的间距与主龙骨插接，形成一个稳定的龙骨架。
3.如采用600×600矿棉吸声板，除按上述程序组装外，在相邻的两根1200长的副龙骨之间（居中）增加一根600长的横撑龙骨（小副龙骨）。

图 2-8-44 明架矿棉吸声板安装

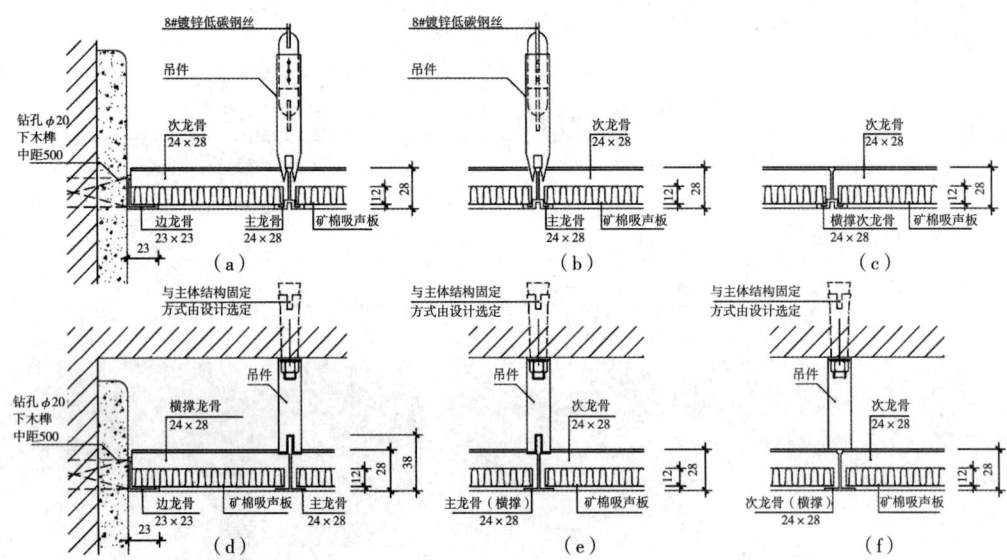

图 2-8-45 明架矿棉板吊顶安装详图

注：①②③为明架矿棉板吊顶中的吊杆式安装详图；④⑤⑥为明架矿棉板吊顶中的吸顶式安装详图。

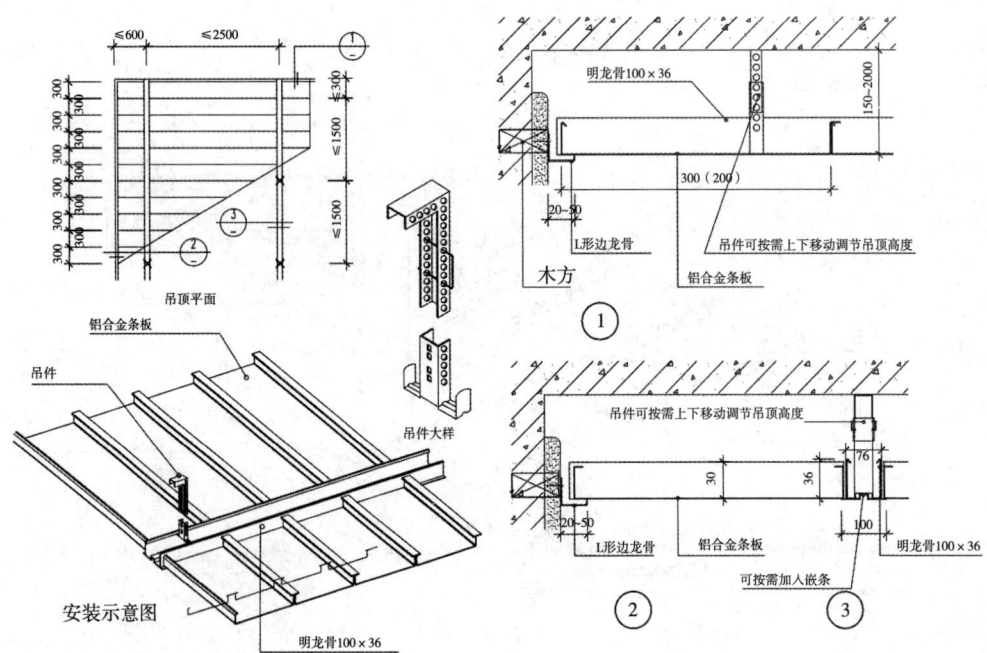

图 2-8-46 明龙骨长幅金属条板吊顶平面和节点图

2.9 变形缝

【知识目标】
(1) 了解常见的 3 种变形缝：伸缩缝、沉降缝和防震缝。
(2) 了解变形缝的使用材料和构造要求。
【技能目标】
(1) 能辨别变形缝的类型。
(2) 能根据实际情况设置合适的变形缝。
【素质目标】
通过学习建筑变形缝的类型和设置要求，要求学生根据建筑实际情况选择合适的材料设置合适的变形缝，培养学生的安全责任意识、实事求是的工作作风和科学严谨的工作态度。

建筑物由于受气温变化、地基不均匀沉降以及地震等因素的影响，使结构内部产生附加应力和变形，如处理不当，将会造成建筑物的损坏，产生裂缝甚至倒塌，影响使用与安全。其解决办法，一是加强建筑物的整体性，使之具有足够的强度与刚度来克服这些破坏应力，不产生破裂；二是预先在这些变形敏感部位将结构断开，留出一定的缝隙，以保证各部分建筑物在这些缝隙中有足够的变形宽度而不造成建筑物的破损。这种将建筑物垂直分割开来的预留缝隙称为变形缝。

变形缝有 3 种，即伸缩缝、沉降缝和防震缝。变形缝的材料及构造应根据其部位和需要分别采取防水、防火、保温、防虫害等安全防护措施，并使其在产生位移或变形时不受阻、不被破坏（包括面层）。

2.9.1 伸缩缝

（1）伸缩缝设置

建筑物因受温度变化的影响而产生热胀冷缩，在结构内部产生温度应力，当建筑物长度超过一定限度、建筑平面变化较多或结构类型变化较大时，建筑物会因热胀冷缩变形较大而产生开裂。为预防这种情况发生，常常沿建筑物长度方向每隔一定距离或在结构变化较大处预留缝隙，将建筑物断开。这种因温度变化而设置的缝隙就称为伸缩缝或温度缝。

伸缩缝要求把建筑物的墙体、楼板层、屋顶等地面以上部分全部断开，基础部分因受温度变化影响较小，不需断开。

伸缩缝的最大间距，应根据不同材料的结构而定，详见《混凝土结构设计规范》（GB 50010—2020）。钢筋混凝土结构伸缩缝的最大间距参见表 2-9-1 有关规定。

另外，也可采用附加应力钢筋，加强建筑物的整体性，来抵抗可能产生的温度应力，使之少设缝和不设缝，但需经过计算确定。

表 2-9-1 钢筋混凝土结构伸缩缝最大间距

结构类型	施工方式	室内或土中(mm)	露天(mm)
排架结构	装配式	100	70
框架结构	装配式	75	50
	现浇式	55	35
剪力墙结构	装配式	65	40
	现浇式	45	30
挡土墙、地下室墙壁等结构	装配式	40	30
	现浇式	30	20

（2）伸缩缝构造

伸缩缝是将基础以上的建筑构件全部分开，并在两个部分之间留出适当的缝隙，以保证伸缩缝两侧的建筑构件能在水平方向自由伸缩。缝宽一般在 20~30mm。

①伸缩缝结构处理 砖混结构中一般采用双墙承重方案，变形缝位置一般设置在平面图形有变化之处。框架结构中一般采用设置双柱或者悬臂梁方案，如图 2-9-1 所示。

②伸缩缝节点构造

墙体伸缩缝构造：墙体伸缩缝一般做成平缝、错口缝、企口缝或凹缝等截面形式，如图 2-9-2 所示，主要视墙体材料、厚度及施工条件而定。

为防止外界自然条件对墙体及室内环境的侵袭，变形缝外墙一侧常用浸沥青的麻丝或木丝板及泡沫塑料条、橡胶条、油膏等有弹性的防水材料塞缝。当缝隙较宽时，缝口可用镀锌铁皮、彩色薄钢板、铝皮等金属调节片做盖缝处理。内墙可用具有一定装饰效果的金属片、塑料片或木盖缝条覆盖。所有填缝及盖缝材料和构造应保证结构在水平方向自由伸缩而不破裂，如图 2-9-3 所示。

楼底层伸缩缝构造：楼底层伸缩缝的位置与缝宽大小应与墙体、屋顶变形缝一致，缝内常用可压缩变形的材料（如油膏、沥青麻丝、橡胶、金属或塑料调节片等）做封缝处理，上铺活动盖板或橡、塑地板等地面材料，以满足地面平整、光洁、防滑、防水及防尘等功能。顶棚的盖缝条只能固定于一端，以保证两端构件能自由伸缩变形，如图 2-9-4 所示。

顶伸缩缝构造：屋顶中伸缩缝常见的位置在同一标高屋顶处或墙与屋顶高低错落处。不上人屋面一般可在伸缩缝处加砌矮墙，并做好屋面防水和泛水处理，其基本要求同屋顶泛水构造，不同之处在于盖缝处应能自由伸缩而不造成渗漏。上人屋面则用嵌缝油膏嵌缝并做好泛水处理。常见屋面伸缩缝构造如图 2-9-5 至图 2-9-7 所示。值得注意的是，在屋面中使用镀锌铁皮和防腐木砖的构造方式，其寿命是有限的，多则三五十年，少则十余年就会锈蚀腐烂。故近年来逐步采用涂层、涂塑薄钢板或铝皮，甚至用不锈钢皮和射钉、膨胀螺钉等代替，构造原则不变，而构造形式却有进一步发展。

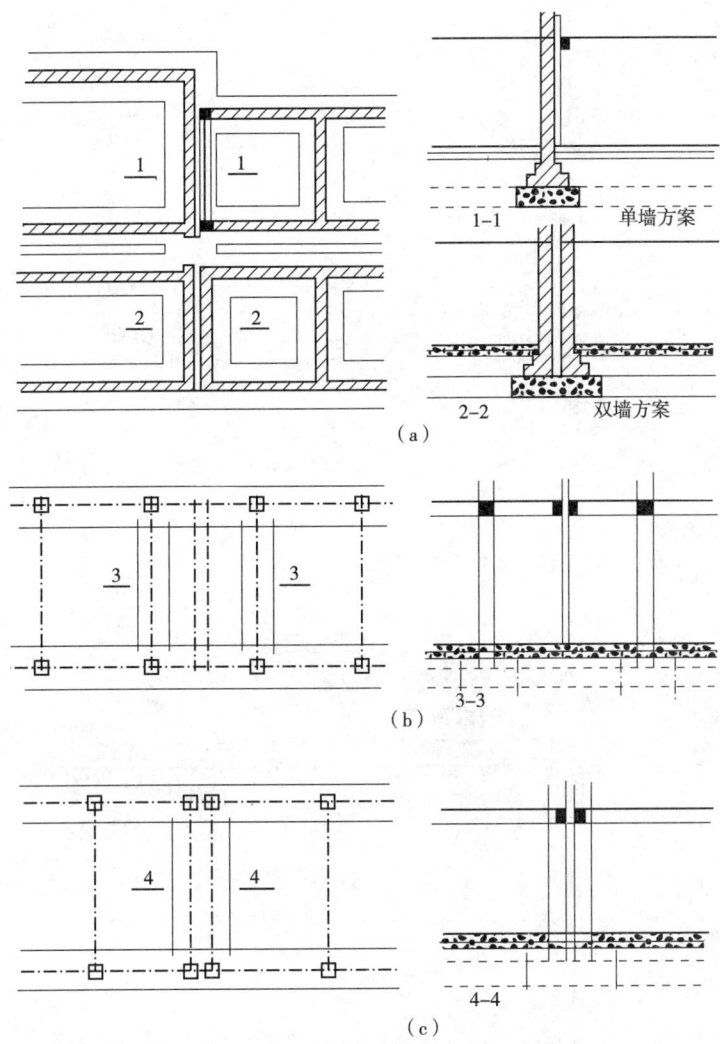

图 2-9-1 伸缩缝的设置
(a)承重墙方案 (b)框架悬臂梁方案 (c)框架双柱方案

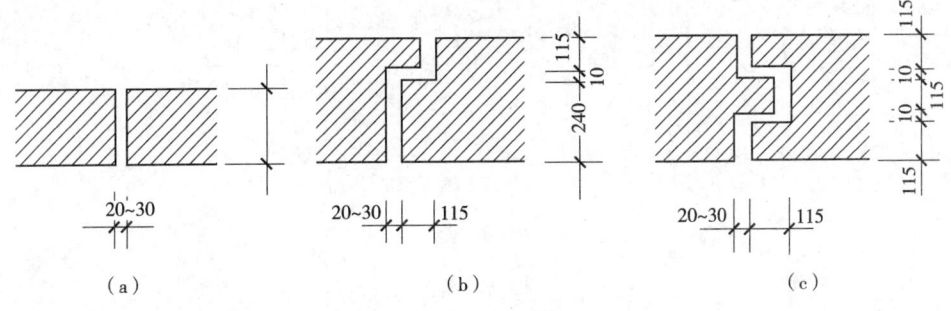

图 2-9-2 砖墙伸缩缝的截面形式
(a)平缝 (b)错口缝 (c)凹凸缝

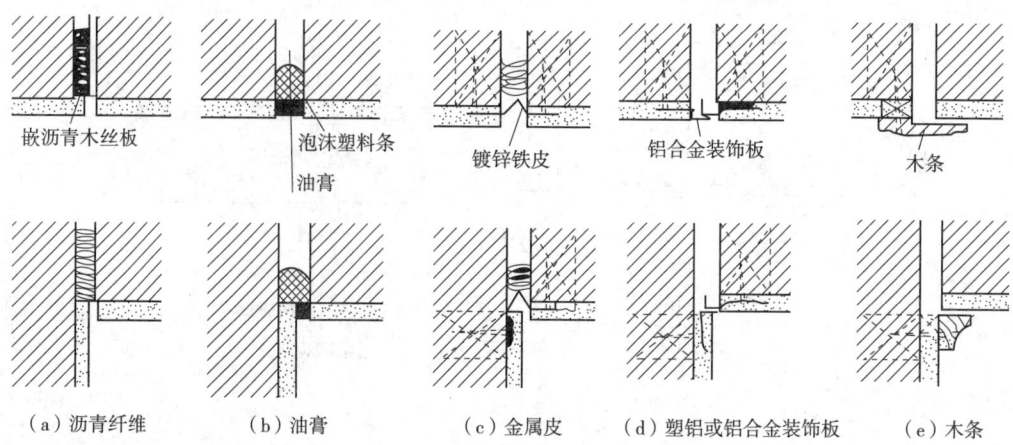

图 2-9-3　砖墙伸缩缝的构造
(a)~(c)外墙伸缩缝构造　(d)(e)内墙伸缩缝构造

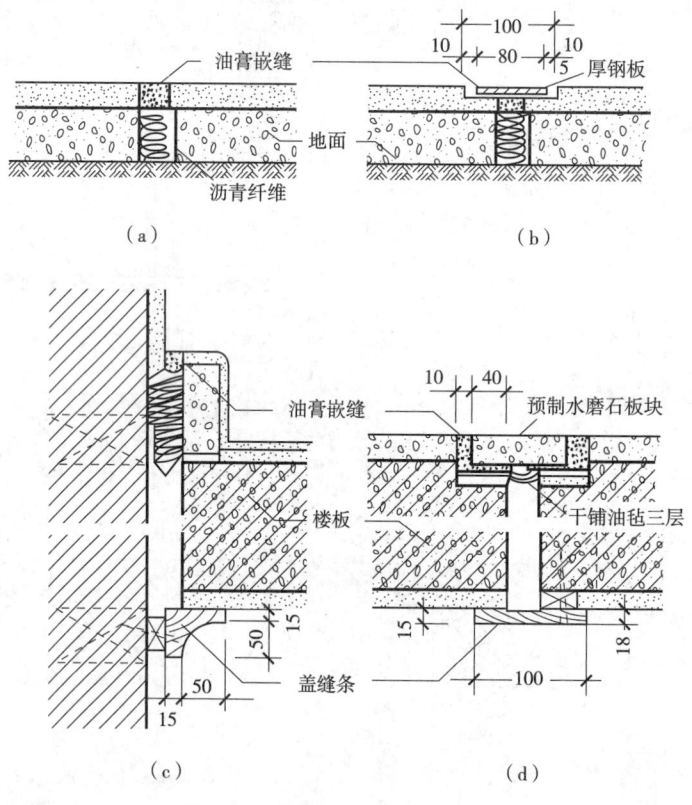

图 2-9-4　楼梯面、顶棚伸缩缝构造
(a)地面油膏嵌缝　(b)地面钢板盖缝　(c)楼板靠墙处变形缝　(d)楼板变形缝

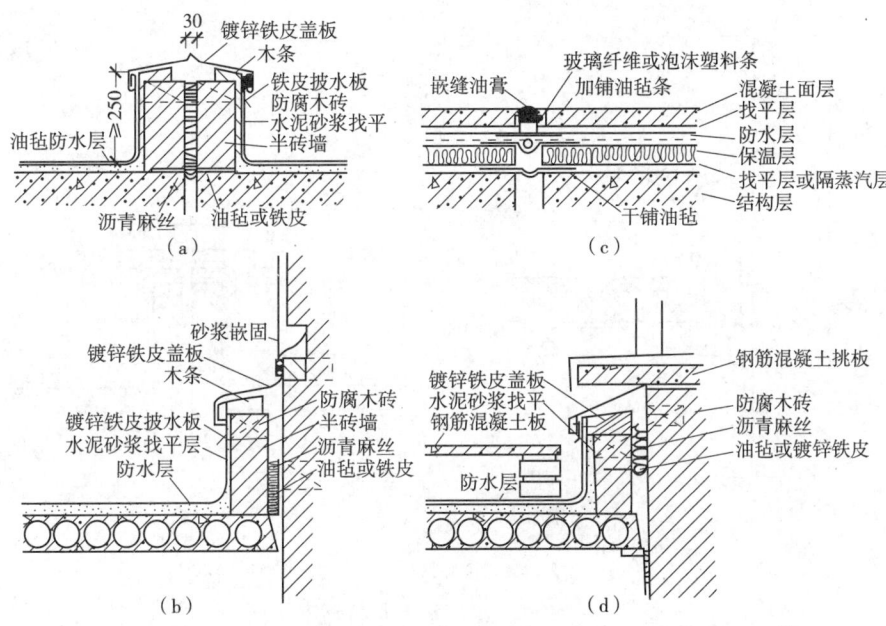

图 2-9-5 卷材防水屋面伸缩缝构造
(a)一般平接屋面变形缝 (b)高低缝处变形缝 (c)上人屋面变形缝 (d)进出口处变形缝

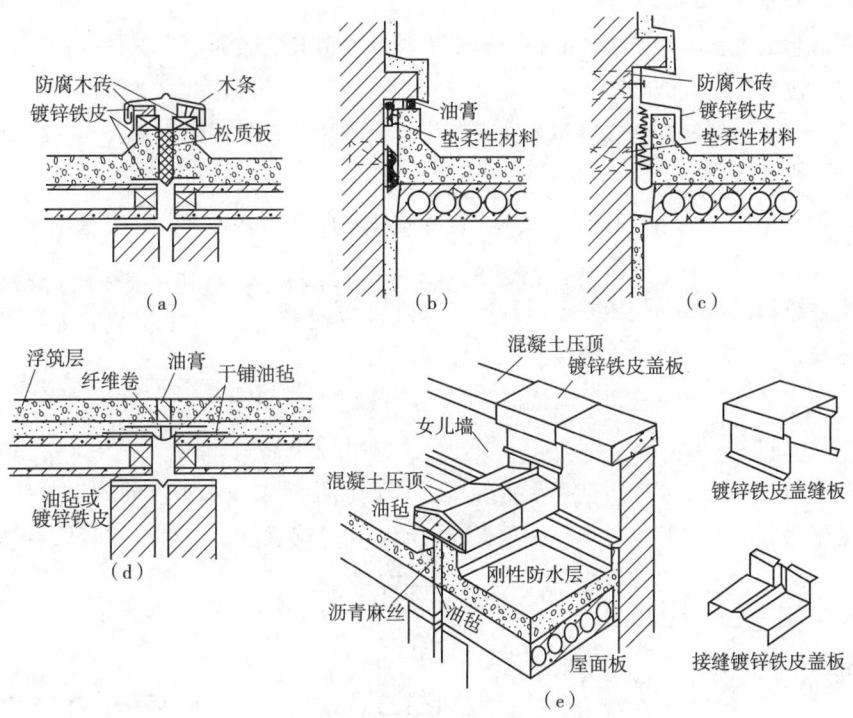

图 2-9-6 刚性防水屋面伸缩缝构造
(a)刚性屋面变形缝 (b)高低缝处变形缝 (c)高低缝处变形缝
(d)上人屋面变形缝 (e)变形缝立体图

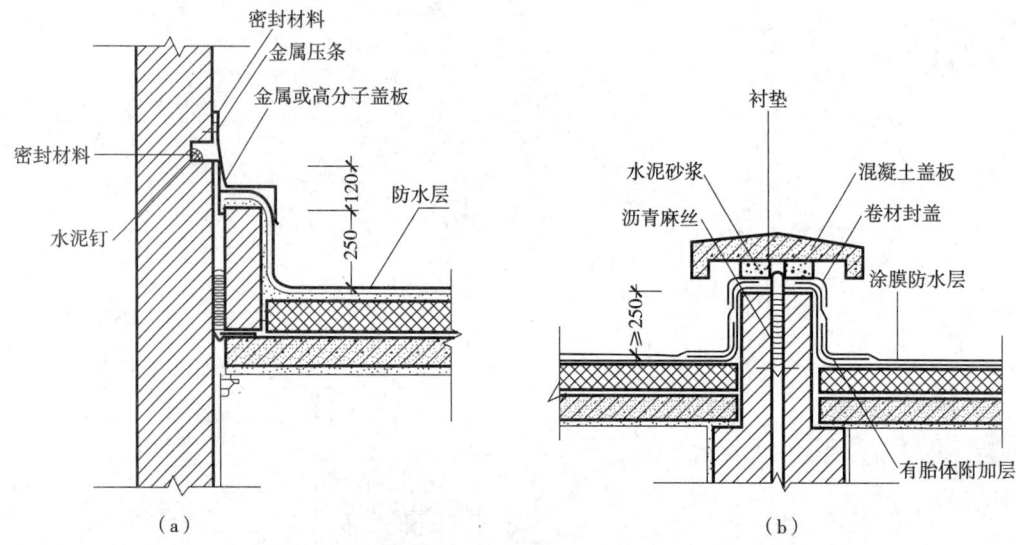

图 2-9-7 涂膜防水屋面伸缩缝构造
(a)高低跨变形缝 (b)变形缝防水构造

2.9.2 沉降缝

(1) 沉降缝设置

沉降缝是为了预防建筑物各部分由于不均匀沉降引起的破坏而设置的变形缝，凡属下列情况时均应考虑设置沉降缝：

①同建筑物相邻部分的高度相差较大、荷载大小相差悬殊或结构形式变化较大，易导致地基沉降不均时；

②当建筑物各部分相邻基础的形式、宽度及埋置深度相差较大，造成基础底部压力有很大差异，易形成不均匀沉降时(图 2-9-8)；

③当建筑物建造在不同地基上，且难于保证均匀沉降时；

④建筑物体型比较复杂，连接部位又比较薄弱时；

⑤新建建筑物与原有建筑物毗连时。

(2) 沉降缝构造

沉降缝与伸缩缝最大的区别在于伸缩缝只需保证建筑物在水平方向的自由伸缩变形，而沉降缝主要应满足建筑物各部分在垂直方向的自由沉降变形，故应将建筑物从基础到屋

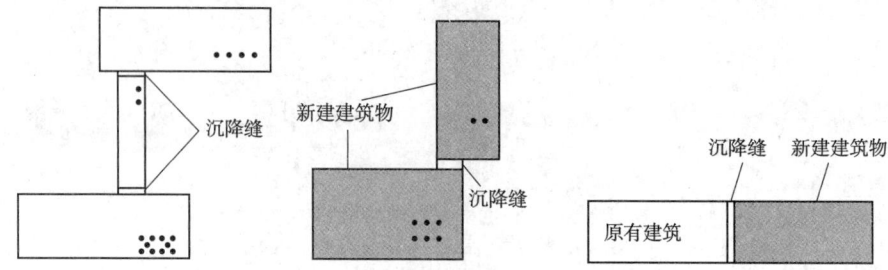

图 2-9-8 沉降缝的设置部位示意图

顶全部断开。同时沉降缝也应兼顾伸缩缝的作用，故在构造设计时应满足伸缩和沉降双重要求。

沉降缝的宽度随地基情况和建筑物的高度不同而定，参见表 2-9-2。

墙体沉降缝盖缝条应满足水平伸缩和垂直沉降变形的要求，如图 2-9-9 所示。

表 2-9-2　沉降缝的宽度

地基情况	建筑物高度	沉降缝宽度(mm)
一般地基	$H < 5m$	30
	$H = 5 \sim 10m$	50
	$H = 10 \sim 15m$	70
软弱地基	2~3 层	50~80
	4~5 层	80~120
	5 层以上	>120
湿陷性黄土地基	—	≥30~70

屋顶沉降缝应充分考虑不均匀沉降对屋面防水和泛水带来的影响，泛水金属皮或其他构件应考虑沉降变形与维修余地，如图 2-9-10 所示。

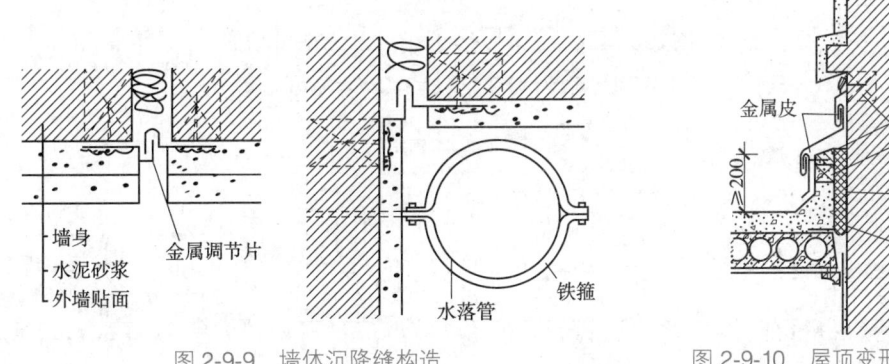

图 2-9-9　墙体沉降缝构造　　　　图 2-9-10　屋顶变形缝构造

楼板层应考虑沉降变形对地面交通和装修带来的影响；顶棚盖缝处理也应充分考虑变形方向，以尽可能减少变形遗留缺陷。

基础沉降缝也应断开并避免因不均匀沉降造成的相互干扰。常见的砖墙条形基础处理方法有双墙方案、悬挑基础方案和双墙基础交叉排列方案 3 种(图 2-9-11)。

①双墙偏心基础　整体刚度大，但基础偏心受力，并在沉降时产生一定的挤压力。采用双墙交叉式基础方案，地基受力将有所改进。

②挑梁基础　能使沉降缝两侧基础分开较大距离，相互影响较少，当沉降缝两侧基础埋深相差较大或新建筑与原有建筑毗连时，宜采用挑梁基础方案。

当地下室出现变形缝时，为使变形缝处能保持良好的防水性，必须做好地下室墙身及地板层的防水构造，其措施是在结构施工时，在变形缝处预埋止水带。止水带有塑料止水带、橡胶止水带及金属止水带等，其构造做法有内埋式和可卸式两种，无论采用哪种形式，止水带中间空心圈或弯曲部分须对准变形缝，以适应变形需要(图 2-9-12)。

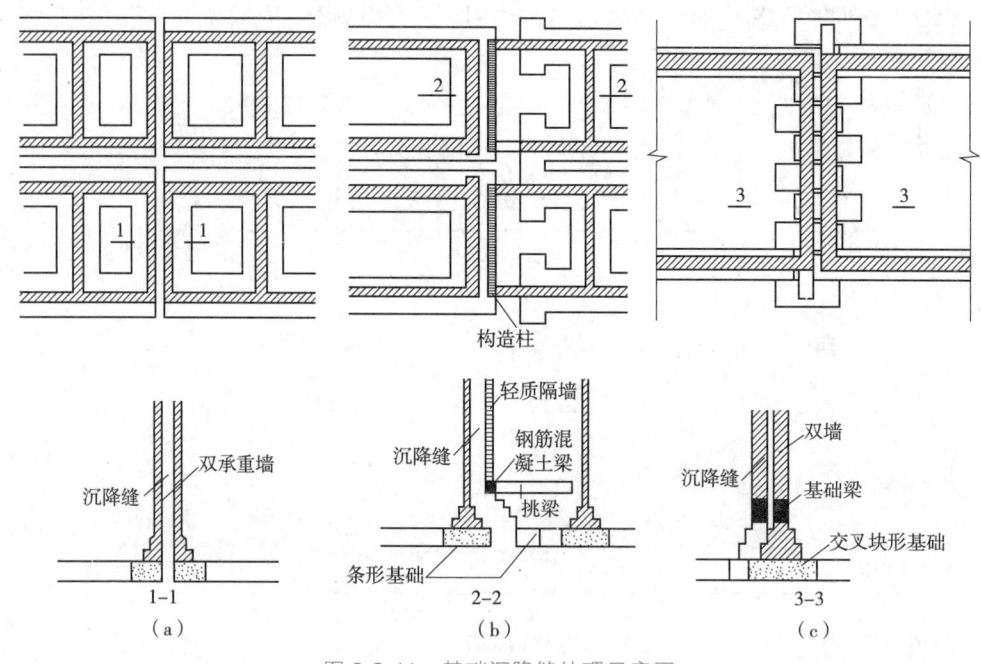

图 2-9-11 基础沉降缝处理示意图
(a)双墙方案沉降缝 (b)悬挑基础方案沉降缝 (c)双墙基础交叉排列方案沉降缝

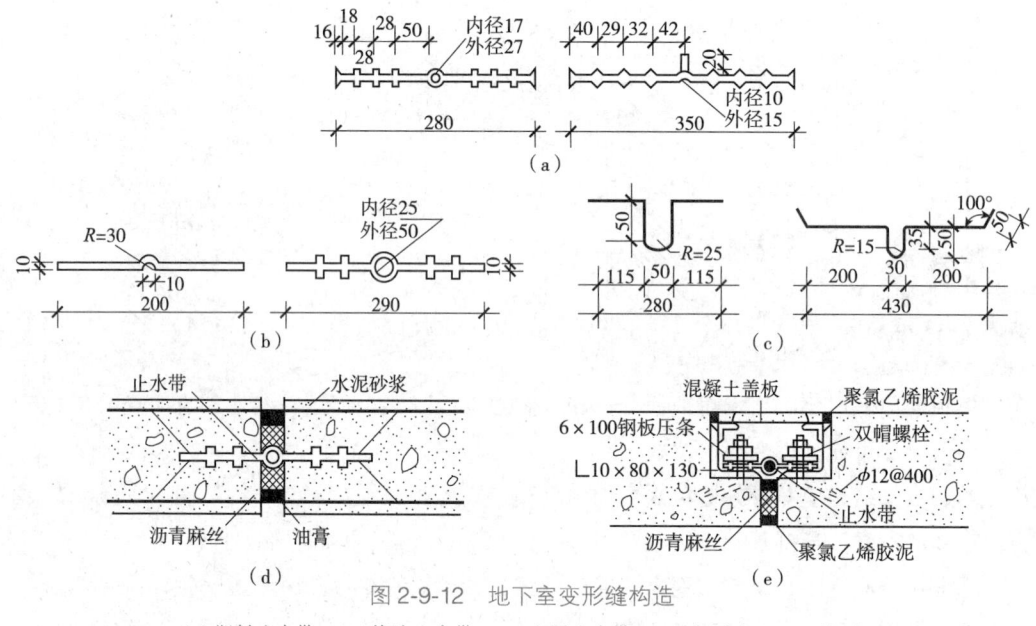

图 2-9-12 地下室变形缝构造
(a)塑料止水带 (b)橡胶止水带 (c)金属止水带 (d)内埋式 (e)可卸式

2.9.3 防震缝

建筑不规则结构应设防震缝。为此，我国制定了相应的建筑《抗震设计规范》(GB 50011—2010)，其中规定，钢筋混凝土房屋需要设置防震缝时，应符合下列规定：

①防震缝宽度应分别符合下列要求：

a. 框架结构(包括设置少量抗震墙的框架结构)房屋的防震缝宽度，当高度不超过 15m

时不应小于 100mm；高度超过 15m 时，6 度、7 度、8 度和 9 度设防区分别每增加高度 5m、4m、3m 和 2m，宜加宽 20mm。

b. 框架-抗震墙结构房屋的防震缝宽度不应小于本条款①项规定数值的 70%，抗震墙结构房屋的防震缝宽度不应小于本款①项规定数值的 50%，且均不宜小于 100mm。

c. 防震缝两侧结构类型不同时，宜按较宽防震缝的结构类型和较低房屋高度确定缝宽。

②8、9 度框架结构房屋防震缝两侧结构层高相差较大时，防震缝两侧框架柱的箍筋应沿房屋全高加密，并可根据需要在缝两侧沿房屋全高各设置不少于两道垂直于防震缝的抗撞墙。抗撞墙的布置宜避免加大扭转效应，其长度可不大于 1/2 层高，抗震等级可同框架结构，框架构件的内力应按设置和不设置抗撞墙两种计算模型的不利情况取值。

单元 3　典型园林建筑与小品构造

园林建筑构造是研究园林建筑物各组成部分的构造原理和构造方法的科学，是园林建筑设计不可分割的一部分。一幢园林建筑一般由基础、墙或柱、楼板层、地坪、楼梯、屋顶和门窗等部分组成，各组成部分具有不同的作用，如基础的作用是承受园林建筑物的全部荷载，并将荷载传给地基。墙(或柱)的作用是承受着建筑物由屋顶(顶部覆盖物)或楼板层传来的荷载，并将荷载传给基础。

园林建筑构造具有实践性和综合性强的特点。根据建筑物的功能、材料性质、受力情况、施工方法和建筑形象等要求选择合理的构造方法，以便综合解决园林建筑设计中遇到的技术问题并进行施工图设计。

园林建筑构造的发展是随着房屋建筑的发展而发展的。建造房屋是人类最早的生产活动之一，随着社会的进步，人类对建造房屋的内容和形式的要求也发生了巨大的变化，这也推动着园林建筑构造的发展。

3.1　亭

【知识目标】
(1)了解常见亭的概念、类型和功能。
(2)掌握亭的构造、材料和做法。
【技能目标】
(1)能识读亭的施工图。
(2)能测量、绘制亭，并用施工图规范表达。
【素质目标】
通过学习亭的作用、平面形式、亭顶样式、基本结构类别；掌握传统和现代亭台基、柱、亭顶构造做法；增强对传统木构件建筑文化的了解，感受古代工匠创造精神，增强名族自豪感和文化自信，进一步坚定学好建筑构造信心。

"亭者，停也。人所停集也。"园中之亭，位置选择灵活，可以位于山顶、山腰，也可以设置在水边、平地，亦可以设置在路旁，供游人游览、休息、赏景，还可成为园中景点供游人欣赏。亭是我国传统园林建筑之一，也是园林景观绿地最常见的建筑小品。亭体量小巧，结构简单，造型别致，组景灵活，运用极其广泛，是园林建筑中最基本的建筑单元，通常用柱支撑，四面多开敞，空间流动，内外交融，较为通透。

3.1.1　亭的类型

亭位置布局多有不同且造型各异，不同性质、不同作用的亭，分类和叫法比较灵活，通常根据平面形式、亭顶形式和主要结构进行分类。

3.1.1.1 按平面形式分

可分为几何形亭、仿生形亭、半真双亭、组合式亭(图 3-1-1)。几何形亭，包括伞亭、三角亭、方亭、五角亭、六角亭、梅花亭、扇形亭，由简单而复杂，基本上都是规则几何形体，或再加以组合变成双方形亭组合、六角形组合亭、双圆形组合亭等。

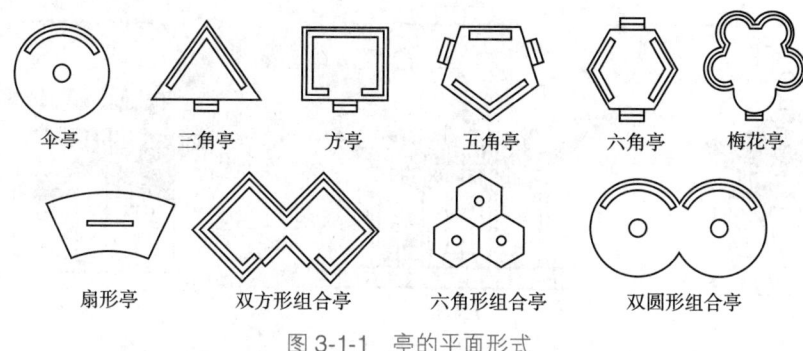

图 3-1-1 亭的平面形式

3.1.1.2 按亭顶形式分

有攒尖顶亭、硬山顶亭、悬山顶亭、歇山顶亭、盔顶亭、圆顶亭、平顶亭等(图 3-1-2)。

3.1.1.3 按主要材料和结构分

可分为木亭、石亭、砖亭、茅亭、竹亭、钢筋混凝土结构亭、钢结构亭。此外，随着时代的变化，亭的造型和结构也有很多新的发展，现代园林景观空间中的亭出现了很多新的类型(图 3-1-3)。

①仿古制式亭 即用现代技术手段和方法，在比例和形式上模仿传统亭，在结构上进行简化，在细部进行创新，所以仿古制式的亭既有传统亭制式，又有时代气息，能够与周边空间环境相适应，是对传统园林文化的继承和发展。

②仿生型亭 即模拟自然界中动植物或者其他物体的外形而建造的亭，如蘑菇亭、贝壳亭、牵牛花亭等。

③生态型亭 为使特定园林空间景观格调更加协调统一，体现生态文化建设要求，采用大自然中的原生材料建造的亭，像木亭、竹亭、石亭等，其不仅符合环保要求，而且在形象、质感上易与自然环境相协调。

④钢结构亭 随着新技术的发展，钢结构和玻璃、膜状材料运用日趋广泛，其具备建设速度快、造型灵活多变的优势，使钢结构亭在现代式园林中运用越来越广泛。

⑤解构组合亭 指在结构构成上，将亭的构成元素拆分、重新组合，并进行变构而形成新的样式。

3.1.2 传统亭构造与实例

亭在构成上，从下而上由台基、柱和亭顶组成。

图 3-1-2　各种形式的亭顶

（图中名称，自上而下、自左而右：四角亭、盔顶亭、六角攒尖顶、卷棚顶；六角单檐亭、六角碑亭、四角重檐亭；六角重檐亭、四角重檐亭、六角单檐亭、四角重檐亭；圆形攒尖重檐亭、组合重檐亭、组合亭、双重檐亭；双重檐亭、盝顶亭、圆攒亭、卷棚歇山顶）

3.1.2.1　台基

台基多以混凝土为材料，若地上部分负荷较重，则需加钢筋、地梁；若亭上面部分承受负荷较小，如竹木结构，顶部构造简单，以稻草、树皮铺设亭顶，可在柱底做小型独立基础，用砖砌和混凝土均可。

图 3-1-3　现代亭的类型
(a)蘑菇亭　(b)生态型木亭　(c)钢结构亭　(d)解构组合亭

3.1.2.2　柱

柱的构造根据亭的结构和材料不同而不尽相同,有水泥、石块、砖、木头、竹竿、钢材等,亭一般无墙壁,故柱在支撑及美观要求上都极为严格。柱的形式有方柱(海棠柱、长方柱、正方柱等)、圆柱、多边形柱、梅花柱、瓜楞柱、多段合柱、包镶柱、拼贴梭柱、花篮悬等。柱的色泽各有不同,可在其表面绘制各种图案,或雕成各种花纹,增强柱子的美感和效果。

3.1.2.3　亭顶

(1)亭顶构架做法

攒尖顶亭一般不用梁,而用戗及枋组成亭的攒尖顶架子,边缘靠柱支撑,即由老戗支撑灯心木,而亭顶自重形成了向四周作用的横向推力,它将由檐口处圈檐梁和柱组成的排架来承担。但这种结构整体刚性较差,一般多用于亭顶较小、自重较轻的小亭、草亭或单檐攒尖顶亭,或者可在亭顶内部增加一圈拉结圈梁,以减小推力,增加亭的刚性(图 3-1-4)。

①大梁法　一般亭顶构架可用对穿的一字梁,上架立灯心木即可。较大的亭顶则用两根平行大梁或相交的十字梁,用以共同分担荷载(图 3-1-5)。

②搭角梁法　在亭的檐梁上首先设置抹角梁与脊(角)梁垂直,与檐呈 45°,再在其上交点处立童柱,童柱上再架设搭角重复交替,直至最后收到搭角梁与最外圈的檐梁平行即可,以便安装架设角梁戗脊(图 3-1-6)。

③扒梁法　扒梁有长短之分,长扒梁两头一般搁于柱子上,而短扒梁则搭在长扒梁上。用长短扒梁叠合交替,有时再辅以必要的抹角梁即可。长扒梁过长易造成选材困难,故短

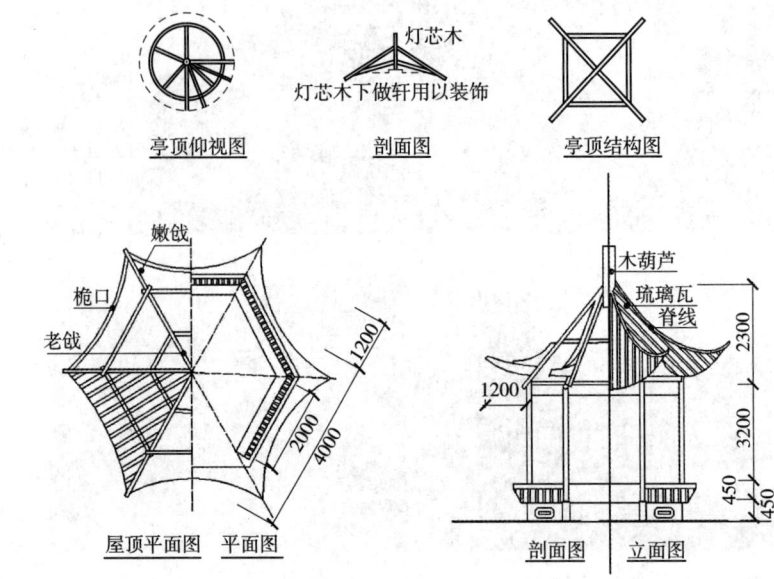

图 3-1-4　攒尖顶构造做法

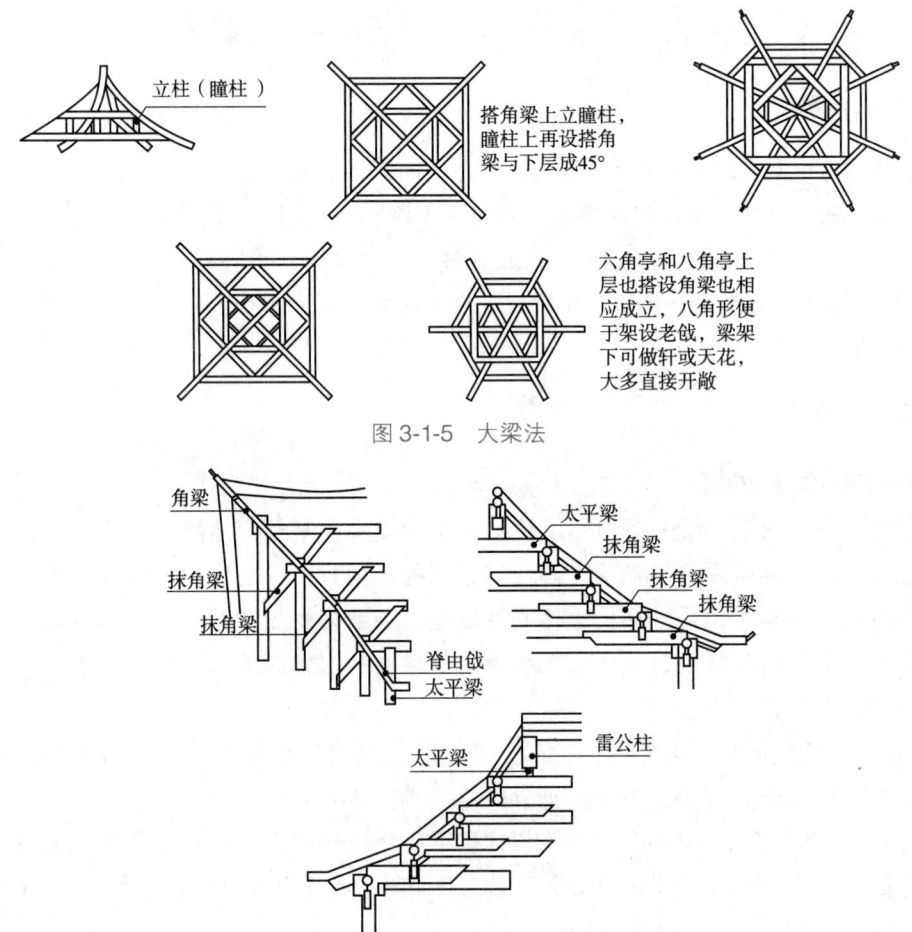

图 3-1-5　大梁法

图 3-1-6　搭角梁法

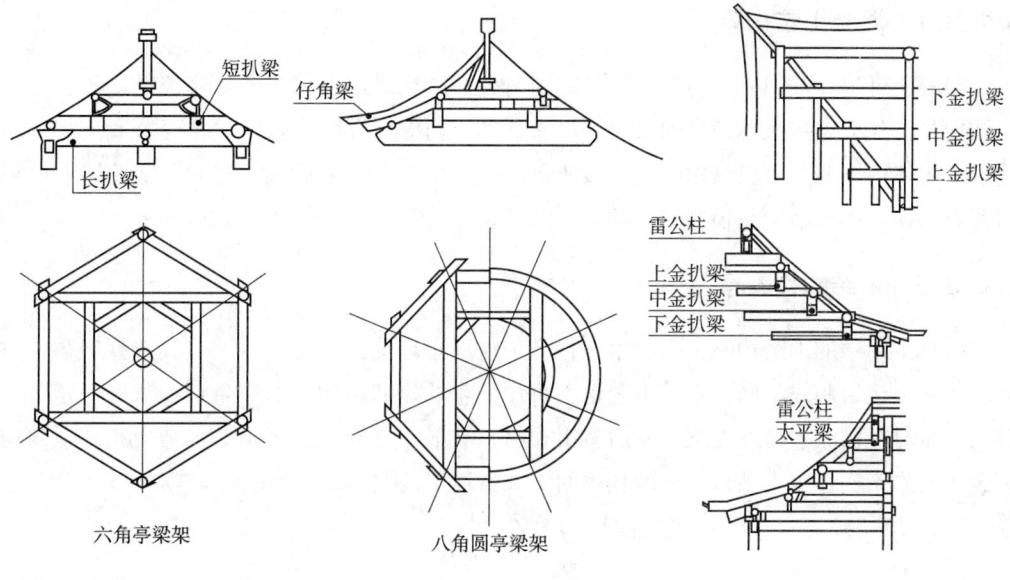

图 3-1-7 扒梁法

扒梁结合，则取长补短，圆、多角攒亭都可采用（图 3-1-7）。

④抹角扒梁组合法　在亭柱上除设竹额枋，千板枋并用斗拱挑出第一层屋檐外，在 45°方向施加抹角梁，然后在其梁正中安放纵横交圈井口扒梁，层层上收，视标高需要立童柱，上层荷载通过扒梁、抹角梁而传到下层柱上（图 3-1-7）。

（2）亭顶构造

亭顶构造早有出檐古制"檐高丈，出檐三尺"。虽有此说，但实际使用尺寸变化很大，明清殿阁多沿用此制，而江南清代榭出檐约 1/4 檐高，即在 750~1000mm 间，现在也有按柱高的 40%~60%设计，出檐则大于 1000mm。

①封顶　明代以前多不封顶，而以结构构件直接作装饰，明代以后，由于木材越来越少，木工工艺水平下降，装饰趣味转移，出现了屋盖结构，即做成草盖而以天花全部封顶的办法。当时封顶的办法有：天花板全封顶；抹角梁露明，抹角梁以上全用天花板封顶；抹角梁以上，斗入藻井，逐层收顶，形成多层穹式藻井；将瓜柱向下延伸作成垂莲悬柱，瓜柱以上部分，可露明，也可做成构造轩式封顶。

②挂落　是中国传统建筑中的一种构件，多用镂空的木格或雕花板做成，也可由细小的木条搭接而成。挂落在建筑中常为装饰的重点，常做透雕或彩绘。在亭廊中，挂落与栏杆从外立面上看位于同一层面，并且纹样相近，有着上下呼应的装饰作用。而自建筑中向外观望，在屋檐、地面和柱组成的景物图框中，挂落有如装饰花边，使图画空阔的上部产生变化，出现层次，具有很强的装饰效果。

3.1.3　现代亭构造与实例

现代亭可用材料较多，如竹、木、茅草、砖、瓦、石、混凝土、轻钢、铝合金、玻璃钢、镜面玻璃、充气塑料、帆布等，造型各样，极富现代感和时代气息。

3.1.3.1 混凝土结构亭

混凝土可塑性好,节点易处理,且坚固耐久,广泛运用在现代园林建筑建造中,混凝土结构亭,各节点按照传统亭的做法和尺寸处理,局部结合现代施工工艺要求适当简化和改进。主体用钢筋混泥土结构,屋面做防水,加盖小青瓦或琉璃瓦,地面多铺花岗岩或用水磨石饰面,梁柱结构和顶棚多刮腻子,刷乳胶漆(图 3-1-8、图 3-1-9)。

3.1.3.2 木结构构架亭

园林空间中的木结构亭,取材生态,易于与周边环境格调统一协调。其造型轻盈,与传统木构架建筑制式不同,建造工艺也不再用原来的榫卯结构,多由角钢、螺杆等紧固件连接。木材经刷漆、防腐处理,屋面多用瓦材、玻璃、阳光板、茅草。木结构和其他结构组合成砖木结构、钢木结构,在园林空间中大量运用(图 3-1-10 至图 3-1-13)。

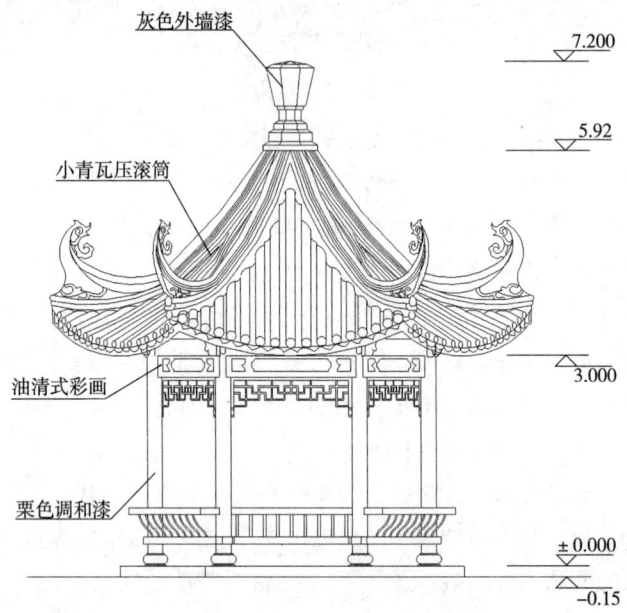

图 3-1-8 混凝土结构亭平立面图

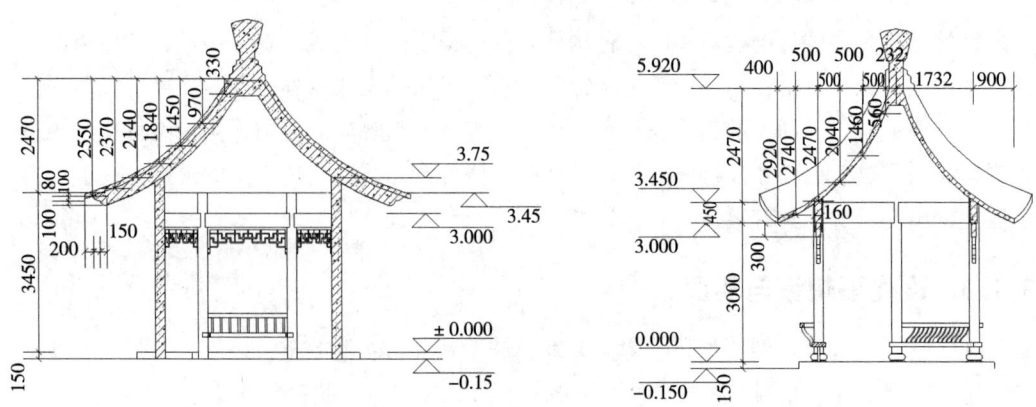

图 3-1-9 混凝土结构亭剖面图

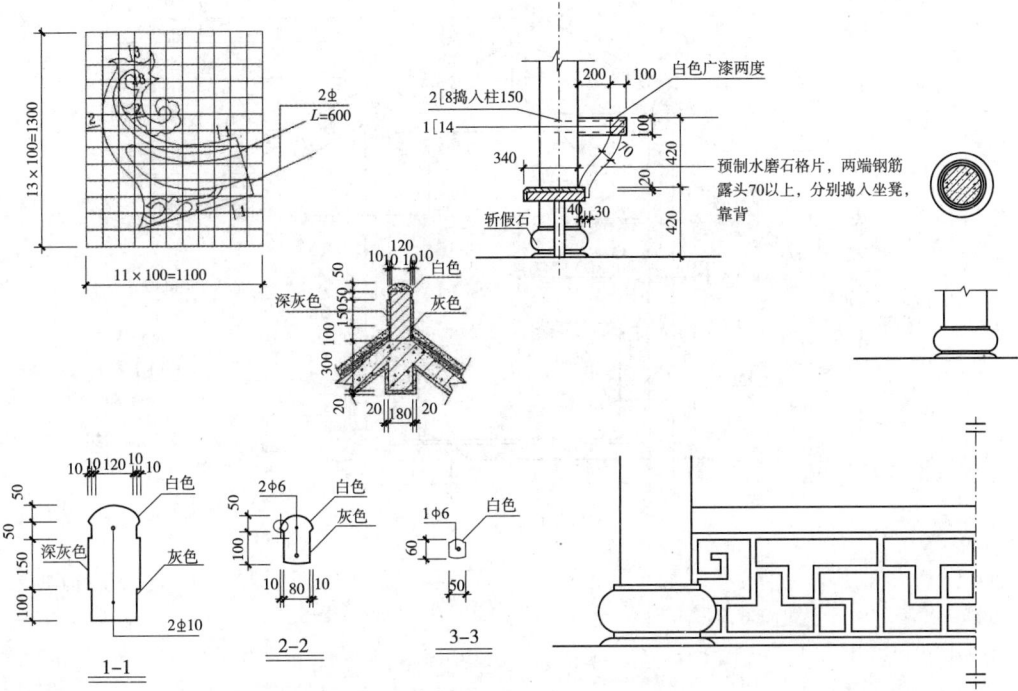

图 3-1-10　混凝土结构亭大样图

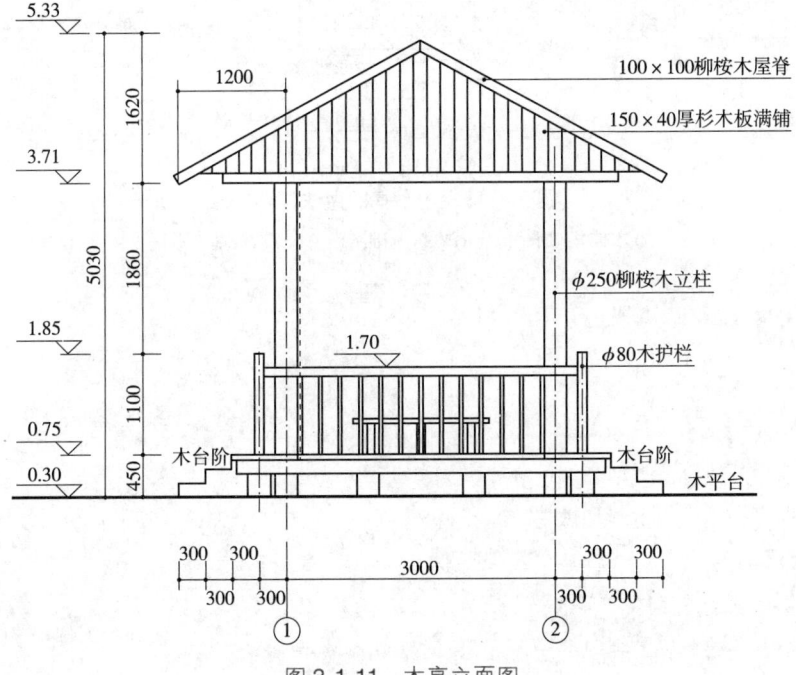

图 3-1-11　木亭立面图

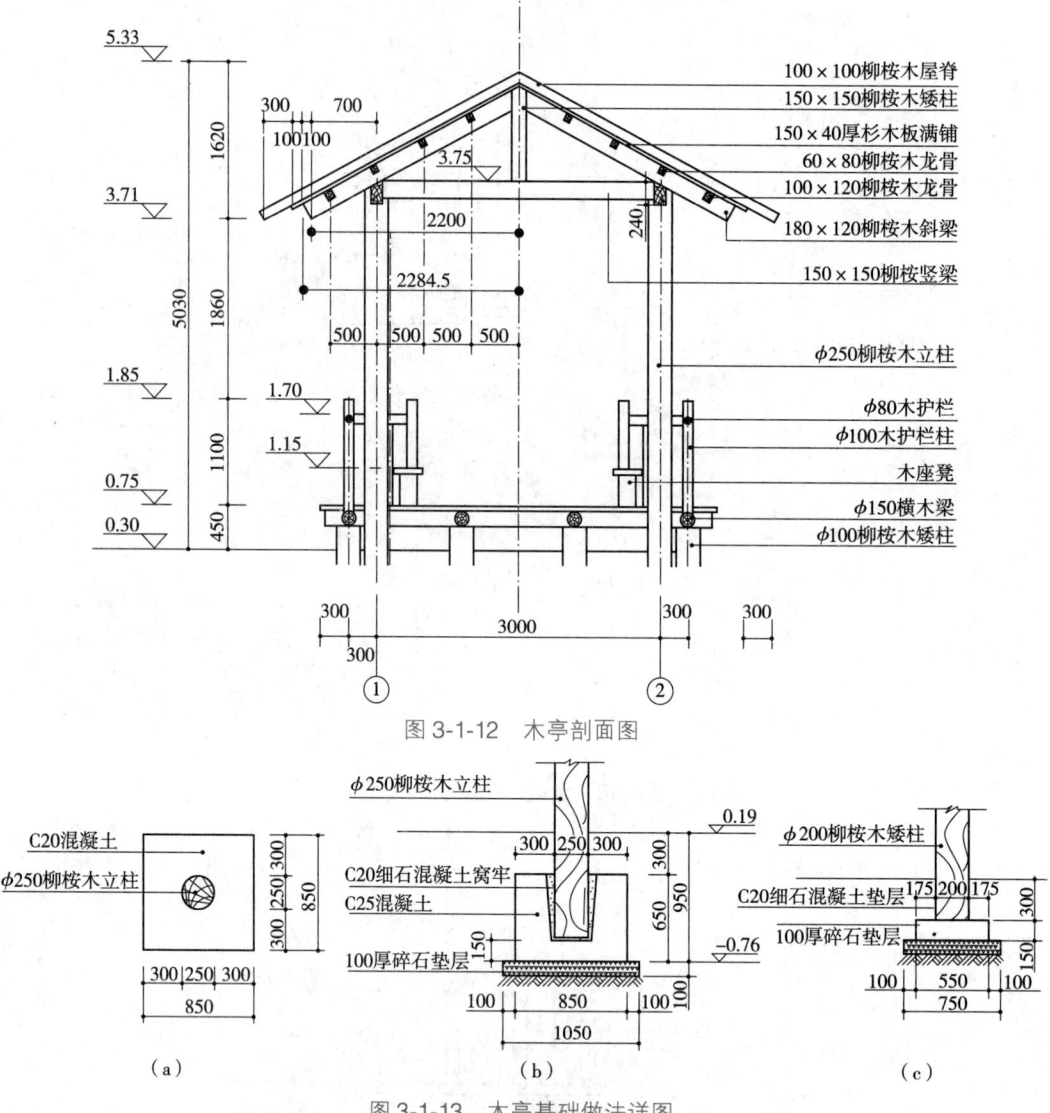

图 3-1-12 木亭剖面图

图 3-1-13 木亭基础做法详图
(a)木桩基础平面 (b)木桩基础剖面 (c)木桩基础做法

3.2 廊

【知识目标】
(1)了解廊的概念、类型和功能。
(2)掌握廊的构造、材料和做法。

【技能目标】
(1)能识读廊的施工图。
(2)能测量并绘制廊各组成部分,规范表达尺寸和构造做法。

> 【素质目标】
> 通过学习廊的类型和木廊、钢筋混凝土结构廊的构造特点；掌握常见廊的工艺、尺寸和材料；培养学生空间感知能力和体验感，增强精益求精工匠精神。

廊是亭的延伸，指屋檐下的过道、房屋内的通道或独立有顶的通道，包括回廊和游廊，具有遮阳、防雨、小憩等功能。廊是建筑的组成部分，也是构成建筑外观特征和划分空间格局的重要手段。廊是中国园林景观建筑群体中的重要组成部分，起着联系景点建筑的作用；廊随山就势，曲折迂回，蜿蜒透迤，引导视角多变的导游交通路线，成为景园内游览路线的部分；廊是一个"风景"，造型优美，蜿蜒曲折，装饰精美，色彩协调，可以完整独立的景观供游人欣赏，起到点缀园林景色的作用；此外，廊还可划分景区空间，丰富空间层次和景深，适合一些展览。

3.2.1 廊的分类

中国园林中廊的结构常有：木结构、砖石结构、钢及混凝土结构、竹结构等。廊顶有坡顶、平顶和拱顶。中国园林中廊的形式和设计手法丰富多样。其基本类型如下。

3.2.1.1 按结构形式分

可以分为双面空廊、单面空廊、复廊、双层廊和单支柱廊 5 种类型。

（1）双面空廊

两侧均为列柱，没有墙体，在廊中可以向两侧观赏景色。直廊、曲廊、回廊、抄手廊等均可采用双面空廊，无论在风景层次深远的大空间，还是在曲折灵巧的小空间中均可应用。

（2）单面空廊

有两种：一种是在双面空廊的一侧列柱砌筑实墙或半实墙；另一种是一侧完全贴在墙或者建筑物边沿上。单面空廊的顶多做单坡顶，以利于排水。

（3）复廊

复廊是在双面空廊的中间加一道墙而成，又称为"里外廊"。因为廊内分成两条道路，廊的跨度会大一些。中间墙上开有各式各样的漏窗，从廊的一边透过漏窗可以看到另一边的景色，一般应用于两边景色各不相同的园林景观空间。

（4）双层廊

分为上下两层，为游人提供了站在不同高度上观赏景物的条件，也便于联系不同标高建筑物和风景点组织人流，丰富景观空间构图。

3.2.1.2 按廊的总体造型及其与地形、环境的关系分

可以分为直廊、曲廊、回廊、抄手廊、爬山廊、叠落廊、水廊、桥廊等。

3.2.2 廊的构造

3.2.2.1 廊的结构

（1）木结构廊

多为斜坡顶梁架，结构简单，梁直接架在柱子上，架上设立柱，立柱上设小梁，在梁的端头设置檩条，铺设木椽子、木望板和小青瓦。或铺设人字形木屋架，筒瓦、平瓦屋面，有时由于仰视要求，可用平面板进行部分或者全部遮挡屋架，显得简洁大方。采用卷棚结顶做法在传统亭廊更是常见（图3-2-1）。

（2）钢结构廊

钢、钢木组合、钢与玻璃组合的廊在园林空间中也比较常见，尤其是现代园林空间中，形式新颖，造型灵活，施工速度快。除柱用钢管外形仿木竹之外，其他均用轻钢构件，有时廊顶覆石棉瓦或者玻璃亦可，并用螺栓联结，出于经济的考虑，也可部分使用木构件。

图 3-2-1 廊的构造

（3）钢筋混凝土结构廊

用纵梁或横梁承重均可，基础、梁柱通常为混凝土现浇，屋面板可分块预制或仿挂筒瓦现浇。也有梁柱和屋面结构用装配式结构，除基础现浇外，其他部均为预制。预制柱顶埋铁件与预制双坡屋架电焊相接，屋架上放空心屋面板。另在柱上设置钢牛腿，以搁置连接纵梁，并考虑留有伸缩缝，要求预制构件尺寸准确、光滑。对于那些转折变化处的构件，则不宜预制成装配式标准件，否则反而会增加施工就位的复杂性。柱内配筋不少于 $4\phi 10$，箍筋直径不小于 $\phi 4$，间距不大于 200mm 为宜。

3.2.2.2 细节处理

在细部处理上，可设挂落于廊檐，根据结构挂落所用材料通常不同，一般有混凝土预制和木条，刷漆与建筑风格相匹配。临水或临空廊通常要设置栏杆，栏杆高度 1100mm 左右，廊柱之间设坐凳或者矮墙，或用水磨石椅面和美人背与之相匹配。

3.2.2.3 廊的吊顶

现代廊很少设置吊顶，通常把内部梁架露出来，顶部刮腻子，刷白色乳胶漆，梁柱和其他构件刷枣红色乳胶漆。传统式的复廊、厅堂四周的围廊，顶部常采用传统吊顶做法。在廊的内部梁上、顶上可绘制苏式彩画，从而丰富游廊内容。在色彩上，南方与北方差异很大。南方与建筑配合，多以灰蓝色、深褐色等素雅的色彩为主，给人以清爽、轻盈的感觉；而北方多以红色、绿色、黄色等艳丽的色彩为主，给人富贵堂皇的感觉。

3.2.2.4 廊的尺寸

①开间尺寸　根据廊的规模和体量确定。一般情况下，开间不宜过大，宜在3m左右，柱距3m左右，一般横向净宽在1.2~1.8m。现在的一些廊宽常在2.1~3.0m之间，以适应游人客流量增长后的需要。

②檐口底部高度　2.4~2.8m。

③廊顶　平顶、坡顶、卷棚均可。

④廊柱　一般柱径为150mm，柱高为2400~2800mm，柱距3000mm，方柱截面控制在150mm×150mm~250mm×250mm。长方形截面柱长边不大于300mm。南北方因造园风格不同，廊的体量也有所不同，北方尺度比南方略大一些。廊架的体量在设计上宜与周围环境和使用功能相协调，所以单体尺寸根据具体情况可做适当变化。但每个开间的尺寸应大体相等，如果由于施工或其他原因需要发生变化，一般在拐角处进行处理。

3.2.3 廊的构造实例

某混凝土结构廊的构造如图3-2-2、图3-2-3所示。

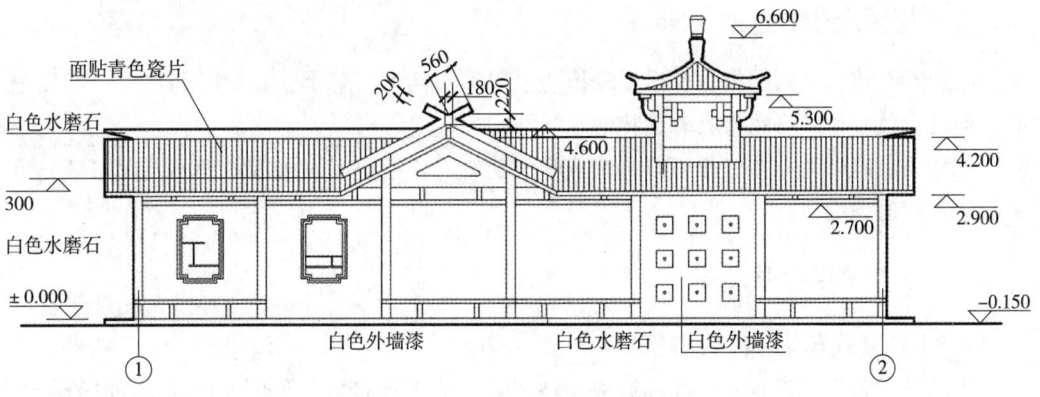

图3-2-2　混凝土结构廊立面图

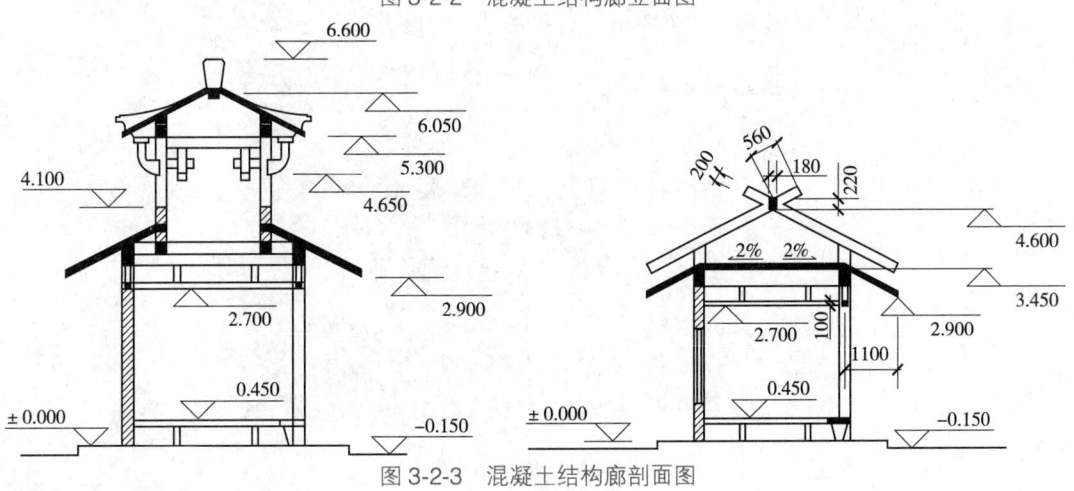

图3-2-3　混凝土结构廊剖面图

3.3 花架

> 【知识目标】
> (1) 了解花架在园林景观中的作用。
> (2) 掌握花架的材料、构造组成和做法。
> 【技能目标】
> (1) 能熟练运用常见的花架材料。
> (2) 能识读花架施工图。
> (3) 能测量并绘制花架各组成部分,用图纸规范表达。
> 【素质目标】
> 通过学习花架的类型和不同类型花架的构造特点,掌握常见花架的构造样式、尺寸和材料;培养学生对美学的感知,增强学生创新创造能力培养。

花架是指在园林游憩空间里可让攀缘植物种植攀附的格架、棚架或进行艺术鉴赏的构架性园林建筑景观。

3.3.1 花架类型

花架具有建筑空间的特性,而攀缘植物可以攀附其上,赋予了花架时间性,一年四季有不同的景色,这使得花架具有独特的观赏性。

花架既可以独立存在,也可以是廊或其他建筑的延续空间。根据花架的不同形式,可以分为不同的类型。

3.3.1.1 按照组合形式分

(1) 独立式花架(单柱式花架)

当花架成独立式设置时,顶部做成空格,其平面形式可以成"点"式,形状如同墙垣、凉亭、伞亭、花瓶等,构成园林主要景观点和赏景空间(图3-3-1)。

图3-3-1 独立式花架

(2) 单片式花架

单片式花架又可分为单排柱花架和半边廊式花架(图3-3-2)。

图 3-3-2 单片式花架

① 单排柱花架 指顶部格栅支承于单向梁柱上,两边或一边悬挑,形体轻盈活泼。

② 半边廊式花架 是指依墙而建,另一半以列柱交撑,它在组织封闭或开敞的空间上更为自如,在墙上也可以开设景窗,设框取景,增加空间层次和深度,使意境更为含蓄深远。

(3) 廊式花架

其形体及构造与一般廊相似,顶部支承于左右梁柱上,是目前最常见的形式。造型上更重于顶架的变化,有平架、球面架、拱形架、坡屋架、折形架等(图3-3-3至图3-3-6)。

图 3-3-3 廊式花架——平架   图 3-3-4 廊式花架——球面架

图 3-3-5 廊式花架——坡屋架 图 3-3-6 廊式花架——折形架

（4）组合式花架

主要是指花架和亭、廊、景墙等建筑组合在一起，形成丰富的空间形式，并为游人提供遮阳避雨的场所。一般是直廊式花架与亭、景墙或独立式花架结合，形成一种更具有观赏性的组合式建筑。这种组合要求根据实际、结合地形，布置好每个个体之间的位置及相互关系（图 3-3-7、图 3-3-8）。

图 3-3-7　花架和景墙组合　　　　图 3-3-8　花架和廊组合

3.3.1.2　按垂直支撑方式分

（1）柱式

最常见形式是立柱式和复柱式。立柱式是指独立的柱子支撑顶部构件；复柱式是指以平行柱、V 形柱等支撑顶部构件（图 3-3-9）。

（2）梁柱式

梁柱式又称梁架式，是指柱子和梁共同支撑顶部构件。这种花架是先立柱，再沿柱子排列的方向布置梁，在两排梁上垂直于柱列方向架设间距较小的格栅（图 3-3-10）。

（3）墙式

园林中通常做成花墙，如清水花墙、石板墙、水刷石墙等来支撑顶部构件。

其他形式还有墙和柱子共同支撑顶部构件（图 3-3-11）。

3.3.1.3　按顶部结构受力分

（1）简支式

简支式由柱子、梁组成。主要构造形式是顶部构件的两端搁置在梁上，梁的两端又分别搁置在两根柱上（图 3-3-12）。

（2）悬臂式

悬臂式又称悬挑式，可分为单挑式、双挑式。单挑式是指顶部构件的一个端部搁置在柱或墙上，另一端悬挑出去；双挑式指顶部构件的一个端部搁置在同

图 3-3-9　柱式

图 3-3-10　梁柱式

图 3-3-11　墙式花架

图 3-3-12　简支式花架　　　　图 3-3-13　悬臂式花架

一根柱子或同一片墙上,它们的另一端分别朝相反方向悬挑出去(图 3-3-13)。

(3) 拱门钢架式

拱门钢架式通常是指采用半圆拱顶或门形钢架来做成花架的顶部受力构件(图 3-3-14)。

图 3-3-14　拱门钢架式花架

3.3.1.4　根据其选用材料分

可分为竹木花架、砖石花架、钢花架、混凝土花架、钢筋混凝土现浇花架、仿木预制成品花架等(图 3-3-15、图 3-3-16)。

图 3-3-15　竹木花架　　　　图 3-3-16　砖石花架

在现代园林中,除运用普通意义上的花架外,也喜欢运用景架(图 3-3-17)。这种景架一般采用钢架结构,色彩丰富,造型轻盈,增加了园林景观的趣味性。

图 3-3-17 景架

3.3.2 花架构造

3.3.2.1 花架的组成

花架一般由花架顶、梁柱、基础组成。其中花架顶主要为间隔分开的架条。

3.3.2.2 花架的构造及尺寸

常用花架的构造及尺寸见表 3-3-1。

表 3-3-1 花架的构造及尺寸

花架构造	竹木	砖及石块	钢筋混凝土	钢材	钢木结合
高度	2500~3000mm					
柱断面	圆形：φ100mm；立柱：200mm×200mm~300mm×300mm 梁为圆形：主梁φ70~100mm；次梁φ50~70mm；梁为方形：主梁100mm×150mm~150mm×200mm；次梁50mm×75mm~75mm×100mm	按照构造规定设置断面尺寸。块材之间缝隙应进行勾缝处理。砖柱可采用洗石子、斩假石的构造工艺法处理	圆形：φ160~250mm；立柱：150mm×150mm~250mm×250mm 梁：(75~200)mm×(150~250)mm；花架条（格栅）：50mm×100mm	圆形：φ100~150mm；立柱：150mm×150mm 梁用轻钢桁架形式，花架条（格栅）用φ48mm	钢管立柱：φ120mm 钢管梁：50mm×50mm；方木梁：150mm×150mm；花架条：200mm×60mm
柱距	1800~4000mm					1800mm
宽度	根据梁架的功能特点而定：以座椅休息为主，尺寸 2000~3000mm；主要用于大量人流通过，尺寸 3000~4000mm				
备注	屋顶主要为间隔分开的架条。花架的规格、宽、高、柱子的间距等尺寸主要依据周围景观及需求而定				

3.3.3 花架的构造实例

弧形花架构造做法（见表 3-3-2、图 3-3-18 至图 3-3-20）。

表 3-3-2　弧形花架主要材料列表

构造位置	主要材料
①	70mm ✕ 150mm 杉木格条，刷原木色漆
②	100mm ✕ 200mm 杉木连梁，刷原木色漆
③	80mm ✕ 150mm 杉木横梁，刷原木色漆
④	160mm ✕ 160mm 杉木柱子，刷原木色漆
⑤	230mm ✕ 230mm 杉木柱脚，刷原木色漆
⑥	450mm ✕ 450mm ✕ 100mm 棕色光面花岗岩
⑦	25mm 厚不规则锈板贴面

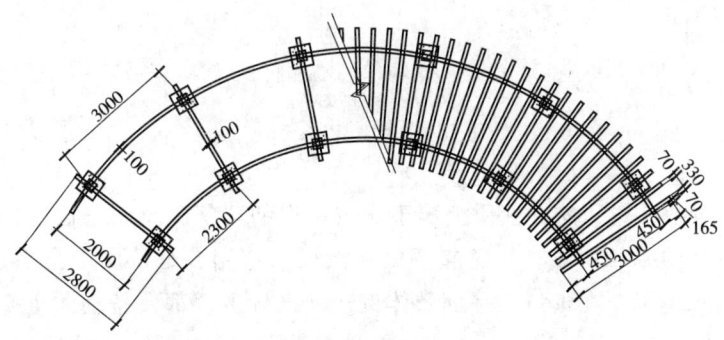

图 3-3-18　花架平面图

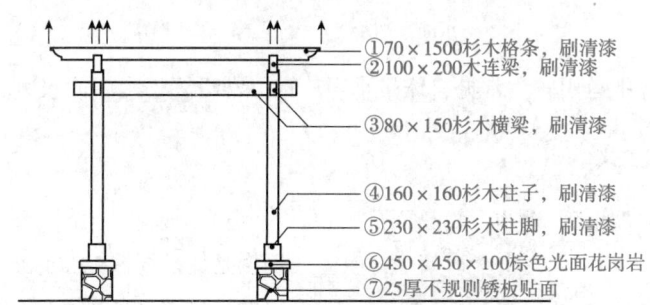

图 3-3-19　花架立面图

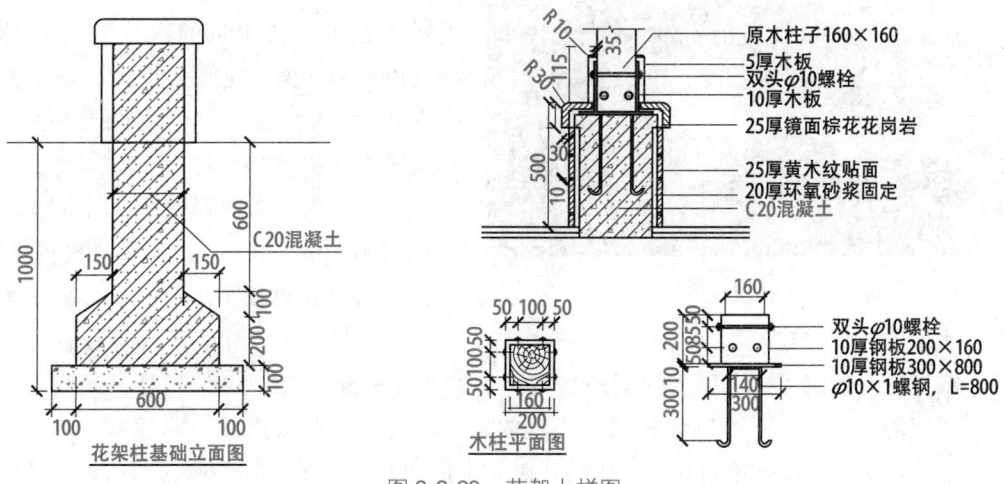

图 3-3-20　花架大样图

3.4 榭与舫

【知识目标】
(1) 了解榭与舫在园林造景中的作用。
(2) 掌握榭与舫的主要形式。
【技能目标】
(1) 能熟练识读榭和舫施工图。
(2) 能测量榭与舫。
【素质目标】
通过了解榭和舫在园林空间的作用；学习榭和舫的样式特点与构成；培养学生对传统园林建筑的鉴赏能力。

在园林建筑中，榭、舫在性质上属于比较接近的建筑类型，它们共同的特点，除了满足人们游赏的一般功能外，还起观景和点景的作用，是从属于自然空间环境的。榭与舫属于临水建筑，在选址、平面及体例造型设计上，都要特别注重与水面和池岸的协调关系。

3.4.1 榭

榭在古典园林中运用较为常见，体量小巧玲珑，常设置于水中或水边。

3.4.1.1 榭的含义

图 3-4-1 水榭

《园冶》记载："榭者，籍也。籍景而成者也，或水边，或花畔，制亦随态。"这一段话说明榭是凭借周围的景色而成，其结构依照自然环境而有各种不同的形式。古代建筑中，高台上的木结构建筑称榭，有水榭、花榭等之分。隐于花间的称为花榭，临水而建的称为水榭。现如今的榭多是水榭，并有平台伸入水面，平台四周设低矮栏杆，建筑开敞通透，多为长方形(图3-4-1)。

环境不同，榭的形式也不相同，江南私家园林中，由于水池面积一般较小，因此榭的尺度也较小。为了在形体上取得与水面的协调，建筑物通常以水平线为主，一半或全部跨入水中，下部以石柱梁为主，或用湖石砌筑，让水深入到榭的底部。建筑临水一侧开敞，可设栏杆，设鹅颈靠椅，便于游人休息，还可以凭栏观赏优美的景致。屋顶大多数为歇山回顶式，四角翘起，显得纤细轻盈。江南古典园林中的代表有上海南翔古漪园的浮筠园，苏州拙政园的芙蓉榭，网师园的 濯缨水阁。

北方园林的水榭具有北方宫廷建筑特有的色彩，整体建筑风格显得相对浑厚持重，尺度也比较大，显示着一种王者的风范。有些水榭已经不再是一个单体建筑物，而是一组建筑群体，从而在造型上也更为多样化。最有代表性的就是北京颐和园的"洗秋""饮绿"两个水榭。

岭南地区，由于气候炎热、水域面积较为广阔等环境因素的影响，产生了一些以水景为主的"水庭"形式。其中，有临于水畔或完全跨入水中的"水厅""船厅"之类的临水建筑。这些建筑形式，在平面布局与立面造型上，力求轻快、通透，尽量与水面贴近。有时将建筑做成两层，也是水榭的一种形式。

3.4.1.2 榭与水体结合的基本形式

榭与水结合，其形式多种多样，从平面形式看，有一面临水、两面临水、三面临水以及四面临水。四面临水者以桥或汀步与岸边相连。从剖面看，平台形式有实心土台，水流只在平台四周环绕；有平台下部以石梁柱结构支撑，水流可流入部分建筑的底部，有的可让水流流入整个建筑底部，形成凌驾于碧波之上的效果。现代由于钢筋混凝土的运用，常采用伸入水面的挑台取代平台，使建筑更加轻巧，亲水效果更好。

水榭宜尽可能贴近水面，宜低不宜高，一般在池岸地坪离水面较高时，如果水榭建筑的地坪没有相应地下降高度，而是把地坪与岸边地坪取齐，会使水榭在水面上高高架起，支撑水榭下部的混凝骨架底部结构暴露过于明显。在水榭建造前，要仔细了解水位上涨的原因和规律，一般以稍高于最高水位的标高作为水榭的地坪为宜，以免被水淹。

在榭的地坪与水面较高时，应对其下部支承部分做适当处理，创造新的意境。为了创造水榭有凌空驾于水面的轻快感觉，除了要把水榭地坪贴近水面外，还应该注意尽可能不要把榭的驳岸作为整齐的石砌岸边，而应将支撑的柱墩尽量向后退出，造成浅色平台，下部有一条深色的影，在光影的对比中增加平台外挑的轻快感。

3.4.1.3 榭与园林整体空间环境的关系

水榭在体量、风格、装修等方面都应与其所在的园林空间的整体环境协调和统一。在空间处理上，应该恰如其分、自然得体，不要"不及"，更不要"太过"。如广州兰圃公园水榭的茶室兼作外宾接待室，小径蜿蜒曲折，两侧植以兰花，把游人引入位于水榭后部的入口，经过一个小巧的门厅后，步入三开间的接待厅，厅内以富含地方特色的刻花玻璃隔断将空间划分开来，一个不大的平台伸向水池。水池面积不大，相对而言建筑的体量已不算小，但是由于位置偏于水池的一个角落里，且四周又种满花木，建筑物大部分被掩映在绿树丛中，因而露出的部分不明显，与环境整体气氛相融合。

3.4.1.4 榭的构造实例

下面是杭州某景区榭的构造实例的部分图纸（图3-4-2至图3-4-6）。

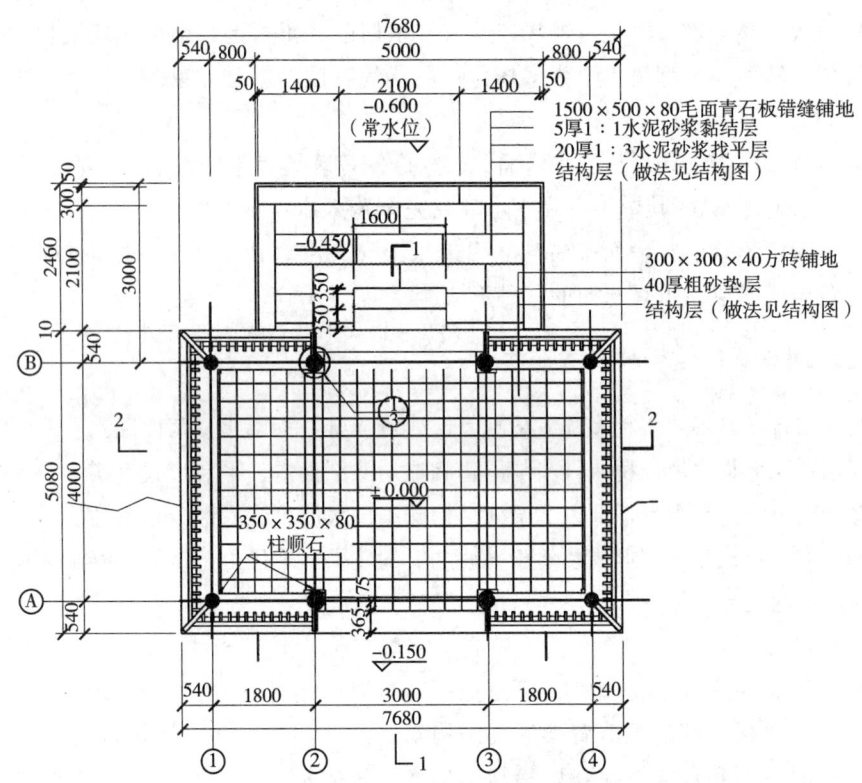

图 3-4-2 平面图

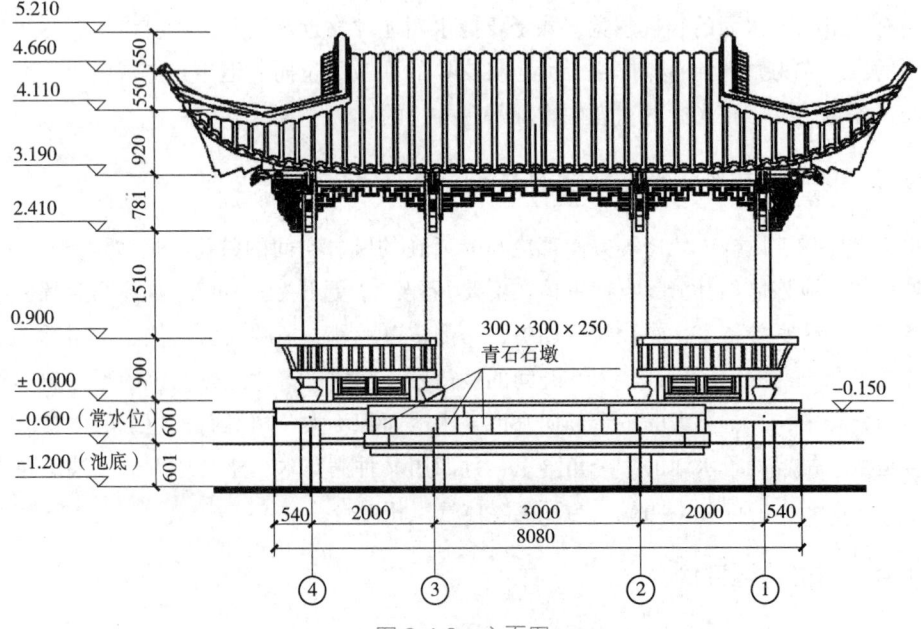

图 3-4-3 立面图

单元 3 典型园林建筑与小品构造 237

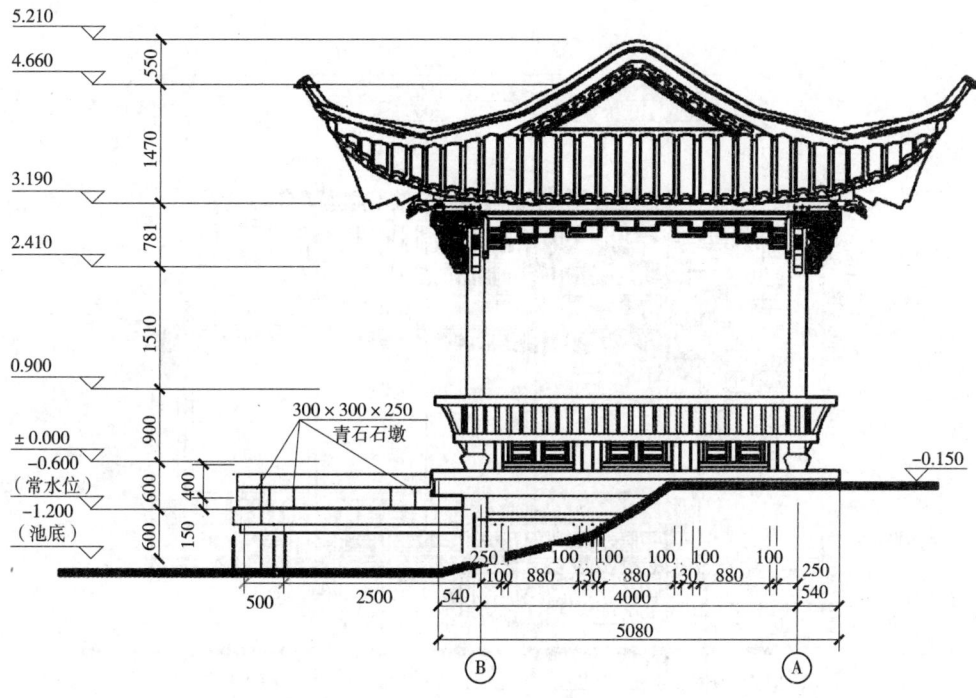

图 3-4-4 侧立面图

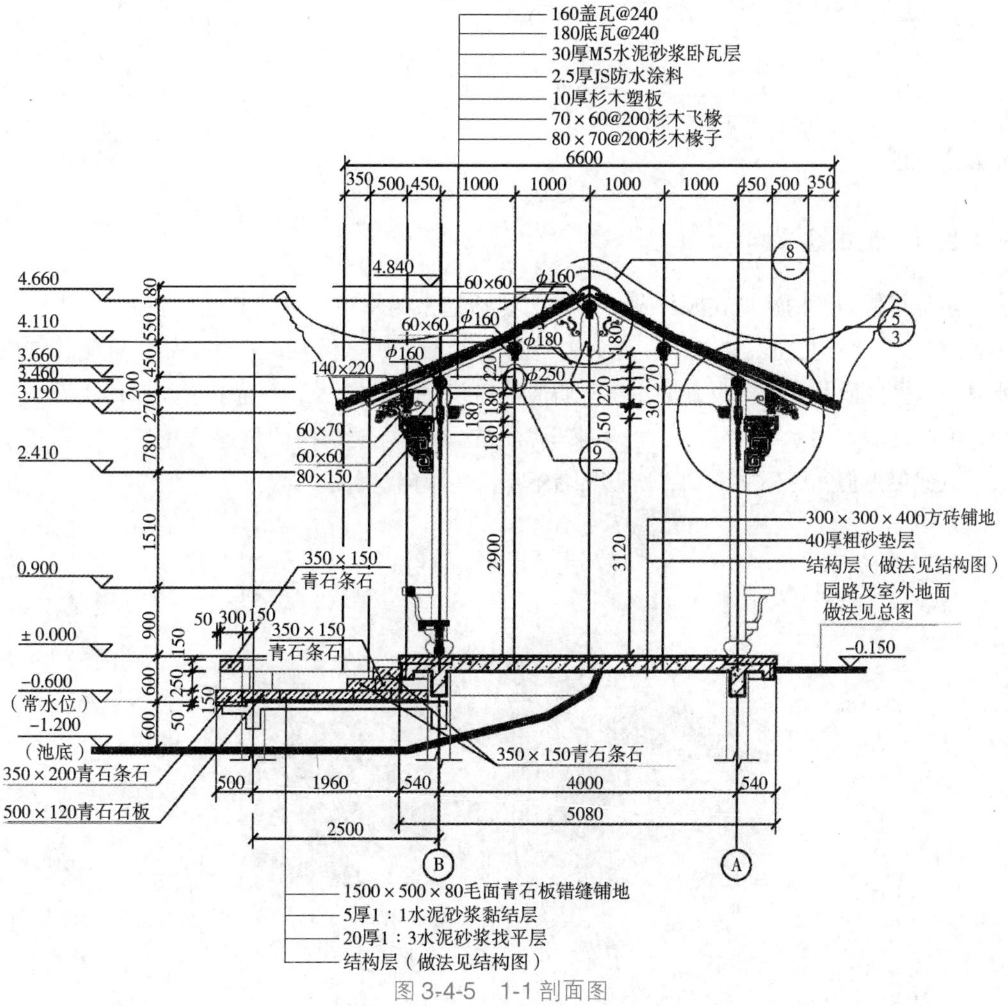

图 3-4-5 1-1 剖面图

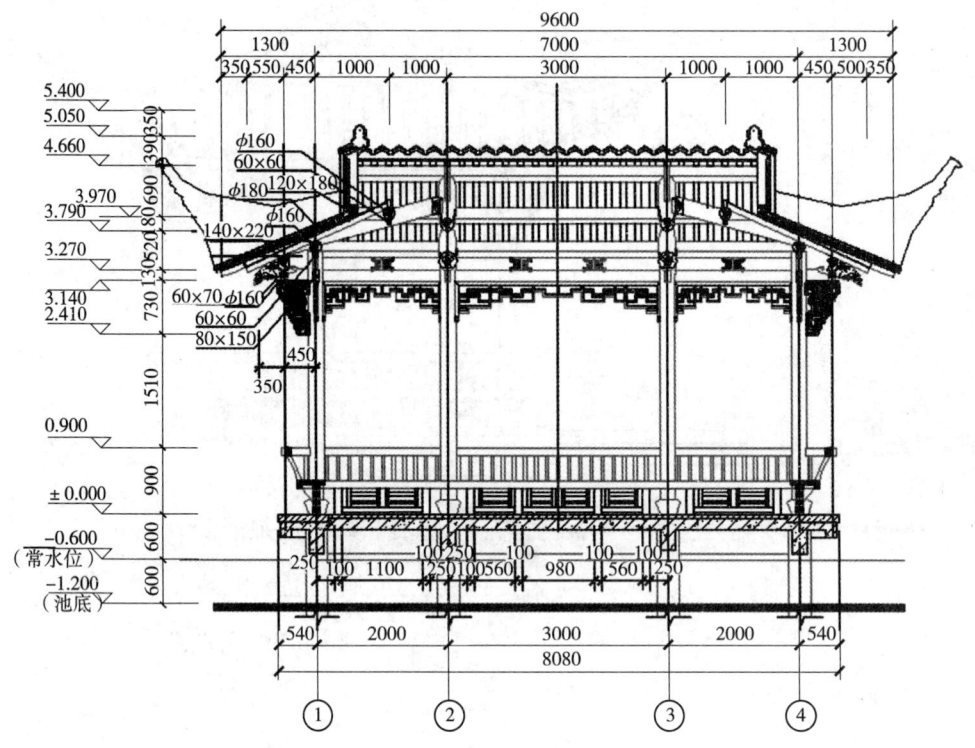

图 3-4-6 2-2 剖面图

3.4.2 舫

3.4.2.1 舫的含义

舫是指依照船的造型在园林湖泊的水边建造起来的一种船形建筑物。舫的立意是"湖中画舫",使人产生虽在建筑中,犹如置身舟楫之感。舫可供游人在内游赏、饮宴、观赏水景,以及在园林中起到点景的作用。舫最早出现在江南园林中,通常下部船体用石头砌成,上部船舱多用木结构建筑,近年来也常有钢筋混凝土结构的仿船形建筑。舫立于水边,虽似船形但实际不能划动,所以又名不系舟、旱船(图 3-4-7)。

图 3-4-7 石舫

3.4.2.2 舫的组成

舫的基本形式与船相似,宽约丈余,一般下部用石砌作船体,上部木结构似船形。木结构部分通常分为3段:船头、中舱、船尾。

(1)船头(头舱)

船头一般较高,常敞篷,供赏景谈话之用,屋顶常做成歇山顶式,形状如官帽,俗称官帽厅。前面开敞,设有眺台,似甲板,尽管舫有时仅前端头部伸入水中,船头一侧仍置石条仿跳板以联系池岸。

(2)中舱

做两坡顶,高度低于船头,为舫的主要空间,是供游人休息和娱乐的场所。其地面比一般地面略低1~2步,有入舱之感。中舱的两侧面,一般为通长的长窗,以便坐下休息时,有开阔的视野。

(3)船尾(尾舱)

一般为两层,类似楼阁的形象,下层设置楼梯,上层为休息眺望远景的空间。船尾的立面构成下实上虚的对比,其屋顶一般为船篷式或卷棚顶式,船尾一般为歇山顶式,轻盈舒展,在水面上形成生动的造型,成为园林中重要的景点。

3.4.2.3 舫的构造实例

下面是某景区现代舫的构造实例的部分图纸(图3-4-8、图3-4-9)。

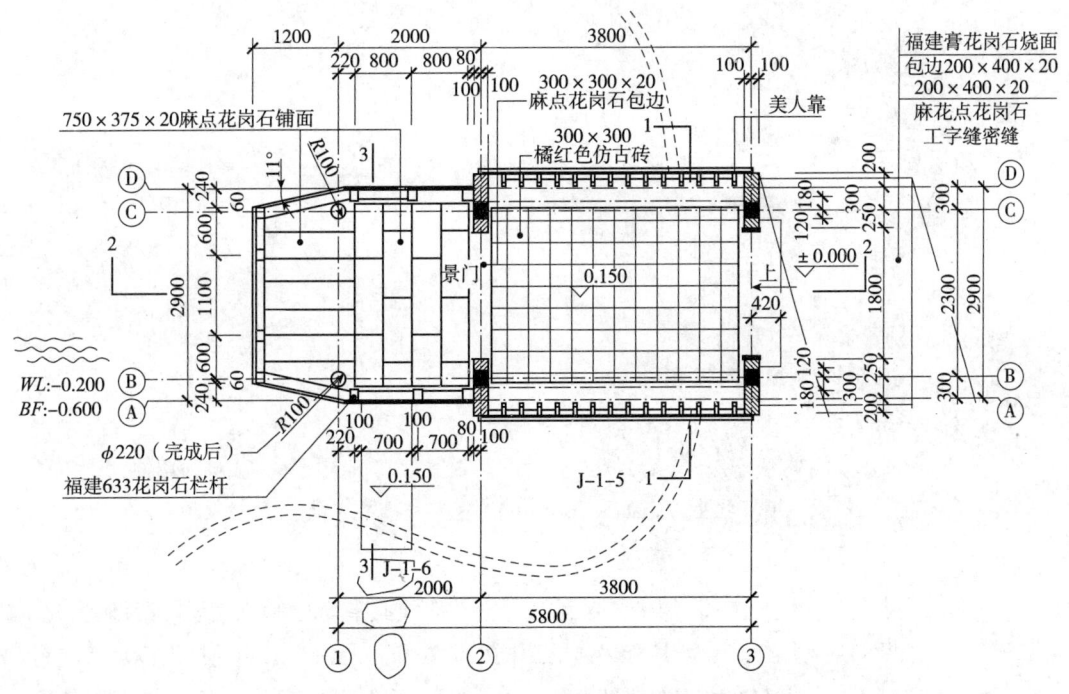

图3-4-8 舫平面图

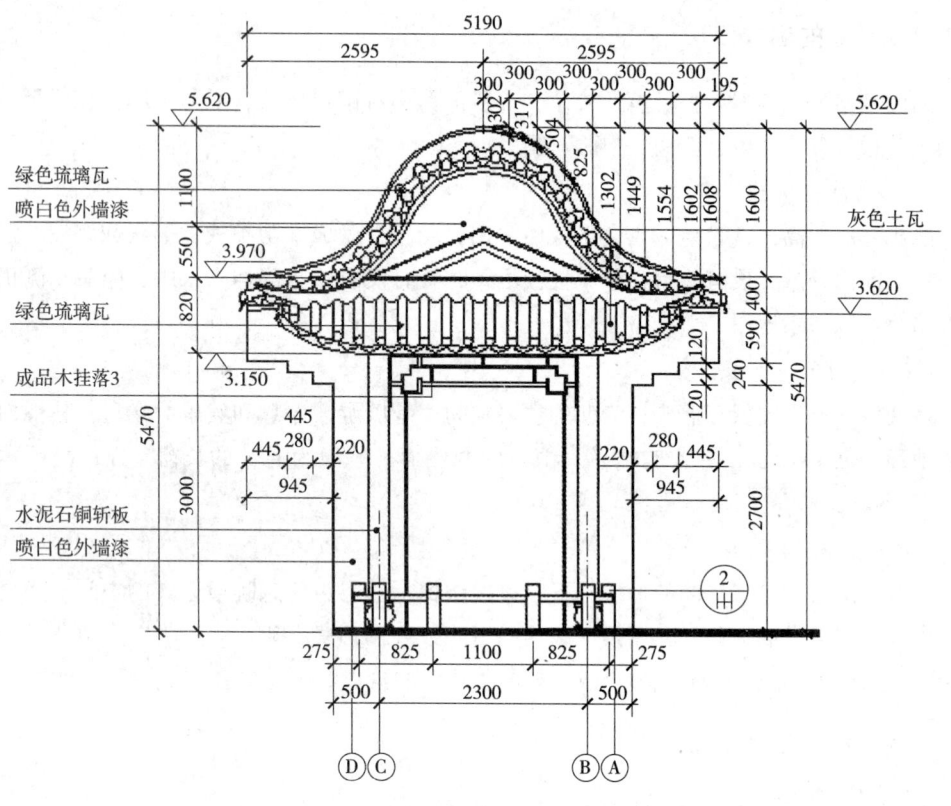

图 3-4-9 舫立面图

3.5 景墙

> 【知识目标】
> (1)了解景墙在园林景观中的作用。
> (2)掌握景墙的构造方式与常用材料。
> 【技能目标】
> (1)能识别各式各样的景墙材料。
> (2)能够识读和绘制简单的景墙构造图。
> 【素质目标】
> 通过学习景墙在园林空间中的作用、类型特点；掌握景墙基础、墙体、顶饰、墙面、洞口和墙体变形缝的构造特点；培养学生对施工工艺规律的的把握和精益求精的工匠精神。

景墙是指在园林中划分空间、组织景观、安排游览路线而布置的围墙，是能够反映文化，兼有美观、隔断的景观墙体。景墙具有突出的功能、形式和主题，一般要根据周围环境进行具体布置。景墙不仅是园林空间中的常见小品，也是城市开放空间中表现城市文化和城市面貌的重要方式和手段。精巧的景墙小品是园林造景的一种有效方式，在城市公园、城市开放空间、办公楼环境空间、居住区空间等处广泛运用。

景墙的形式不拘一格，按需要而设置，材料丰富多样。除了在园林空间中有漏景、障景以及作为背景的景墙外，很多地方还把景墙作为展示城市文化建设、市容市貌的重要方式。

3.5.1 景墙的作用

（1）构成景观（图 3-5-1）

景墙因其自身优美的造型，变化多样的组合方式，具有很强的观赏性。同时，为避免墙体过分闭塞或单一，通常在墙体上开设有形态各异或者造型优美的漏窗或洞门，使墙面更加丰富多彩，成为园林景观空间极具特色的小品。

（2）引导游览路线（图 3-5-2）

在园林造景中，通常利用景墙的连续性和方向性，把园林空间划分成空间单元，通过有机的路线组合，引导游客进行游览。

（3）分隔和组织内部空间（图 3-5-3）

园林空间层次分明，变化丰富，各式各样的景墙穿插其中，既能分隔空间，又能围合空间。

图 3-5-1　景墙在办公楼入口构成景观

图 3-5-2　景墙引导游览线路

图 3-5-3　景墙分隔空间

3.5.2 景墙分类

从材料上来看，常用的景墙有砖、混凝土、花格围墙、石墙、铁花格围墙等。这些景墙通过巧妙的组合与变化，并结合植物、景石、雕塑、建筑等其他要素，以及对墙上的漏窗、门洞的巧妙处理，形成空间有序、富有层次、虚实相间、明暗变化的景观效果。

从构造形式来看，景墙可分为独立景墙、连续景墙、生态景墙、文化景墙。

①独立景墙　以一面景观墙体独立安放在景区中，成为视觉焦点。

②连续景墙　通过景墙与景墙的组合，形成一个景观组合，使景墙有一定的序列感、连续感。

③生态景墙　通过植物与景墙的组合，利用植物的绿色点缀作用，突出景墙的生态性

和文化性。

④文化景墙　以景墙形式进行艺术设计，或者在景墙上进行特定的绘画、装饰，用以表达一定的意境或者塑造一定文化氛围的景墙。

3.5.3 景墙构造

一般的景墙分为基础、墙体、顶饰、墙面饰、墙面窗洞等几部分(图3-5-4)。

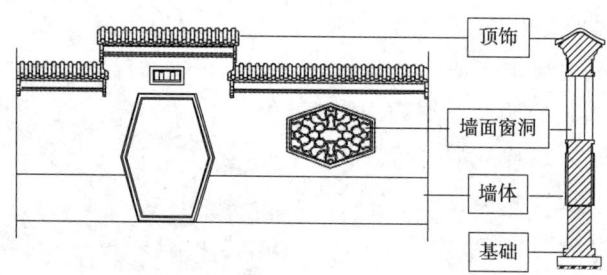

图3-5-4　景墙的组成

3.5.3.1 基础

基础是景墙的承重构件，位于地底下，是景墙的重要组成部分。墙基础直接安置于地基之上，承担景墙上部荷载，并把荷载均匀传递给下面的土层或者岩石层，支撑基础的土层或者岩石层成为地基。

基础的埋置深度，一般为500~1000mm，常将表土挖除，夯实老土即可。当地基有虚土，承载力不足以支撑上部景墙荷载时，必须做地基处理，以防墙体出现不均匀沉降而产生裂缝、倾斜的现象。地基处理常采用夯实法、换土法、打桩等方法。位于湖、河、崖旁的墙基础，应该设置桩基础，以防墙体的泥土被掏空而出现倾倒的现象。

常见景墙的基础主要有灰土基础、砖基础、毛石基础和混凝土基础。

（1）灰土基础

灰土基础由粉状的石灰与松散的粉土加适量水拌和而成，石灰与粉土的体积比一般为3∶7或4∶6。灰土基础施工时应逐层铺设，每层夯实前虚铺220mm厚，夯实后的厚度为150mm。灰土基础的抗冻、耐水性差，适用于地下水位较低的建筑。灰土基础一般300mm厚。根据力学要求，灰土基础的高宽比 $H_0:B \leq 1:1.25$（图3-5-5）。

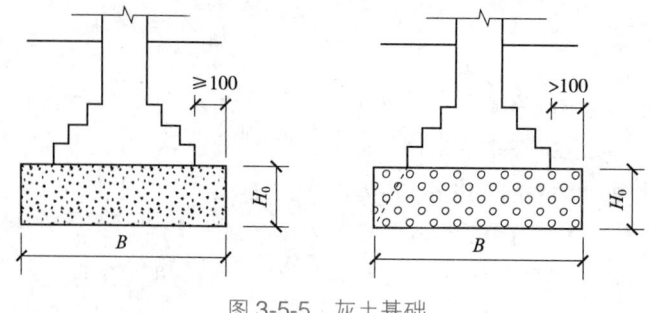

图3-5-5　灰土基础

（2）砖基础

砖基础一般用不低于MU7.5的砖和不低于M5的砂浆砌筑而成。为了满足刚性角的限

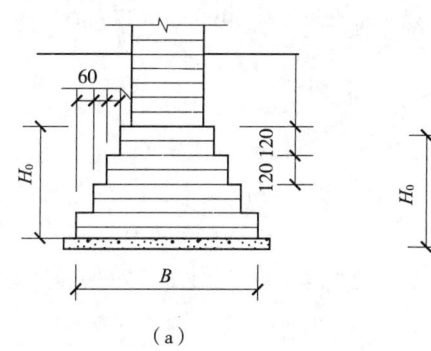
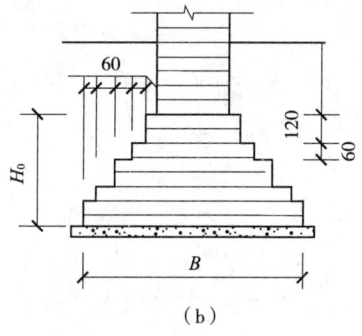

图 3-5-6　砖基础

(a)每两皮砖挑出 1/4 砖　(b)每两皮砖与每一皮砖间隔挑出 1/4 砖

制,砖基础的台阶宽、高比应小于 1∶1.5,一般采用每两皮砖挑出 1/4 砖或每两皮砖挑出 1/4 砖与每一皮砖挑出 1/4 砖相间的砌筑方法,俗称大放脚。根据力学要求,砖基础的高宽比 $H_0:B \leqslant 1:1.50$(图 3-5-6)。

(3)毛石基础

毛石基础是由未经加工的石材和不低于 M5 的砂浆砌筑而成的。由于石材抗压强度高,抗冻、防水、抗腐蚀性能好,所以毛石基础可以用于地下水位较高、冻结深度较大的低层或多层民用建筑,但整体性欠佳,有震动的房屋不宜采用。根据力学要求,毛石基础的高宽比 $H_0:B \leqslant 1:1.25$(图 3-5-7)。

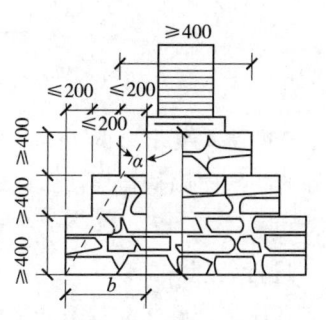
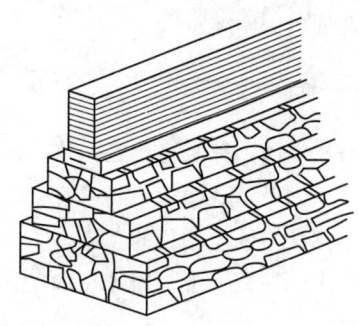

图 3-5-7　毛石基础

(4)混凝土基础

素混凝土基础具有坚固、耐久、耐腐蚀和耐水等特点,与前几种基础相比刚性角较大,可用于地下水位较高和有冰冻的地方。由于混凝土可塑性强,基础断面形式可做成矩形、阶梯形和锥形。根据力学要求混凝土基础的高宽比 $H_0:B \leqslant 1:1.00$(图 3-5-8)。

3.5.3.2　墙体

墙体是景墙的主体骨架部件。为了加强墙体的整体性和刚度,墙体中间通常设置墙垛,墙垛的间

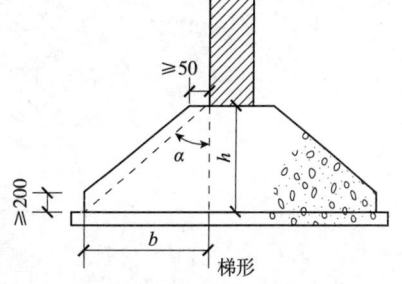

图 3-5-8　混凝土基础

距为 2400~3600mm。墙垛的平面尺寸为 370mm×370mm、490mm×370mm、490mm×490mm 3 种。

墙体的高度一般为 2100~3000mm，常见厚度为 120mm、180mm、240mm 3 种。墙体常用黏土砖、小型空心砌块砌筑。使用实心黏土砖，可以砌筑成实心墙、空斗墙、漏花墙等多种形式。使用小型空心砌块时，在墙垛处应浇筑细石混凝土，并在孔洞中加设 2~4 根 ϕ10~12mm 的钢筋，并用混凝土填充孔洞。

对于采用砌体砌筑装饰的墙体，因外表不做抹灰等饰面处理，仅做勾缝装饰，则应注意砖块的排列组砌方式，一般为全顺式组砌或者砌成梅花丁，勾缝整齐有规律，如图 3-5-9 所示。

图 3-5-9　全顺式和梅花丁式组砌

为了加强墙的整体性，一般在墙体的中间或者顶部设置压顶的构造形式。压顶壳采用钢筋混凝土或加设钢筋网带的方式。

3.5.3.3　顶饰

顶饰是指景墙的顶部装饰构造做法。顶饰构造处理的基本要求有两个，一是形成一定的造型形态，以满足景观设计的要求；二是形成良好的防水防雨构造层次，以防止水渗漏进入墙体，达到保护墙体的目的。

现代景墙中的顶饰，常采用抹灰的工艺施工方法进行处理，即以 1∶2.5~1∶4 的水泥砂浆抹底层与中层，然后用 1∶2 水泥砂浆抹面层，或者以装饰砂浆、石子砂浆抹出各种装饰线脚（图 3-5-10）。

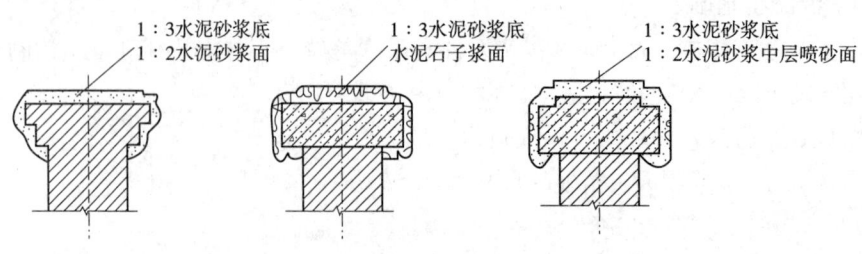

图 3-5-10　抹灰顶饰做法

对于有柱墩的顶饰，其装饰线脚一般随墙体贯通，或是独立存在自成系统。根据设计要求，有时在柱墩的顶部设置灯具、器物、人物雕塑等。

3.5.3.4 墙面饰

墙面饰指的是景墙墙体的墙面装饰。墙面装饰一般有抹灰、贴面、涂料和铺钉 4 种构造类型(表 3-5-1)。

表 3-5-1　景墙墙面装修分类

类　别	主要材料
抹灰类	水泥砂浆、聚合物砂浆、混合砂浆、拉毛、水刷石、斩假石、拉假石、假面转、喷涂、滚涂等
贴面类	外墙面砖、马赛克、玻璃锦砖、人造水磨石、天然石板等
涂料类	石灰浆、水泥砂浆、溶剂型涂料、彩色胶砂涂料等
铺钉类	各种金属饰面板、饰面水泥饰面板、玻璃等

(1) 抹灰类装饰

抹灰类装饰是墙面装饰中最普通的装饰做法。抹灰的主要材料有石灰砂浆抹灰、混合砂浆抹灰、水泥砂浆抹灰。采用拉毛、搭毛、压毛、扯制浅脚、堆花等工艺操作方法,可以取得相应的材质效果。有的景墙面层抹灰材料也用水刷石、干粘石等。

为避免抹出现龟裂现象,保证抹灰层牢固和表面平整,施工时须分层操作。抹灰层由底层、中层和面层组成,如图 3-5-11 所示。底层材料选用与基层材料有关,砖石墙可用水泥砂浆或石灰水泥砂浆打底,当基层为板条时,可以选用石灰水泥砂浆做底灰,在砂浆中渗入麻刀或者其他纤维材质。混凝土砌块墙底灰多用混合砂浆。

中层抹灰主要起找平作用,其所用材料基本与底层相同,也可以根据装修要求选用其他材料,厚度一般为 5～15mm。面层抹灰主要起装饰作用,要求表面平整、色彩均匀,可以做出光滑或粗糙各种不同质感,厚度一般为 2～5mm(图 3-5-11)。

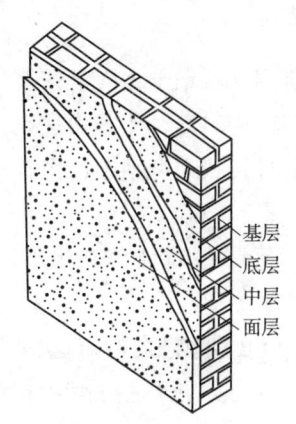

图 3-5-11　饰面抹灰分层构造

(2) 贴面类装饰

贴面类装饰是指装饰板材或块材铺贴于实体墙身上的一种构造做法。此种方法一般用于比较高级的景墙墙面装饰工程中,园景中的各种景墙多用此种做法(图 3-5-12)。

景墙的贴面板块材的种类很多,常见的有面砖、陶瓷锦砖、天然石材和人造石材。建筑面砖和石材种类繁多,大多以产地和色系得名。如中国黑、印度红、英国棕、蒙古黑、岑溪红等。

对于小型的墙面板块材,可以使用水泥浆直接粘贴于墙基体上;对于较大型的板块材,如花岗岩、大理石,有两种做法,一种是湿挂,一种是干挂。湿挂做法是:先在墙面上预埋钢筋 φ6mm 的钢筋铁箍,然后在铁箍内立 φ6~10mm 的竖筋,在竖筋上绑扎横筋,形成钢筋网。先在石材上下边钻孔,然后利用钢筋绑扎固定在钢筋网上。上下两块

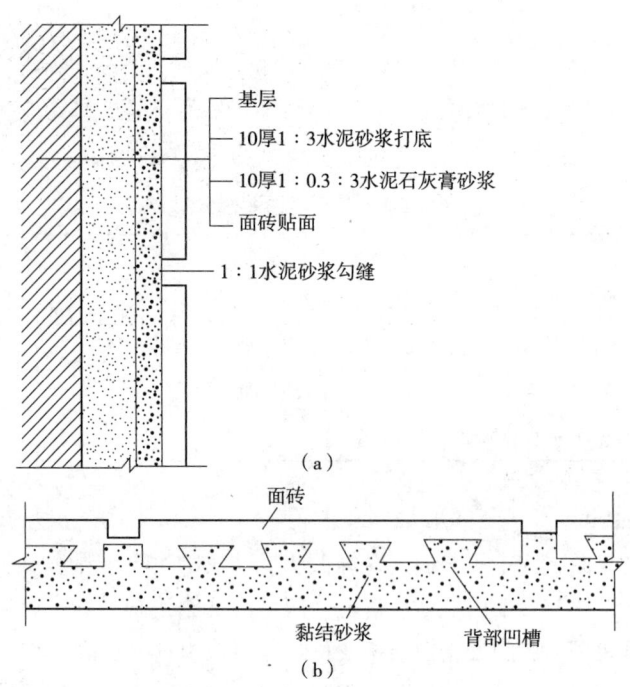

图 3-5-12 面砖饰面构造
(a)墙砖做法详图 (b)地砖做法详图

石板用不锈钢卡销固定,板与墙之间预留 20~30mm 的缝隙。在缝隙间浇筑 1:3 水泥砂浆(图 3-5-13)。干挂做法是:先用型钢做骨架,板材侧面开槽,用专用的不锈钢或铝合金挂件连接于型钢上,将石材与结构进行可靠的连接,对其形成的空气间层不做灌浆处理(图 3-5-14)。

随着黏结新材料的出现,黏结工艺的简便化,墙面贴面装饰的构造做法将会进一步得到发展。

(3)涂料类装饰

涂料类装饰是指利用各种涂料涂抹抹基层表面而形成完整固定的膜层,起到装饰和保护墙体作用的装修做法。墙面涂料装饰具有造价低、工期短、效率高、操作简便、更新快

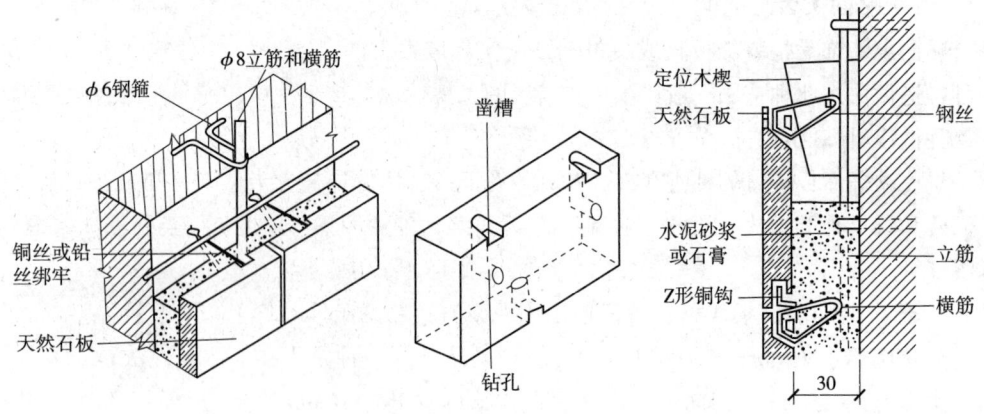

图 3-5-13 石材湿挂做法详图

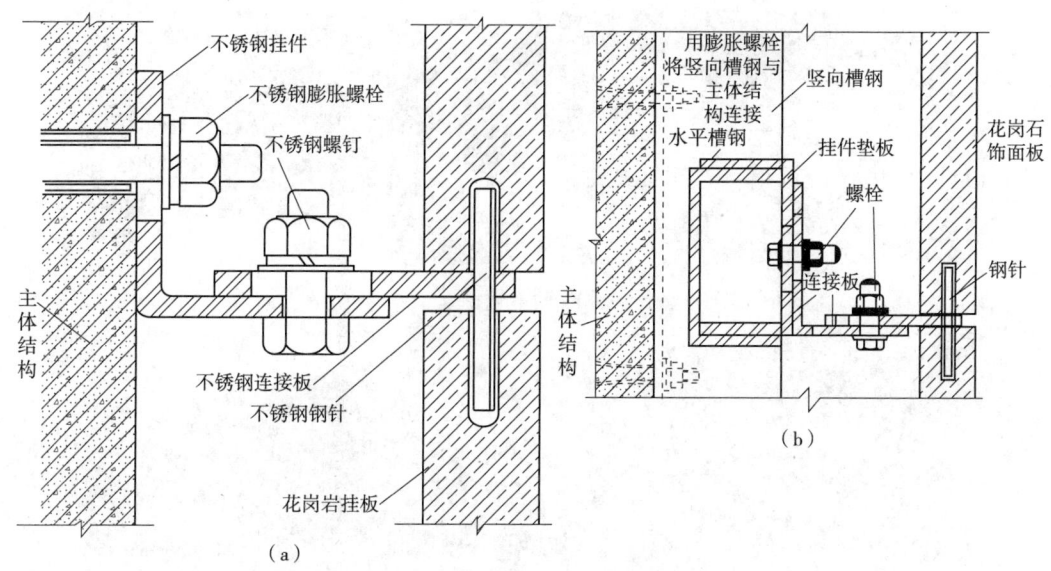

图 3-5-14 石材干挂做法详图
(a)有龙骨 (b)无龙骨

的特点,在建筑小品中广泛运用。

建筑涂料的施工方法,一般有刷涂、滚涂和喷涂 3 种。施涂时,后一遍涂料必须在前一遍涂料干燥后进行,否则容易发生开裂、皱皮等质量问题。当景墙涂料面积过大时,为确保土层质量,可以设置分隔缝,且同一墙面应用同一批号的涂料,每遍涂料不宜施涂过厚,涂料要均匀,颜色要一致。

3.5.3.5 墙洞口装饰

墙洞口装饰,指的是景墙上开设门洞口、窗洞口及其他洞口上的装饰构造做法。

(1)门洞口装饰

景墙上的门洞口,大多数不设门扇,窗口用栅格装饰。洞口有圆形、椭圆形、矩形、花瓶形等多种形式。

景墙的门洞口,一般都设置门套。门套常用抹灰、砖石材料贴面的装饰构造方式,有时还在洞口上方加设楣牌,书写相应的文字。

门洞口的门扇,宜采用耐水、耐腐朽的杉木制作,并在木门的表面涂刷桐油等涂料。

(2)窗洞口装饰

景墙中的窗饰,在园林中常称为什景窗。什景窗是一种装饰和渲染园林气氛的窗饰,窗的外形有矩形、圆弧形、扇面、月洞、双环、三环、套方、梅花、玉壶、玉盏、方胜、银锭、石榴、寿桃、五角、六角、八角等多种式样。

窗饰按其功能性分为镶嵌窗、漏窗、夹樘窗 3 种形式。

①镶嵌窗 是镶在墙身一面的假窗,又叫盲窗。其没有一般窗子所具有的通风、透光、通视等功能,只起设置装饰件和装饰作用,一般构造比较简单(图 3-5-15)。

②漏窗 是常用的一种装饰花窗,具有框景的功能,使景窗两侧既有分隔又有联系。对

图 3-5-15 镶嵌窗

图 3-5-16 漏窗

于窗框景平面较大的漏窗,应在窗面中设置相应的透漏饰件,由混凝土预制块、雕塑件、中式小青瓦等多种小饰件组成。这些饰件,常使用水泥砂浆固定于窗面中(图 3-5-16)。

③夹樘窗 是指在墙的两侧各设相应的一樘仔屉,在仔屉上镶嵌玻璃或糊纱,其上题字绘画,中间安放照明灯,故又称灯窗;或在玻璃片中间注水养植观赏鱼或观赏植物,故又称养殖窗。夹樘窗的构造做法如下(图 3-5-17):

墙洞口的上方,在墙体中设置过梁,一般使用钢筋混凝土预制梁。过梁的截面尺寸应根据洞口的跨度和荷载计算而定。为了方便施工,作为普通烧结砖墙体的过梁,宽度一般与墙体相同,梁高要与砖的皮数相当,即为 60 的整数倍,高度一般为 60mm、120mm、240mm;作为多孔砖墙体过梁,梁的高度一般为 90mm、180mm。钢筋混凝土过梁两端搁置在墙体的长度不少于 240mm(图 3-5-18)。

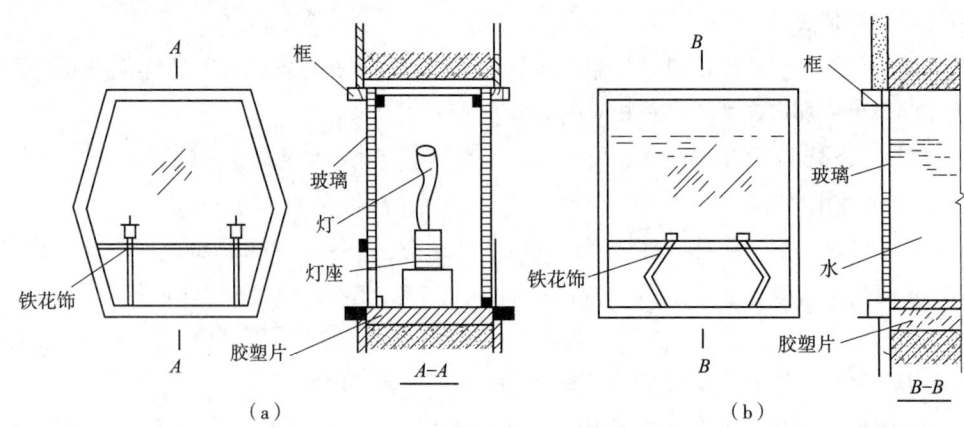

图 3-5-17 夹樘窗构造
(a)灯窗 (b)养殖窗

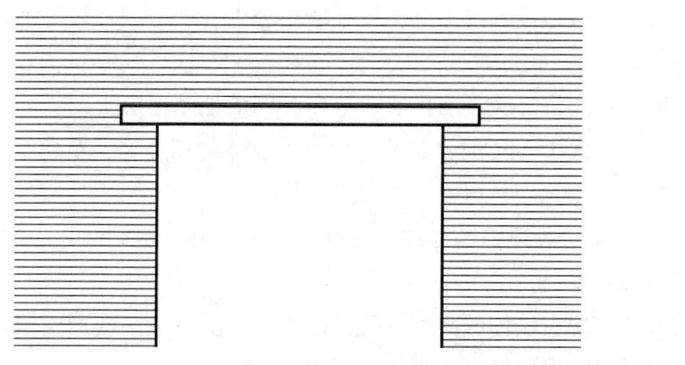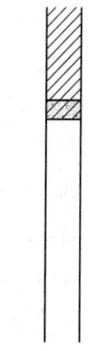

图 3-5-18 钢筋混凝土过梁做法

3.5.3.6 墙身变形缝

为适应墙体变形需要而设置的构造缝,叫作变形缝。在景墙中,一般设置温度变形缝和沉降变形缝两种。

(1) 伸缩缝

伸缩缝又叫温度缝。由于自然界冬冷夏热气温变化,墙体因热胀冷缩发生形变而产生裂缝,为防止变形过大而发生墙体开裂现象,设计时将较长的墙体垂直分为若干段,以控制每段墙的长度,从而控制了每段墙体的水平绝对变形值,每段墙一般为12m左右。

景墙的温度变形缝一般采用基础不分开、墙体断开的方式,中间留设20~30mm的缝隙,缝隙中可填沥青麻丝,面用沥青油膏灌缝(图3-5-19)。

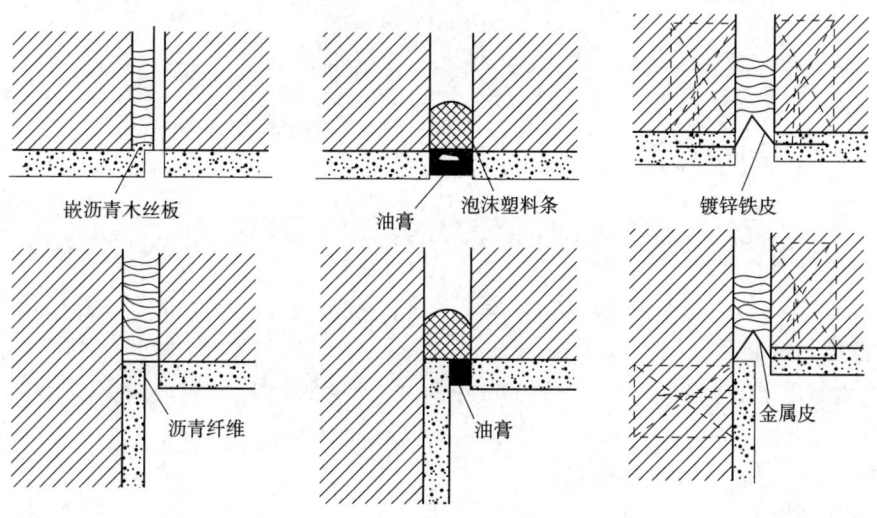

图 3-5-19 伸缩变形缝构造

景墙若有墩子,温度变形缝应设置在墩子的中间。当墙体厚度为240mm以上时,应做成错口缝或砌口缝的形式,在墙体厚度为240mm时,可做成平缝形式。

(2) 沉降缝

沉降缝是防止景墙由于不均匀沉降产生变形而设置的构造缝。当景墙局部荷载不一致或者建造于不均匀的地基地段上,同一景墙的不同地段的荷载和结构形式差别过大时,景墙则会出现不均匀的沉降,以致墙体的某些薄弱环节发生错位开裂。因而,需要在荷载和结构形式差别过大的部位，相应地设置沉降缝，把景墙划分为若干个刚性较好的单元，使相邻各单元可以自由沉降。

凡属下列情况，一般应设置沉降缝：当景墙建造在不同的地基土层上时；当景墙有高差，且高墙与低墙的墙高之比大于 2∶1 时；景墙与建筑物墙体的相邻处；新建景墙与原有景墙的接触之处；在相邻的基础宽度与埋置深度相差悬殊时。

沉降缝是一道由基础底面到墙顶饰的通缝，使缝的两侧墙体、基础、相应的墙顶饰、墙面饰体成为自由沉降的独立单元。

沉降缝的宽度，与地基情况、墙体的高度有关，以适应于沉降量不同而引起的垂直方向倾斜变化。景墙中的沉降缝宽度一般为 30~60mm（图 3-5-20）。

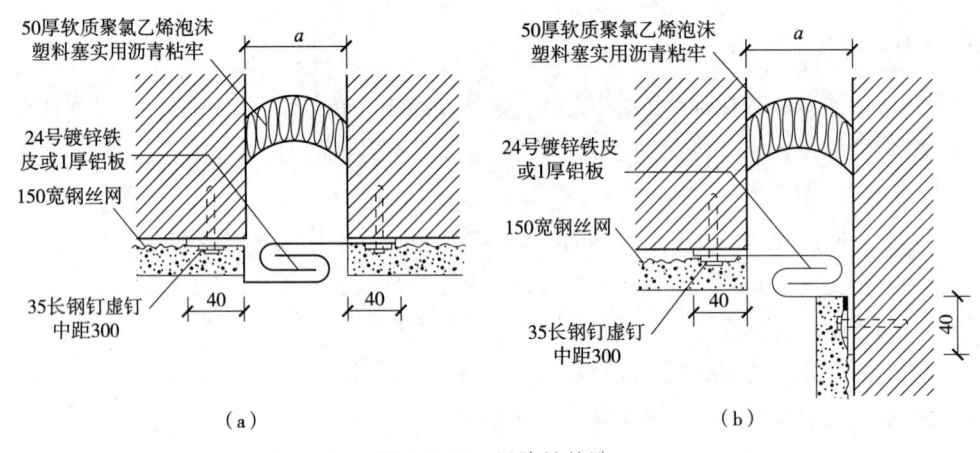

图 3-5-20　沉降缝构造
(a)外墙平缝　(b)外墙转角缝

3.6 公园大门

【知识目标】
熟悉公园大门的各种材料以及设计原理。
【技能目标】
(1)能够合理选择公园大门、牌坊和牌楼的形式、尺度和材料。
(2)能够依据不同环境特点，进行公园大门、牌坊和牌楼的方案设计。
(3)能识读公园大门施工设计图。
【素质目标】
通过学习中国古典园林的大门，增加文化自信。

在园林建设中，公园出入口和大门是游人欣赏景观最先接触的位置，也是游人进入公园的必经之路。因此，出入口的使用频率非常高。出入口的设计必须要醒目，同时应结合实际情况，设立提示标志。由于各类园林的性质不同，其大门的形象、内容，有很大的区别。

3.6.1 公园大门的功能和组成

3.6.1.1 公园大门的功能

①集散交通 组织引导出入口人流及交通集散,尤其表现在节假日、集会及大型活动时,出入人流及车辆剧增,需恰当地解决大量人流的集散、交通及安全等问题。

②门卫、管理 公园大门除具有一般门卫功能外,还具有售票、收票的功能。此外在可能情况下,为游人提供一定的服务,如小卖店、公用电话、照相、物品寄存等。

③组织空间及景致 公园大门内外空间既是城市道路与公园之间的空间过渡及交通缓冲之处,又是人们游赏园林空间的开始。因此,在空间上起着过渡、引导、预示、对比等作用。

④美化街景 公园大门是人们游赏园林看到的第一个景物,将给人们留下深刻的印象,其形象体现出园林的规模、性质、风格等,其优美的造型也有美化街景的作用。

3.6.1.2 公园大门的组成

出入口的组成因园林的性质、规模、内容及使用要求的不同而有所区别。有的公园出入口既是一个过渡空间,又是场所、位置,而非单指大门。有的公园出入口则有明显的大门。按目前最普遍的公园类型,其主要公园大门的组成大致有如下内容:大门、售票室及收票处、门卫和管理用房、出公园大门内外广场及游人临时等候区域、停车场和自行车存放处等。

另外,有些公园还包括一些小型服务设施,如小卖部、电话亭、照相亭、儿童车出租处、物品寄存、游览导游等。

3.6.1.3 公园大门设计

出入口作为进入公园的第一个视线焦点,是给游人留下的第一印象,故在设计时要充分考虑到它对城市街景的美化作用以及对公园景观的影响。出入口附近绿化应简洁、明快。

大门的设计要根据公园的性质、规模、地形环境和公园整体造型的基调等各因素而进行综合考虑,要充分体现时代精神和地方特色。造型立意要新颖、有个性,忌雷同。

园门的比例与尺度运用得如果不恰当,会影响到艺术的效果。不仅要考虑其自身的需要,也要考虑与所在环境的协调,反之亦然。适宜的比例与尺度,有助于刻画公园的特性和体现公园的规模。

新材料、新结构、新工艺在近代建筑领域中不断涌现,因而公园大门的造型设计、空间组织也应体现出一种富有时代感的清新、明快、简练、大方的格调。

公园大门形式的选择首先必须结合公园的性质和规模,其次受周边环境条件的影响,下面是几种较常见的公园大门的立面形式。

(1) 山门式

这是我国传统的出入口建筑形式之一。根据我国古代的"门堂"建制,不仅建筑群外围

图 3-6-1 山门式

要设门，且在一些主要建筑前也要设门（图 3-6-1）。

山门是古代寺庙放在集市上或者山脚下的第一道门，即寺院的外门或正门，因为寺院多建在山林之间，所以被称为山门。

山门是该建筑群的序幕空间，对游人来说起着表征和导向的作用。后来也有把控制人流的入口建筑称为山门。

（2）牌坊式和牌楼式

牌坊是以宣扬标榜功德为目的的纪念性建筑。主要功能是道德教化，纪念追思。牌坊式建筑在我国有悠久历史。按其开间、结构和造型来区分，一般有门楼式牌坊和冲天柱式牌坊两大类（图 3-6-2）。一般牌坊多属单列柱结构，规模较大的牌坊为了结构的稳定则采用双列柱结构。

过去的牌坊和山门在功能上相仿，作为序列空间的序幕表征，广泛运用于宗教建筑、纪念建筑等。过去在祠堂、官署前也多置牌坊为第一道门，既是空间的分割，也是区别尊卑的标记。在古代城市中被称为牌楼门的牌坊则是坊里大门。传统的牌坊多采用对称手法，一般造型较疏朗、轻巧，但也有些牌坊设计得较浑厚。为了便于管理，近代公园的牌坊多采用较通透的铁栅门，票房设于门内，以免影响牌坊的传统造型。

牌楼式是在牌坊的横梁上做斗拱屋檐起楼而成，是以强化突出其标设为目的的标志性建筑物。主要功能是标志引导，装饰美化（图 3-6-3）。

图 3-6-2　牌坊式　　　　　　　　图 3-6-3　牌楼式

(3) 阙式

阙式大门是由古代石阙演化而来。现代的阙式园门一般在阙门座两侧连以园墙，门座中间设铁栅门。由于门座间没有水平结构构件，因而门宽不受限制，售票房可筑在门外或门内，也可利用阙座内部空间作为管理用房。

广州起义烈士陵园门，宽达 30m，后靠宽敞的陵园大道，面向宽阔的草坪。两座白石阙门座之间建以多组红色铁花门，阙顶为珠红色琉璃瓦，大门两侧连以弧形园墙，砌上红色琉璃通花。阙壁镶嵌刻有题词的红色大理石。这个阙式园门处理得十分壮丽、庄重、肃穆、雄伟，体现了革命烈士的英雄气概(图 3-6-4)。

图 3-6-4 阙式——广州起义烈士陵园门

图 3-6-5 柱墩式

(4) 柱墩式

柱墩式大门主要由独立柱和铁门组成。柱墩式门和阙式门的共同特点是：门座一般独立，其上方没有横向构件，区别在于柱墩式门较细长。有些柱由于其体量较大，也可利用柱体内部空间作门卫或检票口。一般用在机关单位的柱墩式大门为对称构图、双柱并列，而公园中的则为不对称结构。柱墩式在现代公园大门中广泛使用，一般对称布置，设 2~4 个柱墩，分大小出入口，在柱墩外缘连接售票室或围墙，形式也发生了变化，经常设计为倾斜式、圆弧式等(图 3-6-5)。

(5) 屋宇式

屋宇式通常有五间三启门和三间一启门等。这种大门坐落在主宅院的中轴线上，宏伟气派(图 3-6-6)。

图 3-6-6　屋宇式

（6）墙门式

墙门式在私家园林中运用较多，是屋宇式的简化版，也称随墙门或小门楼。顾名思义是一种墙垣式的门，一般是在围墙上开小门，将门洞上方的围墙升高，上面加一屋顶，也可在出入口围墙上开门洞，再安上门扇，门后常有半屋顶屋盖作为过渡。通常采用纯砖结构，主要由腿子、门楣框、屋顶和门扉构成。在门楣上也有施砖雕者，不失小巧玲珑之雅。如沈阳故宫、苏州拙政园、广州流花公园、瑞金革命遗址大门等（图 3-6-7）。

图 3-6-7　墙门式

（7）顶盖式（门廊式）

顶盖式（门廊式）是在承重构件上方筑有顶盖，顶盖的形式还有平顶、拱顶和折板顶等，由屋宇式演变而来。其造型轻巧、活泼，可采用对称式和不对称式手法进行构图，是目前公园中运用最普遍的造型之一（图 3-6-8）。

桂林七星公园后门由值班房、售票室和门廊等组成，采用坡屋顶形式。曲折的平面，两坡盖顶，高低起伏、前后错落，组合成生动活泼、富有乡土韵味的出入口。平顶式的园门适用于各种较复杂的平面，应用较广。

上述各类大门，如山门式、牌坊式、阙式等传统形式历史悠久，形象优美。近代公园的大门设计，由于功能、结构、材料和设备等方面均有所发展，不少园门在继承传统的基础上进行了大胆的革新，设计成开敞式大门，例如，将售票室等和园门连成整体，公园大门成开放式（图 3-6-9），不但可使平面简洁，结构合理，管理方便，在立面造型上也给人以一种清新、简练、亲切的时代感。

图 3-6-8　顶盖式(门廊式)　　　　　　图 3-6-9　开放式大门(1)

另外,在开敞式大门的形式上也有很大的变化,出现了仿生形、雕塑形等形式,有些大门设计成景墙(图 3-6-10)、有些在石料上面题字成为公园大门(图 3-6-11)。儿童公园的大门更贴近儿童的心理需求,植物造型的大门也受到游客的喜爱(图 3-6-12)。

图 3-6-10　开放式大门(2)

图 3-6-11　开放式大门(3)　　　　　　图 3-6-12　儿童公园大门

3.6.2 牌坊和牌楼

3.6.2.1 分类

牌坊与牌楼是有显著区别的，牌坊没有"楼"的构造，即没有斗拱和屋顶，而牌楼有屋顶，具有更大的烘托气氛作用。牌坊与牌楼是我国古代用于表彰、纪念、装饰、标识和导向的一种建筑物，多建于宫苑、寺观、陵墓、祠堂、衙署和街道路口等地方。

（1）按照形式划分

①冲天式　也叫"柱出头"式。即这类牌楼的间柱是高出明楼楼顶的。

②"不出头"式　这类牌楼的最高峰是明楼的正脊。

根据每座牌楼的间楼和楼数的数量，这两种形式均有一间二柱、三间四柱、五间六柱等形式。顶上的楼数，则有一楼、三楼、五楼、七楼、九楼等形式。在北京的牌楼中，规模最大的是五间六柱十一楼。

宫苑之内的牌楼，大多是"不出头"式，而街道上的牌楼则大多是冲天式。

（2）按照结构划分

①木牌楼　这类牌楼数最多。基础以下（地下部分）现代多用水泥浇铸（古代多用白木桩），基础以上各根柱子的下部分用"夹柱石"包住，外面再束以铁箍。

②琉璃牌楼　这类牌楼多用于佛寺建筑群内，在北京仅有三间四柱七楼一种。

③石牌楼　这类牌楼以景园、街道、陵墓前居多。从结构上看繁简不一，有的极简单，只有一间二柱，无明楼；复杂的有五间六柱十一楼。

④水泥牌楼　这是近代建筑艺术的产物，新建的数目不多，大多数是用于古牌楼的搬迁和加固工程。

⑤彩牌楼　这是一种临时性的装饰物，多用于过年，或者如庙市、集市及大型活动，时间一过即拆除，一般用杉杆、竹竿、木板搭成，顶部安装五彩电灯泡，色彩缤纷。

⑥铜制牌楼　这类牌楼较少，中国第一座铜牌楼由中国工艺美术大师朱炳仁设计创建了中国第一座铜牌坊，高6.1m、宽7m，重近百吨，牌楼雕有莲花等图案。

（3）按照建造意图划分

①庙宇坊　如曲阜孔庙牌坊。

②功德牌坊　主要是为某人记功记德。例如，山东省桓台县新城镇"四世宫保"牌坊，是明朝万历皇帝为当时的新城人兵部尚书王象乾所建；湖北秭归的屈原祠位于秭归县东1.5km长江北岸的向家坪，又称清烈公祠，占地面积约30亩（1亩=667m^2），为纪念屈原而建。1978年建葛洲坝水利枢纽时，将它迁向家坪，并按原貌重建（图3-6-13）。

③贞节道德牌坊（节孝坊）　多表彰节妇烈女，在安徽歙县有许多这类牌坊。云南楚雄黑井镇有一座节孝总坊，是清朝末年由慈禧太后下令建造的，表彰本地的节烈妇女。

④标志坊　主要是标志科举成就的，多为家族牌坊，为光宗耀祖之用。标志坊多立于村镇入口与街上，作为空间段落的分隔。

图 3-6-13　屈原祠牌楼

⑤陵墓坊　如绍兴市大禹陵牌坊和南通市唐骆宾王墓道坊。

⑥百岁坊(百寿坊)　和其他类型相比，这类数量要少得多，如山东青州市韩楼百寿坊、安徽泾县九峰村百岁牌坊。

3.6.2.2　构造实例

(1) 某地方黄姓祠堂牌楼(图 3-6-14 至图 3-6-20)

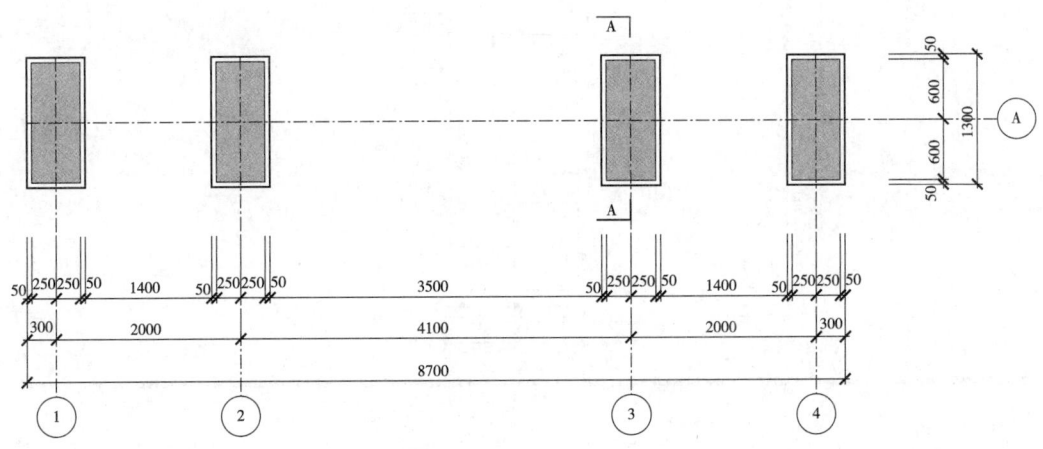

图 3-6-14　牌楼平面图

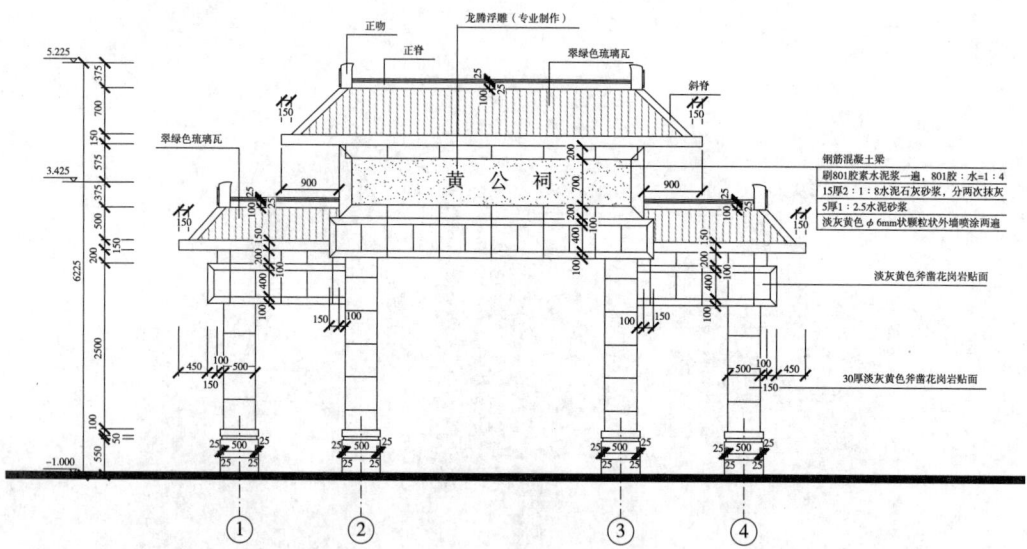

图 3-6-15　牌楼正立面图

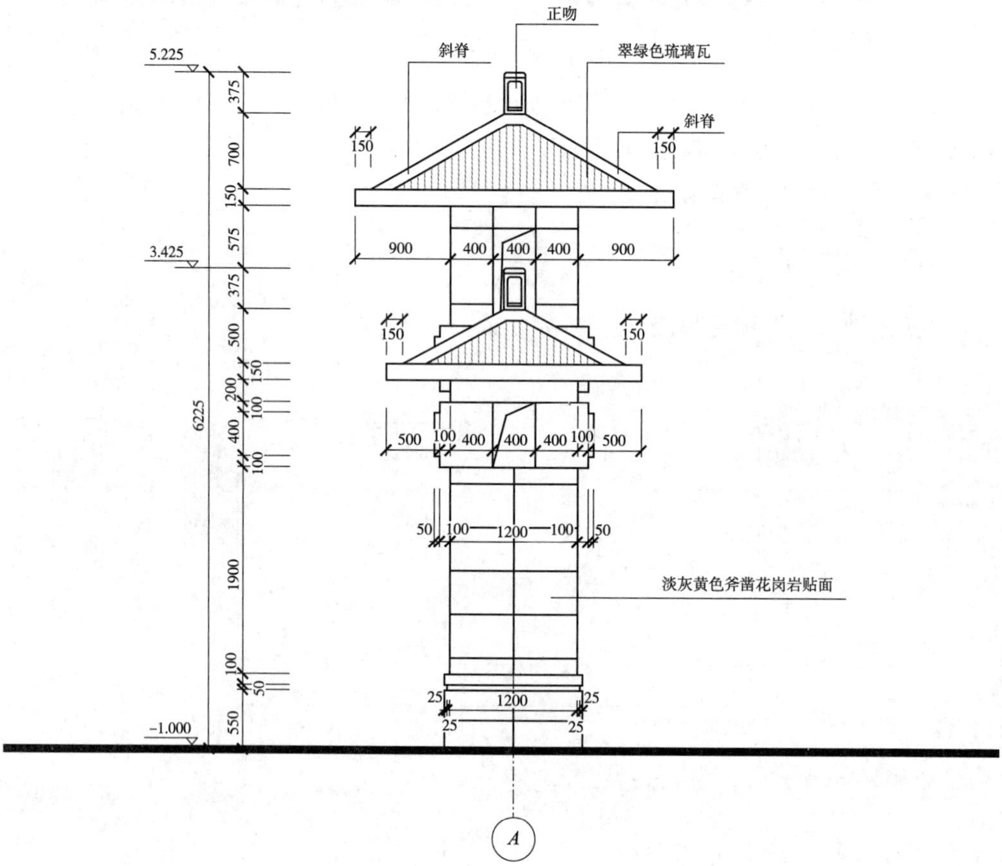

图 3-6-16　牌楼侧立面图

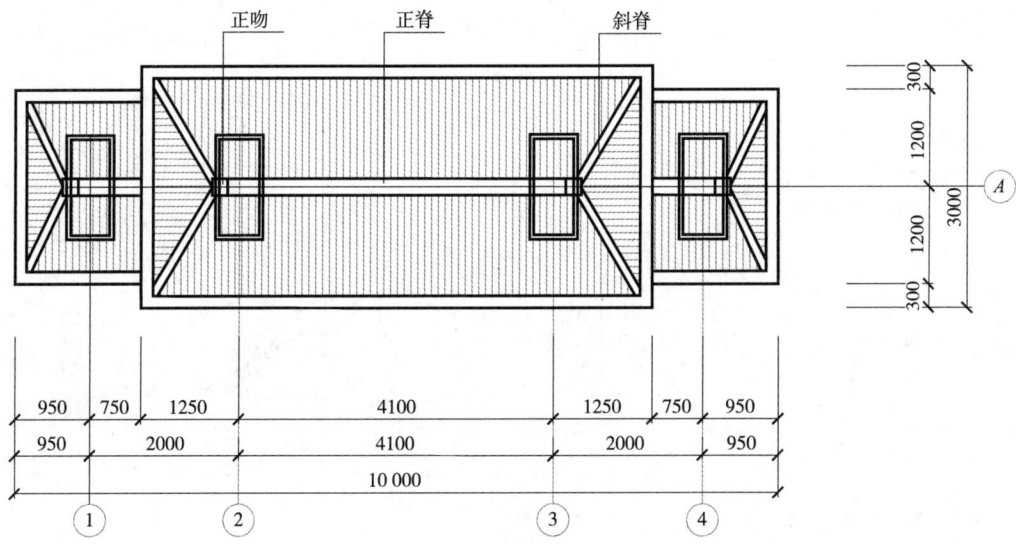

图 3-6-17　屋顶平面图

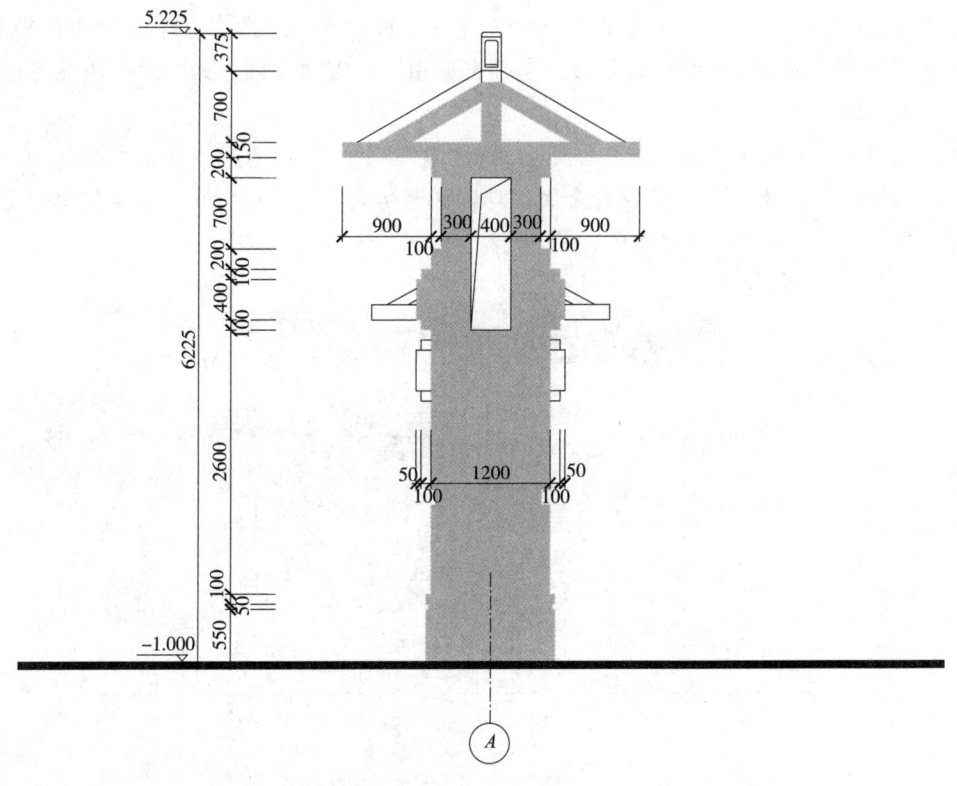

图 3-6-18　A-A 剖面图

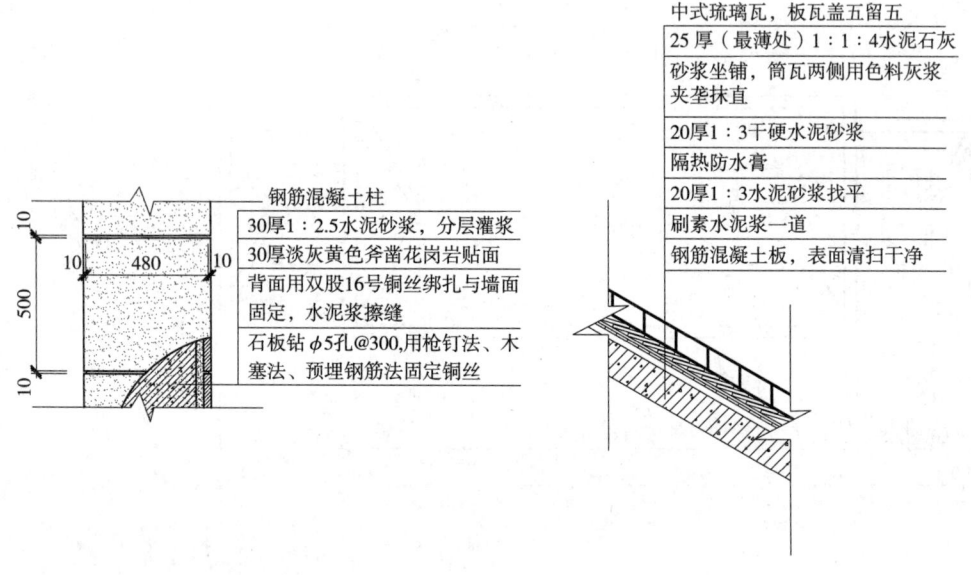

图 3-6-19 石材构造做法　　　　图 3-6-20 屋顶大样

（2）全聚德烤鸭店大门牌楼构造实例

本工程为某市全聚德烤鸭店大门牌楼及二层贵宾厅装修工程，牌楼为二柱三楼，完全为仿古形式（图 3-6-21 至图 3-6-23），其中大额枋（含）以上部分均采取贴在原墙上的做法，后边用槽钢等金属与建筑结构柱连接，夹杆石选用汉白玉加工制作，屋面选用绿色琉璃瓦，彩画采用金线大点金旋子做法。

固定牌楼用的槽钢宽 100mm，其横竖之间用电焊双面焊接，槽钢与混凝土方柱用不小于 ϕ12mm 的胀管螺栓固定，槽钢及金属件均刷两遍防锈漆。二层贵宾厅装修工程是建筑的精华所在，其主要表现富丽堂皇、华丽气派。

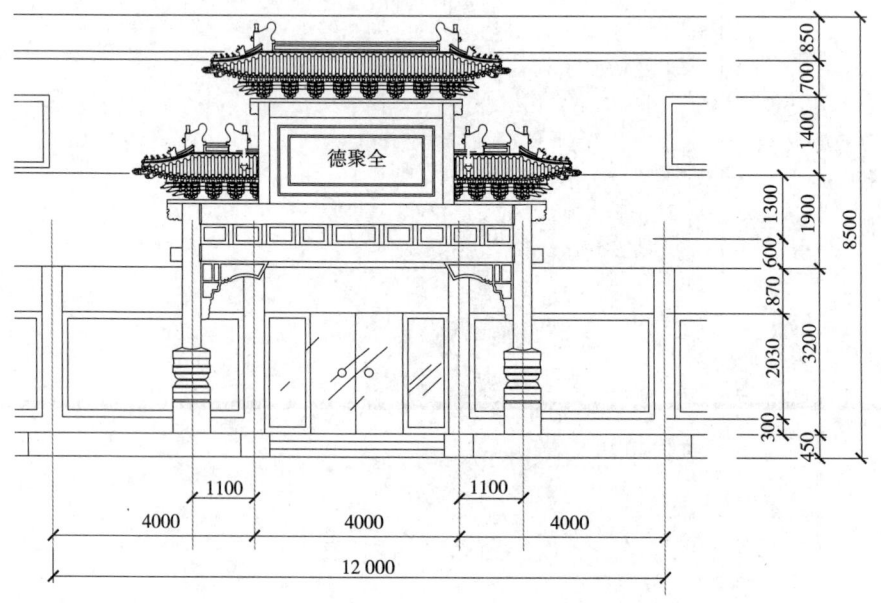

图 3-6-21 牌楼立面图(1)

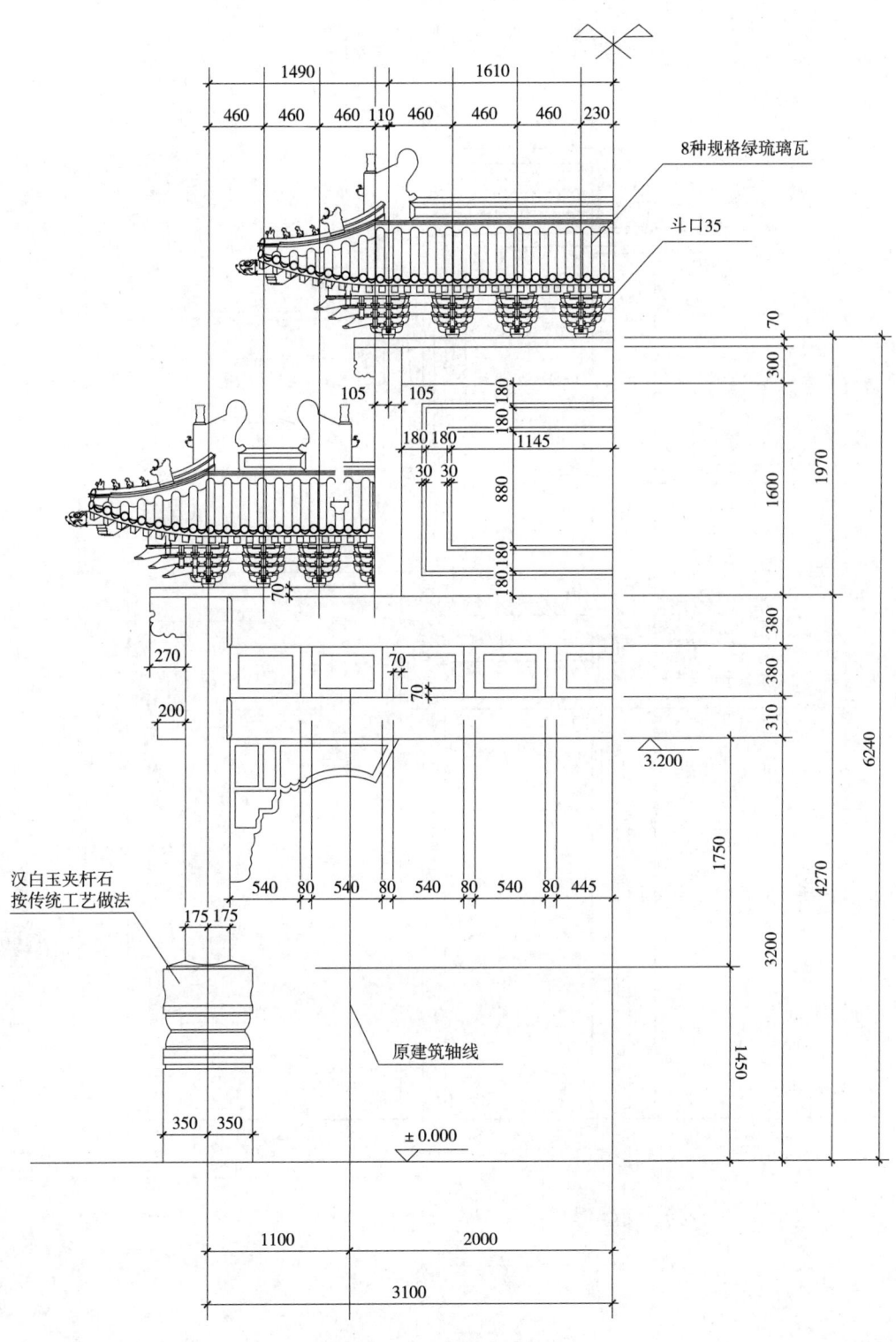

图 3-6-22 牌楼立面图(2)

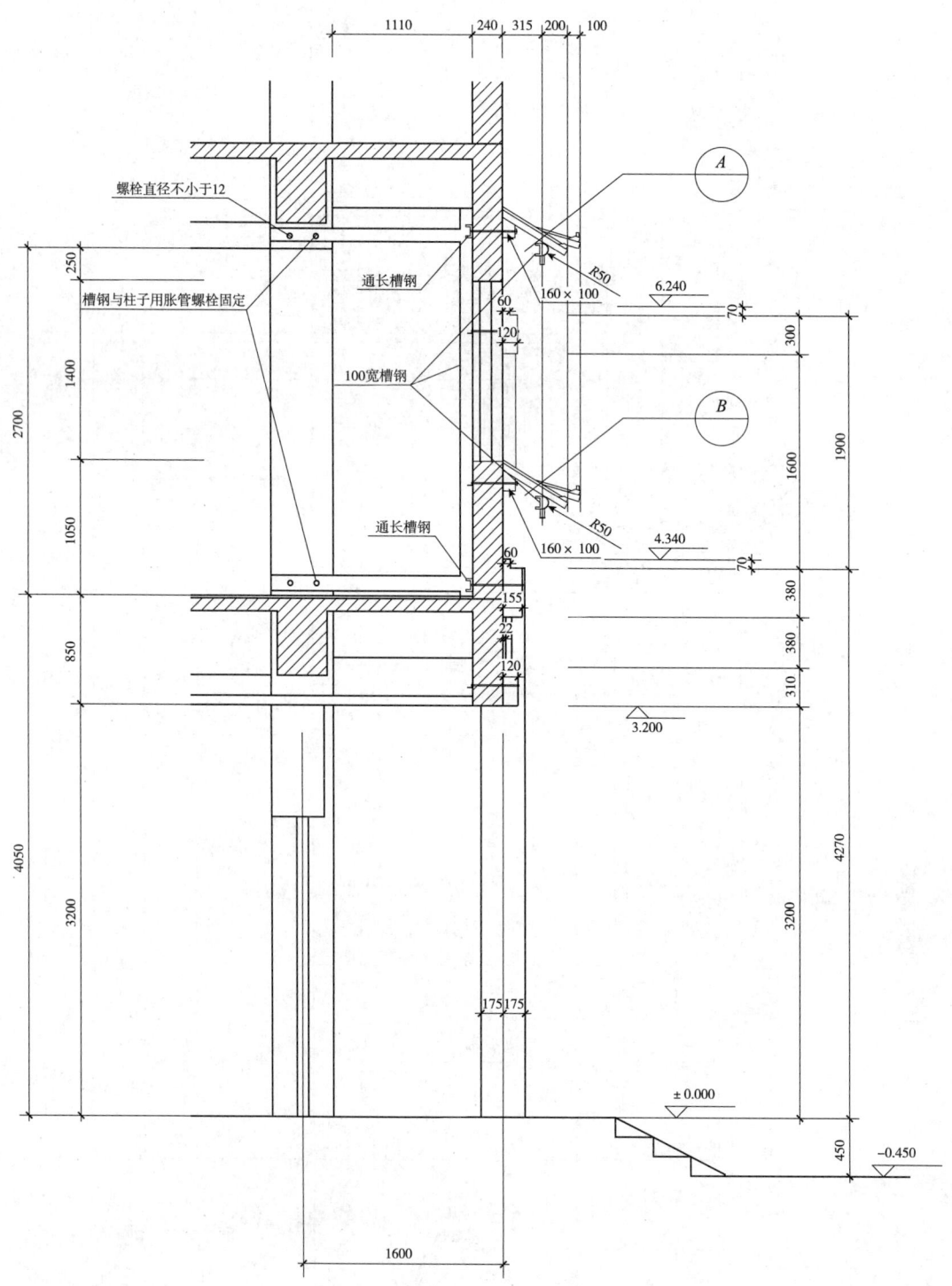

图 3-6-23 牌楼剖面图

3.7 园桥、栈道与汀步

【知识目标】
(1) 熟悉园桥、栈道与汀步常用材料。
(2) 掌握园桥、栈道与汀步的构造做法。
【技能目标】
(1) 能熟练地选择不同位置、设计风格等条件下园桥、栈道与汀步的材料。
(2) 能识读各类园桥、栈道与汀步施工图纸。
【素质目标】
通过学习园桥、栈道与汀步的构造做法知识,要求学生掌握园桥、栈道与汀步施工图的识读绘制,培养学生良好的职业道德和追求卓越及刻苦务实的精神。

园桥是园林中用于架空并联系水陆交通的人造设施。"有园皆有水,有水皆有桥",从古至今,园桥的应用都十分广泛。

3.7.1 园桥

3.7.1.1 园桥功能

①通行、组织游览线路功能 园桥最基本的功能是联系园林水体两岸的道路。使园路不至于被水体阻断。由于它直接伸入水面,能够吸引视线,因而能够起到导游作用,可作为导游点进行布置。低而平的长桥、栈桥还可以作为水面的过道和水面游览线,把游人引到水上,拉近游人与水体的距离,使水景更加迷人。

②组景、分割空间功能 园林设计中,常采用园桥与水中堤、岛一起对水面空间进行分隔,增加水景的层次,增强水面形状的变化和对比,从而使水景效果更加丰富。园桥对水面的分隔有它自己的独特之处,即隔而不断、断中有连、又隔又连,具有虚实结合的特点。这种分隔有利于隔开的水面在空间上相互交融和渗透,增加景观的深度,营造迷人的园林意境。

③观赏桥的形态、意境的功能 在园林水景的组成中,园桥可以作为重要景物,与水面、桥头植物一起构成完整的水景。园桥本身也有很多种艺术造型,具有很强的观赏特性,可作为园林水体的重要景点。事实上,如杭州西湖的断桥、扬州瘦西湖的五亭桥、北京颐和园的十七孔桥和玉带桥、桂林七星岩的花桥等都成为了园林局部甚至整个水面的主景。

3.7.1.2 园桥选址

园桥所在的环境主要是园林水环境,但也有少数情况下可作为旱桥布置在没有水面的地方。

①园路与河渠、溪流交叉处必须设置园桥把中断的路线连接起来。原则上，桥址应选在两岸之间水面最窄处或靠近较窄的地方。附近有窄水面而不利用，却把园桥设在宽水面处，将增加造桥费用，并会给人矫揉造作之感。跨越带状水体的园桥，造型可比较简单，有时甚至只搭一个混凝土平板就可作为小桥。但是，桥虽简单，其造型还是应有所讲究，要做得小巧别致，富于情趣。

②大水面上造桥，最好采用曲桥、廊桥、栈桥等比较长的园桥。桥址应选在水面相对狭窄的地方，这样可以缩短建桥的长度，节约工程费用，且可以利用桥身来分割水体。桥下不通游船时，桥面可设计得低平一些，使人更接近水面；桥下需要通过游船时，则可把部分桥面抬高，做成拱桥样式。在湖中岛屿靠近湖岸的地方一般也要布置园桥，要根据岛、岸间距离决定设置长桥还是短桥。在大水面沿边与其他水道相交接的水口处设置拱桥或其他园桥，可以增添岸边景色。

③庭园水池或一些面积较小的人工湖适宜布置体量较小、造型简洁的园桥。若是用桥来分隔水面，则可选用小曲桥、拱桥、汀步等。但是要注意，小水面忌从中部均等分隔，均等分隔意味着没有主次之分，无法突出水景重点。

④为了连接中断的假山蹬道，将园桥布置在假山断岩处，做成天桥造型，能够给人奇特有趣的感受，丰富了假山景观。在风景区游览小道延伸至无路的峭壁前时，可以架设栈桥通过峭壁。

⑤栈桥既可布置在山壁边，也可布置在水边。在植物园的珍稀草本植物展区或动物园的珍稀小动物展区，架设栈桥将游人引入展区，游人在栈桥上观赏植物或动物，与观赏对象更加接近，同时又可使展区地面环境和动植物展品受到良好的保护。在园林内的水生及沼泽植物景区也可采用栈桥形式，将人们引入沼泽地游览观景。

3.7.1.3 园桥分类

园林中的桥讲究造型和美观。为了造景的需要，在不同环境中要采取不同的造型。园桥的造型形式很多，结构形式也有多种，可以根据具体环境的特点来灵活地选配园桥。

（1）根据材质分类

①木桥　是最早的桥梁形式，我国秦汉以前的桥几乎都是木桥。如最早出现的独木桥、木柱梁桥等。约商周时便出现浮桥，战国前后又出现排柱式木梁桥和伸臂式木梁桥。但因木材本身的特性，如质松易腐以及受材料强度和长度支配，不易在河面较宽的河流上架设桥梁，也难以造出牢固耐久的桥梁。因此，南北朝开始便被木石混合或石构桥梁所取代，但木桥带给人的自然感、原始感、亲近感却是其他材质桥梁所没有的，如图3-7-1和图3-7-2所示。如今，随着科学技术的发展，木材防腐技术的应用，木桥在园林中的应用更加普遍。

②石桥和砖桥　一般是指桥面结构是用石或砖料建造的桥，但纯砖建造的桥极少见，一般是砖木或砖石混合构建，而石桥则较多见，如图3-7-3和图3-7-4所示。到春秋战国之际便出现了石墩木梁跨空式桥，西汉进一步发展为石柱式石梁桥，东汉则又出现了单跨石拱桥，隋代创造出世界上第一座敞肩式单孔弧形石拱桥，唐代李昭得造出了船形墩多孔石梁桥。宋代是大型石桥蓬勃发展的时期，泉州洛阳桥和平安桥、北京卢沟桥、苏州宝带桥等大型石拱桥都是宋代的桥梁作品。

图 3-7-1 独木桥

图 3-7-2 木桥

图 3-7-3 石桥

图 3-7-4 砖桥

③竹桥和藤桥 主要见于南方，尤其是西南地区。一般只用于河面较狭的河流上，或作为临时性架渡之用。早期主要是一种索桥，南北朝时称竹质的溜索桥为笮桥。后来出现了竹索桥、竹浮桥和竹板桥等。现在在游乐场或大型自然风景区内较为常见，如图 3-7-5 和图 3-7-6 所示。

④钢桥 钢材强度高，易于加工，常用于大跨径桥，如图 3-7-7 所示。

⑤钢筋混凝土桥 易于加工，十分牢固，但景观效果不及天然材料，一般需要在表面用仿自然工艺处理，如图 3-7-8 所示。

图 3-7-5 竹桥

图 3-7-6 藤桥

图 3-7-7 钢桥　　　　　　　图 3-7-8 钢筋混凝土桥

（2）根据样式分类

①平桥　又称作梁桥，是私家园林中最常见的园桥。外形简单，有直线形和曲折形，结构上分板式和梁式。板式桥适于较小的跨度，轻快小巧，简朴雅致。跨度较大的需设置桥墩或柱，上安木梁或石梁，梁上铺桥面板，如图 3-7-9 所示。曲折形的平桥，是中国园林所特有的，无论三折、五折、七折、九折，通称九曲桥。其作用不在于便利交通，而是要延长游览行程和时间，以扩大空间感，在曲折中变换游览者的视线方向，做到步移景异；也有的用来陪衬水上亭榭等建筑物，如图 3-7-10 所示。

图 3-7-9 平桥　　　　　　　图 3-7-10 九曲桥

②拱桥　常见拱桥有石拱桥（图 3-7-11）、砖拱桥和钢筋混凝土拱桥。拱桥造型优美，曲线圆润，富有变化。单拱桥如北京颐和园玉带桥，拱券呈抛物线形，桥身用汉白玉，桥形如垂虹卧波。多孔拱桥适于跨度较大的宽广水面，常见的为三、五、七孔，著名的颐和园十七孔桥（图 3-7-12），长约 150m，宽约 6.6m，位于昆明湖南湖岛与东堤之间，是座连续的拱券长桥，把岛、亭、桥、堤连为一个整体，景观效果上十分突出，划分了昆明湖的空间层次，渲染了湖面景色。

图 3-7-11 石拱桥　　　　　　图 3-7-12 颐和园十七孔桥

③亭桥、廊桥　在桥面较高的平桥或拱桥上建亭或廊的桥，称为亭桥或廊桥，可供游人遮阳避雨，又增加了桥的形体变化。亭桥如杭州西湖三潭印月，在曲桥中段转角处设三角亭，巧妙地利用了转角空间，给游人以小憩之处；扬州瘦西湖的五亭桥（图 3-7-13），多孔交错，亭廊结合，形式别致。廊桥有的与两岸建筑或廊相连，如苏州拙政园"小飞虹"、广东余荫山房浣红跨绿廊桥（图 3-7-14）。

图 3-7-13　扬州瘦西湖的五亭桥　　　　图 3-7-14　余荫山房浣红跨绿廊桥

④吊桥、浮桥　吊桥是以钢索、铁链为主要结构材料（在过去有用竹索或麻绳的），将桥面悬吊在水面上的一种园桥形式。这类吊桥吊起桥面的方式有两种：一是全用钢索铁链吊起桥面，并用其作为桥边扶手；二是在上部用大直径钢管做成拱形支架，从拱形钢管上等距地垂下钢制缆索，吊起桥面。吊桥主要用在风景区的河面上或山沟上面（图 3-7-15）。将桥面架在整齐排列的浮筒（或舟船）上，可构成浮桥。浮桥适用于水位常有涨落而又不便人为控制的水体中，如潮州广济桥（图 3-7-16）。

图 3-7-15　吊桥　　　　　　　　　图 3-7-16　潮州广济桥

⑤栈桥与栈道　是栈桥和栈道的根本特点（图 3-7-17、图 3-7-18）。严格地讲，这两种园桥并没有本质上的区别，只不过栈桥更多的是独立设置在水面上或地面上，而栈道则更多地依傍于山壁或岸壁。

图 3-7-17　栈桥　　　　　　　　　图 3-7-18　玻璃栈道

⑥汀步　汀步是步石的一种类型，设置在水上。在浅水中按一定间距布设块石，微露水面，使人跨步而过。这是一种没有桥面、只有桥墩的特殊的桥，或者也可说是一种特殊的路，是采用线状排列的步石、混凝土墩、砖墩或预制的汀步构件布置在浅水区、沼泽区、沙滩上或草坪上形成的能够行走的通道（图 3-7-19）。

图 3-7-19　汀步

3.7.1.4　园桥结构

园桥的结构形式随其主要建筑材料的不同而有所不同。例如，钢筋混凝土园桥和木桥的结构常用板梁柱式，石桥常用拱券式或悬臂梁式，铁桥常采用桁架式，吊桥常用悬索式等，都说明建筑材料与桥的结构形式是紧密相关的。

（1）板梁柱式

板梁柱式是指以桥柱或桥墩支撑桥体重量，以直梁按简支梁方式两端搭在桥柱上，梁上铺设桥板作为桥面，如图 3-7-20 所示。在桥孔跨度不太大的情况下，也可不用桥梁，直接将桥板两端搭在桥墩上，铺成桥面，形成桥板柱式结构，如图 3-7-21 所示。桥梁、桥面板一般用钢筋混凝土预制或现浇，如果跨度较小，也可用石梁和石板。

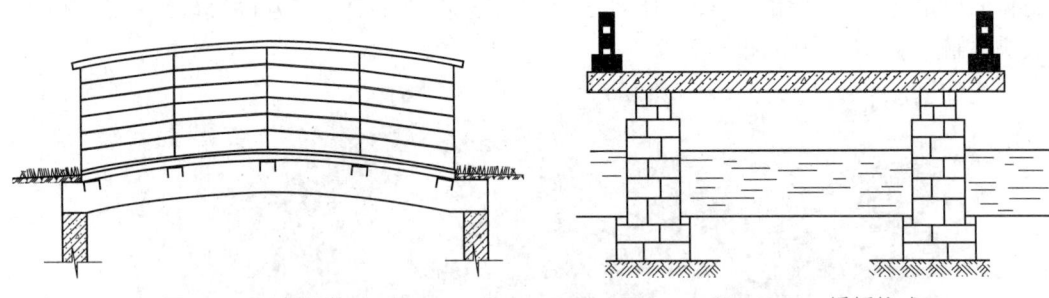

图 3-7-20　板梁柱式　　　　　图 3-7-21　桥板柱式

（2）悬臂梁式

桥梁从桥孔两端向中间悬挑伸出，在悬挑的梁头再盖上短梁或桥板，连成完整的桥孔。这种方式可以增大桥孔的跨度，以方便桥下行船，石桥和钢筋混凝土桥都能采用悬臂梁式结构，如图 3-7-22 所示。

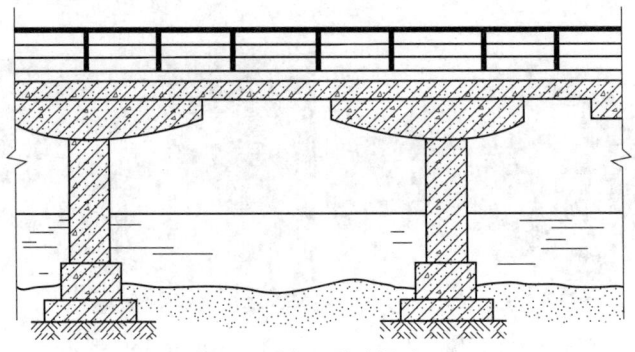

图 3-7-22　悬臂梁式

(3) 拱券式

桥孔由砖石材料拱券而成，桥体重量通过圆拱传递到桥墩。单孔桥的桥面一般也是拱形，所以基本上都属于拱桥。三孔以上的拱券式桥，其桥面多数做成平整的路面，但也常有把桥顶做成半径很大的微拱形桥面的，如图 3-7-23、图 3-7-24 所示。

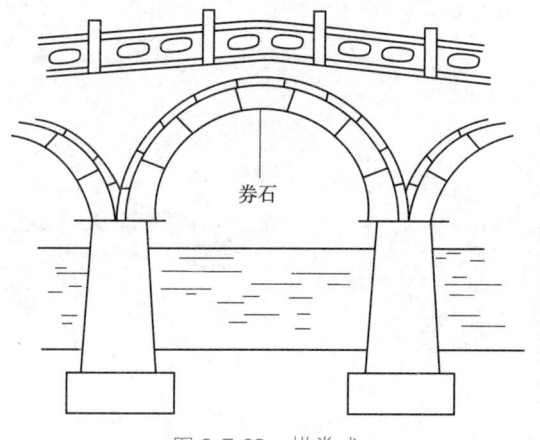

图 3-7-23　拱券式

图 3-7-24　拱桥

(4) 悬索式

悬索式是一般索桥的结构方式。以粗长的悬索固定在桥的两头，底面有若干钢索排成一个平面，其上铺设桥板作为桥面；两侧各有一至数根钢索从上到下竖向排列，并由许多下垂的钢绳相互串联在一起，下垂钢绳的下端则吊起桥板，如图 3-7-25 所示。

(5) 桁架式

用铁制桁架作为桥体。桥体杆件多为受拉或受压的轴力构件，这种杆件取代了弯矩产生的条件，使构件的受力特性得以充分发挥。杆件的结点多为铰结，如图 3-7-26 所示。

以钢结构直桥为例，如图 3-7-27 所示。

图 3-7-25　悬索式

图 3-7-26　桁架式

3.7.2　栈道

(1) 栈道分类

根据栈道路面的支撑方式和栈道的基本结构方式，一般把栈道分为立柱式、斜撑式和插梁式 3 种。

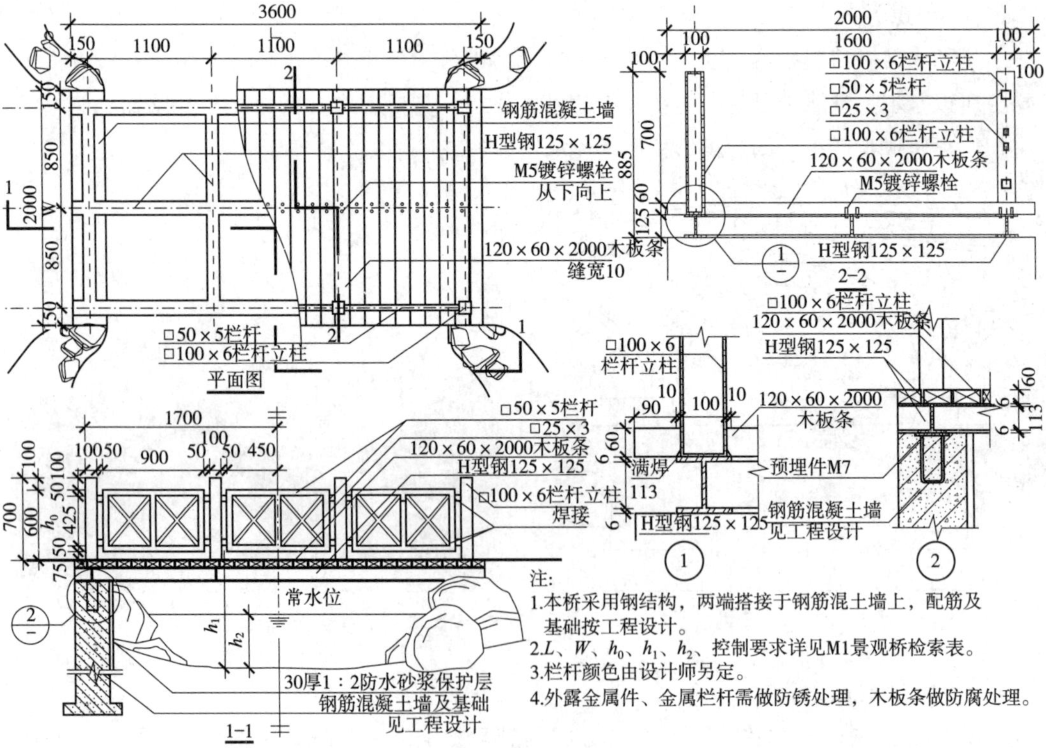

图 3-7-27 钢结构直桥

（引自《国家建筑标准设计图集 环境景观——室外工程细部构造》）

①立柱式栈道　适宜建在坡度较大的斜坡地带，如图 3-7-28 所示。其基本承重构件是立柱和横梁，架设方式基本与板梁柱式园桥相同，不同之处只是栈道的桥面更长。

②斜撑式栈道　在坡度更大的陡坡地带，采用斜撑式栈道比较合适，如图 3-7-29 所示。这种栈道的横梁一端固定在陡坡坡面上或山壁的壁面上，另一端悬挑在外；梁头下面用一斜柱支撑，斜柱的柱脚也固定在坡面或壁面上；横梁之间铺设桥板作为栈道的路面。

③插梁式栈道　在绝壁地带常采用这种栈道形式，如图 3-7-30 所示。其横梁的一端插入山壁上凿出的方孔中并固定，另一端悬空，桥面板仍铺设在横梁上。

图 3-7-28　立柱式栈道　　图 3-7-29　斜撑式栈道　　图 3-7-30　插梁式栈道

(2)栈道构造

栈道路面宽度的确定与栈道的类别有关。立柱式栈道路面设计宽度可为 1.5~2.5m；斜撑式栈道宽度可为 1.2~2.0m；插梁式栈道不能太宽，0.9~1.8m 比较合适。

①立柱与斜撑柱　立柱采用石柱或钢筋混凝土柱，断面尺寸可取 180mm×180mm~250mm×250mm，柱高一般不超过柱径的 15 倍。斜撑柱的断面尺寸比立柱稍小，可在 150mm×150mm~200mm×200mm。斜撑柱上端应预留筋头与横梁梁头焊接，下端应插入陡坡坡面或山壁壁面。立柱和斜撑柱都用 C20 混凝土浇制。

②横梁　横梁的长度应是栈道路面宽度的 1.2~1.3 倍，梁的一端应插入山壁或坡面的石孔并固定。插梁式栈道的横梁插入山壁部分的长度，应为梁长的 1/4 左右。横梁的截面为矩形，宽高的尺寸可为 120mm×180mm~180mm×250mm，横梁也用 C20 混凝土浇制，梁一端的下面应有预埋铁件与立柱或斜撑柱焊接。

③桥面板　可用石板、钢筋混凝土板和玻璃铺设。铺石板时，要求横梁间距比较小，一般不大于 1.8m。石板厚度应在 80mm 以上。钢筋混凝土板可用预制空心板或实心板。空心板可按产品规格直接选用，实心钢筋混凝土板常设计为 6cm、8cm、10cm 厚，混凝土强度等级可用 C15~C20。栈道路面可以用 1∶2.5 水泥砂浆抹面处理。

④护栏　立柱式栈道和部分斜撑式栈道可以在路面外缘设立护栏。护栏最好用直径 254mm 以上的镀锌铁管焊接制作；也可做成石护栏或钢筋混凝土护栏。做石护栏或钢筋混凝土护栏时，望柱、栏板的高度可分别为 900mm 和 700mm，望柱截面尺寸可为 120mm×120mm 或 150mm×150mm，栏板厚度可为 50mm。

以玻璃栈道为例，如图 3-7-31 至图 3-7-34 所示。

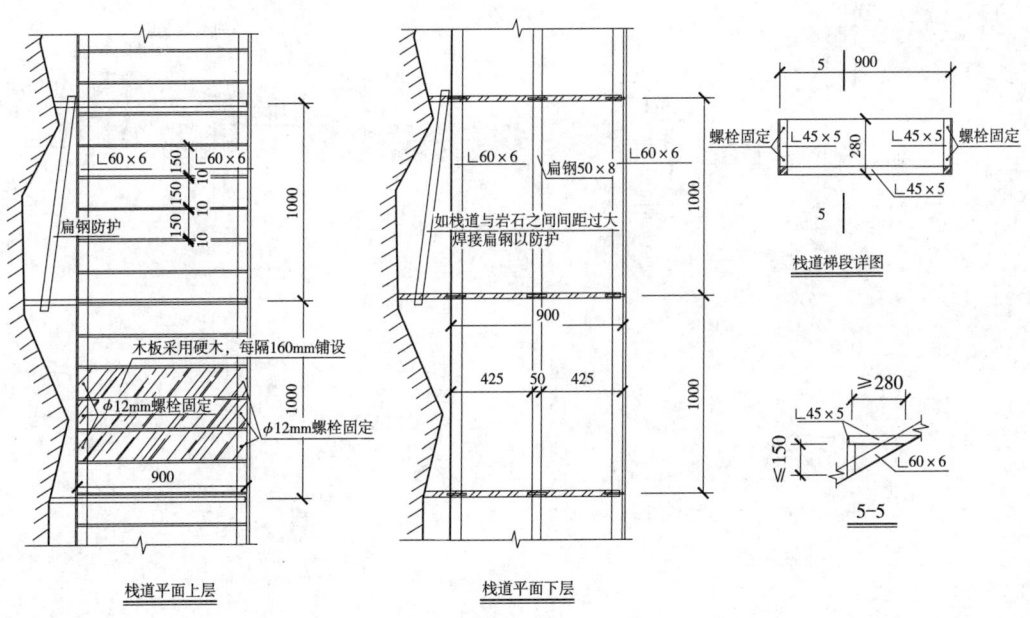

图 3-7-31　玻璃栈道(1)

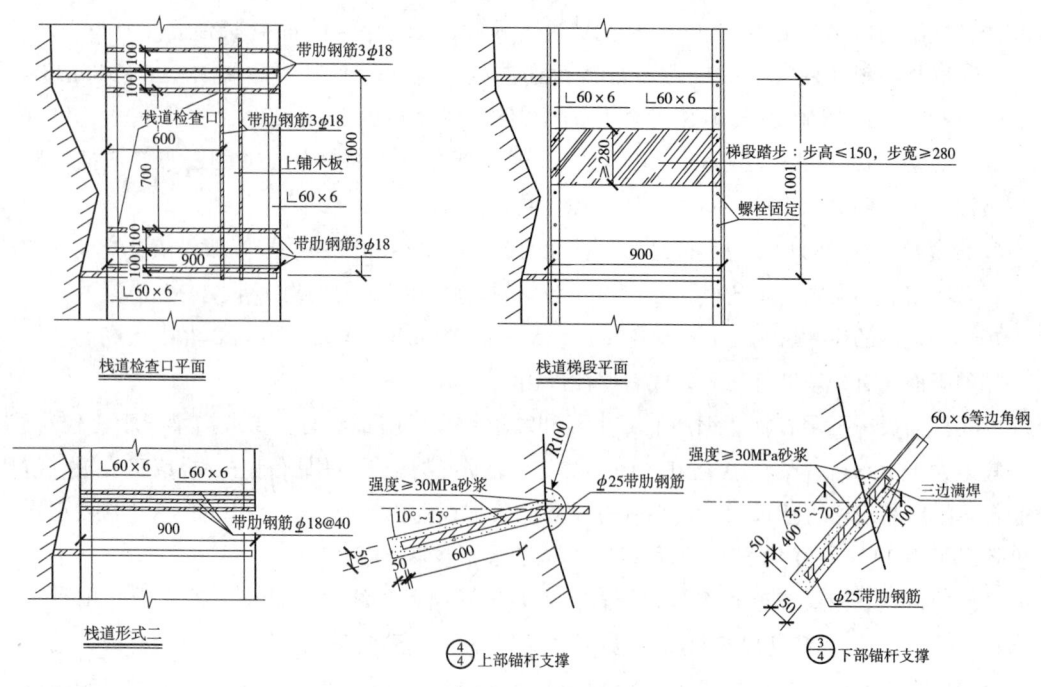

图 3-7-32 玻璃栈道(2)

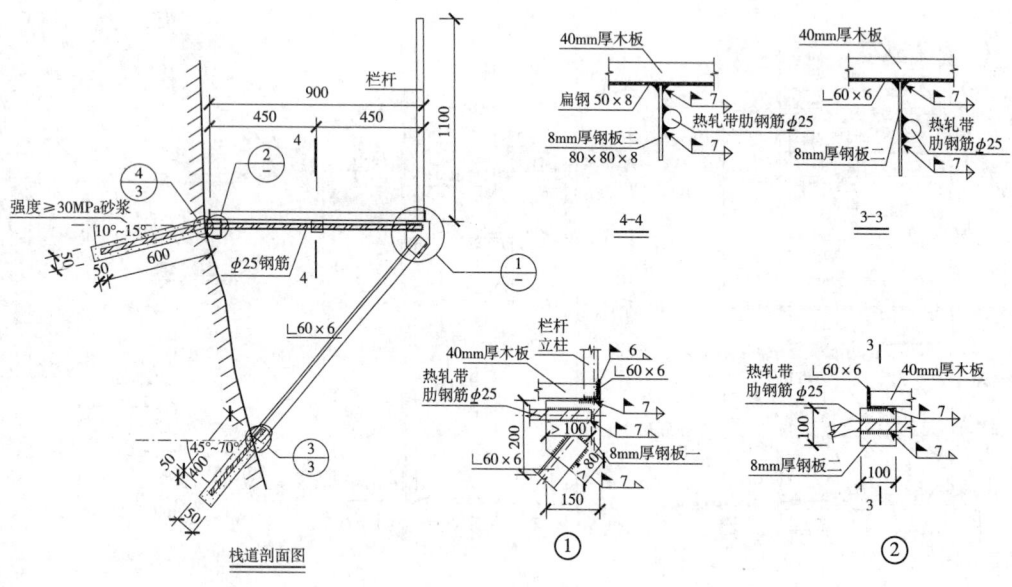

图 3-7-33 玻璃栈道(3)

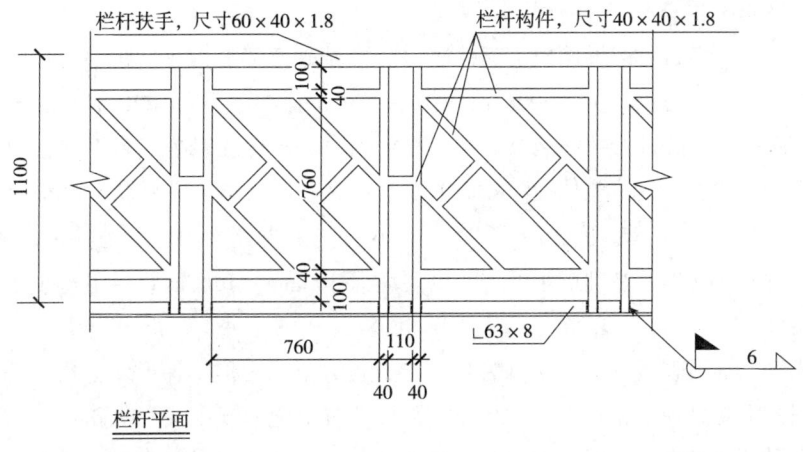

图 3-7-34 玻璃栈道栏杆

3.7.3 汀步

(1) 汀步形式

汀步一般分为规则式、自然式、仿生式 3 种形式。

① 规则式汀步　多应用于庭院水体中,一方面对庭院水体景观进行划分和组织;另一方面会使庭院水景增色并形成景观。同时,也能满足游客量不大的庭院游览的要求,其布置形式有直线和曲线两种,如图 3-7-35 所示。

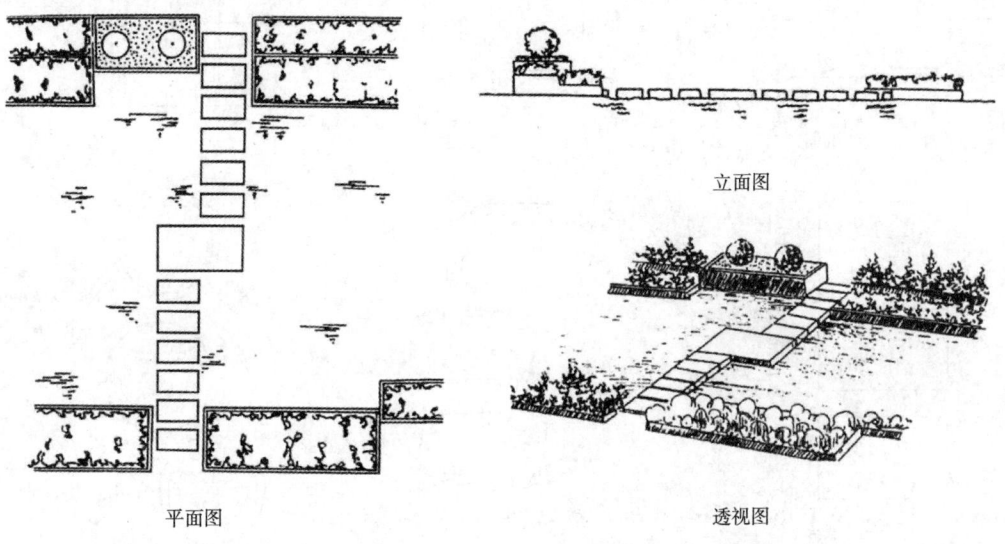

图 3-7-35 规则式汀步的画法

② 自然式汀步　多应用于环境比较自然的水溪中,用以连接溪岸两边的园路,强调自然、协调,常用大块毛石固定于水中。一般要求毛石的上表面比较平坦,安置间距适中。

③ 仿生式汀步　是指模拟诸如树桩、荷叶等自然形态的汀步,能够使水体景观尤其是水生植物种植区的观赏效果更为朴素和协调,一般使用混凝土材料制成大小不一的形状,安置时多自由摆放,但要符合游人通过的要求,有仿树桩、仿荷叶等汀步形式。

(2)汀步构造

①荷叶汀步 步石由圆形面板、支撑墩(柱)和基础三部分构成。圆形面板应设计 2~4 种尺寸规格,如直径为 450mm、600mm、750mm、900mm 等。采用 C20 细石混凝土预制面板,面板顶面可仿荷叶进行抹面装饰。抹面材料用白色水泥加绿色颜料调成浅果绿色,再加绿色细石子,按水磨石工艺抹面。抹面前要先用铜条嵌成荷叶叶脉状,抹面完成后一并磨平。为了防滑,顶面一定不能磨得很光。荷叶汀步的支柱可用混凝土柱,也可用石柱,其设计按一般矮柱处理;基础应牢固,至少要埋深 300mm;其底面直径不得小于汀步面板直径的 2/3。

②板式汀步 铺砌板平面形状可为长方形、正方形、圆形、梯形、三角形等。梯形和三角形铺砌板主要是用来相互组合,组成板面形状有变化的规则式汀步路面。铺砌板宽度和长度可根据设计确定,其厚度常为 80~120mm。板面可以用彩色水磨石装饰,不同颜色的彩色水磨石铺路板能够铺装成美观的彩色路面。

③仿树桩汀步 用水泥砂浆砌砖石做成树桩的基本形状,表面再用 1:2.5 或 1:3 的有色水泥砂浆抹面并塑造树根与树皮的形象。树桩顶面仿锯截状做成平整面,用仿本色的水泥砂浆抹面。待抹面层稍硬时,用刻刀刻划出一圈圈的年轮环纹,清扫干净后再调制深褐色水泥浆抹进刻纹中,抹面层完全硬化之后,打磨平整,使年轮纹显现出来。

以花岗岩、自然石和混凝土仿木桩汀步为例,如图 3-7-36 所示。

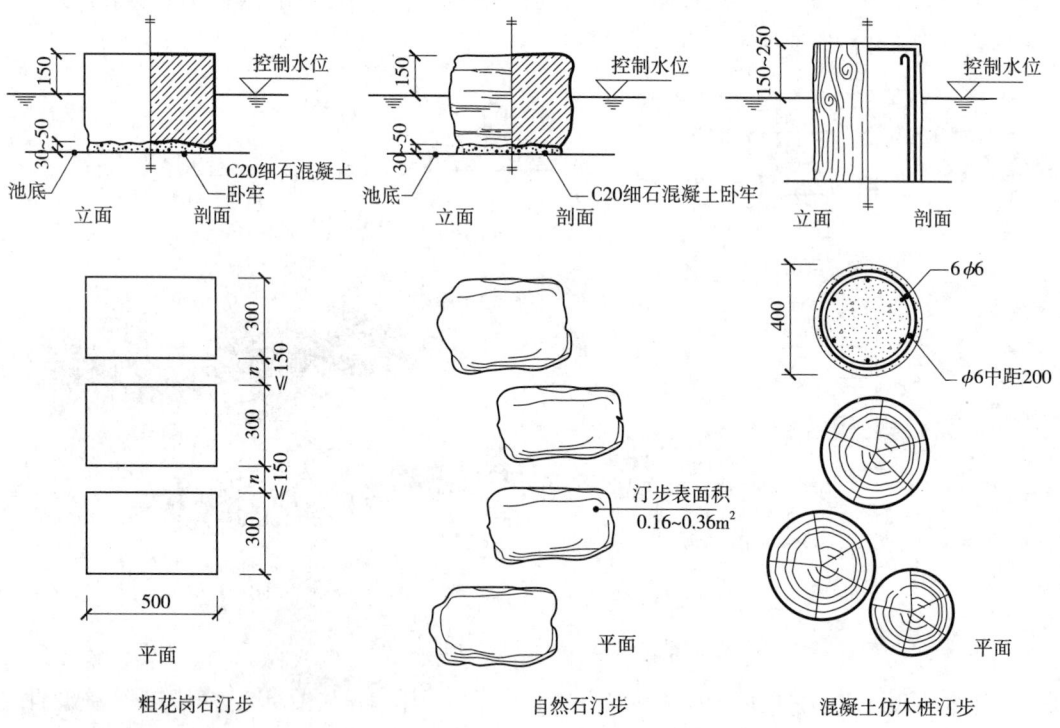

粗花岗石汀步　　自然石汀步　　混凝土仿木桩汀步

注:1.汀步基础深度详见单体工程设计。
　　2.仿木桩树皮做法为用砂浆抹出,年轮做法为抹砂浆时刻槽。
　　3.水深≤500。

图 3-7-36　各类汀步

3.8 园桌、园椅与园凳

> 【知识目标】
> (1) 熟悉制作园桌、园椅与园凳常用材料。
> (2) 掌握园桌、园椅与园凳的构造做法。
> 【技能目标】
> (1) 能熟练地选择不同位置、设计风格等各种条件下的园桌、园椅与园凳的材料。
> (2) 能绘制常见园桌、园椅与园凳的构造图。
> 【素质目标】
> 通过学习,了解人体工程学,加强学生对不同群体的关注,体现人文关怀。

园桌、园椅与园凳在园林环境中是常见的室外家具,在园林中扮演着重要的角色,作为基本的服务设施存在于各类园林中,为人们提供多种便利和公益性服务。

3.8.1 作用和特点

园桌、园椅与园凳作为供游人休息的设施,具有造景和实用的双重功能。在庭园中设置一组石桌凳往往能将自然无序的空间变为有一定中心意境的景观,使设置园椅和园凳的地方,很自然成为吸引人前往、逗留、聚会的场所。园椅和园凳设置的位置多为园林中有特色的地段,如池边、岸沿、岩旁、台前、林下、花间或草坪道路转折处等,既可作为休憩工具又可成为小区域环境中的一个景致。有时在大范围组景中也可以运用园椅和园凳来分割空间,园椅和园凳利用自身的造型特点,在与环境取得协调的同时也能产生各种不同的情趣。它们的共同特点是占地少、体量小、分布广、数量多,此外还有造型别致、色彩鲜明、便于识别等优点。

任何环境设施都是个别和一般、个性和共性的统一体。安全、舒适、易于识别、和谐、有文化感是园林环境中园桌、园椅和园凳的共性。但由于环境、地域、文化、使用人群、功能、技术、材料等因素的不同,园桌、园椅和园凳的设计更应体现多样化的个性。

园桌、园椅和园凳的构造设计、位置、座位数量和造型特点应考虑人在室外环境中休息时的心理习惯和活动规律,结合所在环境的特点和游人的使用要求。其中,满足休憩及游人的观赏需求是随机性最大的内容,无论是开放性空间还是私密性环境,园椅和园凳的设置一般应面向风景、视线良好及人的活动区域,以便为观赏提供最佳条件;而作为休闲园林环境中的休息设施,园椅和园凳的设置应安排在人行道附近,以方便使用者,并尽量形成相对安静的角落和提供观赏的条件;供人长时间休憩的园椅和园凳,应注意设置的私密性,园椅和园凳以1~2人使用为宜,造型应小巧简单;而人流量较大处供人短暂休息的园椅和园凳,则应考虑其利用率,园椅和园凳数量一般以满足1~3人为宜;典型的休息场所园椅和园凳应既提供休息区又形成景致,可结合环境中的台阶、叠石、矮墙、栏杆、花坛等进行整体设计;园椅和园凳附近应配有垃圾箱、饮水器等服务设施。城市公园或公共绿地的园椅和园凳款式，宜典雅、亲切；在几何状草坪旁边的，宜精巧规整；而在风景名胜区和效野公园则以就地取材、富有自然气息为宜。

3.8.2 类型

（1）按照造型形式分类

园桌、园椅和园凳的造型多种多样，大体可分为自然式和规则式两种（图 3-8-1 至图 3-8-5）。

①自然式　可采用天然石块或树桩，产生自然的效果，产生一定的野趣。

图 3-8-1　结合树池的园凳

图 3-8-2　结合栏杆的长椅　　　图 3-8-3　结合其他构件的园凳

图 3-8-4　结合景墙的石椅　　　图 3-8-5　结合廊的长椅

②规则式　规则式的园桌、园椅和园凳类型很多，有长方形、方形、环形、圆形以及仿生与模拟形等。另外还有与花坛、树池结合的环形、多边形和组合形等。总之，座椅的造型应考虑就坐时的舒适性，椅面应光滑，不易存水。

（2）按照和其他构件的关系分类
①单独园椅、园凳；
②与园建结合的园椅和园凳。

（3）按照材料分类

不同材料，给人不同的感受。木材质地柔软，具亲和力，导热性差，温度适宜，使用木质桌椅符合环保的理念，所以木质桌椅较受欢迎；石材质地坚硬，耐磨，导热性好，但在炎热的夏季使用率较低；石材的雕刻性能较好，可以打磨出与环境氛围相适应的造型、质感等，极具雕塑感；金属的导热性好，暴晒后较热，不便使用，但金属桌椅的维护性能较好，使用时间较长，其造型轻盈、通透、简洁，具现代感；玻璃钢具有重量轻、强度高、耐化学腐蚀、耐气候老化、绝缘隔热、防水、易着色、无毒等特点，适于室外露天日晒雨淋的休闲处、近水景观等场所；塑胶木是一种新型的环保材料，超强仿木外观，舒适、美观、寿命长、艺术性强，在现代园林中被广泛使用。

一般而言，园椅、园凳在园林中的数量要多于园桌，且园桌是和园椅、园凳配套的，下面只介绍园椅、园凳的材料分类。

①金属材质　坚固、耐磨、经久耐用，是景区里常用的座椅类型之一。缺点是在寒冷地区或其他地方的冬季使用时会非常冰冷，降低了使用率。而且长期在室外风吹日晒雨淋，漆面很容易剥落，维护的成本高（图3-8-6）。

图3-8-6　金属园桌、园椅、园凳

②金属与木结合　一般坐面及椅脚是金属质地的，而椅身是实木质地的，这种木材成本较低，但不能长期日晒雨淋，椅身容易腐蚀。

③石材　在景区，石材园椅凳非常普遍，其成本很低，但在夏季的时候，太阳直射后石材会吸收大量的热量，所以石材表面的温度会很高，也降低了使用率。石材园椅、园凳重量大，往往只能够固定在一个地方，不易移动。一般长宽高的构造尺寸为：400mm ☞ 450mm ☞ 500mm左右。石材的园椅和园凳有人工制造的成品，也有用天然石材做成的，其构造尺寸也要满足人体工程学，满足人们的舒适度体验（图3-8-7）。

④石木结合　石木结合的园椅、园凳的两端一般是石材，而中间的座面采用的是木

图 3-8-7　石材园桌、园椅、园凳

材,这种构造方式质朴,让游人有一种回归大自然的感觉。其不足是木质座面在长期的日晒下容易变形,也容易被雨水侵蚀,腐烂发霉(图 3-8-8)。

　　石木结合的园椅、园凳还有一种构造方式是底部全部是天然石材堆砌成椅脚,木材座面固定在上面(图 3-8-9)。

图 3-8-8　石木结合的园椅凳构造一　　图 3-8-9　石木结合的园椅凳构造二

　　⑤木质　在景区、公园及住宅小区中较常见。这种园椅一般为长形,可以单独设置,也可以结合亭、廊或花架设计(图 3-8-10)。

　　⑥其他材料　部分景区根据当地的人文特点,采用具有明显地域特点的材质制作园桌、园椅、园凳,例如,景德镇陶瓷文化旅游区就采用陶瓷制作园桌、园凳(图 3-8-11)。其他材料还有塑料、玛瑙等。

图 3-8-10　木椅　　　　　　　　图 3-8-11　陶瓷园桌、园凳

3.8.3 位置选择及布置方式

园桌、园椅和园凳的位置多为园林中适合休息的地段，如池边、路旁、园路尽头、广场周边、丛林树下、花间、道路转折处等。园桌、园椅和园凳可以沿园路散点布置，也可以围绕广场周边布置，还可以居于广场中央，总之应充分利用环境特点，结合草坪、山石、树木、花坛综合进行布置，以取得具有园林特色的效果。

在设置园桌、园椅和园凳的位置时应考虑以下因素：

（1）游人体力

园林桌凳作为休息设施，应结合游人体力，按一定行程距离或经一定高程的升高，在适当的地点设置。尤其在大型园林中更应充分考虑按行程距离设置桌凳。

（2）景观需要

根据景观布局上的需要设置园林桌凳，做到有景可赏、有景可借。结合道路流线，林间花畔、水岸池边、崖旁洞内、山腰台地、山顶等，都是园林桌凳可选择之处，可使游人驻足停留并欣赏周围景色。

（3）气候因素

园林桌凳的布置要考虑当地的气候。例如，在炎热地区，宜在阴凉通风处布置桌凳；而在多雾寒冷之地，宜将桌凳设置在阳光充足的场地。设置桌凳还要考虑不同季节气候变化，一般冬季桌凳需背风向阳、接受日晒，忌设在寒风劲吹的风口处；夏季需通风阴凉，忌设在骄阳暴晒之处，以利消暑。

不同地域之间气候的差异性会影响园桌、园椅和园凳的设计。我国南方地区气候炎热、多雨，园桌、园椅和园凳不宜采用金属材料，可以多用木材以增加亲切感和舒适感；另外北方常年下雪，考虑到一年中很长时间的灰白背景，设施不宜采用浅色，而应该多采用色彩较鲜艳的玻璃钢材质。

（4）游人心理

园林桌凳布置要考虑游人的心理，不同年龄、性别、职业以及不同喜好的游人对桌凳有着不同的需求。有的需要单人安静就坐休息，有的需多人聚集进行集体活动；有的希望尽量接近人群，感受热闹气氛，有的希望回避人群，需要较私密的环境。

总之，园椅、园凳色彩和造型在同一环境中宜统一协调、符合环境特点，并富于个性。此外，可以更多地采用当地的特色材料，例如，可将竹材等传统材料运用到现代环境设施中，而不是一味追求具有科技含量的现代材料。各地不同的自然资源都可以成为设计师构思利用的对象，源于自然的设计更能体现与众不同的个性化特征。所以园桌、园椅和园凳在设计时既要考虑到实用性，又要反映所在环境的特征；另外在布置时要考虑其与场所空间、行人交通的关系，应既便于寻找、易于识别、方便使用，又能提高景观和环境效益。

3.8.4 构造

（1）影响构造的因素

园桌、园椅和园凳的制作材料很广泛，材料选择要充分考虑到整体环境的协调性和完整性，并符合使用场所的要求，容易清洁，表面光滑，导热性好，凳子前方落脚的地面应设置铺装，以防长期踩踏成坑而积水，不便落座。目前使用最多的材料有木材、石材和金属。此外，越来越多的复合材料应用在园林桌凳上，如玻璃钢、塑胶等。很多桌凳都是两种或两种以上的材料构成的，例如，用混凝土支架，凳面是木材；或用金属支架，凳面是石材等。材料的选择要注意以下因素：

①环境因素　包括环境性质、背景特点、铺地形式。

②使用频率　主要是指一人一次占用的时间。占用时间短、使用者少的频率低者可选用水泥石材；占用时间长、使用者多的频率高者应选用木材。木材应作防腐处理，园椅和园凳转角处应作磨边倒角处理。

（2）构造做法

室外园桌、园椅和园凳的设计应满足人体舒适度要求，应该符合人体工程学设计，要求就坐舒适，有一定曲线，椅面宜光滑、不易存水。座椅的适用程度主要取决于坐板与靠背的组合角度及椅凳各部分的尺寸是否恰当。

3.9　园路

【知识目标】
(1) 熟悉园路与铺地常用材料。
(2) 掌握园路与铺地的构造做法。
【技能目标】
(1) 能熟练地选择不同位置、设计风格等条件下园路与铺地的材料。
(2) 能绘制园路施工详图。
【素质目标】
(1) 通过学习园路与铺地的常用材料，培养学生注重选择绿色环保的材料。
(2) 通过绘制地面详图，培养学生精益求精的精神。

对于现代园林而言，不管园林面积大小，其园路与铺地都是不可缺少的。园路是园林的组成部分，起着组织空间、引导游览，交通联系并提供散步休息场所的作用。是贯穿整个园林景观的交通网，是园林景观体系的骨架。

3.9.1　分类与作用

3.9.1.1　分类

园路根据位置和使用性质的不同可以分为主路、次路、小路和园务路。

（1）按性质和功能分类

①主路　主要是联系园内各个景区、主要风景点和活动设施的路。通过它串联起园内外景色，以引导游人欣赏景色、休息娱乐。

②次路　是配合主路组成园林景观的交通网，起联系各功能分区和集散交通的作用，并兼有服务功能。

③支路　主要指设在各个景区内的路，联系各个景点，对主路起辅助作用。在园路布局中，还应根据游人的不同需求，在不同的景区之间设置捷径。

④小路　又叫游步道，是深入到山间、水际、林中、花丛供人们漫步游赏的路。如小径、步石等，布局灵活、曲折自由。

（2）按饰面材料分类（图3-9-1至图3-9-4）

①整体铺装路面　包括现浇混凝土路面、沥青路面、三合土路面等。

前两者平整简洁、耐压平稳，适用于园林中的主路；后者可用于园林中的次路。这类地面承载力强，造价经济，适用于车流、人流较集中的园路。

②块材路面　是指用各种天然石材或各种预制混凝土块料铺地，如混凝土路面砖、彩色混凝土连锁砖、块石、片石砖及卵石镶嵌路面等。坚固、平稳、便于行走，图案的纹样和色彩丰富。适用于公园游步道，或通行少量轻型车的地段。

③碎石路面　如卵石、碎花岗岩石板、碎砖块、煤渣路面、砂石路面等。造价较以上路面低廉，平整度较差，只适用于游人较少的游憩小路。

图3-9-1　整体铺装路面

图3-9-2　块材路面

图3-9-3　碎石路面

图3-9-4　不同材料拼接路面

3.9.1.2 作用

园路是园林的重要组成部分,甚至可以说是贯穿整个园林景观的灵魂,像脉络一样,把园林的各个景点连成整体。

园路主要作用是组织空间、引导游览、交通联系并提供散步休息场所。同时,园路具有造景的作用,地势起伏、铺装材料的不同,都会影响到园林景观。园路的设置还要考虑给排水、供电等需求,以及消防和除草机等通行的功能需要,具有一定的宽度和承载力。

3.9.2 园路尺寸与常用材料

(1) **园路的宽度尺寸要求**(表 3-9-1)

表 3-9-1 园路宽度　　　　　　　　　　　　　　　　m

园路级别	公园总面积 $A(hm^2)$			
	$A<2$	$2 \leq A<10$	$10 \leq A<50$	$A \geq 50$
主路	2.0~4.0	2.5~4.5	4.0~5.0	4.0~7.0
次路	—	—	3.0~4.0	3.0~4.0
支路	1.2~2.0	2.0~2.5	2.0~3.0	2.0~3.0
小路	0.9~1.2	0.9~2.0	1.2~2.0	1.2~2.0

(2) **常见各种铺地的材料、规格及特性**(表 3-9-2)

表 3-9-2 常见各种铺地材料、规格及特性

材料名称	路面类型	材料特性					
		一般规格	使用范围	面层处理及要求	颜色	特点	备注
沥青	沥青路面	整体性铺装	停车场、人行道、车行道、广场	所用沥青为 50#~70# 道路石油沥青,其软化点应根据当地气候条件确定	灰黑色或多色	热辐射低且光反射弱;耐久性良好,弹性能随混合比例变化,表面不吸尘、不吸水,可做成曲线形式,可选择透气性沥青	边缘无支撑,易磨损;温度高会软化;汽油、煤油和其他石油溶剂可以将其溶解;如水渗透到底层易受冻胀损坏
混凝土	混凝土路面	现浇,设伸缩缝;板块铺装路面厚 80~140mm(人行道),160~220mm(车行道)	广场、人行道、停车场及公园的各种环境	抹平、拉毛、斩假、水洗露出、表面模压、表面镶嵌	本色或多色	坚固、耐磨、无弹性,具有很强的承载力,路面保持适当的粗糙度。可以做成各种彩色路面	对路基要求较高,维护费用低
	水洗石路面	粒径 5~15mm 的石材颗粒与混凝土混合而成	人行道、广场	抹平、拉毛、斩假、水洗露出、表面模压、表面镶嵌	本色或多色	—	—

(续)

材料名称	路面类型	材料特性					
		一般规格	使用范围	面层处理及要求	颜色	特点	备注
透水路面	透水沥青路面	整体性铺装	人行道、广场	—	灰黑色或多色	—	—
	透水水泥混凝土路面	现浇，设伸缩缝；板块铺装路面厚80~140mm（人行道），160~220mm（车行道）	人行道、广场、停车场	透水水泥混凝土抗压强度≥300MPa	本色或多色	—	—
	透水砖路面	方形、矩形、菱形、嵌锁形、异形 长宽：100~500mm 厚：60~80mm（无停车），≥80mm（有停车）	人行道、广场、停车场	无停车的人行道透水砖抗压强度≥C40；有停车的人行道透水砖抗压强度≥C50	本色或多色	—	—
天然材料	石板	可加工成各种几何形状厚：20~30mm（人行），40~60mm（车行）	人行道、车行道、停车场	机刨、斧剁、凿面、喷砂	本色	—	—
	花岗岩	可加工成各种几何形状厚：30~40mm（人行），50~100mm（车行）	人行道、车行道、广场、台阶、路缘	机刨、斧剁、凿面、喷砂	本色	耐磨损，强度较高，自然粗犷，施工要求较高	加厚石材可满足车行交通
	板岩	可加工成各种几何形状 厚：30mm（人行）	人行道、广场	—	本色	层状结构，很少进行精细加工，贴近自然，不耐压，易风化	质地较脆，不适合大面积铺设于城市广场、道路等
	料石（条石、毛石）	可加工成各种几何形状 长宽：>200mm 厚：>60mm	人行道、车行道、广场	机刨、斧剁、凿面、喷砂	本色	—	—
	卵石（碎石）	鹅卵石：粒径60~150mm 卵石：粒径15~60mm 豆石：粒径3~15mm	人行道、自然水体底部	—	本色	铺砌方式比较自由，排水性好，耐磨，圆润细腻，色彩丰富，装饰性强，可做铺地拼花	多与其他材料配合铺砌，丰富空间层次
	砂	天然砂粒径≤5mm	儿童游乐场、健身活动中心、河滨浴场	—	本色	具有亲和力，增强与人的互动，材料易得，造价低；透水性好；颜色范围广	根据情况，每隔几年要进行补充、更换，且容易生长杂草
	木材	可加工成各种几何形状 木板材厚：20~60mm 木料（砖）厚：>60mm	步道、休息观景平台	防腐、防潮、防虫	本色	质地天然，加工简易，原木需经过防腐处理	易损耗，不能应用于车行等承载量大的场地道路

(续)

材料名称	路面类型	材料特性					
		一般规格	使用范围	面层处理及要求	颜色	特点	备注
天然材料	金属	铸铜铺地、不锈钢铺地、不锈钢盲道板300mm×300mm，压纹不锈钢板3000mm×1830mm、3200mm×1830mm，厚3~3.2mm	广场局部，景观节点，园路等局部空间	平整	本色	不具备交通功能，具有装饰性	不宜大面积使用
	玻璃	钢化玻璃、夹胶玻璃厚度3~19mm	栈道、观景平台，通常结合地埋灯做装饰性铺地	防震、防爆、耐磨	本色	钢化玻璃一般作为地埋灯铺地面层；夹胶玻璃具有抗震、防爆的作用	表面进行磨砂处理，成本高；维护费用高
砖	水泥方砖 / 水泥花砖	方形、矩形、嵌锁形、异形长宽：100~500mm厚：45~100mm	人行道、车行道、广场	水磨、嵌卵石、嵌石板碎片	本色或多色	拼接形式多样，既可以作为铺路砖，也可雕刻各种纹样，连续铺砌	施工简便
	广场砖、仿古砖	方形、矩形、嵌锁形、异形长宽：100~300mm厚：12~40mm（人行），50~60mm（车行）	人行道、广场	劈裂、平整	本色或多色	仿古砖其有古朴的风格，施工简便，可以拼成各种图案	—
	非黏土烧结砖	方形、矩形、菱形、嵌锁形、异形长宽：100~500mm，厚：45~100mm	人行道、广场	平整	本色或多色		
	嵌草砖	方形、矩形、嵌锁形厚：50mm（人行），80mm（停车）	停车场、人行道、滨水护坡	平整	本色或多色	耐磨，有较强的承载力，透水性好，维护费用低	—
合成材料	现浇合成树脂	厚：10mm	广场、人行道	平整	多色	坚硬、耐磨、耐久，且有一定的韧性；具有良好的耐化学腐蚀、耐油、耐水等性能	可涂刷成各种图案，装饰性好
	弹性橡胶垫	600mm×600mm、500mm×500mm、300mm×300mm，厚度15~25mm	健身、儿童游戏场地	平整	多色	具有安全性，摩擦系数较高，有较强耐磨性	铺筑或维护成本较高
人工草坪		—	足球场、露台、屋顶广场、健身活动场地、堤岸坡面等	平整	本色	具有与天然草坪一样的观赏性，弹性好、耐践踏、维护成本低、使用寿命长，但一次性建设成本高	要求场地基础平整，常用沥青或水泥做基础

3.9.3 构造组成

3.9.3.1 基本构造层次

园路与铺地的基本构造层次自下而上分别为：地基层、垫层、面层等，可以根据实际情况增加其他层。

（1）地基层

地基层是指原有地面土层经过素土夯实等处理后的持力层，如果受力达不到承受荷载的要求，可以采用添加骨料、换土等方法来加强土层的承载力。

（2）垫层

垫层是指承受地面荷载，并将其传至地基土层的构造层。垫层起结构基层的作用，同时也起到初步找平的作用。垫层分为刚性垫层和柔性垫层。

（3）面层

面层即地坪表面的饰面层。面层直接承受车、人等荷载，并将其传给垫层。景观园路与其他铺地地面的装饰性主要通过面层来体现，所以选择好的材料和构造方式尤其重要。

3.9.3.2 地面构造做法

（1）整体路面

整体路面是路面施工中应用较为广泛的一种做法，是采用现浇材料和一定的施工工艺，一次性做成的路面面层。

①混凝土路面　主要用于车行道、人流较多的道路或铺地。

车行混凝土路面基本构造做法：将地基土层碾压夯实，铺上300mm厚砂石垫层，然后铺上120mm（或180mm、220mm）厚C25混凝土面层，表面抹光。浇筑时，为了防止因温度变化引起的热胀冷缩导致混凝土面层开裂，混凝土面层应按4~6m分仓跳格浇筑。分格缝宽10~20mm，由沥青或橡胶剂嵌缝（图3-9-5）。

人行彩色混凝土路面基本做法：地基土层夯实，铺上100mm厚碎砾石垫层，按2m分仓跳格浇筑，然后铺上100mm厚彩色混凝土（图3-9-6）。

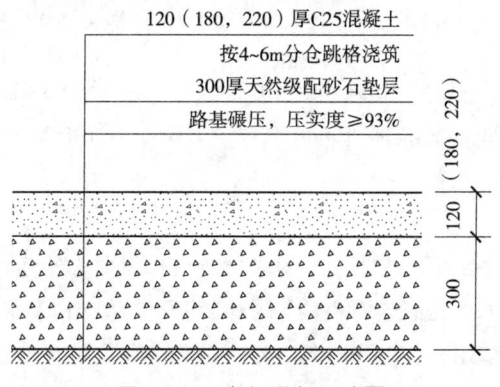

图3-9-5　车行混凝土路面

（引自《国家建筑标准设计图集 12J003 室外工程》）

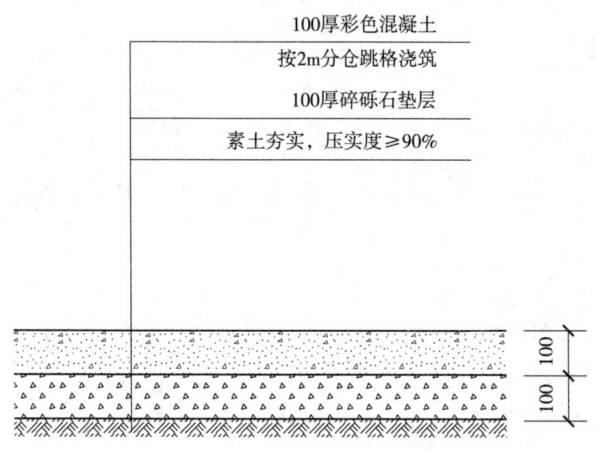

图 3-9-6　人行彩色混凝土路面
(引自《国家建筑标准设计图集 12J003 室外工程》)

②沥青路面　车行沥青路面基本构造做法地基土层夯实，铺上 300mm 厚碎砾石或 3∶7 灰土，夯实后再铺上 80mm 厚粗粒沥青混凝土，然后铺上 40mm 厚中或细粒沥青混凝土面层(图 3-9-7)。

人行彩色沥青路面基本构造做法是：地基土层夯实，铺上 150mm 厚碎砾石垫层，然后铺上 40mm 厚彩色沥青混凝土面层(图 3-9-8)。

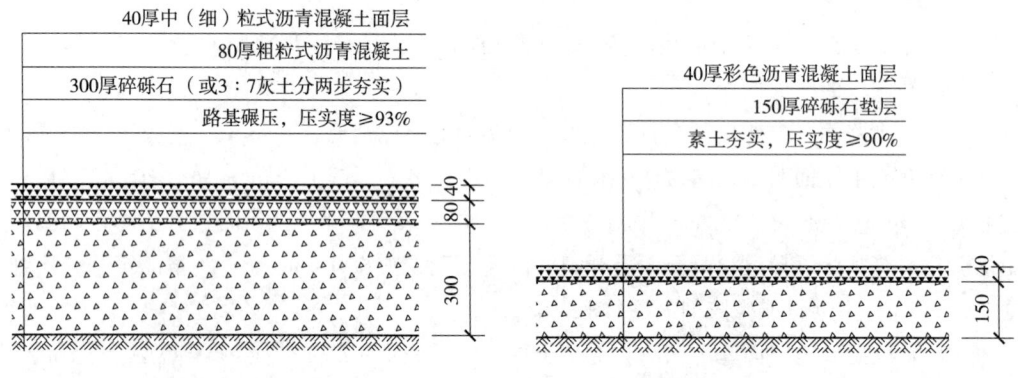

图 3-9-7　车行沥青路面　　　　　　图 3-9-8　人行彩色沥青路面
(引自《国家建筑标准设计图集 12J003 室外工程》)　(引自《国家建筑标准设计图集 12J003 室外工程》)

③橡胶垫路面　基本构造做法为：地基土层夯实，铺 150mm 厚 3∶7 灰土或天然沙砾，再铺 100mm 厚 C15 混凝土，然后抹 30mm 厚 1∶3 干硬性水泥砂浆找平，再铺上 25mm 厚弹性橡胶垫面层(图 3-9-9)。

(2) **块材路面**

块材路面是通过铺设各种天然或人造的块材或板材而形成的建筑地面。

①石板(料石)路面　如花岗岩石板(或料石)路面的基本构造做法为：地基土层夯实，铺上 60mm 厚 3∶7 灰土垫层，抹 30mm 厚 1∶3 水泥砂浆找平，然后铺上石板(图 3-9-10、图 3-9-11)。常见花岗岩路面根据承载量的不同，其构造做法也不同(图 3-9-12、图 3-9-13)。

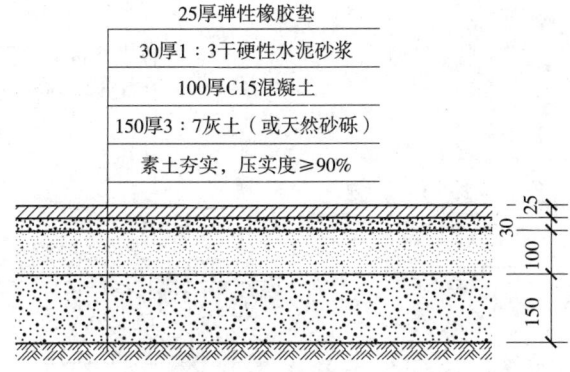

图 3-9-9　人行橡胶垫路面
(引自《国家建筑标准设计图集 12J003 室外工程》)

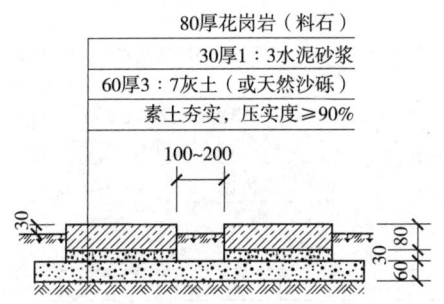

图 3-9-10　花岗石(料石)路面
(引自《国家建筑标准设计图集
12J003 室外工程》)

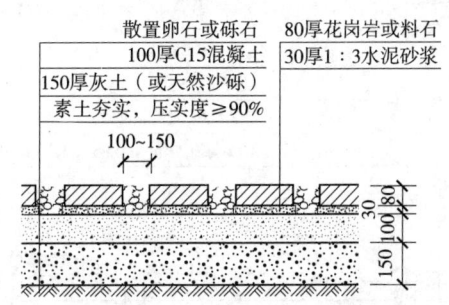

图 3-9-11　花岗石或料石(间有卵石等)路面
(引自《国家建筑标准设计图集
12J003 室外工程》)

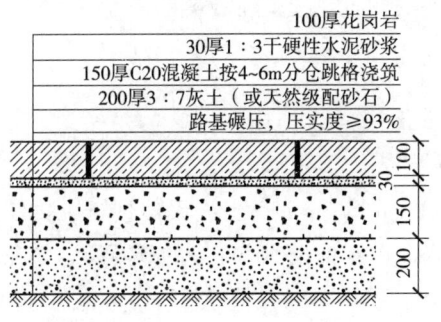

图 3-9-12　车行花岗石路面
(引自《国家建筑标准设计图集
12J003 室外工程》)

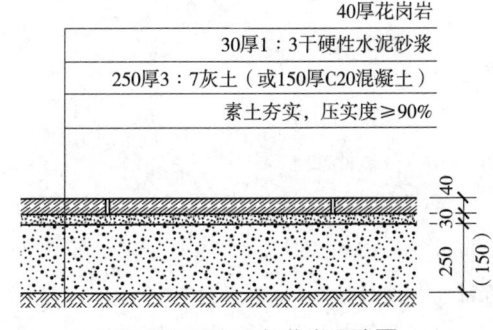

图 3-9-13　人行花岗石路面
(引自《国家建筑标准设计图集
12J003 室外工程》)

②砖路面　根据砖的类型及承载量的不同,其构造做法也不同(图 3-9-14 至图 3-9-17)。

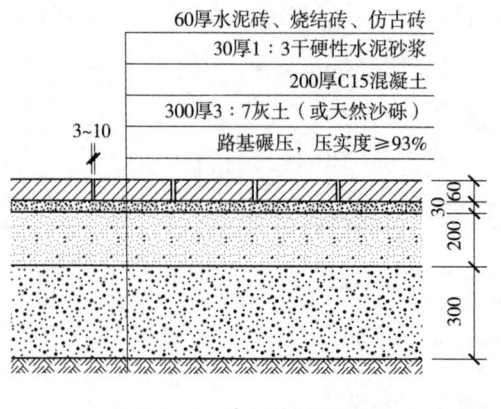

图 3-9-14　车行烧结砖路面
（引自《国家建筑标准设计图集
12J003 室外工程》）

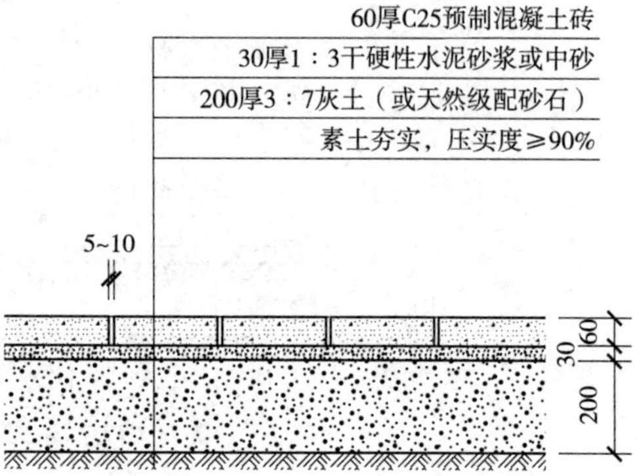

图 3-9-15　人行预制混凝土砖路面
（引自《国家建筑标准设计图集
12J003 室外工程》）

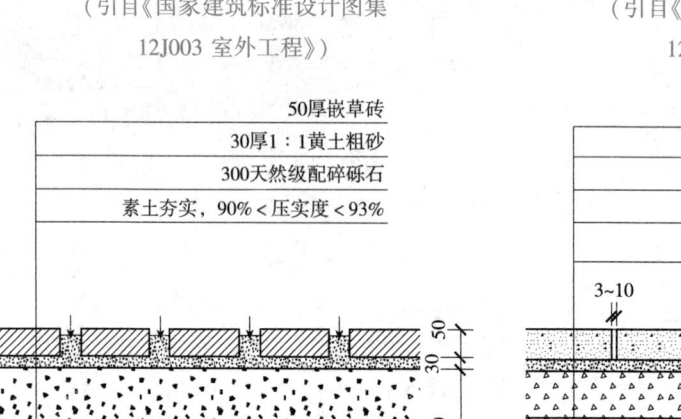

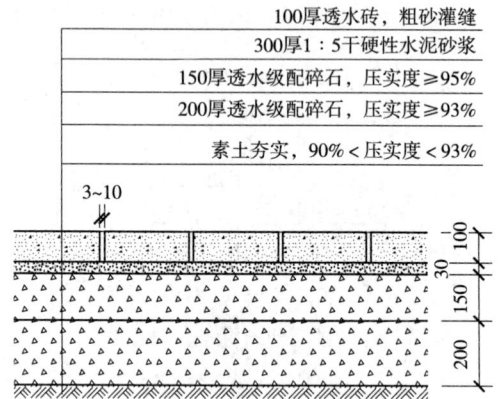

图 3-9-16　嵌草砖路面
（引自《国家建筑标准设计图集
12J003 室外工程》）

图 3-9-17　有停车、人行透水砖路面
（引自《国家建筑标准设计图集
12J003 室外工程》）

（3）碎石路面

①碎石板路面

车行路面基本构造做法：地基土层夯实，铺 300mm 厚 3∶7 灰土或天然沙砾，再铺 200mm 厚 C15 混凝土，然后用 30mm 厚 1∶3 干硬性水泥砂浆铺设 60mm 厚的碎石板，如花岗岩、大理石块等。

人行路面基本构造做法：素土夯实，铺 150mm 厚 3∶7 灰土或天然沙砾，再铺 150mm 厚 C15 混凝土，然后用 30mm 厚 1∶3 干硬性水泥砂浆铺设 30mm 厚的碎石板等。

②碎石、卵石路面　基本构造做法为：地基土层夯实，铺 150mm 厚灰土或天然沙砾垫层，再铺 150mm 厚 C15 混凝土，然后用 50mm 厚细石混凝土嵌卵石间嵌石条或瓦等（图 3-9-18）。

在以上做法的基础上，还可以用不同材料拼接的路面，以丰富路面图案（图 3-9-19）。

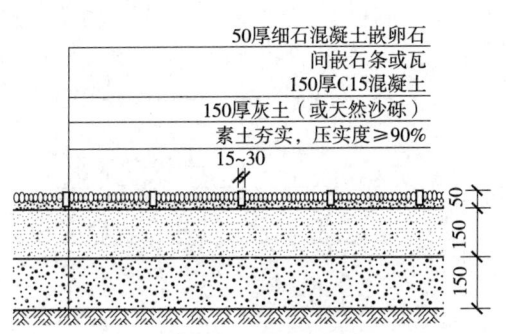

图 3-9-18 卵石路面
(引自《国家建筑标准设计图集
12J003 室外工程》)

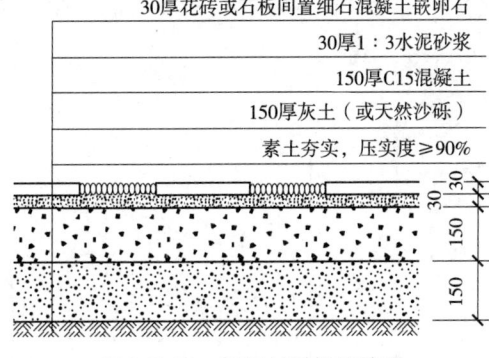

图 3-9-19 不同材料拼接路面
(引自《国家建筑标准设计图集
12J003 室外工程》)

3.9.4 构造实例

(1) 某广场铺装地面构造做法(图 3-9-20、图 3-9-21)

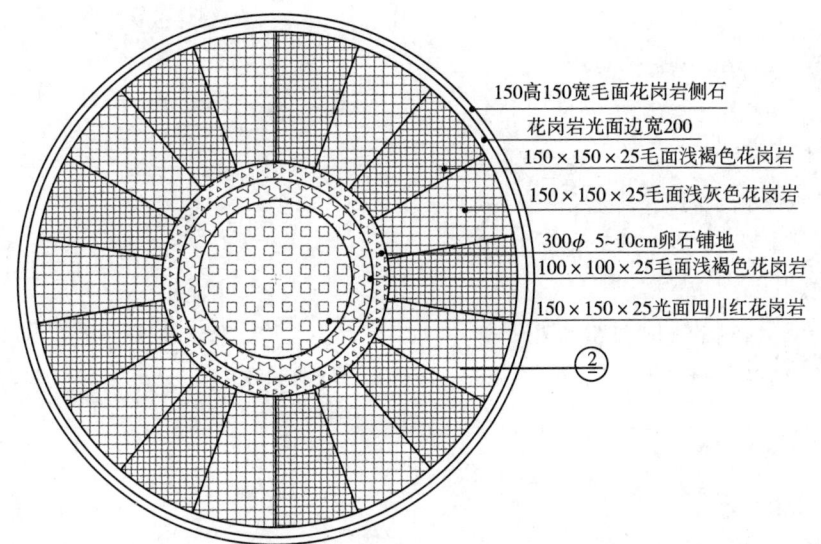

图 3-9-20 某广场铺装地面平面图

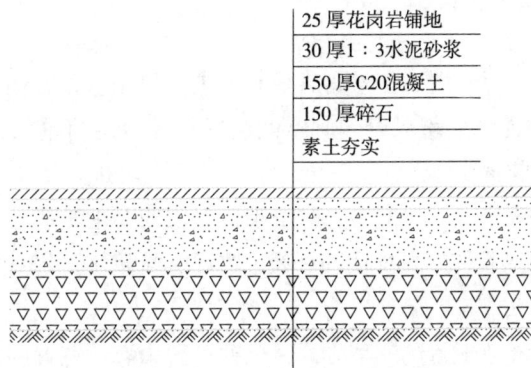

图 3-9-21 某广场铺装地面剖面图

（2）步石构造做法（图 3-9-22、图 3-9-23）

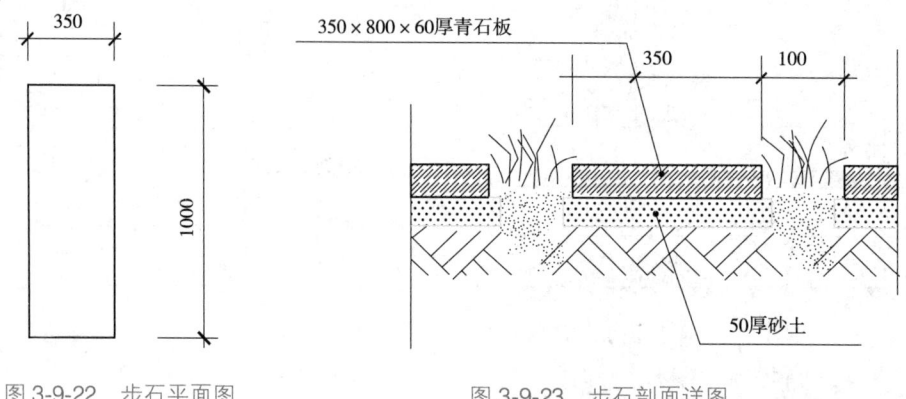

图 3-9-22　步石平面图　　　　图 3-9-23　步石剖面详图

3.10　石景与水景

> 【知识目标】
> (1) 熟悉石景与水景常用材料。
> (2) 掌握石景与水景的构造做法。
> 【技能目标】
> (1) 能根据不同位置、设计风格等选择石景与水景。
> (2) 能简单绘制常见石景与水景的构造图。
> 【素质目标】
> 通过学习园林石景和水景常见塑造材料的的特性，要求学生掌握园林石景和水景的不同场合的构造方法，培养学生良好的职业道德和严谨务实的职业的精神。

3.10.1　园林石景

园林石景根据其不同的使用场景以及造型模式主要可以分为置石与假山两大类。

3.10.1.1　置石

置石是以石材或仿石材布置成自然露岩景观的造景手法。置石还可结合其挡土、护坡和作为种植床等实用功能，点缀风景园林空间。置石能够用简单的形式，体现较深的意境，达到"寸石生情"的艺术效果。

置石的特点是以简胜繁，以少胜多，量虽小但对质的要求较高。根据景石的用量和布局形式的不同，置石的布置可分为特置、对置、散置、群置等（图 3-10-1）。

（1）特置

特置是将景石单独布置成景的一种方式，也称孤置山石。特置的景石材通常为体量较大，形态奇异，具有较高观赏价值或历史文化研究价值的峰石，亦可采用几块同种材质的

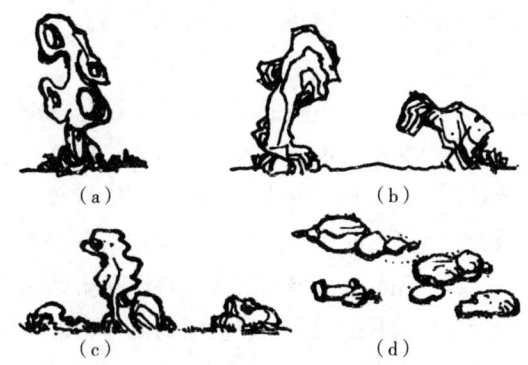

图 3-10-1 置石的方式
(a)独置 (b)对置 (c)散置 (d)群置

山石料拼接成山峰。

（2）对置

对置是用两块景石为组合对象，围绕着一个轴线或中心景物对称布置，呈相互呼应的构图状态。

（3）散置

散置是用几块大小不等、形状自然的景石，根据美学构图法进行点置布景的方法。散置对于石材的要求比特置的要求低，但布景难度较高。

（4）群置

群置是运用数块景石材相互搭配布景，形成一个群体的置石方式。群置的布景空间较大，堆数多，有时堆叠量也很大。

3.10.1.2 假山

假山是中国园林中的主体景观之一，是通过人工方式叠石筑山成景，此种造景方式被称为掇山。假山的建造方法包括使用天然石材叠筑成全石假山；使用混凝土与砂浆塑造成人造石假山；使用天然石材依靠原有的土堆基体表面铺设成土基石面假山等几种。本节所讲的假山，主要为全石假山。

虽然假山的外形、用料多种多样，但其结构通常分为基础、中层、顶层与山脚几个部分。

（1）基础

包括基础主体、拉底两个组成部分以及相应的地基。假山若能坐落在天然岩石地基上，那么结构上最为省事；而坐落在土质等地基上，就应进行地基处理与设置相应的基础主体。基础的做法通常有桩基、灰土基础、毛石基础和混凝土基础几种方法。

（2）中层

假山的中层是指底面以上、顶层以下的部分，此部分体量大，占据了假山的主要部分，是最容易吸引人们注意的部位，也是石材拼叠安装构造中最为复杂的层体。每一块石材都有其自身的大小、形状、质量、脉络纹理、色泽等，必须设置在较为合理的位置，以充分发挥自身的材质特点。石块与石块之间堆积与拼叠，合理地应用假山营造的堆叠技法，以达到假山的造型要求。假山的堆叠技法繁多,每一种技法的地方术语称呼不尽相同。

(3) 顶层

顶层是假山最顶端部分的山石。处理假山顶部山石的设计及施工工作,叫作收顶。顶层是假山立面上最突出、视线最集中的部分。因此,顶层部分要求轮廓丰富,以表现出假山的风貌特点。从结构上看,收顶的景石料应该选用较大体量者,以便紧凑封顶收顶,形成坚固的结构体系。收顶的方式通常有峰顶、峦顶、崖顶、平顶 4 种类型。峰顶一般在山峰的形态上做文章,如斧立状、剑状、横挑流云状、斜设有动势状,且将峰的数量配置成单峰、双峰、多峰等数种。峦顶通常把山头做较圆缓的处理,以此体现柔美的特征;崖顶是把山体陡峭的边缘处理成悬崖绝壁状;平顶是把山顶做平台式处理,上设亭台、坐石、草坪等小品,作为可游可憩的景点。

(4) 山脚

山脚是指紧贴拉底石外缘,后堆叠的山体部分,以形成假山底脚部分的最终造型,或者弥补拉底造型中的不足。山脚处理得合理,可以表现出山体的自然效果。山脚的构造形式包括凹进脚、凸出脚、承上脚、断连脚、悬底脚、平板脚几种形式,在应用中不管选用哪种形式,在外观与结构中,山脚都是整个山体的重要组成部分。

3.10.2 园林水景

园林水景根据其不同的使用场景以及造型模式主要分为园林水池与人工喷泉两类。

3.10.2.1 园林水池

园林水池种类繁多,有动水池、静水池之分;水池的形状各异,有圆形、方形、长方形等。水池面积大小、深浅不一。按照其用途和砌筑方式可分为以下几类。

(1) 砖、石池壁水池

砖、石池壁水池是指池的四周采用毛石墙或砌筑砖墙的水池,池底可用素混凝土或者灰土。池内壁抹防水砂浆,不但可起到简易防水作用,而且可解决池内饰面问题,防水要求较高的水池可采用外包油毡防水的做法。此类水池深度较浅,适于防水要求不高的情况,宜建在地面上、半地下与地下。

(2) 钢筋混凝土水池

钢筋混凝土水池是指池壁与池底采用钢筋混凝土结构的水池。此类水池有较好的自身防渗性能,可防止因各种因素所产生的变形而造成的池底、池壁的裂痕。考虑到游客的安全与种植的需要,一般水池较浅。钢筋混凝土水池的构造方法如下:

①钢筋混凝土地上水池做法(图 3-10-2)。

②钢筋混凝土地下水池做法(图 3-10-3)。

3.10.2.2 人工喷泉

人工喷泉是近年来国内兴起的重要的园林水景布景方式,以壮观的喷流、水姿组成美丽的图形,深得人们喜爱。中国古代最具代表性的人工喷泉是中国清代圆明园的机关喷泉。随着科技的进步,目前出现了各种各样人工喷泉,大大丰富了园林水景,对小气候也

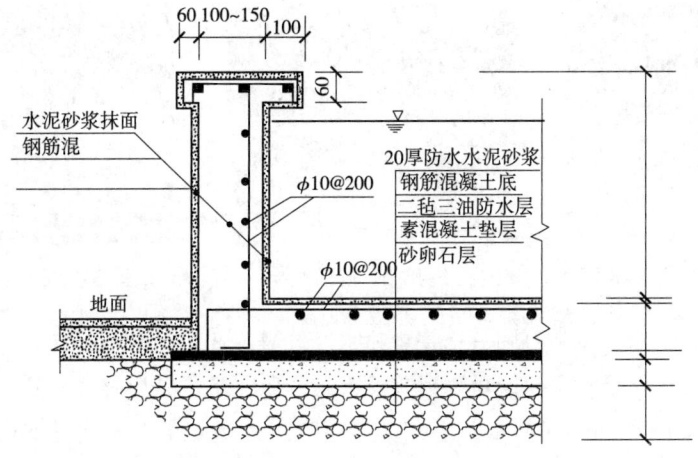

图 3-10-2　钢筋混凝土地上水池做法

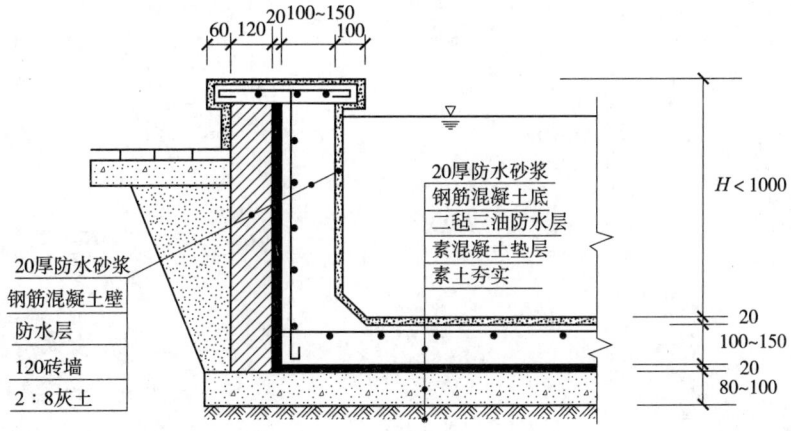

图 3-10-3　钢筋混凝土地下水池做法

起调节改善的作用。人工喷泉根据其造型特征可分为自然仿生型、人工水能造景型、假山雕塑装饰型和音乐灯光型四大类。

（1）自然仿生型

牵牛花形（图3-10-4）、蒲公英形、雾状、半球形、礼花状、树冰形、孔雀开屏形、蝴蝶形、折花式、扇形等自然仿生形喷泉。

（2）人工水能造景型

涌泉、旋转喷泉（图3-10-5）、摇摆喷泉、直射喷泉等。

（3）假山雕塑装饰型

①假山喷泉　喷泉与假山石相结合称为假山喷泉，假山石的选择可依照周围环境来确定。

②雕塑喷泉　喷泉与雕塑相结合的形式。

（4）音乐灯光型

①音乐喷泉　随着音乐节奏的变化，所喷出的水花发生变化（图3-10-6）。

②灯光喷泉　随着灯光的变化，所喷出的水花五颜六色。通常在夜间开设，能够为城市、园林增添夜景，调节氛围，富于情趣。

图 3-10-4　牵牛花形喷泉　　　　图 3-10-5　旋转喷泉　　　　图 3-10-6　音乐喷泉

③综合性喷泉　是自动控制喷泉，是集喷水、灯光、音乐于一体的综合性水景，这种喷泉目前应用广泛。综合性喷泉既可以让游客听到音乐，又可以让游客看到不同的灯光反射的色彩，同时能欣赏到不同的水花形式，从而吸引更多的游客，营造欢快、热烈的氛围。但这种喷泉造价较高。

单元 4　实践教学

实训 4-1　园林建筑材料识别

一、实训目的

通过系统学习根据材质分类各类材料，熟悉各种园林建筑材料的种类、花色品种、技术性质、规格和质量等。

二、材料与工具

1. 每组 20 种不同类别、规格、质量的园林建筑材料。
2. 5m 或 3m 钢卷尺，1m 钢直尺各 15 把（每组一把）。
3. 各类材料标准，记录本和笔。

三、方法与步骤

1. 观察法、检验法对园林建筑材料进行分类

（1）各组将不同编号的材料放在桌上，肉眼观察，根据所学的知识，判定材料所归属材质大类。

（2）将大类材料仔细辨认，分出小类，确认名称。注意防腐木材、天然木材、合成木材的区别，陶瓷、石材、复合人造石材、混凝土制品的区别。

2. 测量规格尺寸

用刻度值为 1mm 的钢直尺测量板材的长度和宽度；长度、宽度分别测量 3 条直线，厚度测量 4 条边的中点。分别用差的最大值和最小值来表示长度、宽度、厚度的尺寸偏差，用同块板材上厚度偏差的最大值和最小值的差值表示块板材上的厚度极差，读数准确至 0.2mm。

3. 目测外观质量

（1）花纹色调　将选定的材料样品板与被检板材同时平放在地上，距 1.5m 处目测。

（2）缺陷　将平尺紧靠有缺陷的部分，用刻度值为 1mm 的钢直尺测量缺陷的长度、宽度，在距离 1.5m 处目测是否有坑窝。

4. 技术性质

各种材料的技术性质应符合各类材料质量标准。

四、考核评估

根据材料识别期间的表现与实训成果进行评估。

五、实训成果

填写表 4-1-1，注意材料规格尺寸的单位换算。

表 4-1-1　园林建筑材料识别报告表

序号	材料名称(含表面加工形式、颜色)	规格类型	单位	主要用途
1				
2				
3				
⋮				

实训 4-2　园林建筑材料应用

一、实训目的

加深对园林建筑材料知识点的学习；培养学生选材的能力，让学生根据材料的外观、规格、性能等，学习材料的应用，列出材料清单；并根据材料的应用，学会选用材料。

二、材料与工具

1. 5m 或 3m 钢卷尺。

2. 笔和记录本。

三、方法与步骤

1. 明确目的，熟悉对象

(1) 布置任务，确定调查对象和目的。

(2) 对所调查的园林建筑做深入、细致的观察，对各部分的材料做全面的了解。

2. 写出校园内 20 种园林建筑材料应用清单

填写表 4-2-1。

四、考核评估

根据学习材料应用期间的表现与实训成果进行考核评估。

五、实训成果

填写表 4-2-1，注意材料规格尺寸的单位换算。

表 4-2-1　园林建筑材料应用清单

序号	材料名称(含颜色、表面加工形态)	规格类型	单位	估计单价(元)	数量	预计金额(元)	主要用途
1							
2							
3							
⋮							

实训 4-3　楼梯构造设计

一、实训目的

通过进行楼梯构造设计，动手计算并绘图，培养学生动手和动脑能力；掌握楼梯的布置基本原则，楼梯设计的计算方法，楼梯的组成、结构形式选择和结构布置方案以及楼梯施工图的绘制方法。运用制图方法，根据国家制图标准，将以上内容反映到图面上，以此提高绘图技巧，深化理解构造能力。各学校可以根据实际情况，选择具有不同已知条件的楼梯(层高、开间等变化因素)，安排学时和实训内容。

二、设计条件

某 3 层建筑，具开敞式平面的楼梯间。给定楼梯间的开间、进深、层高、室内外地面高差、楼梯间外墙厚度、内墙厚度、轴线内侧墙厚度等尺寸，根据相应尺寸给出楼梯间布置平面图。

三、材料与用具

丁字尺、直尺、三角板、计算器、绘图铅笔、模板、图纸、图板等。

四、方法与步骤

1. 设计步骤

(1)通过计算，确定楼梯的主要尺度：踏步数、踏步高和宽、楼梯段宽度、楼梯平台宽度、楼梯的净空高度、栏杆扶手高度等，并根据计算结果完成楼梯构造设计计算书。

(2)确定梯段形式、栏杆形式及所用材料。

(3)绘制楼梯各层平面图。

(4)绘制楼梯剖面图。

2. 设计深度及表达方式

(1)认真书写楼梯构造设计计算书。

(2)绘制楼梯(包括底层、标准层、顶层)平面图。尺寸标注要求如下：

①楼梯开间方向两道尺寸：轴线尺寸、梯段及梯井尺寸。

②楼梯进深方向两道尺寸：轴线尺寸，梯段及平台尺寸。

③上下方向标注、各平台标高标注(建筑标高)。

④在底层平面图中引出楼梯剖面剖切位置、方向及剖面编号。

⑤图中线条宽度、材料长，一律按照建筑制图标准表示。

(3)绘制楼梯剖面图。内容及尺寸标注要求如下：

①设计并绘制楼梯剖面。

②水平方向两道尺寸：楼梯的定位轴线及进深尺寸、底层梯段和平台尺寸。

③垂直方向两道尺寸：建筑总高度楼梯对应的楼层层高(每层层高和总层高)。

④标注各楼层标高：各平台标高，室内外标高。

(4)详图绘制。

①设计并绘制栏杆立面：标明栏杆总高度及各部分尺寸、材料。
②设计栏杆扶手形式、扶手与墙面连接方式、栏杆与踏步连接方式，绘制构造详图，标注尺寸及材料。
③设计踏步防滑形式，绘制构造详图，标注尺寸及材料。
(5)标注设计说明。
(6)标注图名及比例。

五、考核评估

根据图纸内容和楼梯设计计算书内容进行考核评估。

六、作业

1. 绘制平面图、剖面图，比例为1∶50。严格按照国家制图标准和制图规范准确表达内容，应能达到实际施工图的要求。
2. 绘制详图，比例为1∶5。

实训 4-4　传统亭抄绘

一、实训目的

根据所给的传统亭施工图，了解传统亭各组成部分的构造关系和构造做法及所用材料；能熟练掌握传统亭施工图的绘制要求和绘制步骤；学会阅读传统亭施工图；能熟练掌握制图方法和国家制图标准，以此提高绘图技巧，深化理解能力。

二、材料与用具

卷尺、三棱尺、直尺、三角板、弯尺、圆规、模板、图纸、图板、铅笔、橡皮等绘图工具及胶带纸、美工刀等辅助材料。

三、方法与步骤

1. 明确目的，熟悉所给的施工图

(1)抄绘前，先认真阅读图纸、明确抄绘的目的和任务。
(2)对所抄绘的传统亭作深入、细致的调查，读懂原图的设计思想和施工图的表达方法(应用了哪些视图表达；怎样排版较合理；尺寸标注怎样放置会美观简洁)，亭子所用材料和施工工艺等，选择恰当比例抄绘原图，要求绘图正确、图面整洁。

2. 选取合适的比例尺，进行尺寸换算

用胶带纸将图纸固定在图板上，选取合适比例尺，并计算出换算比例后的尺寸，注意换算的准确性(单位：mm)。

3. 抄绘六角亭的施工图

在布图时要注意按平、立、剖面图的顺序布图，尽可能将图布在图纸的中部，先按比例分好视图大致位置，注意预留出尺寸标注位置，从左到右、从上到下抄绘视图，注意亭子的细部，作图时不要擦除错线，用铅笔在线上打个"×"，这样可避免上墨吐水的问题。

4. 标注

（1）标注三道尺寸，参考制图标准的尺寸标注原则，立面标注时左边标尺寸，右边标材料和工艺，注意取齐和美观（单位：mm）。

（2）建筑物要用标高符号标出重要部位（室外地坪、室内地坪标高、最高处）（单位：m，保留三位小数）。

（3）配筋图标注。

5. 检查视图和上墨（注意各类要素的线型和粗细）

图完成后要检查整图的正确性，对画错的线条要记住位置，避免下一步上墨出错；绘制墨线，用不同型号的针管笔绘制墨线，图线的画法、线宽组的使用符合制图要求，先上细线，后上粗线，三角板反面使用以减少渗墨，每次下笔用力要均匀，收笔不要停留在结尾处不动；三角板要经常用纸巾或干布擦干净再用，保持图面整洁。

6. 清理图面和填写标题栏

图上的墨线已完全干燥后，将整图的图面用橡皮清理干净，标题栏用长仿宋字体填写。

四、考核评估

根据图纸内容和抄绘期间的表现进行考核评估。

五、作业（图 4-4-1 至图 4-4-18）

1. 平面图：比例自定。严格按照国家制图标准和制图规范准确表达内容，应能达到实际施工图的要求。

2. 立面图和剖面图：比例和平面图一致。

3. 大样图：比例按常用比例选取。

4. 结构图和配筋图：按制图标准进行抄绘。

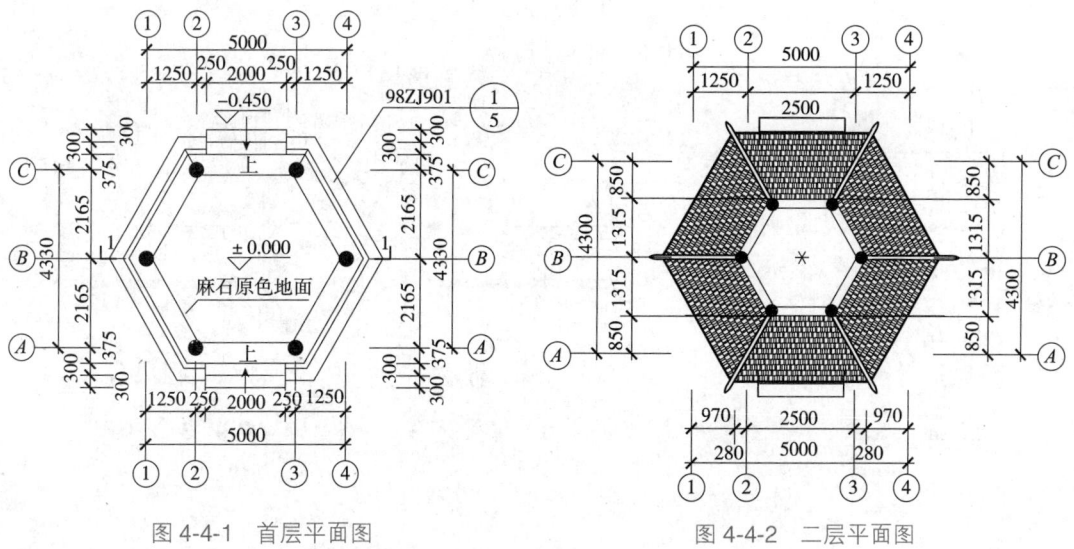

图 4-4-1 首层平面图　　　　图 4-4-2 二层平面图

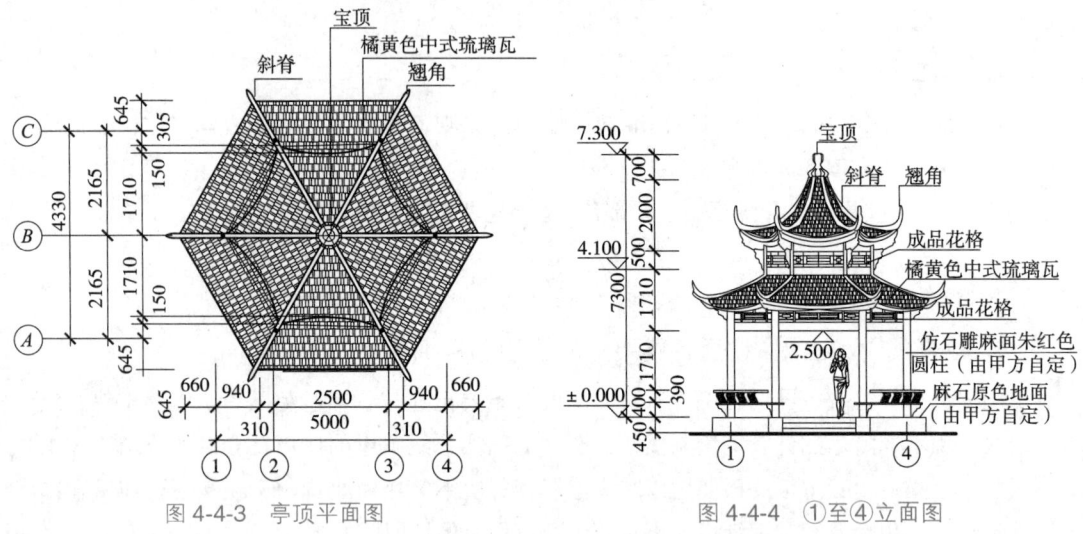

图 4-4-3 亭顶平面图

图 4-4-4 ①至④立面图

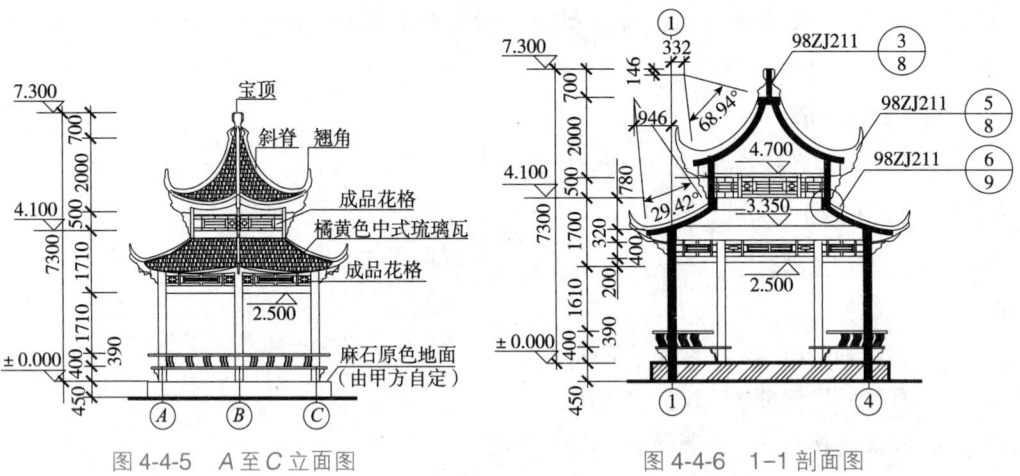

图 4-4-5 A至C立面图

图 4-4-6 1—1 剖面图

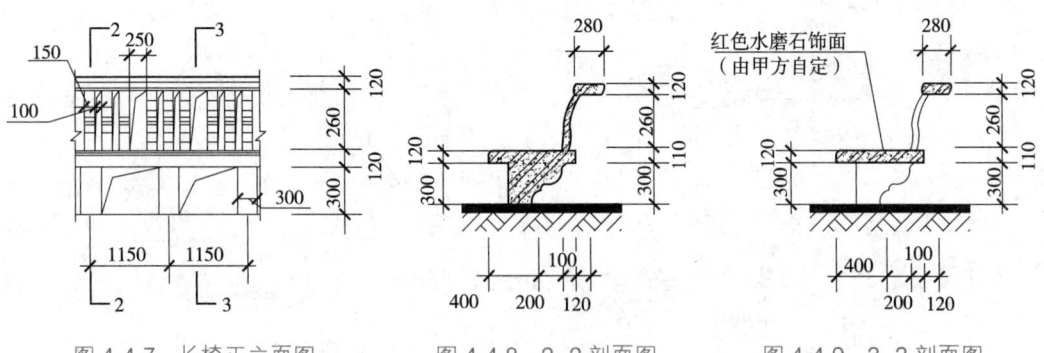

图 4-4-7 长椅正立面图

图 4-4-8 2—2 剖面图

图 4-4-9 3—3 剖面图

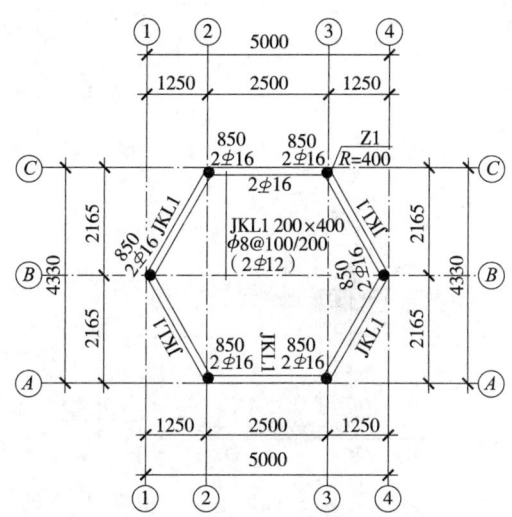

图 4-4-10 −0.050 高梁筋示意图

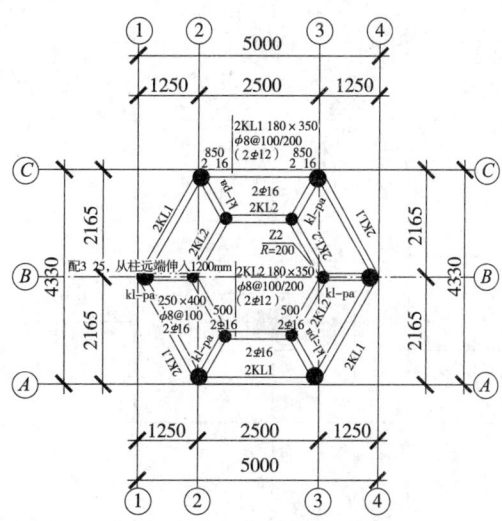

图 4-4-11 3.350 高斜板斜梁筋示意图

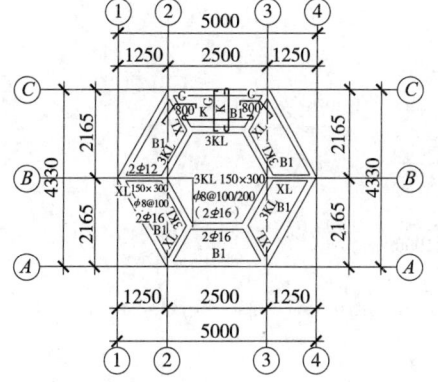

图 4-4-12 4.100 高梁筋示意图

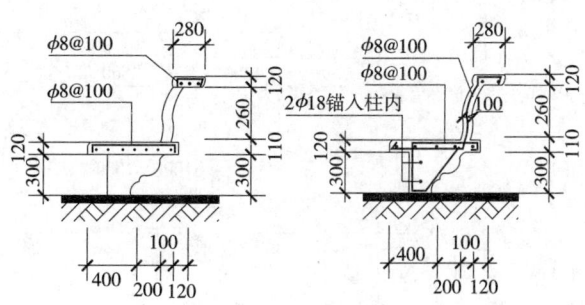

图 4-4-13 长椅剖立面和配筋图

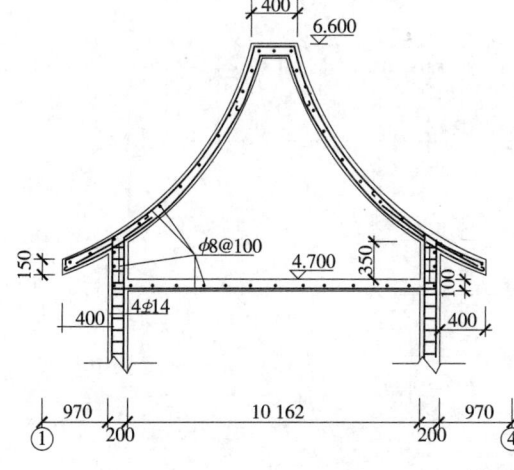

说明：
1. 本工程尺寸单位除标高为米外，其他均为毫米。
2. 2.500标高处设一道圈梁，截面为200×200，配 $\phi 14$ 上下直通，箍筋为 $\phi 8$。
3. 有外构件处，均需预留足够长度的钢筋。
4. 混凝土强度为C20。
现场实际情况与图纸不符，请立即通知设计院，并与设计人员协商解决。

图 4-4-14 剖面结构图和说明

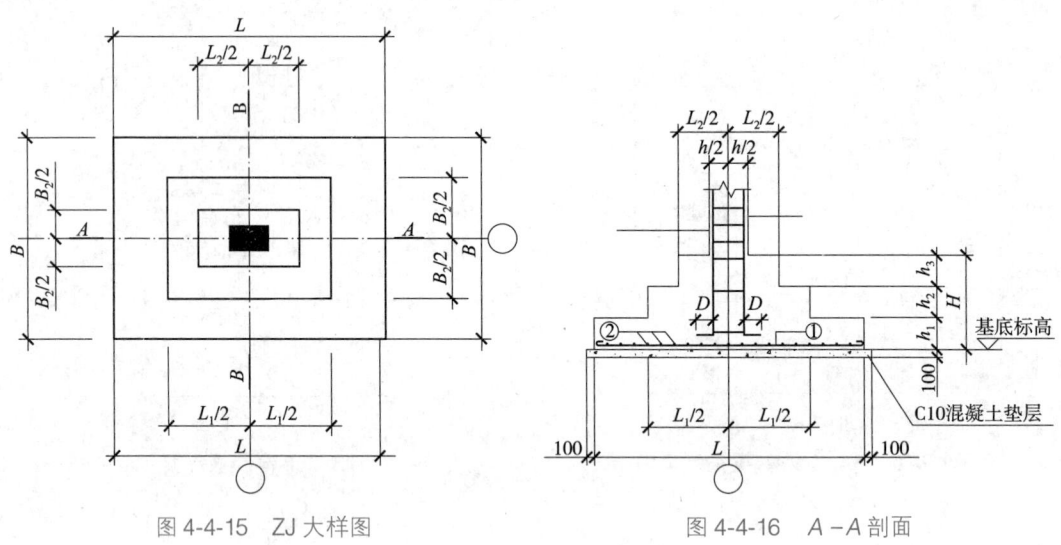

图 4-4-15　ZJ 大样图　　　　图 4-4-16　A—A 剖面

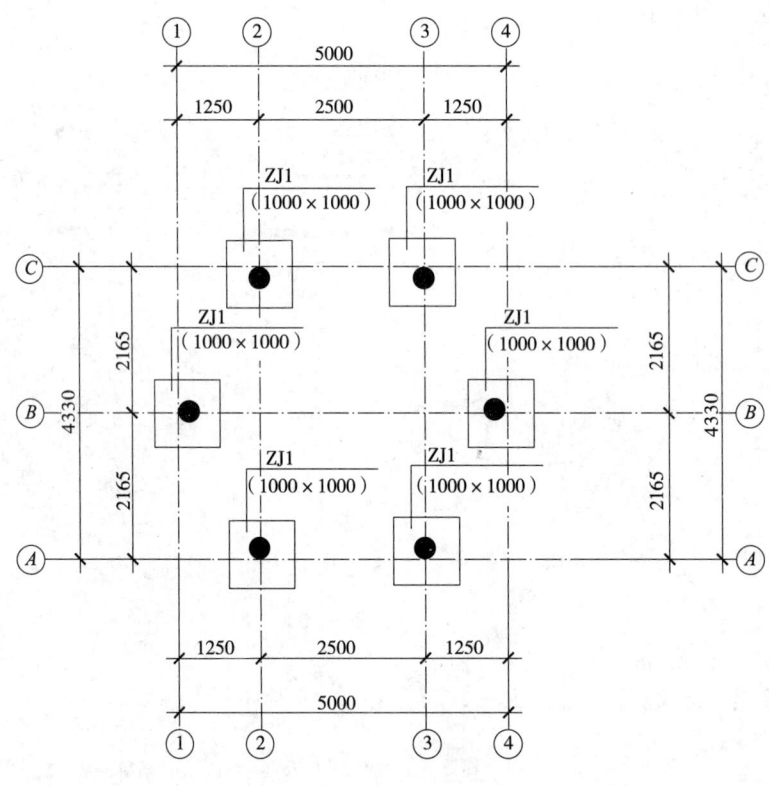

图 4-4-17　基础平面图

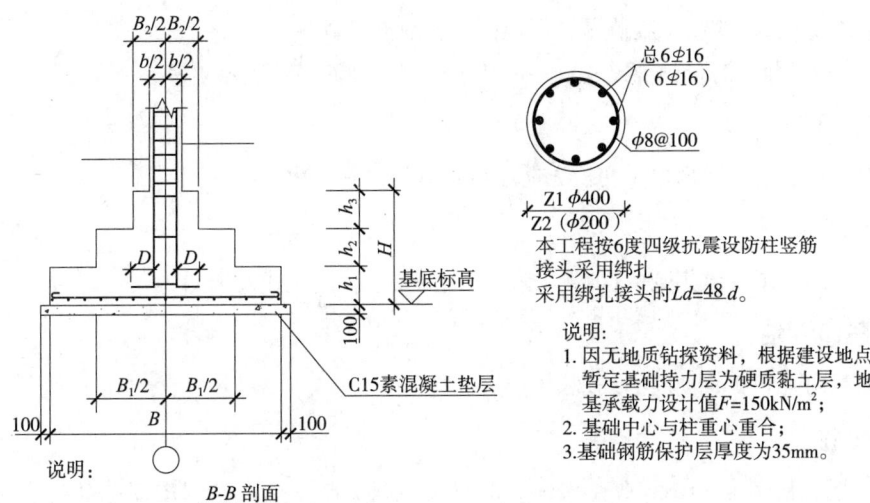

天然基础大样配筋表

参数编号	几何尺寸					配筋		基底标高	柱纵筋转平长度D	备注
	$L \times B$	$L_1 \times B_1$	h_1	h_2	H	①	②			
ZJ1	1000×1000				400	$\phi12@150$	$\phi12@130$	−1.500	300	

图 4-4-18　B−B 剖面图和天然基础大样配筋表及说明

实训 4-5　园林建筑小品测绘——园桌、园椅和园凳

一、实训目的

了解园桌、园椅和园凳各组成部分的构造关系和构造做法，熟练运用制图法和国家制图标准，并反映到图面上，以此提高绘图技巧，深化理解构造能力。各学校可以根据实际情况选择园桌、园椅和园凳，安排好学时和实训内容。

二、材料与用具

卷尺、三棱尺、直尺、三角板、弯尺、圆规、模板、图纸、图板等。

三、方法与步骤

1. 明确目的，熟悉对象

（1）测绘前，先明确测绘的目的和任务。

（2）对所测绘的园桌、园椅和园凳做深入、细致的调查，对各部分的构造、材料等做全面的了解。

2. 绘制草图

（1）先徒手按目测的结果，画出平、立、剖面图的主要轴线和轮廓线。

（2）从整体到细部逐步充实，完成内容较全的平、立、剖面图。

3. 测绘

（1）在需要注写尺寸的地方，画好全部尺寸线的符号，然后丈量尺寸。

(2)尺寸：尽量用丈量工具测量，不能测量的地方可目测。

(3)先量总尺寸，后量细部尺寸。一般按平、立、剖面图的顺序测量。

4. 检查复核

复核时可选一些重要部位，变换方向或位置重复检查一次。

5. 绘制实测图

将所完成的草图及收集到的资料，按施工图的要求，绘制成实测图。

四、考核评估

根据图纸内容和测绘期间的表现进行考核评估。

五、作业

1. 平面图：比例为1∶100或1∶200。严格按照国家制图标准和制图规范准确表达内容，应能达到实际施工图的要求。

2. 立面图和剖面图：比例为1∶100或1∶200。

实训 4-6　园厕测绘

一、实训目的

了解园厕各组成部分的构造关系和构造做法，熟练运用制图方法，根据国家制图标准，将其反映到图面上，以此提高绘图技巧，深化识图制图及园林建筑构造能力。各学校可以根据实际情况，选择园厕，安排学时和实训内容。

二、材料与用具

卷尺、三棱尺、直尺、三角板、弯尺、圆规、模板、图纸、图板等。

三、方法与步骤

1. 明确目的，熟悉对象

(1)测绘前，明确测绘的目的和任务。

(2)对所测绘的园厕做深入、细致的调查，从外到内、从下到上，对其出入口台阶(坡道)、形状、平面布置及各部分的构造、材料等做全面的了解。

2. 绘制草图

(1)徒手按目测的结果，按照一定比例画出平、立、剖面图的主要轴线和轮廓线。

(2)由大到小，从整体到局部逐步充实，完成内容较全的平、立、剖面图。

(3)绘制局部详图。

3. 测绘

(1)在需要标注尺寸和标高的地方，画好全部尺寸线和标高符号，然后丈量尺寸。

(2)尺寸：尽量用丈量工具测量。不能测量的地方可目测。

(3)先量总尺寸，后量细部尺寸。一般按平、立、剖面图的顺序测量。

4. 检查复核

复核时可选一些重要部位,变换方向或位置重复检查一次。

5. 绘制实测图

将所完成的草图及收集到的资料,按施工图的要求,绘制成实测图。

四、考核评估

根据图纸内容和测绘期间的表现进行考核评估。

五、作业

1. 平面图:比例为 1∶100 或 1∶200。严格按照国家制图标准和制图规范准确表达内容,应能达到实际施工图的要求。

2. 主要立面图和剖面图 1~2 幅,比例为 1∶100 或 1∶200。

3. 屋顶平面图:比例为 1∶200,主要是屋顶排水情况和突出屋顶各个部分的投影图。

4. 详图:比例为 1∶10 或 1∶50,如墙体、入口台阶或坡道等。

参考文献

陈祺，杨斌，2008. 景观铺地与园桥工程图解与施工[M]. 北京：化学工业出版社.

陈盛斌，张利香，2019. 园林建筑设计与施工技术[M]. 2版. 北京：中国林业出版社.

程正渭，杜鹃，张群，2009. 景观建设工程材料与施工[M]. 北京：化学工业出版社.

高钰，2016. 庭园景观设计[M]. 北京：机械工业出版社.

郭丽峰，2006. 园林工程施工便携手册[M]. 北京：中国电力出版社.

国家发展和改革委员会，新型墙材推广应用行动方案[EB/OL]. [2017-2-6]. http://www.ndrc.gov.cn/zcfb/zcfbtz/201702/t20170210_837545.html.

何礼华，2013. 园林工程材料与应用图例[M]. 杭州：浙江大学出版社.

侯玉林，2013. 竹材的性质及应用优势分析[J]. 青年与社会，20：253.

黄东兵，2012. 园林绿地规划设计[M]. 北京：高等教育出版社.

黄金琦，2000. 风景建筑构造与结构[M]. 北京：中国林业出版社.

李龙，薛凌荣，2018. 建筑构造[M]. 北京：科学技术文献出版社.

李蔚，付彬，2010. 环境艺术装饰材料与构造[M]. 北京：北京大学出版社.

梁圣复，2007. 建筑力学[M]. 2版. 北京：机械工业出版社.

林克辉，2006. 新型建筑材料及应用[M]. 广州：华南理工大学出版社.

卢仁，2000. 园林建筑[M]. 北京：中国林业出版社.

罗布·W·所温斯基，2011. 景观材料及其应用[M]. 孙兴文，译. 北京：电子工业出版社.

毛培琳，李蕾. 1993. 园林水景[M]. 北京：中国林业出版社.

孙宁，张立彬. 1997. 竹子的力学特征[J]. 力学与实践，19(3)：77-79.

王春阳，2006. 建筑材料[M]. 2版. 北京：高等教育出版社.

王清文，王伟宏，2007. 木塑复合材料与制品[M]. 北京：化学工业出版社.

文益民，2011. 园林建筑材料与构造[M]. 北京：机械工业出版社.

吴承建，2009. 金属材料学[M]. 2版. 北京：冶金工业出版社.

向才旺，2004. 建筑装饰材料[M]. 2版. 北京：中国建筑工业出版社.

邢双军，2012. 房屋建筑学[M]. 北京：机械工业出版社.

徐德秀，2014. 园林建筑材料与构造[M]. 重庆：重庆大学出版社.

佚名，杭州某水榭施工图[EB/OL]. [2009-05-12]. http://bbs.zhulong.com/101020_group_200218/detail20512101.

佚名，河滨景观方案及古建施工图[EB/OL]. [2008-04-23]. http://bbs.zhulong.com/101020_group_200205/detail20370254.

佚名，黄公祠牌坊建筑结构施工图[EB/OL]. [2019-04-03]. http://bbs.zhulong.com/102050_group_200900/detail39856252.

佚名，建筑名称[EB/OL]. https://wenku.baidu.com/view/deaaf3543b3567ec102d8aed.html.

佚名，徐州某全聚德牌楼建筑施工图[EB/OL]. [2007-03-12]. http://bbs.zhulong.com/101010_group_200112/detail20194179.

易军, 2009. 园林工程材料识别与应用[M]. 北京: 机械工业出版社.

张丹, 2016. 风景园林建筑结构与构造[M]. 北京: 化学工业出版社.

中国建筑标准设计研究院, 2008. 国家建筑标准设计图集 04J012-3 环境景观——亭廊架之一[S]. 北京: 中国计划出版社.

中国建筑标准设计研究院, 2012. 国家建筑标准设计图集 12J201 平屋面建筑构造[S]. 北京: 中国计划出版社.

中国建筑标准设计研究院, 2016. 国家建筑标准设计图集 12J003 室外工程[S]. 北京: 中国计划出版社.

中国建筑标准设计研究院, 2016. 国家建筑标准设计图集 15J012-1 环境景观——室外工程细部构造[S]. 北京: 中国计划出版社.

中华人民共和国住房和城乡建设部, 2010. 抗震设计规范 GB 50011—2010[S]. 北京: 中国建筑工业出版社.

中华人民共和国住房和城乡建设部, 2011. 坡屋面工程技术规范 GB 50693—2011[S]. 北京: 中国建筑工业出版社.

中华人民共和国住房和城乡建设部, 2011. 砌体结构设计规范 GB 5003—2011[S]. 北京: 中国建筑工业出版社.

中华人民共和国住房和城乡建设部, 2012. 屋面工程技术规范 GB 50345—2012[S]. 北京: 中国建筑工业出版社.

中华人民共和国住房和城乡建设部, 2016. 城市道路和建筑物无障碍设计规范 JGJ 50—2016[S]. 北京: 中国建筑工业出版社.

中华人民共和国住房和城乡建设部, 2016. 城市用地竖向规划规范 CJJ 83—2016[S]. 北京: 中国建筑工业出版社.

中华人民共和国住房和城乡建设部, 2016. 城乡建设用地竖向规划规范 JJ83—2016[S]. 北京: 中国建筑工业出版社.

钟刚, 刘伟鹏, 2018. 建筑装饰构造[M]. 北京: 科学技术文献出版社.

周明欣, 王长荣, 颜勤, 2018. 房屋建筑学[M]. 北京: 科学技术文献出版社.

邹原东, 2012. 园林建筑构造与材料[M]. 南京: 江苏人民出版社.